# 中國茶全書

## 湖南郴州卷

张式成 主编　　刘贵芳 执行主编　　刘爱廷 总策划

中国林业出版社

图书在版编目（CIP）数据

中国茶全书. 湖南郴州卷 / 张式成主编；刘贵芳执行主编. -- 北京：中国林业出版社，2023.3
ISBN 978-7-5219-2033-8

Ⅰ. ①中… Ⅱ. ①张… ②刘… Ⅲ. ①茶文化—郴州 Ⅳ. ①TS971.21

中国版本图书馆CIP数据核字(2022)第248579号

中国林业出版社
策划编辑：段植林 李 顺
责任编辑：李 顺 陈 慧
封面设计：视美艺术设计
出版咨询：（010）83143569

出版发行：中国林业出版社
（100009，北京西城区刘海胡同7号，电话83223120）
电子邮箱：cfphzbs@163.com
网址：www.forestry.gov.cn/lycb.html
印刷：北京博海升彩色印刷有限公司
版次：2023年3月第1版
印次：2023年3月第1次
开本：787mm×1092mm 1/16
印张：24.5
字数：460千字
定价：268.00元

## 天下第十八福地 郴州

南岭茶乡,位于"天下第十八福地"郴州(国家级风景名胜区苏仙岭)

## 福地福茶

福地孕福茶——桂东玲珑王茶园

国家级自然保护区——莽山国家森林公园

国家级风景名胜区、5A级景区——东江湖

中医药界最著名典故之一"橘井泉香"

天下第十八泉——圆泉

# 《中国茶全书》
# 总编纂委员会

| | |
|---|---|
| 总　顾　问： | 陈宗懋　刘仲华 |
| 顾　　　问： | 周国富　王　庆　江用文　禄智明 |
| | 王裕晏　孙忠焕　周重旺 |
| 主　　　任： | 李凤波 |
| 常务副主任： | 王德安 |
| 总　主　编： | 王德安 |
| 总　策　划： | 段植林　李　顺 |
| 执 行 主 编： | 朱　旗　覃中显 |
| 副　主　编： | 王　云　蒋跃登　姬霞敏　李　杰　丁云国　苏芳华 |
| | 胡皓明　刘新安　孙国华　李茂盛　杨普龙　张达伟 |
| | 宗庆波　王安平　王如良　宛晓春　高超君　曹天军 |
| | 熊莉莎　毛立民　罗列万　孙状云 |
| 编　　　委： | 王立雄　王　凯　包太洋　谌孙武　匡　新　朱海燕 |
| | 刘贵芳　汤青峰　黎朝晖　郭运业　李学昌　唐金长 |
| | 刘德祥　何青高　余少尧　张式成　张莉莉　陈先枢 |
| | 陈建明　幸克坚　易祖强　周长树　胡启明　袁若宁 |
| | 陈昌辉　李春华　何　斌　陈开义　陈书谦　徐中华 |
| | 冯　林　唐　彬　刘　刚　陈道伦　刘　俊　刘　琪 |
| | 侯春霞　李明红　罗学平　杨　谦　徐盛祥　黄昌凌 |
| | 王　辉　左　松　阮仕君　王有强　聂宗顺　王存良 |
| | 徐俊昌　刁学刚　温顺位　李廷学　李　蓉　李亚磊 |
| | 龚自明　高士伟　孙　冰　曾维超　郑鹏程　李细桃 |
| | 胡卫华　曾永强　李　巧　李　荣 |

| | |
|---|---|
| 副总策划： | 赵玉平　张岳峰　伍崇岳　肖益平　张辉兵　王广德 |
| | 康建平　刘爱廷　罗　克　陈志达　喻清龙　丁云国 |
| | 吴浩人　孙状云　樊思亮　梁计朝 |
| 策　　划： | 周　宇　饶　佩　施　海　廖美华　吴德华　陈建春 |
| | 李细桃　胡卫华　郗志强　程真勇　牟益民　欧阳文亮 |
| | 敬多均　向海滨　张笑冰　高敏玲　文国伟　张学龙 |
| | 宋加兴　陈绍祥　卓尚渊　赵　娜　熊志伟 |
| 编 辑 部： | 李　顺　陈　慧　王思源　陈　惠　薛瑞琦　马吉萍 |

# 《中国茶全书·湖南郴州卷》
# 编纂委员会

**顾　　问**：黄孝健　黄　诚　罗海运
**编　　审**：黄孝健　黄　诚　罗海运
**编委会主任**：李建军
**编委副主任**：刘爱廷　王琼华　谷新鸣　邓南国　邓勇男
**编委委员**：（按姓氏笔划）
　　　　　　王明喜　刘贵芳　李建湘　张式成　张国才　肖雪峰
　　　　　　罗亚非　罗　克
**总　策　划**：刘爱廷
**副总策划**：邓南国


**主　　编**：张式成
**执行主编**：刘贵芳
**副　主　编**：肖雪峰　王明喜　李建湘　罗亚非
**编辑组员**：（按姓氏笔划）
　　　　　　王利娟　邓奕文　江四清　刘少华　刘　伟　刘强东
　　　　　　李国嗣　张　静　张万里　陈志达　陈有光　言　芳
　　　　　　何　丽　何周波　钟造雄　唐小毛　唐豪象　夏　丹
　　　　　　蒋振林　廖仁平　谭新民

# 出版说明

2008年,《茶全书》构思于江西省萍乡市上栗县。

2009—2015年,本人对茶的有关著作,中央及地方对茶行业相关文件进行深入研究和学习。

2015年5月,项目在中国林业出版社正式立项,经过整3年时间,项目团队对全国18个产茶省的茶区调研和组织工作,得到了各地人民政府、农业农村局、供销社、茶产业办和茶行业协会的大力支持与肯定,并基本完成了《茶全书》的组织结构和框架设计。

2017年6月,在中国林业出版社领导的指导下,由王德安、段植林、李顺等商议,定名为《中国茶全书》。

2020年3月,《中国茶全书》获国家出版基金项目资助。

《中国茶全书》定位为大型公益性著作,各卷册内容由基层组织编写,相关资料都来源于地方多渠道的调研和组织。本套全书可以说是迄今为止最大型的茶类主题的集体著作。

《中国茶全书》体系设定为总卷、省卷、地市卷等系列,预计出版180卷左右,计划历时20年,在2030年前完成。

把茶文化、茶产业、茶科技统筹起来,将茶产业推动成为乡村振兴的支柱产业,我们将为之不懈努力。

王德安

2021年6月7日于长沙

# 序一

由郴州市农业农村局和郴州市茶叶协会组织编写的《中国茶全书·湖南郴州卷》，送到我的手中正值农历辛丑年初夏，南岭郴州阳光明媚，万木葱茏，呈现一派绿色美景。因长期从事地方党政和经济工作，退休后热衷于茶叶协会事务，我对"茶"情怀深厚，对郴州茶业有较深的了解并寄予厚望。带着这份心情阅读书稿，甚有收获与启示。

我国人民的生活和茶息息相关，茶被视作健康饮品、友情纽带。"百姓七件事，柴米油盐酱醋茶"，"文人七件宝，琴棋书画诗酒茶"。中国是世界上最早产茶和饮茶的国家，是茶的故乡，其源头可追溯至上古神农氏时期。茶文化自此绵延而下，沿着历史河床，流淌了数千年。人们以茶为饮、以茶会友、以茶兴艺、以茶作礼、以茶赋诗、以茶入画，在制茶、饮茶中形成了渊远流长、历久弥新的茶文化，最终形成了东方文化中积淀深厚、誉满天下的中国茶道，极大地影响着华夏民族文明。茶文化、茶之道成为中国文化的重要象征，与香醇的茶水一起滋润世人的心田。

郴州为湖南"南大门"，是内陆通向沿海的最前沿。独特的地理区位和人文环境孕育出蔚为大观的特殊地域文化，它既是茶祖神农发现茶叶、肇始茶饮的地方，也是茶叶炒青的发源地。中国茶文化发祥于此的传说很多，桂阳千家坪遗址（距今4500~7000年），郴江源头北湖区白石岭神农殿，苏仙、安仁、宜章神农殿，汝城炎帝宫，资兴古汤庙，嘉禾丙穴，就是物质载体。汉代传下的"橘井泉香"，唐代煎茶名水"天下第十八泉"，寿佛嗜茶年高，湘粤盐茶古道及各区市县茶亭，宋代古窑址，历朝贡品茶，见证了郴州茶文化、茶产业的沧桑与辉煌。作为湖南的重要产茶区，郴茶资源十分丰富，野生茶分布广泛。中原人文与岭南人文汇集交融于此所形成的茶文化，更异彩纷呈，使郴州成为名副其实的"天下第十八福地"。

新中国成立以来，特别是改革开放后，随着人们生活水平的提高和农业产业化发展，郴州茶业步入名优茶研发高峰期，出现一大批获得国家级、省级大奖的名牌茶。进入21世纪，郴州市委、市政府将茶业作为脱贫攻坚和乡村振兴的重要产业，努力打造"郴州福茶"区域公用品牌，扩大郴茶的知名度和美誉度，茶产业、茶文化的发展与繁荣，又促进了全市旅游业的发展。

"十四五"时期，中国茶产业与国家发展战略高度关联，既是过去实施精准扶贫的重要抓手，又是未来实现乡村振兴的重要产业，更是践行"一带一路"倡议、传承传播中华文化的有效途径和重要载体。2021年3月23日习近平主席视察福建武夷山生态茶园，发表重要讲话："要把茶文化、茶产业、茶科技统筹起来。过去茶产业是你们这里脱贫攻坚的支柱产业，今后要成为乡村振兴的支柱产业。"我们应以这个讲话精神为指引，抓住新的发展机遇，继续塑造"郴州福茶"区域公用品牌，实现茶文化、茶产业、茶科技、茶生态、茶旅游与区块链、生物质谱等现代技术有机融合，提升郴州茶产业标准化、规模化、品牌化水平，为全面推进郴州茶产业助推乡村振兴、加快农业农村现代化，作出新的更大贡献。

《中国茶全书》系国家出版基金支持项目，《中国茶全书·湖南郴州卷》跻身丛书，无疑对宣传郴州茶历史、茶文化、茶产业建立了极佳平台。本书编纂人员以严谨科学的态度，广泛搜集郴茶历史、文化的珍贵资料，宣扬郴茶产业、茶企、茶品牌、茶人物、茶旅游，为加深世界对郴州与郴茶的认识和了解，辛勤努力，贡献颇丰；为大力推进郴州茶文化名市、茶产业强市、茶旅游大市的建设，增添了浓墨重彩的一笔。

黄孝健<br>
2021年5月

（作者系郴州市人民政府原常务副市长、中共郴州市委原正厅级巡视员、郴州市茶业协会创会会长、湖南省茶产业高质量发展指导专家）

# 序二

郴州在湖南，位南岭，连粤赣，为湖湘"南大门"，是一座具有2000多年悠久历史的首批省级历史文化名城、中国优秀旅游城市、全国文明城市。郴州产茶历史悠久、茶文化底蕴深厚，据本书编者研究，它既是神农炎帝开创华夏农耕文明发现茶叶、肇始世界茶饮的发祥地，又是诗豪刘禹锡《西山兰若试茶歌》揭示的绿茶炒青技艺原生处之一。而汉代苏耽"橘井泉香"的"天下第十八福地"，和茶圣陆羽品鉴的煎茶名水"天下第十八泉"，都在这里。它还是"九仙二佛三神"之地、唐代"无量寿佛"周全真家乡，与"禅茶一味"的茶文化传播相关联。而以郴州老城码头起始的湘粤古道，曾是中国茶出内陆下南洋、销往世界的重要一途。

古往今来，郴州就是湖南茶叶的重要产区。郴州地处亚热带季风湿润气候区，在三江（湘江、珠江、赣江）源之上游。南岭山陵连绵云雾多，为我国茶叶种植最适宜区，亦为全国红茶优势产业带。郴州茶树品种资源丰富，野生茶树资源分布广，面积达16万多亩，宜章县莽山国家级自然保护区、临武县野生茶早已闻名。资兴市狗脑贡茶、安仁县豪山茶传说为"神农尝百草"尝出。汝城县白毛茶为云贵高原向长江流域传播演变最原始的茶树品种之一，是湖南省珍贵野生茶树资源，属小乔木型毛叶茶种，茶多酚含量特高（40%以上），曾获无数国内外名茶评比大奖。苏仙区明代贡品"五盖山米茶"被誉为湖南名茶中的一颗明珠，桂东县"玲珑茶"获评列入当代湖南省十大名茶，永兴县丹霞丘岗茶叶别具风味。

郴州市委、市政府日益重视茶产业，全市协力打造"郴州福茶"地理标志证明商标和区域公共品牌。茶企快速成长，发展形成了一批上规模的公司厂家。茶文化、茶饮民俗丰富多彩，茶馆、茶店遍布城乡，茶器、茶具琳琅满目，茶旅融合发展已具特色。茶产业成为郴州市实施精准扶贫、乡村振兴国家战略的支柱产业，全市正在向百亿茶产业积极推进。

浏览《中国茶全书·湖南郴州卷》，可知史料发掘深入，内容搜集广博，结构编排合理，撰写真实，图片清晰、丰富，令人耳目一新，如茶香拂面，南岭画卷尽现眼前，不愧为郴州历史上第一本茶全书。专此为序。

刘仲华

2020年11月

（作者系中国工程院院士、湖南农业大学茶学博士生导师、教育部重点实验室主任、国家植物功能成分利用工程技术研究中心主任、国家茶叶产业技术体系加工研究室主任、湖南省政府参事、中国国际茶文化研究会副会长。）

# 目 录

序 一 ································································································ 10
序 二 ································································································ 12

## 第一章 茶史篇·郴茶青史 ································································ 001
第一节 郴州概览 ·············································································· 002
第二节 古代郴州茶事 ········································································ 008
第三节 近代郴州茶事 ········································································ 019
第四节 当代郴州茶事 ········································································ 020
第五节 重要历史贡献 ········································································ 022

## 第二章 茶区篇·郴茶地舆 ································································ 031
第一节 郴茶独特的地理位置和自然条件 ··············································· 032
第二节 郴茶茶树资源特点 ································································· 033
第三节 郴茶茶叶分区 ········································································ 035

## 第三章 茶类篇·郴茶品类 ································································ 039
第一节 绿 茶 ·················································································· 040
第二节 红 茶 ·················································································· 044
第三节 白 茶 ·················································································· 048
第四节 青茶（乌龙茶） ····································································· 050

第五节　黄　茶·····················································053

　　第六节　黑　茶·····················································053

　　第七节　保健茶·····················································054

　　第八节　代饮茶·····················································056

第四章　茶业篇·郴茶产业···············································061

　　第一节　郴州茶产业的历史与发展·····································062

　　第二节　郴州名优茶的发展···········································064

　　第三节　郴州市区域公共品牌——郴州福茶·····························068

　　第四节　郴州重点茶企···············································078

第五章　茶泉篇·林邑井泉···············································113

第六章　茶具篇·林邑之器···············································125

第七章　茶人篇·林邑人物···············································133

　　第一节　茶祖神农炎帝与采茶部落民族·································134

　　第二节　南北朝与郴茶相关人物·······································134

　　第三节　唐代与郴茶相关人物·········································135

　　第四节　宋代与郴茶相关人物·········································137

　　第五节　元明清代与郴茶相关人物·····································140

　　第六节　近现代与郴茶相关人物·······································143

　　第七节　当代郴州茶人···············································146

## 第八章　茶俗篇·林邑礼俗 …… 159

## 第九章　茶馆篇·林邑茶馆 …… 169
- 第一节　茶楼始于唐代 …… 170
- 第二节　清代名楼茶馆 …… 170
- 第三节　民国茶楼茶庄与抗战时期清茶馆 …… 172
- 第四节　现代茶馆 …… 173

## 第十章　茶文篇·林邑文荟 …… 181
- 第一节　茶文论 …… 182
- 第二节　文学作品 …… 188
- 第三节　艺术作品 …… 244
- 第四节　茶道茶艺 …… 259

## 第十一章　茶旅篇·南岭之旅 …… 267
- 第一节　南岭郴州风光美 …… 268
- 第二节　茶旅融合展新姿 …… 269
- 第三节　"中国温泉之乡"茶浴 …… 287

## 第十二章　茶组织·郴茶行业 …… 291
- 第一节　科教组织 …… 292
- 第二节　行业组织 …… 293

## 参考文献 …… 296

**附录一** ·················································································· 298
　　郴茶大事记 ········································································· 298
　　《中国茶全书·湖南郴州卷》审定会议召开 ····················· 303

**附录二** ·················································································· 305
　　郴州茶文摘 ········································································· 305

**附录三** ·················································································· 351
　　郴州茶企业、茶叶合作社、名优茶获奖名录 ······················· 351

**编辑说明** ·············································································· 369

**后　记** ·················································································· 371

# 第一章

# 茶史篇·郴茶青史

# 第一节 郴州概览

## 一、南岭要冲看郴州

摊开祖国的版图，目光从首都沿京广铁路、京珠高速公路径直南下，越黄河、长江，过洞庭、衡山，湘南郴州前方，雄峙一列苍莽大岭。它就是《山海经》中的神秘南山，正名南岭。

南岭山脉横亘千里，分隔长江流域与珠江流域，系内陆与岭南沿海的分水岭带。从地质学角度探测，南岭拥有花岗岩、喀斯特、玄武岩、丹霞等多种地貌。青峰丹山、泷水碧溪的怀抱中，蕴藏着异彩纷呈的贵重矿产、千姿百态的山水景观。在气象学上，又区分岭南亚热带气候与岭北亚热带季风湿润气候，华夏冰雪线止于此，从而形成独特的自然环境，四季分明而偏暖，雨量丰沛而潮湿，植物、动物种类丰足而富有，是一处难得的生态福地。

南岭也是行政区划分界线，以大庾、骑田、都庞、萌渚、越城五大岭系逶迤于湘粤赣桂四省边际。郴州恰巧处于偏中位置，即《史记》所指"古之帝者地方千里必居上游"的湘水上游地带。唐代文豪韩愈叹道："南方之山，巍然高而大者以百数，独衡为宗。最远而独为宗，其神必灵。衡之南八九百里[①]，地益高，山益峻，水清而益驶。其最高而横绝南北者，岭。郴之为州，在岭之上……而郴之为州，又当中州清淑之气，蜿蟺磅礴而郁积。其水土之所生，神气之所感，白金、水银、丹砂、石英、钟乳，橘柚之苞，竹箭之美，千寻之名材，不能独当也。"

《读史方舆纪要》云："州北瞻衡岳之秀，南当五岭之冲，控引交广，屏蔽湖湘……于楚、粤之交，有咽喉之重也。"郴州今称湖湘南大门，东邻赣南、南界粤北、西连永州通广西桂林，北依衡阳、株洲，古谓南岭要冲。南岭五岭中人文底蕴最深厚的骑田岭，就仁立于郴州城南，中原与沿海的主走廊——楚粤孔道由此穿越。无疑，郴州不仅是内陆通沿海的最前沿，也是中原文化与岭南文化的交融处，独特的人文环境孕育出蔚为大观的独特地域文化。

湖南省第一批4个历史文化名城即有郴州。因它是传说神农炎帝尝茶之地，舜帝巡狩苍梧之域，楚义帝建立之都，西汉唯一设金官之桂阳郡，草药郎中苏耽防治瘟疫之

---

[①] 里，中国传统长度单位，各代制度不一，今1里=500m。此处和下文引用的各类文献涉及的传统非法定计量单位均保留原貌，便于体会原文意思，不影响阅读。另有本书中其他传统非法定计量单位也保留原貌。

"橘井泉香"典故出处，东汉造纸术发明家蔡伦之故乡（《后汉书》"蔡伦字敬仲，桂阳人也"），宋明理学鼻祖周敦颐发祥道学的"化神之地"，近代朱德发动"湘南起义"之处；且配享世界有色金属博物馆、中国优秀旅游城市、中国温泉之乡、中国银都、微晶石墨之乡、矿物晶体之都、全国园林城市、中国（湖南）自贸区郴州片区、国家文明城市、国家可持续发展议程创新示范区（水资源可持续利用与绿色发展）等荣誉名衔。三国以前曾辖全湘南及粤北、桂北部分地域。现辖北湖（原计划单列县级郴州市）、苏仙（原郴县）两区（同属省级历史文化名城），及桂阳县（省级历史文化名城）、汝城县（省级历史文化名城）、资兴市（中国优秀旅游城市）、宜章县、永兴县、临武县、嘉禾县、桂东县、安仁县，共两区一市八县；拥有2个国家级自然保护区，8个国家森林公园，5个国家湿地公园，2个国家矿山公园；总面积1.938万 km$^2$。

得天独厚的地理、生态条件，奠定了郴州作为上古茶乡的环境、气象优势。

## 二、远古历史现郴州

郴州出茶，与"郴"字密切相关。"郴"的字原，即甲骨文"𣏟"，森林之"林"，按史学、古文字学、文献学家徐中舒在工具书巨著《甲骨文字典》中，释义为"一、地名；二、方国名；三、人名"。史学家、历史地理学奠基人谭其骧在权威的《中国历史地图集》中，将方国"林"标示于今南岭郴州。"林"，也因传说神农助手、祭司郴兲发现可药用的青蒿"蘆"，即"莪蒿，亦曰蘆蒿"、可做蒿茶的蒌蒿，通假使用为"菻"，即现代诺贝尔医学奖获得者、药学家屠呦呦等提炼青蒿素的原料。春秋战国楚国吞并此方国，将其义符"艹"置为声符"林"的偏旁"邑"成"郴"；《说文解字》释义"郴"字"从邑，林声"，"邑，国也"；即方林国是先民最早发现与利用植物资源的林邑乡邦、百草之地。

茶，随同文明曙光，早已出现在这林邑乡邦、百草之地。1964年桂阳县上龙泉洞遗址发掘出距今万年的"刻纹骨锥"，脊椎骨上镌刻几组横纹线，系我国发现的旧石器晚期首次利用人骨刻制"记事记数"的工艺性珍贵文物。2011年桂阳县千家坪古村落遗址，发现石制工具、武器和白陶。这处新石器早期遗址距今最远的文化层达7000年，为郴州添注了一个重量级砝码，说明新石器时期这块土地上的先民已用白陶煮稻米，烹茶也有了器具。

### （一）神农作耒创农耕

南岭、郴州民间，自古流传大量神农传说，存在多处纪念神农炎帝的古建筑及祭祀文化（图1-1）。传说神农炎帝在古郴"作耒"，尝百草尝茶于南岭，其助手、祭司郴兲

"作扶耒之乐"推广农耕工具、技术，也通过尝百草发现了"茶"蒿的食用与医疗价值，跟随神农炎帝共同开创了中华农耕、医药文化。其中，春分节时祭祀药王、茶祖神农炎帝及交换农耕、药材资料（包括茶）的"安仁赶分社"习俗，传承至今，并于2016年作为中国"二十四节气"的重要项目，列入世界级非物质文化遗产代表作名录（图1-2、图1-3）。资兴市关于神农尝茶、发现茶汤的"炎帝传说"，列入省级非物质文化遗产代表作名录（图1-4）。北湖区、汝城县、嘉禾县的"神农传说"，列入市级非物质文化遗产代表作名录。

图1-1 郴州市北湖区白石岭顶古神农殿

注：中央电视台海外频道《走遍中国·郴州》第2集"神农作耒耜"摄入镜头，2005年3月16日播。殿里间刻嵌名联"神化同天地，农功迈古今"，现市级文物；殿下方海拔900m处，生长野生茶群落。

图1-2 国家级非物质文化遗产——安仁赶分社祭祀神农药王像

图1-3 世界级非物质文化遗产——二十四节气之春分赶分社

图1-4 资兴市古汤庙茶道表演

《汉书》记桂阳郡治郴县，"郴，耒山耒水所出"（图1-5），对上了先秦《世本》的研究成果"神农作耒"，即中华民族最早的农耕部族首领神农，远古在此地发明世界上最早的农具，带领先民生活生产、适应与改良自然；这是国史大典对农耕文明发祥地的唯一实录与认定。《水经》证实"耒水出桂阳郴县南山"。清代湖南史学家王万澍的史著《衡湘稽古》（图1-6），对应《汉书》，考据神农炎帝发明农具"耒"，命工匠赤制氏"作耒耜于郴州之耒山"，分发天下。又"郴夭作扶耒之乐，以荐犁耒"，即炎帝助手、祭司郴夭创作音乐，推广农耕工具，促进劳动技术。

图1-5《汉书·地理志》
（宋嘉定十七年刻本）

注："桂阳郡……郴（郡治），耒山耒水所出"。

图1-6《衡湘稽古》

注：考"田器，帝创其式，命匠作之""桂阳郡……郴（郡治），耒山耒水所出""作耒耜于耒山"，即神农炎帝让工匠制农具分发天下。

明崇祯年由临武、桂阳析地置嘉禾县，思想家王船山的好友王应章清初任嘉禾县训导，在《嘉禾县学记》考据："嘉禾，故禾仓也。炎帝之世，天降嘉种，神农拾之，以教耕作，于其地为禾仓，后以置县，循其实曰：嘉禾县。"就是说，嘉禾县系《周书》记载"神农之时天雨粟"之处。即旋风将野生稻卷上天，掉落到地面湿地长出来的自然现象，被神农发现，始创在湿地开田、驯化野稻、造禾仓存种的农耕文明。

**（二）遍尝百草发现茶**

药食同源，医药是伴随农耕文明起源而兴起的，故古籍言"帝亲尝百草，以救人命"。《淮南子》曰："神农尝百草，一日而七十毒……衡湘深山产药之地，所在传神农采药捣药之迹，茶陵有尝药之亭。"明《嘉靖湖广图经志书》记安仁县"药湖：县南七十里，父老相传神农洗药于此"，即南岭地域既产药材，又留存传说神农采药、制药的遗迹。《神农本草经》云："神农尝百草，日遇七十二毒，得茶而解之。"就是说神农氏族首领带领族人尝遍植物，看哪些能果腹、哪些能祛毒、哪些能疗疾。传说全族人曾经一天中小心地尝试过70多种植物，最后发现"茶"既能果腹，也可解除一般植物的毒素。

神农氏族尝百草过程中，在"茶陵有尝药"，在郴地有"香草乡（郴县北）""香草坪（安仁县城）"；古代"香草"泛指绿色植物的叶子包括茶叶，顾名思义即"神农尝茶"。而传说神农炎帝误尝"大茶药（断肠草）"中毒身亡，故安仁俗呼"大茶药"为"王老药"。

南岭系茶原生地之一，苏仙、北湖、茶陵、酃县（今炎陵县）、安仁、资兴、桂东、汝城、宜章、桂阳、临武、永兴等县，仍存大量野生茶；2017年临武县发现的野茶分布范围超万亩。

综上所述，充分表明中国最早的农耕部族神农氏族在南岭尝百草过程中发现了茶。

### （三）茶乡原在古郴县

茶最初叫"荼（tú）"，因神农氏在尝百草过程中，用嚼过的茶叶涂抹擦伤的肌肤，其最先的发现地就记为"荼"，茶祖神农炎帝逝后筑陵于此，故名"荼陵"。《唐韵》说："'荼'字自中唐始变作'茶'。"实际上唐代"荼""茶"通用。《茶经·茶之事》引《茶陵图经》言："茶陵者，所谓陵谷生茶茗焉。"茶陵，是全国最早且唯一以"茶"命名的行政区划。

茶陵置县前叫"茶乡"，自神农炎帝时期至战国楚秦的漫长历史，均辖于以林、林邑、郴县为治所的方林国、苍梧国、苍梧郡，战国末湘西里耶秦简14—177号残简，有"苍梧郴县"的政区可证。《战国策》记："楚，天下之强国也……南有洞庭、苍梧。"《史记·吴起列传》记楚悼王拜军事家吴起为相（公元前385—前381年）"南平百越"。《后汉书·南蛮西南夷列传》记："及吴起相悼王，南并蛮越，遂有洞庭、苍梧。"那么战国末以前，湖湘地域以衡山为界，山北面洞庭郡，山南面苍梧郡；茶乡自然属于苍梧郴县，因为其北头的攸县、庞（衡阳）也属苍梧郡辖，苍梧郴县的茶乡当然不可能越过攸县、庞、衡山去归洞庭郡。

西汉开国，"革秦之弊，更立二十三郡国"，首个即将楚苍梧郡改设桂阳郡（因桂山桂岭产桂、桂水运出桂），仍以郴县为治所；衡山、攸县、茶乡、香草坪（安仁）合为桂阳郡阴山县（今湖南攸县）。《汉书·地理志》言明："桂阳郡……阴山，侯国。"因桂阳郡系汉封建制中的刘氏宗室亲王之子食邑封地，随着王子们分封为侯，桂阳郡"茶乡"于文帝朝从阴山县析出。汉武帝元朔四年（公元前125年）再分封时升置"茶陵县"，《汉书·王子侯表》载，汉景帝庶子长沙定王刘发之子刘䜣，因非汉景帝嫡孙封出长沙国外，为"茶陵节侯"；封地，"《本表》曰：桂阳"，延续到"玄孙—桂阳"。侯国地位在王国之下，侯分为亭侯、乡侯、县侯，"茶陵节侯"刘䜣，属桂阳郡节制的茶陵县侯（《汉书·王子侯表》，表1-1）。

表1-1 《汉书》卷十五上·表第三上·王子侯表

| 号谥名 | 属 | 始封位次 | 子 | 孙 | 曾孙 | 玄孙 |
| --- | --- | --- | --- | --- | --- | --- |
| 茶陵节侯䜣 | 长沙定王子 | 三月乙丑封，十年薨（元朔四年三月封） | 元鼎二年，哀侯汤嗣，十一年，太初元年薨，亡后 | | | 桂阳 |

注：长沙定王之子刘䜣获封茶陵节侯，封邑在桂阳郡，往下记有继嗣的儿子刘汤，其他儿子及孙辈继嗣者名字失考，但记录到刘汤玄孙（班固《汉书》，中州古籍出版社1996年版127页）。

明代茶陵诗派领袖、朝廷资深首辅李东阳在《怀郴州为何郎中孟春作》诗，云"吾祖昔闻生此州，吾家近住茶溪头"，即说茶陵往昔在古郴州。清乾隆年史学家、为皇帝讲解经籍的翰林院庶吉士全祖望，在唐代史学家司马贞的《史记索隐》查找到茶陵县的隶属变化，是"志属长沙；盖移隶也。"同治年为皇帝讲学论史的翰林侍讲、国子监祭酒（最高学府执掌官）、汉学家、湖湘文化大师王先谦根据古本《汉书》，考述："《王子侯表》注云：桂阳盖汉制王子侯食邑，例别属汉郡，表从当时之制书之。"全祖望、王先谦认为，在刘䜣的玄孙"无嗣"之后，茶陵县由桂阳郡"移隶"定王后代的长沙国。故《（汉书）地理志》："长沙国有茶陵县，非表之误也。"

炎帝安寝的"茶乡之尾"（南宋设酃县，今炎陵县），也属汉桂阳郡治郴县辖区。清代舆地学家邹汉勋、汉学家王先谦分别在《汉长沙零陵桂阳武陵四郡地考》专、两文，有"桂阳郡……其十一县，郴（郡治），今酃县及郴州"的论据。清末湖湘文化大家、清史馆馆长王闿运在《桂阳直隶州志·匡谬篇》也指："元朔三年，立长沙定王发子䜣为茶陵侯，下列其地在桂阳。桂阳之地广矣，由今永兴至茶陵、攸县皆郡地。"即指上述区划的原属及其后的转移关系。

先秦郴县茶乡属小乡国，因乡的繁写体为"鄉"、从邑，即早期乡国；西汉于公元前126年设置为茶陵县，距今2100多年，这属于首个也是唯一以"茶"命名的县级行政区划，昭示了茶祖"神农尝茶"坐标式的源发地点，也说明南岭古郴、湘水流域、衡山地带在汉代之前，早已存在以"茶"为饮的风习。总之，茶陵是世界上最早也是唯一用"茶"命名的政区。

### （四）贡茗贡茅郴之蒿

《尚书·禹贡》记九州划分、山川方位、水利治理、物产分布、土壤、赋税、贡品及贡道，其中南岭郴地在大禹时已贡林产品"荆及衡阳惟荆州……三邦厎贡厥名，包匦菁茅，厥篚玄纁玑组，九江纳锡大龟"。古人以山南水北为阳，此"衡阳"即衡山之阳（时无"衡阳"地名），古郴就在衡山南面。全书仅荆州篇出现一个"名"字，"厥"为代词"其"。故此处"三邦厎贡厥名，包匦菁茅"，应断句为"三邦厎贡，厥茗、包匦菁茅"。清代史学家、两江总督陶澍诗纪："我闻虞夏时，三邦列荆境；包匦旅菁茅，厥贡名即茗。"认为"名"通假"茗"，符合逻辑；因为"茗"后的"菁茅"，也是植物贡品、祭祀药材，晋《三都赋》注："《尚书·禹贡》曰：包匦菁茅，菁茅生桂阳。"三国《吴录》记"郴县有菁茅，可染布。""名"，即茗，也产于桂阳郡前身苍梧郡、方林国。《神农本草经》记："招摇之山多桂"，唐《本草图经》、明李时珍《本草纲目》均指"桂生桂阳"。

《禹贡》中的大龟即古生物斑鳖，《逸周书》记载地方进献周王朝的贡物，有"长沙鳖……苍梧翡翠"；即长沙方国在夏商周时期要上贡斑鳖（后称长沙人"长沙鳖"即出于此），苍梧方国要上贡翡翠鸟羽。苍梧即后来楚国苍梧郡郴县、汉代桂阳郡，系南岭首县、首郡。故从植物科学角度剖析，古郴乃禹贡药材（包括茗茶、菁茅、桂等）之地。

这样，《尚书·禹贡》关于古郴、长沙原文可译为：由荆山到衡山之阳，是荆州境域。三几个方国贡物出名，其方林产植物贡品茗、竹匣包装的菁茅，其江汉产筐装编织、矿物贡品黑红绢帛、玛瑙珠串，长江中游九江之长沙献给动物贡品巨鳖。

上古方林国到楚苍梧郡、郴县再到西汉桂阳郡、郴县，所产茗，自然是野生茶。

## 第二节　古代郴州茶事

古代郴州茶事发生早且丰富，远古有神农尝茶传说，汉代橘井与"橘茶"相关，唐代有煎茶名水郴县圆泉、临武县西山茶叶炒青制作工艺等。

### 一、隋唐以前与唐代郴州药膳茶饮

上古药食同源，开创农耕的神农氏族尝百草以解决果腹、医疾难题，故视百草皆为茶。有世界最早的药学书《桐君录》为证："茗有饽，饮之宜人。凡可饮之物，皆多取其叶。"就是说上古先民茶饮不单指茶树的茶，是把多种植物叶子当茶。如古郴民对"茶"的认识，既是茶又是"苦菜"，蓼市产的茶蓼为药，莽山的茱萸也叫"茶辣"，五盖山钩藤叫钩藤茶又别称"孩儿茶"，黄岑山（南岭五岭之骑田岭）黄岑又叫"黄岑茶""山茶根"，等等。

世界第一本茶学著作、唐代茶圣陆羽的名著《茶经》言，早期饮茶是当食物来吃，与"葱、姜、枣、橘皮、茱萸（茶辣）、薄荷之等"一起，加工成羹粥，茶叶为其中主要原料；南朝梁刘孝绰《谢晋安王饷米等启》就说："茗同食粲（米）。"这也可从湘南的油茶角度，来看这一点。故《茶经》指出："《后魏录》：琅琊王肃，仕南朝，好茗饮莼羹。"

陆羽此处写有橘皮配茶，唐代"橘茶"，可能受启发于西汉郴县草药郎中苏耽的"橘叶井水"药茶饮。杜甫、王昌龄、王维、元结、皎然、刘禹锡、柳宗元等唐代诗人讴歌苏耽橘井，与此不无关联。《古今茶饮膳食方新编》前言一、远古时代中国茶膳养生保健理论的发生与发展，可予佐证："茶饮膳食养生保健疗疾古来有之……晋葛洪《抱朴子·神仙传》中的橘叶井水配治大疫。"

此事最早记于西汉末刘向著《列仙传》："苏耽，桂阳人也，汉文帝时得道，人称苏仙。早丧所怙，乡里以仁孝著闻……"又语母，"明年天下疾疫，庭中井水橘树能疗，患疫者，与井水一升、橘叶一枚，饮之立愈。"晋道教学者葛洪又撰成《神仙传·苏仙公》。用井泉熬橘叶茶（配伍青蒿等草药），以对付瘟疫，是中医预防医学发端之一，橘类茶形成一大系列：橘叶、橘杏、橘姜、橘花、橘肉、橘饼、竹橘、陈皮茶等。

唐代以前郴人重视茶与相关药草的配合膳饮，形成了郴州的传统药茶之饮，例如："桂阳县（北宋—清代汝城县）产风叶，充茗饮，能愈头风……风叶岂蛮茶之谓耶？"

## 二、陆羽、无量寿佛与郴州茶饮

### （一）郴州在陆羽划定的荆湘茶区范围

《茶经·茶之饮》云："茶之为饮，发乎神农氏，闻于鲁周公，齐有晏婴，汉有杨雄、司马相如，吴有韦曜，晋有刘琨、张载、远祖纳、谢安、左思之徒，皆饮焉。滂时浸俗，盛于国朝，两都并荆渝间，以为比屋之饮。"这段话考据：茶叶成其为饮料，系神农炎帝发现、创始。从周王朝鲁周公对茶作记故传闻于世，历代名流如春秋时齐国宰相晏婴，汉朝的哲学、语言学家杨雄、文学家司马相如，三国时吴国太傅韦曜，晋代司空刘琨（曾与祖逖闻鸡起舞）、文学家及中书侍郎张载、陆姓祖先吏部尚书陆纳、卫将军谢安、文学家左思等，都是饱饮之士。饮茶风气浸透民间，茶艺在大唐本朝最为盛行；西京长安、东都洛阳和荆（鄂、湘）渝（巴、渝）等地，家家户户都把茶当作日常饮料。

楚人陆羽指出荆湘将茶作家常饮料的民情，郴州桂阳郡属荆湘地域，即《荆州记》中的荆州桂阳郡；《茶经》"茶之出"有岭南、韶州，而韶州系三国吴国末才由桂阳郡南部都尉另置始兴郡，隋开皇九年设为韶州。汉初置县的桂阳郡临武与隋朝置县的郴州宜章两县县城皆在南岭之骑田岭桂岭南面，宜章、临武、汝城3个野生茶最多之县，与韶州犬牙交错，则郴州当有茶之出产。北宋郴州知州阮阅《郴江百咏》集涉"茶"诗达6首之多，且专有《茶山寺》一首，说明茶山早存在于前代。这为清代茶学家陆廷灿编著《茶经·续茶经》（图1-7）所认可："郴州亦产茶"。

图1-7 续茶经

注：清代茶学家陆廷灿著《茶经》，编入陆羽《茶经》与其《续茶经》，云"郴州亦产茶"。

### （二）茶圣陆羽品鉴郴州圆泉煎茶水

唐代，郴州人采野茶与栽种茶并举。中唐时，茶圣陆羽品鉴全国煎茶名水，将郴州圆泉列入全国20处名水之中,"郴州圆泉水第十八";他在《煮茶记》说:"此二十水,余尝试之。"陆羽与湖州刺史李季卿论煎茶名水在唐代宗永泰二年(766年);唐贞元三年(787年)陆羽赴广州节度使李复幕府做给事,来去必经南岭要冲郴州,圆泉就在城南坳上乡湘粤古道旁;《陆羽生平(游历)年表》一说:"(唐)贞元八年至贞元九年(792—793年,陆羽59~60岁),李复奉诏迁南阳节度使。陆羽北返,途泂溪赏水。至郴州圆泉煮茗。"

### (三)无量寿佛与郴人的茶饮风习

《旧唐书·宣宗纪》中记载:"(唐)大中三年(849年),东都进一僧,年一百二十岁,宣宗问:'服何药而致寿?'僧对曰:'臣少也贱,素不知药性,唯嗜茶,凡履处,惟茶是求,或过百碗不以为厌。'因赐名茶五十斤,命居保寿寺,命饮茶所曰'茶寮'。"

该高龄僧人,是苏轼好友、宿州知州谪全州的王巩撰《湘山无量寿佛记》所述:"湘山祖师者,姓周,名全真,郴县人也。"明嘉靖《湖广图经志书》所记郴州"无量寿主":"姓周名道宝,郴之程水乡人……郴之周源山即其生长地也。"《万历郴州志》载明嘉靖代吏部尚书、郴州理学家何孟春著《开元禅寺记》:"吾郡有寺曰'开元寺',在郡城西。旧志载,是地为唐湘山全真祖师落发出尘之所。"他就是唐代驻锡湖南道湘源县湘山寺的郴州寿佛周全真,清康熙年张淡重修的《寿佛志·佛祖因缘》记载,寿佛周全真生于唐开元十六年(729年),至大中三年(849年)刚好120岁。五代时楚王以郴州寿佛之名"全真"第一字升湘源县为全州,明代两广提督邓廷瓒《湘山寺》诗吟"寄语山中无量佛,全州风景即郴州"。

无量寿佛周全真,明《万历郴州志》、清《嘉庆郴州总志》、光绪《湖南通志》《兴宁县志》(程水乡后属兴宁县,即今资兴市)记其寿高132岁,清《湖南通志》《广西通志》《郴县志》《兴宁县志》《湘山志》有133或138岁乃至139岁等记载。因身世传奇、长寿居全国之冠,被宋徽宗等四朝皇帝敕封佛号,明代郴籍大臣、工部侍郎崔岩、代吏部尚书何孟春在《郴阳仙传》的仙佛中,将其列为郴州佛首;清咸丰帝封其"无量寿佛"。按清《湘山志》所记他早在唐天宝七年(748年)已进长安拜谒过唐玄宗。但唐武宗灭佛,他隐居覆釜山;武宗死后,"宣宗即位(846年),有诏复兴释教"。所以全真应佛门请求,唐大中三年(849年)北上经东都洛阳入长安谒宣宗,获赐茶叶并寓居保寿寺"茶寮"一段。故"茶寮"地名荣移于其乡郴州,清《嘉庆郴州总志》记明代思想家、南赣巡抚王阳明在郴有《茶寮纪事》诗,清《郴县志》《桂东县志》俱载,可为注脚。

《湘山志》记载寿佛圆寂后,"刘相公瞻系师同邑"唐乾符元年(874年)助"修浮图",即寿佛同乡、郴籍宰相刘瞻助推湘山寺建佛塔,安放寿佛真身。这样,"天圣甲子僧志松增修其塔"，宋仁宗"赐束帛香茗"。"天圣甲子"是北宋仁宗年号（1024年），该寺住持志松和尚修理增高佛塔，得到赐予的丝绸和名茶，收入塔内，因为香茶是寿佛生前爱喝的。这与《旧唐书》《新唐书》记载的寿佛吻合。证实了唐代郴州人的茶饮，与京城同步，早已在社会、宗教界形成风习。

### （四）郴州曾产黄茶

思想家、文学家柳宗元撰有《奉和周二十二丈酬郴州侍郎》诗，其补充说明式副标题为"衡江夜泊自得韶州书并附当州生黄茶一封率然成篇代意之作"。郴州侍郎，即谪郴州任刺史的杨於陵，他原任朝中户部侍郎，故柳宗元尊称其"郴州侍郎""杨尚书"；"韶州"系人的代称，即韶州刺史裴曹，如柳州刺史柳宗元叫"柳柳州"一样。此诗所记大致为，韶州周橡（刺史幕僚周姓者，在家族兄弟里排行第22，故柳宗元称其"周二十二丈"）带着韶州刺史写给郴州刺史杨於陵和柳宗元的信，抵郴州时，知柳宗元在衡州，于是他赶往湘江船上夜会柳宗元，转交韶州刺史的信。同时郴州刺史杨侍郎赠黄茶送别周橡，还不忘给柳宗元也附上一份，周橡写诗酬谢杨侍郎，柳宗元也作诗唱和。这说明郴州当时曾产黄茶。

### （五）郴州在《膳夫经手录》所写湘江东面茶区

唐大中十年（856年）巢县县令杨晔所撰《膳夫经手录·茶》记载："衡州衡山，团饼而巨串，岁收千万。自潇湘达于五岭，皆仰给焉。其先春好者，在湘东皆味好，及至湖北，滋味悉变。然虽远自交趾之人，亦常食之，功亦不细。"其大意说：衡州衡山（指衡山县、南岳）茶，加工成片团膏饼很大串地销售，年收千万贯铜钱。潇水、湘水地区到五岭郴、永、赣、韶一带（即南岭、湘赣粤桂边际）虽然产茶，但都希望得衡山团饼而饮。湖南早春茶，在湘水东面山区产的汤味都好，但往上到洞庭湖以北那茶也味道全改了。然而湖南茶虽远销交趾（今越南北部一带），却因当地饮用需求量大，运去的货也无法顾及做工精细了。

而从陆羽赴广州过南岭在郴州城郊圆泉尝茶，刘禹锡在南岭郴州临武县西山试茶，郴州高僧周全真"唯嗜茶"，和出现茶叶炒青诗等状况来分析，以及从郴州北面衡州产茶，南面岭南韶州也产茶等状态来判断，南岭郴州属湘江东面、湘南产茶片区。

## 三、刘禹锡所见郴州茶叶炒青

公元816年三月初哲学家、诗豪刘禹锡"谪在三湘最远州"，赴任湖南观察使辖连州刺史。四月底他抵郴州染"瘴疠"，住友人、郴州刺史杨於陵安排的驿站陋室治疗数日。其间与杨於陵诗歌唱和，杨於陵写《郡斋紫薇双本》，刘禹锡除《和杨侍郎初至郴州纪事书情题郡斋八韵》，还《和郴州杨侍郎玩郡斋紫薇花十四韵》。病初愈为赶时间，未及辞别杨便沿湘粤便道翻越桂岭，经郴州临武县赴连州；途中听了神农尝茶传说，避雨该县西山佛舍，喝僧人采的茶，撰诗《西山兰若试茶歌》。清《临武县志》载："茶，产西山，味颇苦性凉，食之解毒（临武西山即今国家森林公园西瑶绿谷）。"刘禹锡喝西山茶后，将《试茶歌》连《度桂岭歌》一起，"不辞缄封寄郡斋"托人递送郴州刺史杨於陵，"寄言千金子（杨於陵系典故"四知却金"的东汉名相杨震的裔孙）"，告诉其喝的是长于"阴岭"面的"新芽"，叹"斯须炒成满室香""炎帝虽尝未解煎"，笑杨於陵郴州郡斋煎茶"砖井铜炉损标格"。

以往，有指刘禹锡试茶歌作于朗州（今常德）或连州、和州、苏州的说法，均缺乏凭据。因诗中的"缄封"指书信，"郡斋"指刺史起居处，如前引诗作，即郴州杨刺史郡斋。刘禹锡身在朗州，贬为司马小官，自述"无可与言者"，自然不会写诗特地托人"寄郡斋"去笑话上级刺史。如果说在和州、苏州，他本身为刺史，更无可能写信托人递送自己。如果是连州，人尚在赴任途中，又怎么知道未至的郡斋有"砖井"还是石井、"铜炉"还是铁炉？况且这几地均无炎帝尝茶的传说。而南岭郴州则是神农炎帝传说生发地，刘禹锡试茶神农助手赤濩氏家乡临武县西山，诗中"斯须炒成满室香"句，揭示出茶叶"炒青"制作工艺，后世公认为茶史上的最早记录。

## 四、宋代郴州茶事

宋代郴州茶事非一般丰富。

### （一）北宋郴州饮茶风气、茶业及桂阳监茶盐酒税管理

郴州种茶面积日增，饮茶风气弥漫，产业规模扩大。从多个任职郴州的官员行迹与其诗文记录，可一窥全貌：

#### 1. 张舜民贬任郴州监茶盐酒税官时的记载

官至吏部侍郎的文学家张舜民，于1083年贬谪郴州任监税官（监税，"掌茶、盐、酒税、场务征输及冶铸之事"）。在《游鱼降山记》一文，他讲述游过鱼降山柳毅祠（《太平广记》载"柳毅，乃郴州人"）后，"汲涧瀹茗"，再向招贤寺、会胜寺去。溪水所煮茶叶，肯定是郴县所产，因为他们一行6人游4天，如此大的饮用量自然来自当地。而张舜民诗作，3首与茶及橘井、圆泉、愈泉关联，《郴江百韵》第39韵"橘井苏仙宅，《茶经》陆羽泉"，一语写足两个天下第十八，即天下第十八福地——苏仙岭·橘井，天下第十八泉——煎茶名水圆泉；第64韵"尝茶甘似蘖，皱橘软如绵"，说在郴州喝茶，好比品酒曲一样醉人。

## 2. 桂阳监茶盐酒税的设置、郴州知州诗歌的反映

产业方面，《建炎以来系年要录》记："（宋）绍圣四年（1097年）十二月十七日，秘阁校理刘唐老落职，添差监桂阳监茶盐酒税卖矾务。以唐老元祐党人，故有是命。"同秦观一样，刘唐老被北宋当政者作"元祐党"清理，贬谪远州，到桂阳监做监税务的小官。桂阳监，唐代设于郴州桂阳郡城郴县，属采矿冶铸监管机构，后移平阳县（即今桂阳，五代至清历桂阳监、军、路、府、州），北宋初别离郴州领平阳、临武、蓝山县（明末又与临武县析置出嘉禾县），迄今仍是郴州面积最大之县，故郴州地区俗称"郴桂"。而从刘唐老官职名称上看，"茶"置于"盐、酒、矾"之前，可知郴桂茶业因社会需求与交易，当时成为继粮食、矿产之后的大宗产业。

1123年朝散大夫阮阅出任郴州知州，撰《郴江百咏》以百首七绝咏郴州，多达7首与茶相关。其中《北园》提到"一坞春风北苑芽"，述州署后园圃中茶叶长势。《茶山寺》，顾名思义寺庙建在茶山，反映出北宋郴州茶叶栽种生产有一定的规模。

## 3. 两宋之际郴州茶事

北宋末进士罗汝楫（南宋初吏部尚书）任郴州教授，登苏仙岭撰《谒苏仙观》诗，有"檀烟曳云白，茗粥浮新浓"句；说明人来上浓茶汤，系苏仙观道士接待访客的定制礼仪。

抗金名将折彦质遭奸相秦桧暗算，于1145年贬郴州，撰《留题寓居》诗"石桥步月公居后，橘井烹茶我在先"，展示了宋代郴州讲究烹茶，舀橘井水煮之为上。

## （二）南宋郴州茶业

### 1. 南宋前期年产茶叶过万斤

《宋会要辑稿》·食货二九·产茶额一节，记录全国各路州、军（下州）、县在1162年的产量："荆湖南路（相当于今湖南省，史录加广西全州、清湘、灌阳）系潭州（今长沙）……郴州，永兴、宜章、桂阳（汝城带桂东）、郴（州治郴县带资兴）：一万九百九十四斤。"桂阳军因承袭唐代桂阳监主理坑冶铸钱事，矿丁户、冶炼工要喝大量茶水，故外卖茶不多，1325斤。郴桂总数当年为12319斤，在荆湖南路居第五。宋淳熙元年（1174年）后，郴桂总数提高3000多斤（因坑冶减少，桂阳军卖茶数量增加），为15490余斤，居荆湖南路第四。

### 2. 南宋茶事及八景之"圆泉香雪"名出辛弃疾

南宋江西抚州进士黄希于1175年任郴县县令，对郴州的茶饮印象极深，在《黄氏补千家注纪年杜工部诗史》述说："余尝官郴，见其风土，唯善煎茶。客至，继以六七，则知茗续煎者。湖南多如此。"风土人情茶一杯，擅长于煎茶，客一进门连敬六、七杯；这

种待客之道显见是习惯所致，从另一角度看，说明当时郴州茶产量可观。

南宋朝廷除正税外，还征盐钞、茶引税，摊派乳香和籴米等，名目繁多百姓不堪重负，起义反抗。抗金名将、豪放词家辛弃疾于1179年任湖南转运副使、潭州知州，升湖南安抚使，"茶寇"起湖湘，"弃疾悉讨平之"。同时数项政事也关联郴州：出桩米赈粜郴州；奏请于郴州宜章县、桂阳军临武县并置县学；弹劾贪占的桂阳知军赵善珏；因郴桂瑶汉起义频发而奏设湖南飞虎军，"平郴寇"；故走马郴州，饮茶圆泉，对陆羽品鉴此水、张舜民称"陆羽泉"事，了解颇深。其《六幺令·用陆氏事送玉山令陆德隆侍亲东归吴中》，提到在郴州品赏过的圆泉茶水："细写《茶经》煮香雪。"圆泉遂成郴阳八景之"圆泉香雪"。

理学大师朱熹于1194年高就湖南安抚使，到郴州也慕名造访圆泉，煎茶入腹，挥毫题写"清风""明月"两词，张额于泉边会胜寺（《郴州地区志》第六章山川名胜第二节胜水五圆泉，记"门额'清风''明月'，传为朱熹墨迹"），寓意：泉圆如明月，清风送茶香。

1218年郴州知州万俟侣，知张舜民错认永庆寺泉为圆泉以及陆羽、阮阅、辛弃疾、朱熹与圆泉的故事，遂书"天下第十八泉"6个大字刻于圆泉石壁。这使天下第十八泉与天下第十八福地苏仙岭、橘井联系起来，2个"天下第十八"相映成郴州山水景观二绝。

理学家吴镒由宜章县令升郴州知州，他写郴州的《乾明寺》，发现在日本藏《嘉靖湖广图经志书》郴州诗类："寒藤枯木道人家，乃有酲红第一花。我亦花前煞风景，一杯汤饼试新茶。"揭示了宋代郴州的茶饮方式来自唐代：新茶制成饼，掰开煮成茶汤来品味。

### 3. 郴县五盖山、桂阳军茶叶生产

郴州近邻广东乐昌市黄圃镇《李氏族谱》记载省级历史文化名村户昌山村：始祖大万，恩进士，生于宋宁宗嘉定十一年（1218年）……伯伦，贡生，生于宋理宗端平三年（1236年），景定年间任大理寺评事，父谦公。宋元间举家由江西道经郴阳爱黄岭避隐五盖山（郴县秀才乡），以种茶叶为生，葬于五盖山半腰。（后沿湘粤道移至乐昌市开基户昌山村）。

"宋时桂阳乳香，史称茶、盐之外，香利溥博。"这记于清同治《桂阳直隶州志》，指桂阳军（今郴州桂阳县）借朝廷进口乳香交易，向百姓推行，赶上茶叶及盐的生意，所获利税周遍广远。这从另一个角度，证实宋代桂阳军、临武县、蓝山县的茶叶生产原为大宗经济。

### （三）宋代贡茶传闻

《湖南农业史》（第四章隋唐五代时期的湖南农业·第三节茶叶的生产及加工·二、茶叶的主要种类及产量）提到"另据各地方志记载，唐宋时期向朝廷的贡品茶"，其中还

有郴州的"资兴狗脑茶……永兴黄竹白毫"两种。

据《天下第十八福地郴州》一书，《资兴狗脑贡茶》一文说："据资兴史志记载，宋元丰七年（1084年），汤市秋田村一金姓人氏中了进士，为感皇恩进献'狗脑茶'。皇帝喝后龙颜大悦，赞不绝口，从那时起，狗脑茶被定为皇宫贡品。"

据《郴州地区志》载："南宋时，安仁县冷泉石山茶被列为贡茶。"清《安仁县志》记载，豪山乡冷泉石山茶曾"悉解京都"。《天下第十八福地郴州》一书中《安仁豪峰茶》一文说："《中国名茶志》（1982年出版）和《安仁县志》（清同治本）都有这样的记载……皇帝听说此茶产于深山冷泉石山缝里，即赐茶名为'冷泉石山茶'，令安仁百姓年年上贡。又因此茶连泡九杯而滋味仍佳，故民间称该茶为'一叶泡九杯'。"

## 五、元明清郴州茶事

### （一）元　代

元代时间短暂，郴州与桂阳行政区划均为路，茶事留存史料有限。虽如此，但有著名农学家鲁明善于1330年任桂阳路总管，其著有《农桑撮要》。鲁明善系高昌回鹘国（今吐鲁番）维吾尔族人，《农桑撮要》属元代三大农书之一，书中记录《焙茶谚》"茶是草，箬是宝"。箬竹，郴州有产，叶片大而长，用于衬垫茶篓、防雨湿便运输。

《元史·列传·刘耕孙传》，记桂阳路"临武旧有茶课"即茶税。郴州近邻茶陵县人刘耕孙考取进士后，奉派临武县做县尹即县令。他发现临武县交纳每年的茶税，原"岁不过五锭，后增至五十锭"，后翻了十倍。刘耕孙见增税过重，便"言于朝"，结果朝廷同意"除其额"。

### （二）明　代

#### 1. 茶产量趋多，名茶增多，贡品米茶

明《万历郴州志·食货志》记："物产一州五县同……茶永兴多。"指当时郴州各县都产茶，但产量数永兴县为多，《永兴县志》即有茶叶坪、茶园里、茶园陂、茶冲、茶背冲等产茶地。《郴州地区志》则记："明末……茶叶生产遍及各县，面积、产量以郴县最多，品质以郴县五盖山米茶、桂东玲珑茶、安仁冷泉石山茶最佳。"

郴县五盖山的野山茶、藤茶、米茶，经千年"霜雪云雾露盖山头"的滋润，领一时之盛，尤其米茶紧实如米粒，被选为贡品。《郴州地区志》第三章第二节茶叶，记："明代，郴县五盖山米茶品质甚佳，列为贡品。"《郴县志·大事记》记录："（明）崇祯十七年（1644年），五盖山米茶被列为贡品。"

### 2. 湘粤古道走茶马

中国社会史丛书之《流放的历史》唯一举例流放交通的民谣，即"船到郴州止，马到郴州死，人到郴州打摆子"，讲的是湘粤古道。其水陆两道，内地的船南下逆水而行南岭，航道止于郴州，秦末义帝故于船队止停处郴县建都；北来的马队远抵郴州翻越南岭也累得要死；中原的人远来不服南岭水土，穿行原始森林易患疟疾，俗称"打摆子"。这都指向：郴城起始的湘粤古道乃内陆与沿海必经要道，也是内地与沿海之间最便捷快速的运输、商贸通道。

《桂阳直隶州志》便记："（明代以来）州南、临武、蓝山，原茶树弥望，霜降取实为种，贩运郴、连，利逾茗荈。"指本州南部和临武、蓝山两县的山岭，望上去满眼的野生茶树，人们在秋季最后一个节气后，便采茶种装上骡马茶篓，快速运抵本地郴州和向南越过南岭、九嶷山贩运广东连州等地，利润超过直接卖出的细茶粗叶。

### 3. 茶人物突出

明代郴州在全国有影响的茶人物，是理学家、代吏部尚书何孟春，著有茶文史《茶贡、茶马互易及茶禁》、茶诗多篇，使人可以了解明代前中期的茶事、贡茶、茶禁等国情、茶情。

## （三）清 代

清代，郴州茶叶种植面积进一步扩大，为汉瑶农家大宗经济作物，获利颇丰。清康熙《郴州总志》记州内"茶，永兴多"；时茶价为"每两解费三分五厘"。解费即解送的费用，又称解费盘脚，运一两茶叶就要1/3个铜钱，较贵。《乾隆直隶郴州总志·物产志》记〔货之属〕第一宗："曰茶郴属均产，以五盖山为佳。"《嘉庆郴州总志·物产志》〔货之属〕记各种热销货物：茶、菸（烟）、石耳木耳、香菇、棉花、葛、纸蓝靛、油（茶、麻、菜油及桐油）、煤炭、铁等12种，排首位的"曰：茶。郴属均产，以五盖山为佳"。《郴州地区志》记："（清）光绪、宣统（1875—1911年）……茶叶已成出口的主要商品。宣统年间（1909—1911年），郴州出口的茶叶平均每年达1.6万担，销售收入达银元50万元。"通过湘粤古道行销广州，由广州口岸转销香港、南洋。

### 1. 五盖山主峰米茶、宜章县茶

雍正《湖广通志》"茶出宜章"，说明清朝前期宜章县茶叶生产名扬湖广。《嘉庆郴州总志》记："（郴县）五盖山茶，山顶有平地一坞，宽数亩，常有云雾蒸覆；茶味清冽，体弱未惯饮者，但可半盃，多则轻即昏眩、汗出涔涔。珍其品者，与蒙山茶同。"五盖山的山顶名碧云峰，海拔1619m，顶峰下方海拔千米处有碧云庵，庵后上方山坡、水源沟泷旁均保存原生茶树，以此引种于旁边山坡成为米茶茶园，享誉湘粤赣。

## 2. 桂阳州茶料——瑶汉对原生茶的利用及交易茶之地名

清同治《桂阳直隶州志》描述了本州南部和临武、蓝山两县一眼望去原生茶满山遍野的景观，以及汉民、瑶民对原生茶的利用情况。同时也记述本州西北部的野茶生长范围及规模，"州北茶料，临瑶地"，一诗云："金光黛色接灵坛，总是人间未见山。茶料北连蛮女洞，桂阳南入尉佗关。桥边匹马孤吟去，竹外何人半日闲？莫道云扃少来客，苏君应遣鹤飞还。"此处"茶料"，指州西北流渡峰、坛山、扶苍山、白阜岭一带大山峒通称"茶料"，连接蛮女洞即瑶族峒寨，那里产野茶、种茗荈，瑶女以采、卖各种茶料闻名。

《桂阳直隶州志·小说篇》记："邵西樵《振阳楼闲眺》诗，云：焚香斗茗后，长日有余闲。"揭示清代桂阳州的文人雅士，闲时登楼，互相比斗品茶功夫。

## 3. 湘粤骡马古道亦盐茶运道

郴境湘粤古道有主道中线（郴县、永兴、资兴、宜章，宜章出）、辅道西线（桂阳、临武、嘉禾、蓝山，临武出）、辅道东线（安仁、炎陵、桂东、汝城，汝城出）三条，湘粤古道也是盐茶运道（图1-8）。主要包括航运、陆运两道的中线起始点，在郴州城老城区燕泉河口入郴江一带三河街（上、中、下河街）码头。

图1-8 清代湘粤骡马古道郴县邓家塘迎凤亭（市级文物），门额刻"迎风""却暑"

清光绪二十一年（1895年）生醴陵籍地理学家、民国政府内政部方域司司长傅角今著《湖南地理志》，对清代郴县城商行的记述，可佐证这一点"沿江岸者，曰：三河街，多客栈、米行、茶庄"。西线亦然，桂阳"盐行街"至今保存。

## 4. 一口通商国策反向刺激了郴茶通过盐茶古道外销

清初收复台湾后开放海禁，为加强外贸、振兴沿海经济设立闽、粤、江（上海）、浙四大通商口岸，也将中国特产茶叶、丝绸、瓷器、药材、宣纸、矿物等继续分享给世界。乾隆朝，却采取闭关锁国政策，改康熙朝"四口通商"的开放型贸易，只留广州"一口通商"。这反而给了地跨南岭的湖广郴桂两州极大机会，无论是转输内地的盐等物资，还是直运农副产品及茶叶产、销，靠着湘粤古道直通韶州下广州（十三洋行所在地）的得天独厚条件，占尽天时地利。"鸦片战争"后，清道光年"五口通商"，郴桂仍得邻粤之便。清光绪《郴州直隶州乡土志》记："其由陆路行销韶广一带，以茶油、茶叶为大宗……茶叶每年约产二千余担，行销广东省城。"这里仅统计了郴州直隶州即郴县一地在清光绪年间的茶叶销量（宜章、汝城、桂东及桂阳州、临武等县无须通过郴县南销），该县茶产量在清末有所减少；但整个郴州的郴、永兴、资兴、宜章、汝城、桂东六县（桂阳州无统计、安仁时属衡州），如《郴州地区志》统计年均产1.6万担，质量佳，故直销广东省会广州；在羊城经加工销售香港、南洋（即东南亚一带）、英国、俄国等地。百姓俗呼湘粤道为盐茶古道，及道路设卡，是为明证。

### 5. 湘粤古道设茶卡、各县征茶厘

《郴州商业志》记，清代宜章县在湘粤古道进出县境口子处，设置了"茶卡"，以管理茶叶出郴州境及征税。《嘉禾县志》记："（本县）清光绪三十三年（1907年）除课征盐厘、茶厘外，还开征……烟酒税等项目……"这都说明，清代各县对茶叶销售都征税交易额的厘金，与广东接壤的宜章设茶卡（由此及彼，汝城、临武亦同）。

### 6. 茶道路文化与茶亭茶屋

清代郴、桂道路茶文化兴盛，茶亭、茶屋广设于通往岭南沿海的湘粤古道、邻州衡阳、永州的州道及各县道、乡道乃至海拔千多米的岭顶，均建有茶亭茶屋，附生各种文化现象。

清初语言学家、广阳先生刘献廷1693年、1694年寄寓郴州时，在《广阳杂记》中写："黄箱岭有望苏亭，施茶所也。其上有庵，僧见修母子出家于内，衡人全俊公请予为联以赠。予题茶亭云：'赵州茶一口喫干，台山路两脚走去。'……题山门云：'门外鸟啼花落，庵中饭熟茶香。'"他登上的是南岭第二大岭骑田岭次主峰、海拔1514m的黄箱山，在宜章县境，其顶峰通州城的道旁，都设有施茶之亭，可见茶饮的文化提升。

桂阳州仁和圩至百家渡、古垄圩（今飞仙）古道上，打马冲茶亭，亭北面建有茶屋，专住村民烧水煎茶，无偿供应路人（图1-9）。竖立清道光二十一年（1841年）"万福攸同"碑，碑文引典故"涸辙之鲋""望梅止渴""病似长卿""夸父渴"，比喻路人辛劳；故建供路人所急的茶亭茶屋，且用吉语祈道上万人同福，含有朴素的大同思维。

图1-9 清道光年桂阳州打马冲茶屋碑

郴县湘粤古道上茶亭多多。民国初湖南省省长、督军谭延闿行辕曾设于郴州一年，《谭延闿日记》就记1919年12月20日"出西门，向永兴大道，至五里牌旧茶亭"。

1931年，《嘉禾县志》记载："（本县）茶亭46个，其中33个为清朝建，建有茶田146.2亩（按其中24个茶亭统计）。"嘉禾县面积在郴州地区最小，设茶亭茶田却很大方。

# 第三节　近代郴州茶事

## 一、清末民初

清末民初，茶叶生产、贸易大幅增长。1918年，《湖南实业杂志》记载，清末至1916年郴州茶叶生产情况："郴县毗邻广东，茶庄23家，茶山户数3700余户，大部分输入广东，再制而输入英国及南洋各地。民国五年输出额，绿茶375000斤，粗茶4100000斤，茶饼714000斤。"民国初期，郴县在华塘乡古茶山开办茶叶场。

1919年7月至1920年6月，民国四大书法家之首、湖南省省长、督军谭延闿率湘军与北洋军对峙湘南，设省府、督军行辕于郴州，郴州成临时省会；谭延闿嗜茶酒，兴办多所工厂、实验场、讲习所、学堂，其中有茶叶讲习所。在郴期间，茶叶消耗可想而知。《谭延闿日记》记1919年10月31日，书写清代书法家钱沣的诗联"秋月满轩吟《橘颂》，春风半席捡《茶经》"。12月4日记："雨寒暖五十六度（华氏温度，相当于13℃），因气温低及睡已12h，连日不甚饮茶，夜遂不起溲。"那一段时间白天喝茶不计；晚上都睡得迟，茶水就喝得少些了。

## 二、民国中期

曾任湖南省代省长的湖南省民政厅厅长曾继梧于1931年著《湖南各县调查笔记》，其"物产类"记载："郴县出口货物，以菸（yān，枯萎香草）、茶为大宗，而茶油次之。菸、茶为郴之特产。"述，"茶盛之时，西帮……载钱而来，贩茶而去。"就是说郴县的特产茶叶量大质优，颇受江西茶商青睐，商帮大批贩运，也大把赚钱。1931年，郴县茶叶种植面积达17万亩，全县产茶叶3.6万担。

郴县籍名画家王兰在上海办香祖画社，以家乡茶馈赠定居沪上的三湘名士、原湖南教育会长曾熙，书画"海上四妖"，曾熙回馈茶山联，传为一时佳话。

## 三、抗日战争期间郴茶奉献

1934—1936年，湘粤公路和粤汉铁路先后通车后，郴州成为湘南（本州包括蓝山10县，衡阳耒阳、茶陵、炎陵，永州新田、宁远、道县等）600万人口的货物集散中心、湘南的经济枢纽。茶叶、茶油、桐油、土纸、苎麻、烟叶、猪鬃、药材等，通过郴州火车站、汽车站运往各地。1942年，《湖南之茶》记录湖南主要产茶县份，郴县得毗邻广东之便利列第四位，名茶中亦有郴县五盖山米茶。

1937年日本军国主义发动全面侵华战争，封锁我国对外贸易运输通道，印度、斯里兰卡、日本茶得以大量销往欧美市场。郴州位于南岭要冲，扼控湘粤孔道、粤汉铁路，日寇军机屡次轰炸郴州城区，厂商企业多毁于战火，使郴州茶叶出口业务逐渐跌入低谷。1942年，《湖南之茶》记载郴茶生产变化："当民国五年时，青茶输出额三十七万斤，粗茶输出额为一百零四万余斤，茶片亦有七十一万余斤，此为最盛时期，亦即华茶外销之时代也。""民国二十年，郴州出口货物仍以烟、茶为大宗。据称，郴州茶叶面积曾达17万亩，最盛时期全区年产360万斤。"日寇入侵后，因屡屡受挫于长沙3次会战与常德、衡阳保卫战，7个年头无法占领湖湘、郴州、打通粤汉铁路；因此郴州百姓、茶农、茶商在困难中顽强坚持，为国家战时经济担负了应尽的责任。史料记："民国二十九年（1940年），郴县十六乡中，有八乡产茶，以良佑乡五盖山所产为最有名。然所产不多，其品质良而数量多者，划凤岁羽也。产区面积一万四千亩，总产量计一百三十一万斤，输出总额计六十八万斤。"总产量和外输量，均体现了郴州茶农对国家抗战的奉献。

至1944年底日寇侵入南岭地带后，郴州人民俗称"赶日本鬼子"，即躲避战火与抗击敌军，茶叶生产受到极大影响，茶园面积与产量急剧萎缩，"民国三十四年（1945年）全区仅有茶园3120亩，产青茶1154担，"直到抗战胜利才逐步恢复。

# 第四节　当代郴州茶事

1949年湖南和平解放后，郴州茶业得到了逐步恢复，20世纪50—60年代，郴县、桂阳、临武、嘉禾等县纷纷办起县级茶场，临武县东山云雾茶曾获1954年莱比锡国际博览会银奖；嘉禾茶场名为"郴州行廊茶场"。改革开放后，茶园面积由1949年的211hm$^2$发展到2019年的25613hm$^2$，茶叶产量由1949年的128t增加到2019年的14183t。当代茶叶生产大致经历了恢复发展期（1949—1979年），名优茶开发期（1980—2000年），茶叶振兴发展期（2001年至今）3个时期。茶叶生产加工科技水平不断提高，名优茶不断涌现，茶叶加工品类齐全。

## 一、恢复发展期

这一时期的特点是老茶园不断恢复，茶园面积不断扩大，推广化肥和化学农药防治病虫害，提高茶叶产量，茶叶加工改手工制茶为机械制茶，制茶效率提高，茶叶产品国家实行统购统销。生产茶叶主要为晒青、烘青和炒青绿茶。1974年开始，先后在原郴县华塘茶场、临武县茶场、桂阳县茶场和安仁县试制推广红碎茶生产。

## 二、名优茶开发期

这一时期的特点是推广茶树无性系良种，推广茶树矮化密植栽培技术，名优茶开发技术，1984年国家茶叶统购统销政策取消，茶叶生产走入市场经济。

20世纪80—90年代，郴州新发展茶园80%以上都是种植无性系茶树良种。主要推广的品种有福鼎大白、福云六号、福鼎大毫、白毫早、槠叶齐、槠叶齐9号、湘波绿、尖波黄13号、毛蟹、汝城白毛茶、江华苦茶、迎霜、萍云11号、碧香早、茗丰等品种。

1994—1996年，安仁县从石门东山峰引进云台山大叶种茶籽种植每亩1万株密植矮化茶园667hm$^2$，现保存有200hm$^2$余。在资兴、桂东、汝城、宜章开始推广种植每亩栽5000株以上无性系密植茶园。

名优茶开发成效显著。1980年开始，郴州地区全面开始研制开发名优茶，1980年由郴州地区农业局主持召开了郴州地区名优茶审评会，至1998年共召开了十届名优茶审评会，有力地促进了地区的名优茶开发与发展。五盖山米茶、桂东玲珑茶在1980年湖南省名优茶审评会上首次被评为湖南省名茶；在1982年湖南省第三届名优茶审评会上，全省评选出20个优质名茶，郴州有五盖山米茶、桂东玲珑茶、郴州碧云、永兴黄竹白毫、临武东山云雾5个茶入选其中，五盖山米茶被誉为湖南名茶中的一颗明珠。1980—1998年郴州有14个名茶被湖南省农业厅颁发了湖南名茶证书。名优茶有力促进了郴州茶产业的发展，提高了茶叶品质和经济效益。郴州被时任湖南省茶叶学会理事长王融初教授誉为"湖南名优茶开发的领头雁"；1997年由湖南省农业厅主持的全省茶叶工作会议，2001年湖南省政府主持召开的全省茶叶工作会议，先后在郴州召开；推动了郴州的茶叶生产。

## 三、茶业振兴期

这一时期特点是茶树良种面积迅速扩大，茶树栽培转向绿色食品、生态有机茶生产，茶叶加工走向机械化、清洁化、自动化，实现多茶类生产，重视品牌建设，打造区域性公用品牌。

高度重视茶产业发展。2014年3月6日，郴州市政府召开了全市茶叶工作会议，并出台了《郴州市人民政府关于加快茶叶产业发展的意见》（郴政发〔2014〕3号）文件。2015年8月11日，郴州市委、市政府召开了全市茶叶产业发展工作座谈会，提出着力打造"郴州福茶"区域性公共品牌，作出"百亿元茶产业规划"。2014—2018年来，全市新发展良种茶园面积每年以4万亩速度递增。

生态有机茶不断增加。截至2019年，桂东、汝城、宜章、资兴、苏仙等县（市、区）已有10家茶企1万亩茶园90多个产品通过了国家和欧盟有机茶认证。

茶叶清洁化、机械化、自动化加工水平不断提高。全市已建成清洁化、机械化、自动化加工生产线20条，在建6条。

品牌建设取得可喜成效。资兴"狗脑贡茶"、桂东"玲珑茶"分别于2014年和2015年获中国驰名商标；桂东玲珑茶、汝城白毛茶、东江湖茶获国家地理标志保护产品，市级茶叶公共品牌"郴州福茶"2019年获国家地理标志证明商标（莽山红茶也向国家知识产权局申报中国地理标志产品）。

茶叶加工产品实现多元化。2010年以来，全市已由绿茶单一品种生产加工，发展为绿茶、红茶、白茶、青茶、黑茶多茶类生产加工。

## 第五节 重要历史贡献

### 一、神农氏族尝百草南岭发现茶及茶乡茶陵县设置

#### （一）神农氏族通过尝百草发现茶

如前所考，远古神农炎帝氏族数代在南岭地域筚路蓝缕创始农耕文明的同时，通过尝百草的采集生活，进行早期的科学探索，在助手、祭司郴兲的方国发现了茶，遂有"茶"的植物名称与茶饮，和专事采集茶叶的后裔以"茶"为姓为部落，定居于南岭山区。

#### （二）神农后裔劳作于苍梧郴县茶乡形成桂阳郡茶陵县的设置

神农炎帝氏族后裔生活生产于方林（郴）；至战国，楚国在湖湘以衡山为界，北面设洞庭郡，南面设苍梧郡，并置南岭地域第一县郴县（见里耶秦简14-177号残简"苍梧郴县"，周边湘粤赣桂的零陵、衡州、赣州、韶州、桂林、贺州、清远等设置均晚于郴县、郴州），县有"茶乡"；延续至汉王朝。汉武帝封长沙国定王庶子刘䜣为"茶陵节侯"，升其封地桂阳郡治所郴县的"茶乡"为县，即"茶陵县"；《汉书·王子侯表》纪录在桂阳郡，即非亲王嫡子封侯封地由桂阳郡所节制。至刘䜣玄孙无子嗣后止，茶陵县由桂阳郡移隶长沙国。这从行政区划设置的法定程序上，证实了"神农尝茶"的历史功德。

#### （三）神农氏族创农耕尝茶叶等传说形成珍贵非物质文化遗产

郴州自古流传大量关于神农炎帝氏族开创农耕，尝百草、尝茶、温汤茶浴等民间传说。北湖区、汝城、嘉禾的神农传说评为市县级非物质文化遗产，资兴市的神农炎帝与汤泉、狗脑茶的传说列入省级非物质文化遗产（图1-10）。安仁县春分祭

图1-10 资兴市汤市温泉，"神农炎帝的传说"列为省级非物质文化遗产

祀农祖药王神农炎帝、交换农耕物资、买卖药材茶叶的"赶分社"节，列入联合国教科文组织评定的世界非物质文化遗产"中国二十四节气"名录。神农氏族对茶的发现与使用，肇开世界茶史，造福人类，贡献极巨。

## 二、新石器时期、春秋战国、东汉茶文物

2011年湖南省考古研究所、郴州市文物管理处在湘江上游舂陵江流域桂阳县仁义镇，发掘江畔千家坪史前村落遗址，距今7000年。遗址发现的一百多件陶器中，有新石器时代用于煮茶喝茶的器物白陶罐、陶杯、陶碗（图1-11、图1-12）。

史前白陶是中国新石器文化的辉光，是古郴人类的一大创造。它从土地土壤利用的角度，佐证了神农炎帝氏族创农耕于南岭，营造"民以食为天，食以饮为先"的丰富物质、精神生活。同时，还解秘了岭南沿海无白泥却出土白陶器物的谜题。

早在1979—1980年，湖南省博物馆东江文物考古队，对资兴县"九十九堆"遗址进行抢救性发掘，清理了上至春秋下至唐宋的近600座墓葬，其中80座战国墓，出土了楚、越遗物铜壶与陶罐、碗、杯（图1-13、图1-14），可用于煮茶饮茶。

北湖区出土有晋代茶壶；苏仙区、汝城县、桂阳县均存宋代陶瓷窑遗址，俗称"瓦窑""瓦窑坪""瓦窑村"。远古至宋代郴桂陶、瓷、金属茶器畅销，助茶业发展，可见一斑。

图1-11 桂阳县出土的远古凤鸟纹亚腰白陶（茶）罐

图1-12 桂阳县出土的远古白陶（茶）杯

图1-13 资兴"九十九堆"东汉陶（茶）杯

图1-14 资兴"九十九堆"东汉方格纹盖陶（茶）罐

## 三、唐代茶叶炒青技艺

唐宪宗元和十一年（816年）五月初，文学家、哲学家刘禹锡赴任湖南观察使辖下连州刺史，于南岭道中途经郴州临武县西山（清《临武县志》载"茶，产西山"），避雨寺庙，僧人于屋后阴岭面山坡采鲜茶炒制烹煮招待；刘禹锡遂作《西山兰若试茶歌》，吟"斯须炒成满室香"，叹"炎帝虽尝未解煎"，喜自己能在神农传说的故地现场体验新炒香茶。唐代茶叶炒青技艺，现于湘南郴州，实为世界茶史重要一页。

## 四、煎茶名水与药膳茶运用

郴州享誉"世界有色金属博物馆",矿物元素成就诸多煎茶名水,发生时间、分布范围、名类、数量在湖湘和全国领先。西汉桂阳郡苏耽用橘井水熬橘叶茶驱瘟救民,产生医林典故"橘井泉香";晋代犀牛井煮"白药"茶愈疾,故称愈泉;南朝隋唐天下第十八泉(圆泉、陆羽泉)原名除泉(《水经注》),煎茶除病(图1-15);还有桂阳县蔡伦井、蒙泉(子龙井)、宜章县蒙泉、永兴县紫井、嘉禾县珠泉、汝城县义井等;往往因煎煮药膳茶得名。北宋文学家张舜民吟"橘井苏仙宅,茶经陆羽泉",南宋抗金将领折彦质吟"橘井烹茶我在先",郴州煎茶名水丰富了民族茶文化。

图1-15 天下第十八泉——圆泉

## 五、湘粤古道输出湘茶

湘粤古道,春秋楚国先开,即楚奉周天子令"镇尔南方夷越之乱",南征百越的旧道——楚粤孔道;公元前214年秦朝50万大军征南越,重开新道,距今2230多年;为省级文物保护单位(图1-16);是中原内陆与岭南沿海最早产生的直线通道,水陆路并行,主道在郴州境内(图1-17)。史地名著《读史方舆纪要》叙:"(郴州)北瞻衡岳之秀,南当五岭之冲,控引交广,屏蔽湖湘。""于楚粤之交,有咽喉之重也。"战国楚国"鄂君启舟节"铜符,镌刻"内濿庚㱿",即:舿艎大船由湘水转入濿(耒)水,经过郴县北面濿(耒)、鄙(便)两处水关,非战略物资如盐米茶等可不征税通关。因郴江狭窄滩险,舿艎大船所载货物在耒水、郴水交汇处郴县瓦窑坪两江口,换装泷舟,入郴水抵终点苍梧郡治郴县,或泷舟出郴县在两江口换大船通关外运(图1-18)。

图1-16 湖南省文物保护单位标志碑——湘粤古道(郴州段)

图1-17 湘粤古道中线宜章县白石渡丹霞山"楚粤孔道"古篆书崖刻

中国社会史丛书之《流放的历史》唯一举例流放交通的民谣,即"船到郴州止,马到郴州死,人到郴州打摆子",正是指湘粤古道。内地船南下逆水而行南岭,航道止于郴州,下船换马翻越南岭;秦末义帝领导推翻秦朝后,被项羽逼迫迁都长沙,他选择湘水上游、舟船止停处郴县建都；这就叫"船到郴州止"。陆路则北来的高头大马远抵郴州，翻越南岭原始林莽不服水土，累得要死或被毒蛇猛兽袭击而亡，即"马到郴州死"。中原人远来南岭亦不适应，穿行原始森林被蚊子毒虫叮咬易患疟疾，俗言"人到郴州打摆子"。而北上的商旅也只有翻过南岭抵郴，才能下马换船由郴江入耒水、湘江去中原。民国湖南督军谭延闿指出"通海以前洋货皆由郴入腹地"。

楚秦汉的湘粤古道为统一国家的军事兵道，汉至南朝为邮驿官道，唐宋为运输常道（包括运茶）；元明清为商贸货道（盐、米、茶、造船桐油、猪鬃、矿物南下及食盐、海带、珍珠犀角、沉香陈皮北上）；一般6尺宽，一些地段9尺（清末运输量减，农民遂掘道扩田）。

主线路3条，中线为南岭山城郴县至粤北，舟船止停于老街区郴江、燕泉河口，陆路以苏仙桥—屈原码头（纪念楚国大夫、诗祖屈原）等盐、米码头为起始点，经州内90里青石板郴宜（章）大道至粤北乐昌市坪石镇路段（图1-19）；辅道有西线、东线2条。西线，桂阳州（春陵江）—郴县鲁塘—临武—粤北连州（图1-20），历史上用于军事较多，如东汉开国功臣伏波将军马援平定交趾"二征"反乱，"出桂阳下湟水"入珠江即此线；东线，安仁、茶陵、酃县（今炎陵县）、桂东、汝城—粤北仁化（图1-21），下浈水入珠江。

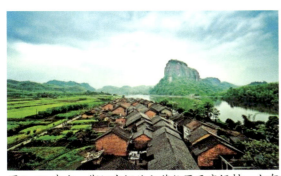

图1-18 耒水、郴江交汇处之苏仙区瓦窑坪村，古有陶窑，战国楚国大船至此换舲舟将货运苍梧郴县城

图1-19 湘粤古道主线即中线苏仙区至宜章县90里大道之折岭段九尺道

图1-20 湘粤古道西线临武县越南岭至粤北连州段

图1-21 湘粤古道东线，与汝城县接壤的仁化县古秦城及湘粤古道

湘粤古道作为茶道，唐、宋作用明显。唐代茶圣陆羽将城南20里道旁圆泉，列为煎茶名水"天下第十八泉"；北宋文学家张舜民对古道起始点上的愈泉（零里），赞"饮之能愈疾……直疑白药根"；桂阳军"茶盐之外，香利溥博"，指三大宗贸易其盐、香输入，而茶通过桂阳—连州西线输出（图1-22）。明代湘粤古道为茶叶南销常道，《桂阳直隶州志》记："州南、临武、蓝山，原茶树弥望，霜降取实为种，贩运郴、连，利逾茗荈。"发挥重大作用在清代，3次海禁和清乾隆二十二年（1757年）后"一口通商"期间（只开广州港）。如此，郴州通广东的湘粤古道拥有得天独厚的条件，可凭最短运输距离以最快速度，用骡马驮载湘茶翻越南岭经宜章县白石渡，直送粤北坪石、乐昌，换船下武水（发源临武）入北江、珠江运抵广州。西线、东线亦然。湘粤古道因骡马载货翻越南岭，又俗称骡马古道、骡迹故道（图1-23），外省戏称湘人为"湖南骡子"，亦与此关联。总之，200年间湘茶南输，滋粤润港，漂洋过海远抵欧罗巴，声名大振。

图1-22 湘粤古道西线水道桂阳县春陵江舍市渡口（南宋至清代舍人渡）　　图1-23 骡马行走湘粤古道前后接踵，青石板面形成规律性蹄印坑，俗称"骡迹古道"

## 六、汝城白毛茶野生资源的开发利用

汝城白毛茶，1976年首次由湖南省茶叶研究所王威廉研究员调查，在《茶叶通讯》报道。1979年，湖南省农业厅组织开展全省野生茶树品种资源调查，由湖南省茶叶研究所张贻礼、刘湘鸣，郴州地区农业局刘贵芳，汝城县农业局林睦芳等对汝城白毛茶进行专题调研，写出调查报告，汝城白毛茶被列为湖南三大珍贵野生茶树品种资源之一（图1-24、图1-25）。1981年，郴州地区农业局将汝城白毛茶试验研究课题下达汝城县农业局，下拨科研经费，在汝城县东岭乡农技站建立白毛茶试验基地。刘贵芳撰写《汝城大叶白毛茶野生资源的调查》，发表于1983年《中国茶叶》第2期。1986年，《汝城白毛茶野生资源开发利用的研究》正式列入湖南省级科研课题，由郴州地区农业局、湖南农业大学、汝城县农业局共同承担。1992年，《汝城白毛茶野生资源开发利用的研究》获郴州地区科技进步一等奖，湖南省农业科技进步二等奖，湖南省科技进步四等奖，世界华人重大科技成果奖（香港）。研制开发的汝白银针、汝白银毫均评为湖南省名茶（图1-26），其中

图 1-24 汝城野生白毛茶树林　　图 1-25 汝城野生白毛茶根茎　　图 1-26 汝城白茶饼

汝白银针获1997年法国巴黎国际名优产品（技术）博览会最高金奖。红茶和白茶多次荣获郴州市茶王赛红茶王、白茶王和潇湘杯名优茶金奖。

## 七、郴州茶树良种繁殖示范场的建立与作用

郴州茶树良种繁植示范场于1989年在原郴县华塘茶场基础上筹建（图1-27）。1991年正式列为农业部（现农业农村部）全国十大茶树良种繁殖示范场建设项目，总投资200万元，其中农业部90万元，湖南省75万元，郴州地区20万元，郴县15万元，为四级联合建设项目。项目建设要求，年出圃无性系茶树良种苗木1000万株，年

图 1-27 郴州茶树良种繁殖示范场茶园

加工红碎茶生产能力3000担。项目建设1994年完成，1995年通过项目验收。该示范场自建设以来，引进栽培省内外茶树良种及品系68个，研究提高了茶叶短穗扦插繁殖良种苗木出圃率技术，无性繁殖出圃茶树良种苗木1亿多株，除优先保障省内新茶园种苗需求外，还向广东、广西、江西、湖北、重庆、河南等省市提供了茶树良种种苗。为湖南省乃至全国推广茶树良种作出了重要贡献，研制的"南岭岚峰"被评为湖南省名茶，并入选《中国名茶志》。同时，由湖南省农业厅（现湖南省农业农村厅）主持，袁通政、刘开权、彭文斌、廖汉昌、刘贵芳等完成的《郴县茶树良种繁殖示范场良种繁育技术及体系建设研究》1995年获湖南省科技进步二等奖。示范场成为湖南农业大学茶学系大学生实习基地和郴州市乃至湖南省的茶叶技术推广培训基地。刘仲华院士等茶学教授曾多次亲临基地指导和开展科研工作。

## 八、郴州福茶品牌创立并获中国地理标志证明商标

郴州福茶蕴含了郴州地域厚重的神农文化、福地文化和寿福文化。改革开放以来,郴州地域文化底蕴日益为人们所了解。茶祖神农氏族"作耒耜于郴州之耒山",尝百草发现茶、泡茶汤于郴县、资兴、汝城,造福天下,郴州百姓因此将茶叶叫福茶;西汉桂阳郡治郴县苏耽母子以橘井水煎橘叶药茶,驱瘟救民福佑百姓,产生中华医林名典"橘井泉香",苏仙岭、橘井列为道教"天下第十八福地"(图1-28);唐代茶圣陆羽将圆泉定为煎茶名水"天下第十八泉";而郴州无量寿佛周全真"唯茶是求",推动禅茶文化,资兴百姓将寿佛喝过的茶叫寿福茶,"佛""福"在郴州方言里谐音。

图1-28 近景为郴州母亲湖北湖,远景为道教"天下第十八福地"——郴州苏仙岭

尤其在道家七十二福地中,第十八福地因苏耽母子抗瘟济世福佑百姓,杜甫、元结、刘禹锡、柳宗元、张舜民、秦观、阮阅、辛弃疾等名人诗文讴歌颇多,社会影响极大;唐宋帝王多次赐封苏耽,宋代以降世称郴州"仙城""福地"。理学大师朱熹的叔祖父、右武大夫朱弁吟:"苏君真是神仙裔,橘井阴功贯穹昊……独知此物有奇效,福地名山为储宝。"江湖诗人萧立之吟"九仙城里鞭游龙",南宋郴州知州张孝忠吟"致身福地何萧爽",明代湖广参政黄公辅吟"闻道仙城多橘树",代吏部尚书何孟春吟"马岭古福地,苏仙此为宫"。因此,清《郴州直隶州乡土志·古迹》记:"苏仙宅(即橘井观),在城东汉苏耽故居,门悬'天下第十八福地'匾额,相传为苏东坡书。"明代地理学家徐霞客游苏仙岭,其《徐霞客游记·楚游日记》记:"入山即见'天下第十八福地'穹碑。"

托神农炎帝、苏仙、陆羽、无量寿佛之福和南岭山水之孕,郴州茶叶种类丰富品优质高、颇具福相。但囿于历史原因,欠缺文化品牌效应。2014年6月21日,郴州市茶业协会会长黄孝健与湖南省茶业协会会长曹文成在参加"湘茶大赛郴州分赛暨郴州首届(汝白金杯)茶王赛"时,有一个共同的想法,郴州要打造一个茶叶区域公共品牌。黄孝健会长提出郴州是福地、福水、福茶传奇之地,两人一拍即合,一致意见命名"郴州福茶"品牌。于是曹文成会长在讲话时就提出了打造"郴州福茶"品牌的建议。后来经过多方面多次讨论,形成共识,全力打造"郴州福茶"区域公共品牌。

2017年11月1日,郴州市政府授权"同意郴州市茶叶协会为郴州福茶地理标志申请人"。郴州市农业委员会、郴州市茶叶协会展开一系列工作,向国家工商行政管理总局商标局(现国家知识产权局商标局)申报中国地理标志证明商标,组织制定郴州福茶栽培

技术规程，福茶之绿茶、红茶、白茶、青茶加工技术规程等。郴州市人民政府和中国茶产业联盟，在郴州国际会展中心举办中国茶产业高峰论坛暨郴州福茶品牌推介会。2019年12月，国家知识产权局正式批准郴州福茶为中国地理标志证明商标（图1-29、图1-30）。在郴州市人民政府参与主办的"2020第十二届湖南茶业博览会暨郴州福茶品牌推介会"上，郴州福茶公共品牌的靓丽风采得到完美展现，获评2020湖南"精准扶贫十大区域公共品牌"。湖南卫视茶频道《茶界会客厅》《倩倩直播间》《网红直播》等栏目对郴州福茶进行专题采访报道。"三湘四水五彩茶，郴州福茶福天下"传遍湖湘大地，远播大江南北。

图1-29 郴州福茶中国地理标志证明商标

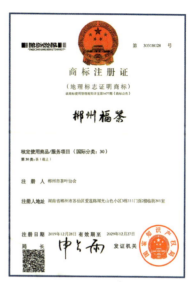

图1-30 郴州福茶商标注册证

# 第二章

# 茶区篇·郴茶地舆

湖南地形，东南西高北面低。郴州位于湖南南部，东与湘东茶区的茶陵县、炎陵县、赣西南茶区接壤，同罗霄山脉交错；南与粤北韶关、清远茶区共界；西与永州茶区相邻，北与衡阳茶区相靠。全境处沿海通内陆之南岭要冲，在南岭山脉偏中段，五岭之骑田岭雄踞州南，自然地理独特。市境东、南、西、北地域均遗存野生茶群落，湖南四大原始茶树群体种，郴州境内即分布3个群体种，其中汝城白毛茶为郴独有。郴州人工栽培茶树亦历史悠久，品种资源比较丰富。2014年，湖南省人民政府办公厅编制的《湖南省茶叶产业发展规划》，将郴州定为湘南优质红茶带。2015年，郴州市委、市政府提出打造"郴州福茶"公用品牌，做大做强郴州茶产业。到2020年郴州茶叶面积发展到2.77万$hm^2$，位列全省第三位。

# 第一节 郴茶独特的地理位置和自然条件

## 一、山地随山脉纵横交错

郴州位于东经113°北纬25°左右，处于南岭山脉与罗霄山脉交错地带。境内山地丘陵面积占总面积的3/4，东部是南北走向的罗霄山脉诸广山，境内最高峰为海拔2061.3m的桂东县齐云山，湖南第三高峰。南部是东西走向的南岭山脉之骑田岭，主峰海拔1654m，最高峰为苏仙区与宜章县接界海拔1913.8m的狮子口，与广东交界的莽山主峰海拔1902m。西部是桂阳河谷山地，其西北为大山区，古称"茶料"，最高峰为海拔1428m的泗州山。西南部是临武山地，最高峰为西山海拔1712m的主峰，次为东山主峰、海拔1594m的香花岭。北部是永兴、安仁丘陵、盆地，东、北为山区。郴州90%的茶叶，产于海拔500m以上的山地。

## 二、地质构造多样性

本区纵横于南岭中段，地处南岭地质构造带上，拥有喀斯特、红砂砾砂页岩、花岗岩、大理岩、玄武岩等多种岩溶地质，丰富的地质构造形成的高中低山、丘陵、高岗及各类地表，加上溪流，均含多种矿物元素，适合茶叶种植。

## 三、土质肥沃，富含硒

本区山地土壤多是由花岗岩、红沙砾岩风化而成的红沙壤，也有一些是由变质岩、灰岩以及砂页岩风化而来的黄土和混合土壤，土壤pH值4.5~6.5，因处南岭林地腐殖质多，疏松肥沃，富含矿物质硒。

## 四、无酸雨的气候特点

本区为大陆性亚热带季风湿润气候，年均气温17.4℃，年降水量1452.1mm，相对湿度多在80%左右，光、热、水资源丰富。南岭山脉对北方南下的冷空气起阻挡抬升作用，对西南暖湿气流起屏障作用，形成雾多、开春早、冬季少严寒、全年无酸雨的地方性小气候，非常适宜茶叶生长。

# 第二节　郴茶茶树资源特点

## 一、野生茶树分布面积广

本区野生茶树资源丰富（图2-1）。1979年，湖南省茶树野生资源调查组赴宜章县莽山进行调查，发现了大量乔木、半乔木和灌木型茶树（张贻礼、刘湘鸣、尚本清《莽山野生茶树资源调查报告》）。1981年，湖南茶树品种资源调查组对桂东、汝城等县的茶树品种资源进行调查，发现了独具特征的汝城白毛茶、半乔木型的苦茶、灌木型的普通茶树。白毛茶分布在汝城县九龙江周围的山头，面积万亩以

图2-1　资兴市清江镇乔木型野生茶树

上，垂直分布于200~700m地段。苦茶原产于南岭山脉，分布范围较广，在汝城、桂东、临武、宜章等县都有分布。2017年，湖南省茶叶专家包小村、尚本清等在临武县西山调查了大量乔木型、小乔木型茶树，东山发现了大量灌木型茶树。据国家植物功能成分利用工程技术研究中心调查测算，临武东山和西山野生茶树分布面积达6727hm$^2$。宜章莽山、汝城九龙江、桂东八面山、资兴清江镇、苏仙区五盖山、北湖区西南山区（包括原江口乡神农殿一带）、桂阳县西北山区，均有野生茶大范围分布。

据不完全统计，郴州野生茶叶面积达1.07万hm$^2$。

## 二、品种资源非常丰富

著名茶学家陈兴琰等根据资源地理位置，将湖南省茶树资源分为城步峒茶、江华苦

茶、汝城白毛茶和云台山种4个典型地方群体。同时，根据4个群体在历史上的生存和栽培地域情况，又将它们分为了两大地理群体，即湘南地理群（江华苦茶、汝城白毛茶、城步峒茶）和湘中北地理群（云台山种）。其中汝城白毛茶、江华苦茶、云台山种3个典型地方群体在郴州都有较大面积的分布。

① **汝城白毛茶**：属半乔木型，骨干枝直立，主轴明显，树高3~4m，叶大，尾尖，最长叶27.8cm，最宽叶11.1cm，叶缘稍外卷，老叶厚且较硬，叶背满披茸毛。采摘一芽二、三叶蒸青样分析结果：水浸出物48.8%，咖啡碱4.32%，氨基酸149mg/100g，茶多酚41.65%，儿茶素总量233.52mg/100g。"汝城白毛茶"是适制红茶和白茶的极好资源。

② **江华苦茶（桂东称青茶，汝城有称青茶，也有称大山茶）**：属半乔木型，树姿直立，典型植株高4~5m，树幅3~4m，主干直径15~25cm。叶片椭圆形，长13.8cm，宽5.04cm，侧脉10~12对，锯齿稀疏，叶尖延长，叶面黄绿平滑，富有光泽。与湖南其他地方的苦茶相比，郴州苦茶白毫较多。茶多酚含量39.21%，氨基酸167.4mg/100g，制红碎茶，汤色红浓，滋味浓强，香型别具风格，叶底红亮。

③ **云台山种**：属灌木型，树姿半开展，枝粗芽壮，生长势强，茶树高幅度在2m×2m。叶片主要表现为大叶型，叶面稍隆起，叶肉厚，叶质柔软，叶色绿或黄绿，叶尖渐尖，适制绿茶、白茶。郴州野生、半野生的灌木型茶树，还有大范围种植推广的槠叶齐，湘波绿，及涟茶1、2、5、7号等均是从云台山种选育出来的。它虽然是一个群体，但品种纯度较高。

郴州先后引进栽培省内外及台湾地区适制绿茶、红茶、青茶、白茶优良品种品系达100余个。

## 三、郴茶在茶叶演变过程中占有重要的地位

郴茶属云南大叶种演变到灌木型小叶种的一种过渡类型。沈程文等专家对湖南省茶树资源4个典型群体的遗传多样性研究表明，4个群体内的遗传多样性由高到低依次为：汝城白毛茶、江华苦茶、城步峒茶和云台山种，这说明湖南省茶树资源在进化程度上由高到低的顺序为：云台山种、城步峒茶、江华苦茶、汝城白毛茶。这在一定程度上显示了茶树在湖南省由南向北的遗传演化过程（沈程文、黄意欢、黄建安等《湖南典型茶树地理种群遗传多样性》）。同样，刘宝祥通过染色体的对称性研究表明，云南大叶种的染色体对称性比江华苦茶高，云台山种要低于江华苦茶。根据核型由对称发展到不对称的规律，江华苦茶和城步峒茶应该是由云南大叶种演变到灌木型小叶种的一种过渡类型（刘宝祥、彭继光、刘湘鸣《江华苦茶的发掘利用研究》）。据1991年《湖南农学院学报

增刊》发表的《汝城白毛茶的研究及开发利用》研究表明，经染色体、同工酶分析，汝城白毛茶是茶叶从云贵高原向长江流域演变的最原始品种之一。综合以上结果可以看出，湖南省茶树资源已表现出了由原始的云南大叶种，经汝城白毛茶到进化型安化群体的演化，而郴州正好处于茶树从云贵高原向湖南迁移、演化的过渡带，进一步印证了茶树从原产地云贵高原向周边的传播过程。

## 第三节　郴茶茶叶分区

截至2019年，郴州茶叶面积2.56万$hm^2$。另有野生茶面积1.07万$hm^2$，主要分布于南部南岭骑田岭山脉与东部罗霄山脉。鉴于郴茶是由云南大叶种演变到灌木型小叶种的一种过渡类型，借鉴云南普洱以山头进行地理分区的经验。以东江湖为界，分为南岭山脉和罗霄山脉两大片，共10个茶区。

### 一、南岭山脉片区

主要包括郴州南部的宜章县、汝城县、资兴、临武、苏仙、北湖，西部的桂阳、嘉禾，北部的永兴、安仁等10个县（市、区）。共有7个茶区，面积约15933$hm^2$，主要分布在东岭、狮子山、五盖山、莽山、金子山、回龙山、骑田岭、西山、东山、泗洲山、搭山等山头。

#### 1. 汝城东岭茶区

东岭位于汝城县南部，汝城与广东、江西交界地带，主峰海拔1403.6m。2003年建立九龙江森林公园，2009年被国家林业局（现国家林业和草原局）评为国家级森林公园。汝城白毛茶（图2-2）产于东岭高山之中，是罕见珍贵的大叶多毛野生茶

图2-2　汝城野生白毛茶

（地区科技拔尖人才、农业局刘贵芳曾采到27.6cm×11.1cm长的叶片）。汝城县旱塘村硒山茶内含多种微量元素，其"硒"含量高达29mg/kg。该茶区面积3600$hm^2$。

## 2. 宜章莽山—骑田岭茶区

莽山属骑田岭南支,位于宜章南与广东交界地带,最高峰猛坑石(石坑崆)1902m。骑田岭位于苏仙区南部与宜章、临武交界地带,主峰二尖峰海拔1628m。楚粤孔道即通过骑田岭山区,秦汉的折岭关即设此岭。莽山具有独特的产茶条件和悠久的生产历史,早在千年前

图2-3 莽山自然保护区原始次森林中的莽山瑶族乡茶园

就已开始人工栽培茶树(图2-3)。莽山东南的天台寺周边存有大批逾世百年的古茶树。2010年以来,主打开发"莽山红茶",是湖南红茶主产区。该茶区面积4000hm²。

## 3. 苏仙区五盖山—狮子山茶区

五盖山位于郴州市城区东南面12.5km处,峰顶常年被云、雾、雨、露、雪所盖,故称五盖山。主峰碧云峰,海拔1620m,广布野生茶树。五盖山米茶产于此山,在明代被列为贡品,当时米茶系清明时采摘"未开苞"的芽叶制成。此茶叶外形芽头紧秀重实,"一升茶有一升米重"。与五盖山相连的狮子山位于苏仙、宜章、资兴交界地带,主峰海拔1913.8m。该茶区面积677hm²。

## 4. 资兴狗脑山—金紫山(豪山)茶区

位于资兴、炎陵、安仁、永兴一市三县交界地带,该山区主峰海拔1041m。《神农本草经》述:"神农尝百草,一日遇七十二毒,得茶而解之。"传说狗脑山是神农得茶之地。资兴狗脑贡茶产于该山南侧,宋代曾是朝廷贡茶;安仁豪峰茶产于该山的北侧;永兴龙华春豪产于该山的西侧。该茶区面积3666hm²。

## 5. 回龙山茶区

位于资兴市境内,主峰海拔1419m。山顶的回龙古庙称古南岳,曾是南岳宗教文化的发源地。回龙仙茶、七里金茶、回龙云雾茶、瑶岭红产于此山中。该茶区面积1333hm²。

## 6. 临武西山—东山茶区

西山位于临武县西南角与广东交界地带,南岭山脉萌渚岭九嶷山支脉东段,主峰海拔1711.8m。东山又名桂岭(产药材桂与桂花)、俗称香花岭,位于临武县西北,主峰海拔1594m。岩里茶产于西山、东山高山之中,为野生茶种,该区域茶树资源丰富,是种子繁殖的有性群体品种,树型为灌木、半乔木或乔木,叶型为特大叶、大叶或中叶(图2-4)。临武东山云雾茶产于东山一带,因终年云雾缭绕,取名东山云雾茶。该茶区面积

2000hm²。

### 7. 桂阳泗洲山—搭山茶区

泗洲山位于桂阳县西北部,主峰海拔1428m。搭山位于桂阳西北角与常宁交界地带,主峰海拔1415m。相传在明代,桂阳州塔山茅尖茶被武宗朱厚照钦定为进贡品。清代,种植过紫茶,桂阳州贡生陈玉前《西寺蒙泉》诗云:"四围山色丽,一碧印流沙……拟结茅茨住,沿溪种紫茶。"现以瑶王贡茶,辉山雾茶闻名。辉山雾茶曾获三国时赵子龙赞誉,献茶于刘备和孔明。该茶区面积667hm²。

图2-4 临武县西山发现大面积野生茶

## 二、罗霄山脉片区

主要包括郴州东部的桂东县、资兴市等2个县(市)。共有3个茶区,面积约9700hm²,主要分布在万洋山南侧、诸广山、八面山、齐云峰、贝溪山等山头。

### 1. 桂东万洋山—诸广山茶区

万洋山位于湖南、江西两省边境,跨江西省永新、宁冈、遂川和湖南省茶陵、炎陵、桂东等县。万洋山主峰南风面坐落在江西省,海拔2120m,为罗霄山脉最高峰。桂东玲珑茶主要产于万洋山南侧、诸广山北桂东县桥头乡、清泉镇,已有300多年种植历史。该茶区面积7033hm²。

### 2. 桂东、资兴八面山—贝溪山茶区

八面山位于资兴、桂东交界地带,主峰海拔2042m,湖南第四高峰。清《桂东县志》记:"上有八面山,下有胸膛山,离天三尺三。"贝溪山位于桂东流源至贝溪一带,主峰海拔1879.8m。野生茶种资源丰富,桂东"蓝老爹"野生茶产于此山中。该茶区面积2000hm²。

### 3. 桂东齐云峰茶区

齐云峰位于桂东县东南部,与江西省交界地带,该山是罗霄山脉诸广山的主峰,海拔2061.3m,次于炎陵县鄗峰、石门县的壶瓶山,是湖南第三高峰。桂东玲珑茶亦产于此高山之中。该茶区面积667hm²。

# 第三章

## 茶类篇·郴茶品类

郴州11个县市区均产茶,生产加工以绿茶、红茶为主,白茶、青茶、黑茶和黄茶六大茶类均有生产。

# 第一节 绿 茶

绿茶为郴州的主产茶类,11个县市区均有生产。古代绿茶制作工艺经历晒青、蒸青、烘青而演变为今天以炒青或半烘半炒为主的加工工艺。郴州绿茶,具有显著的"形美、色绿、香高、味厚"的湘南高山茶地域特征。主产区为桂东、资兴、汝城、宜章、临武、桂阳、安仁。外形有卷曲形、直条形、银针形、毛峰形、扁条形多种风格的茶。

1980—1998年期间,郴州先后在湖南省农业厅主持召开的全省名优茶审评会上,有五盖山米茶、桂东玲珑茶、郴州碧云、永兴黄竹白毫、临武东山云雾、汝白银针、汝白银毫、南岭岚峰、永兴龙华春毫、安仁豪峰、资兴狗脑贡茶、楚云仙茶、宜章天星毛尖、莽山雾绿14个茶被评定为湖南省名茶。1982年湖南省第三届名优茶审评会,全省评出20个优质名茶,郴州有五盖山米茶、桂东玲珑茶、郴州碧云、永兴黄竹白毫、临武东山云雾5个茶名列其中。五盖山米茶得最高分96.69分,被誉为"湖南名茶中的一颗明珠"。据1982年全省名优茶审评会议生化分析,郴州7个参评茶样(绿茶)平均:水浸出物35.91%,茶多酚27.66%,儿茶素149.24mg/g,氨基酸3.01%,咖啡碱4.43%。其中茶多酚比全省68个参评茶(绿茶)平均25.11%高出10.16%。儿茶素比全省平均144.03mg/g高出3.62%。在1994—1996年湖南"湘茶杯"名优茶评比会上,全省评出金奖59个,郴州获金奖17个。郴州被时任湖南省茶叶学会理事长湖南农业大学教授王融初誉为"湖南名优茶开发的领头雁"。此外桂东玲珑茶1994年获亚太地区国际博览会金奖,汝白银针1997年获法国巴黎国际名优产品博览会最高金奖,永兴龙华春毫1999年获国际爱因斯坦新发明、新技术(产品)博览会金奖,资兴狗脑贡茶2000年获日本国际茶叶博览会金奖。21世纪以来,新的名茶不断涌现,2012年宜章莽山过山瑶绿茶获第二届"国饮杯"特等奖,莽山雪芽获2013年"中茶杯"特等奖,汝黄金V6绿茶、莽仙沁绿茶获2017年"中茶杯"一等奖。

绿茶品质特点为"绿叶绿汤"。郴州福茶·绿茶的品质特征是:香气清高持久,滋味浓厚甘爽(图3-1)。

图3-1 绿茶

制茶工艺：经摊青—杀青—揉捻—干燥四大工艺。

## 一、郴州福茶·绿茶加工工艺

适用于以单芽、一芽一叶初展等嫩度的鲜叶为原料的加工工艺流程：摊青—杀青—清风—揉捻—初烘—摊凉—做形—提毫—足干。

适用于以一芽二叶初展等嫩度的鲜叶为原料的加工工艺流程：摊青—杀青—清风—初揉—初烘—摊凉—复揉—足干。

## 二、郴州福茶·绿茶加工技术

### （一）以单芽、一芽一叶初展等嫩度的鲜叶为原料的加工技术

#### 1. 摊 青

设备使用摊青槽或篾盘，鲜叶摊放厚度为摊青槽3~5cm、篾盘2~3cm，适当轻翻，每2~3h轻翻一次，春茶需摊放8~12h。摊青槽可采用间隔式吹风，应视环境温湿度情况而定，鼓风1h左右停止0.5~1h，摊放时间为3~6h。以鲜叶发出清香或花香、含水量70%~72%为适度。

#### 2. 杀 青

分手工杀青和机械杀青两种。

①**手工杀青**：在直径78cm，深24.5cm，倾斜15°的铁锅或电炒锅内进行杀青，当离锅底距离3.3cm处气温为180~220℃时，投放鲜叶，鲜叶投放量为0.4~0.6kg。杀青时，双手抓茶翻炒，先闷后抖，当茶叶受热均匀后，边闷边抖，待茶叶柔软，失去光泽，并发出清香时，立即出锅。时间3~4min，锅温掌握先高后低的原则。

②**机械杀青**：采用40型、50型、60型滚筒杀青机杀青。杀青温度为投叶端20cm处内壁温度270~320℃，杀青时间1.5~2.5min。要求投叶均匀、适量，杀青叶含水量60%~62%，叶缘略卷缩，手捏成团，有弹性，茎折而不断，有清香透出，无红梗红叶，无焦边、爆点。

#### 3. 清 风

采用手工杀青时，将出锅的杀青叶立即均匀散置于篾盘中，用风扇直接吹风，使叶温迅速降低；采用机械杀青时，使用茶叶冷却输送带，及时降低叶温。

#### 4. 揉 捻

分手工揉捻和机械揉捻两种。

①**手工揉捻**：双手抓茶在篾盘内旋转揉捻（卷曲形）或向前推揉（直条形），用力采

取"轻—重—轻"的方式，时间6~10min。

②**机械揉捻**：选用40型、45型中小型揉捻机，装叶量以自然装满揉筒为宜。单芽揉捻6~8min，一芽一叶初展揉捻8~10min。揉捻加压应掌握"轻—重—轻"的原则。以揉捻叶基本成条（成条率80%以上），茶汁不外溢或少量茶汁外溢，黏附叶表面，无短碎茶条为揉捻适度。

机械加工直条形茶采用理条机做形，温度控制60~70℃，时间8~10min达八成干，条索紧直时下机。

### 5. 初 烘

采用五斗烘干机或自动链板式烘干机，温度设置为110~130℃。投叶要求均匀，自动链板式烘干机投叶厚度1~2cm，五斗烘干机2~3cm。烘至茶坯不黏手，略有刺手感，茶叶含水量40%~50%为适度。

### 6. 摊 凉

将初烘后的茶叶及时均匀薄摊于篾盘或摊凉平台等专用摊凉设备中，厚度2cm，时间20~30min。

### 7. 做 形

采用电炒锅或五斗烘干机，温度70℃左右。投入茶坯翻炒，当茶条打在锅中或烘干机上有轻微响声、茶坯含水量在30%左右时开始做形。双手抓茶，卷曲形向同一方向顺时针搓揉；加工直条形向前方理直理齐直搓。力道先轻后重，边紧边抖散茶条，待茶条八成干、白毫隐现时下机。时间一般10~15min。

### 8. 提 毫

采用电炒锅或五斗烘干机等设备，电炒锅温度在70~80℃，五斗烘干机温度在90~100℃，双手抓茶，按顺时针方向旋转，使茶与茶之间互相摩擦，茶从手指间落下，时间30s左右，待白毫充分显露时将茶坯下机摊凉。摊凉厚度不超过3cm，时间1~2min，使茶坯充分冷却和内部水分均匀分布。

### 9. 足 干

分为焙笼、五斗烘干机和提香机足干。

①**采用焙笼足干**：焙笼烘焙温度控制在60℃左右，烘焙用的木炭应先燃烧完全，无异味、烟味，摊叶厚度2cm左右，中途轻翻2、3次。

②**采用五斗烘干机足干**：分两次干燥，其中第一次干燥温度控制在80~90℃，第二次为70~80℃，中间摊凉20~25min，摊叶厚度为2cm左右。

③**采用提香机足干**：温度控制在80~90℃，时间30~40min，其他按设备操作要求

进行。

足干程度以折梗即断、手捏茶条成粉末、含水量在6%以下为适度，下机摊凉至室温，归堆包装后储藏。

### （二）以一芽二叶等嫩度的鲜叶为原料的加工技术

#### 1. 摊 青

设备使用萎凋槽或透气篾盘，鲜叶摊放厚度2~3cm，每2~3h轻翻一次，春茶需摊放8~12h。摊青槽可采用间隔式吹风，应视环境温湿度情况而定，鼓风1h左右停止0.5~1h，摊放时间为3~6h。以鲜叶发出清香或花香、含水量68%~70%为适度。

#### 2. 杀 青

分手工杀青和机械杀青两种。

①**手工杀青**：采用电炒锅进行杀青，当离锅底距离3.3cm处气温为200~220℃时，投放鲜叶，鲜叶投放量为0.5~0.75kg。杀青时，双手抓茶翻炒，先闷后抖，当茶叶受热均匀后，边闷边抖，待茶叶柔软，失去光泽，并发出清香时，立即出锅。时间3min，锅温掌握先高后低的原则。

②**机械杀青**：采用50型、60型、70型或80型滚筒杀青机杀青。杀青温度为投叶端20cm处内壁温度270~320℃，杀青时间1.5~2.5min。要求投叶均匀、适量。杀青叶含水60%~62%，叶缘略卷缩，手捏成团，有弹性，茎折而不断，有清香透出，无红梗红叶，无焦边、爆点。

#### 3. 清 风

采用手工杀青时，将出锅的杀青叶立即均匀散置于篾盘中，用风扇直接吹风，使叶温迅速降低；采用机械杀青时，应使用茶叶冷却输送带，及时降低叶温。

#### 4. 初 揉

选用40型、45型、55型或65型揉捻机。揉捻时间15~20min。揉捻加压应掌握"轻—重—轻"的原则。揉捻叶成条率80%以上。

#### 5. 初 烘

采用五斗烘干机或自动链板式烘干机，温度设置为110~130℃。投叶要求均匀，自动链板式烘干机投叶厚度1~2cm，五斗烘干机2~3cm。烘至茶坯不黏手，略有刺手感，茶叶含水量40%~45%为适度。初烘时间一般5~10min。

#### 6. 摊 凉

将初烘后的茶叶及时均匀薄摊于篾盘或摊凉平台等专用摊凉设备中，厚度2cm，时间20~30min。

### 7. 复 揉

装叶量以自然装至揉筒的4/5为宜。加压比初揉略重,掌握"轻—重—轻"的原则。揉捻中产生的团块采用解块机解散。复揉时间10~15min。

### 8. 足 干

分为五斗烘干机、自动链板式烘干机和提香机足干。

① **采用五斗烘干机或自动链板式烘干机足干**:分两次干燥,其中第一次干燥温度控制在90℃,第二次为70~80℃,中间摊凉20~25min,摊叶厚度为2cm。

② **采用提香机足干**:温度控制在80~90℃,时间30~40min,其他按设备操作要求进行。

足干程度以手捏茶条成粉末,含水量在6%以下时为适度,下机摊凉至室温,归堆包装后储藏。

## 第二节 红 茶

红茶为郴州第二大茶类,20世纪70年代中期在郴县华塘茶场(今北湖区)、安仁县、临武县、桂阳县推广转子机加工红碎茶出口,其中汝分红茶1995年获"湘茶杯"名优茶评比金奖。至20世纪80年代末,随着国际红碎茶市场竞争激烈,国家取消茶叶出口补贴,红碎茶生产停止。21世纪,随着国内工夫红茶热的兴起,宜章莽山木森森茶业有限公司2010年在莽山钟家茶场首先生产加工"瑶山红"工夫红茶,并在2011年中国茶叶学会举办的"中茶杯"全国名优茶评比中获红茶一等奖。现郴州市北湖区、苏仙区、资兴市、宜章县、桂阳县、临武县、汝城县、桂东县、安仁县均有生产。

郴州地处湘南,为湖南省优质红茶区,茶多酚含量高出全省10%以上,红茶品质好,具有"花蜜香悠长、滋味醇爽、汤色红亮"的显著湘南山区地域品质特征(图3-2)。在2016年首届潇湘杯名优茶评比中,全省评出红茶金奖5个,郴州占2个,占金奖总数的40%。一等奖15个,郴州有5个。在2018年潇湘杯名优茶评比中,全省评出红茶金奖26个,郴州有5个。郴州红茶多次在"中茶杯"全国名优茶评比中获奖,宜章莽山红、瑶山红分别于2011年和2013年获红茶金奖;莽山四季红、品香红分别于2013年和2015年获红茶金奖;资兴楚云仙红茶于2015年获"中茶杯"红茶特等奖;汝城南岭赤霞、汝莲牌红茶、玲珑王·小叶种红茶2017年获"中茶杯"

图3-2 红茶

红茶一等奖。

红茶的品质特点是"红叶红汤"。郴州福茶·红茶的品质特征是：花蜜香悠长，滋味浓醇甜爽。

制茶工艺：经萎凋→揉捻→发酵→干燥四大工艺加工。

## 一、郴州福茶·红茶加工工艺

适用于以单芽、一芽一叶初展等嫩度的鲜叶为原料的加工工艺流程：萎凋→揉捻→发酵→初干→摊凉→做形→提毫→足干。

适用于以一芽二叶等嫩度的鲜叶为原料的加工工艺流程：萎凋→揉捻→发酵→干燥。

## 二、郴州福茶·红茶加工技术

### （一）以单芽、一芽一叶初展等嫩度的鲜叶为原料的加工技术

**1. 萎 凋**

1）萎凋槽萎凋

① **摊叶**：将鲜叶摊放在萎凋槽中。嫩叶、雨水叶和露水叶薄摊。摊叶厚度一般在10~15cm，摊叶时要抖散摊平呈蓬松状态，保持厚薄一致。

② **环境温度、湿度**：鼓风气流温度以28~32℃为宜，湿度以70%±5%为宜。槽体前后温度相对一致，鼓风机气流温度应随萎凋进程逐渐降低。

③ **鼓风要求**：风量大小根据叶层厚薄和叶质柔软程度适当调节，以不吹散叶层、出现"空洞"为标准。每隔1.5h停止鼓风10min，下叶前8~10min改为鼓冷风。

④ **翻抖**：一般1.5~2h翻抖一次，含水量高的开始1h即翻一次。手势轻，抖得松，翻得透，避免损伤芽叶。

⑤ **时间**：6~12h。

⑥ **程度**：萎凋叶含水率62%±1%为宜，感官特征为叶面失去光泽，叶色暗绿，青草气减退；叶形皱缩，叶质柔软，紧握成团，松手可缓慢松散，嫩茎折而不断。

2）室内自然萎凋

① **摊叶**：摊叶厚度2~3cm，嫩叶、雨水叶和露水叶薄摊。摊叶时要抖散摊平呈蓬松状态，保持厚薄一致。

② **温度、湿度**：萎凋室温度不超过30℃；相对湿度65%±5%。

③ **翻抖**：每隔2h翻抖一次，手势轻，避免损伤芽叶。

④ **时间**：12~18h。

⑤ **程度**：同萎凋槽萎凋。

### 2. 揉 捻

选用40型、45型、55型等中小型揉捻机，装叶量以自然装满揉筒为宜。揉捻时间55~65min。揉捻加压应掌握"轻—重—轻"的原则。不加压揉15~20min，轻压15~20min，中压揉捻10~15min，松压揉3~5min下机。

以揉捻叶紧卷成条，成条率达80%以上，茶汁少量外溢，黏附于茶条表面，并发出浓烈的青草气味，局部揉捻叶泛红为揉捻适度。

### 3. 发 酵

将揉捻叶摊放于干净的发酵车、发酵框或篾盘内，进入发酵室发酵或采用发酵机发酵。

发酵室温度控制在24~26℃为宜，最高不超过28℃；发酵叶叶温控制先高后低，前期26~27℃，后期24~25℃。室内相对湿度保持90%以上，并保持室内新鲜空气流通，注意避免日光直射。

发酵时间一般4~6h，至发酵叶色泽介于红橙与橙红之间，红中带橙黄，叶脉及汁液泛红，青草气消失，发出花果香时为适度。

### 4. 初 干

采用微型连续烘干机或烘焙机进行。初干温度控制在110~120℃，摊叶厚度2cm左右，时间10~12min，烘至七八成干，茶坯含水量29%~31%，条索收紧，有刺手感，手握成团，松手即散为适度，及时摊凉。

### 5. 摊 凉

将初干后的茶叶及时均匀薄摊于竹垫、篾盘或其他专用摊凉设备（器具）中，厚度2~3cm，时间30~60min。

### 6. 做 形

通常采用电炒锅、5斗或平台烘焙机，温度90℃。投入茶坯，翻炒，当茶条打在锅中或烘焙机抖内或平台上有轻微响声时，开始做形。加工卷曲型毛尖红茶，双手抓茶，向同一方向顺时针搓揉。加工直条形毛尖红茶，右手抓茶，左手平摊，向前方理直，先轻后重，边紧边抖散茶条，时间一般5min左右；采用理条机理条，温度控制在58~62℃，时间8~10min，达到条索紧、直时下机。

### 7. 提 毫

提毫采用电炒锅、5斗或平台烘焙机，电炒锅温度控制在70~80℃，5斗或平台烘焙机温度控制在90~100℃；双手抓茶，采取一定的掌力，直条形茶向前方理直理齐，卷曲形茶按顺时针方向旋转，使茶与茶之间相互摩擦，茶从手指间落下，时间约30s，待金毫大量显露时出锅摊凉。摊凉工艺同上。

### 8. 足 干

采用微型连续烘干机或烘焙机等进行。足干温度80~90℃，摊叶厚度3~5cm，时间50~60min，以烘坯含水量不超过6%为适度，梗折即断，用手指捏茶条即成粉末，出烘摊凉至室温，按质归堆包装好后储藏。

## （二）以一芽二叶初展等嫩度的鲜叶为原料的加工技术

### 1. 萎 凋

1）萎凋槽萎凋

① **摊叶**：将鲜叶摊放在萎凋槽中。嫩叶、雨水叶和露水叶薄摊。摊叶厚度一般在15~20cm，摊叶时要抖散摊平呈蓬松状态，保持厚薄一致。

② **环境温度、湿度**：鼓风气流温度以28~32℃为宜，湿度以70%±5%为宜。槽体前后温度相对一致，鼓风机气流温度应随萎凋进程逐渐降低。

③ **鼓风要求**：风量大小根据叶层厚薄和叶质柔软程度适当调节，以不吹散叶层、出现"空洞"为标准。每隔1.5h停止鼓风10min，下叶前8~10min改为鼓冷风。

④ **翻抖**：一般1.5~2h翻抖一次，含水量高的开始1h即翻一次。手势轻，抖得松，翻得透，避免损伤芽叶。

⑤ **时间**：6~12h。

⑥ **程度**：萎凋叶含水率60%±1%为宜，感官特征：叶面失去光泽，叶色暗绿，青草气减退；叶形皱缩，叶质柔软，紧握成团，松手可缓慢松散，嫩茎折而不断。

2）室内自然萎凋

① **摊叶**：摊叶厚度2~3cm，嫩叶、雨水叶和露水叶薄摊。摊叶时要抖散摊平呈蓬松状态，保持厚薄一致。

② **温度、湿度**：萎凋室温度不超过30℃；相对湿度65%±5%。

③ **翻抖**：每隔2h翻抖一次，手势轻，避免损伤芽叶。

④ **时间**：12~18h。

⑤ **程度**：同萎凋槽萎凋。

### 2. 揉 捻

选用40型、45型、55型、65型等中小型揉捻机，装叶量以自然装满揉筒为宜。揉捻时间1~1.5h。揉捻加压应掌握"轻—重—轻"的原则。不加压揉15~20min，轻压15~20min，中压揉捻10~15min，松压揉3~5min，视茶叶嫩度再中压或重压揉10~15min，最后松压揉10min左右。应掌握嫩叶短时轻揉，老叶长时重揉原则做茶。

以揉捻叶紧卷成条，成条率达80%以上，茶汁少量外溢，黏附于茶条表面，并发出浓烈的青草气味，局部揉捻叶泛红为揉捻适度。

### 3. 发 酵

将揉捻叶摊放于干净的发酵车、发酵框或篾盘内，进入发酵室发酵或采用发酵机发酵。

发酵室温度控制在24~26℃为宜，最高不超过28℃；发酵叶叶温控制先高后低，前期26~27℃，后期24~25℃。室内相对湿度保持90%以上，并保持室内新鲜空气流通，注意避免日光直射。

发酵时间一般4~6h，至发酵叶色泽介于红橙与橙红之间，红中带橙黄，叶脉及汁液泛红，青草气消失，发出花果香时为适度。

### 4. 初 干

采用微型连续烘干机或烘焙机进行。初干温度控制在110~120℃，摊叶厚度2cm左右，时间10~12min，烘至七八成干，茶坯含水量20%~22%，条索收紧，有刺手感，手握成团，松手即散为适度，及时摊凉。

### 5. 足 干

采用微型连续烘干机或烘焙机等进行。足干温度80~90℃，摊叶厚度3~5cm，时间50~60min，以烘坯含水量不超过6%为适度，梗折即断，用手指捏茶条即成粉末，出烘摊凉至室温，按质归堆包装好后储藏。

## 第三节 白 茶

白茶是郴州的一个新兴茶类，1983年4月由郴州地区农业局刘贵芳在汝城县东岭乡兰洞村采摘白毛茶，试制成功汝城白毫银针特种名茶。其品质特点是：外形芽头肥壮、锋苗挺直、色泽银光隐翠；内质香气清高带兰花香、滋味清爽甜和、汤色淡绿明净、叶底洁白肥壮。对汝城白毫银针，福建省农业科学院茶叶研究所给予了高度评价，审评评语是："味清爽甜和，汤色绿亮，叶底洁白肥壮。"

郴州白茶主产于汝城，2015年开始生产加工，主要产品有白毫银针、白牡丹、贡眉、寿眉（图3-3、图3-4）。近年，宜章县、北湖区、临武县、资兴市、永兴县亦有生产。汝城白茶采用汝城白毛茶原料加工制作。一面世就受到专家的高度评价和市场

图3-3 白毫银针

图3-4 白茶饼

的追崇。在2016年郴州市第二届古岩香杯茶王赛和2018年郴州市第三届郴州福茶·玲珑王杯茶王赛，及2020年郴州市第四届郴州福茶·东江湖茶杯茶王赛上，白茶王均由汝城白毛茶加工的白毫银针摘得。在2016年首届潇湘杯名优茶评比会上，汝城白茶选送的3个样品包揽了2个白茶金奖，并获得1个一等奖。在2018年潇湘杯名优茶评比会上，评出白茶金奖3个，汝城白茶有2个。在2017年"中茶杯"全国名优茶评比中，郴州木草人牌白毫银针获白茶一等奖。

白茶的品质特点是"清汤绿叶"。郴州福茶·白茶的品质特征是：花香毫香交融，味甜醇。

制茶工艺：经晾青→干燥（晒干、晾干、烘干）两大工艺加工。

## 一、郴州福茶·白茶加工工艺

白毫银针和白牡丹加工工艺流程：鲜叶→萎凋→烘焙→毛茶→拣剔→复焙→成品茶。

新工艺白茶（贡眉）：鲜叶→萎凋→轻揉→烘焙→拣剔→复焙→成品茶。

## 二、郴州福茶·白茶加工技术

### （一）白毫银针和白牡丹的加工技术要求

**1. 萎 凋**

①室内温度：采用自然萎凋工艺的春茶，萎凋温度15~25℃，夏秋茶温度25~35℃，加温萎凋温度25~35℃。

②萎凋方式：最宜采用日光+室内复式萎凋方式，但日晒只能在春季早晚日光不太强时进行，历时20~25min，然后移入室内自然萎凋。

③萎凋时间：正常气候的自然萎凋总历时40~60h，加温萎凋总历时16~24h。

④萎凋程度：萎凋适度时萎凋叶含水量为18%~26%，萎凋芽叶毫色银白，叶色转变为灰绿或深绿，叶缘自然干缩或垂卷，芽尖、嫩茎呈"翘尾"状。

**2. 拣 剔**

白茶应拣去腊叶、黄叶、红张叶、粗老叶及非茶类夹杂物。

**3. 烘 焙**

烘焙次数2、3次，温度80~110℃，历时10~20min。

**4. 拣 剔**

白茶应拣去腊叶、黄叶、红张叶、粗老叶及非茶类夹杂物。

### 5. 复 焙

温度80~110℃，历时10~20min。

## （二）新工艺白茶（贡眉）的加工技术要求

### 1. 萎 凋

自然萎凋需24~48h，室内加温萎凋12~18h，萎凋槽加温萎凋8~10h，萎凋叶失水26%~30%。

### 2. 轻揉捻

春季轻揉捻3~5min，夏秋季轻揉捻5~10min。

### 3. 烘 焙

烘焙温度100~130℃，历时10~20min。

### 4. 拣 剔

白茶应拣去腊叶、黄叶、红张叶、粗老叶及非茶类夹杂物。

### 5. 复 焙

温度80~110℃，历时10~20min。

# 第四节 青茶（乌龙茶）

青茶在清代已有生产，20世纪80—90年代在宜章县莽山、安仁县豪山曾有少量生产，现在主产北湖区、资兴市、汝城县。

2015年北湖区引进福建武夷山投资商注册成立郴州古岩香茶业有限公司，租赁郴州茶树良种繁殖示范场开始青茶（乌龙茶）生产加工。该公司近年从福建新引种栽植适制乌龙茶品种金观音、黄观音、梅占、水仙、肉桂、黄玫瑰等品种。在资兴市七里金茶叶专业合作社种植有乌龙茶品种大乌叶、黄金桂等品种。采用武夷岩茶加工工艺，其品质特点是：外形条索紧实、褐绿匀净；内质汤色金黄明亮、香气浓郁持久带桂花香、滋味醇厚润滑、叶底肥厚带绿叶红镶边。

在2016年郴州市第二届古岩香杯茶王赛和2018年郴州市第三届玲珑王杯茶王赛上，青茶王分别由郴州古岩香茶业有限公司加工的"古岩香乌龙茶"和资兴市七里金茶叶专业合作社加工的"七里金青茶"夺得。并在2016—2018年湖南省"潇湘杯"名优茶评比会上，郴州包揽了青茶金奖。

图3-5 青茶

青茶的品质特点是"绿叶红镶边"。郴州福茶·青茶的品质特征是：花香悠扬，韵味醇厚（图3-5）。

制茶工艺：经萎凋（晒青）→做青→杀青→揉捻→干燥五大工艺加工而成。

## 一、郴州福茶·青茶加工工艺

适用于开面采鲜叶为原料的加工工艺流程：萎凋→做青（摇青）→杀青→揉捻→干燥→簸拣。

## 二、郴州福茶·青茶加工技术

### 1. 萎 凋

分为日光萎凋和加温萎凋：

1）日光萎凋

将进厂的鲜叶，按不同品种、产地和采摘时间，分别均匀地开青于直径1m，孔眼1cm$^2$的水筛上。每筛摊鲜叶0.4kg左右（摊叶0.5kg/m$^2$），以叶片不相叠为宜。开青毕，按先后顺序放置晒青架上进行日光萎凋，以防损伤叶子而先期发酵，产生叶干瘪（死青）现象。晒青时间的长短，应以日光强弱和鲜叶含水量多少等灵活掌握，做到看青晒青。鲜叶嫩的、叶片薄的、含水量少的晒青宜轻；鲜叶肥嫩含水量较高的，常采取两晒、两晾的方法，避免局部晒伤，形成死青。中午，日光过强，不宜进行晒青。雨水青和露水青要先摊晾，去掉表面水后，再进行晒青。

2）加温萎凋

采用萎凋槽加温萎凋：摊叶厚度15~20cm，时间1.0~2.5h，温度不超过38℃。萎凋程度比采用日光萎凋稍老，但要防止萎凋过度，出现泛红。

萎凋程度一般比红茶轻。主要看，叶色失去光泽、叶质较柔软，叶缘稍卷缩，叶子呈萎凋状态，青气减退，呈清香，减重率在10%~15%为适度。

萎凋结束后，随即进行晾青。在晾青过程中，由于茶梗、叶柄、叶脉中的水分向叶面细胞组织渗透，叶片由萎凋状态变为苏胀状态（俗称还阳），并缓慢地蒸发水分，继续萎凋，晾青时间以热散失为主，晾青结束即移入做青间进行做青。

### 2. 做 青

做青是形成青茶"三分红、七分绿"和特有香味的关键性工序。

做青是在做青室内进行的。保持室温25~27℃，相对湿度80%~85%，室温不得超过29℃。

做青方法有手工摇青和机械摇青两种。

1）手工摇青

鲜叶晾青后，将水筛搬到做青间按顺次放在做青架上。静置1h，开始摇青。手工摇青的方法是用两手握水筛边缘，有节奏地进行旋转摇把，使叶子在筛上作圆周旋转与上下翻动，促使梗脉内的水分向叶片输送，同时擦破部分叶缘细胞。第一次摇青后等青半小时，进行第二次做青。这样反复进行4~8次，总历时6~10h。为使叶缘细胞破坏，摇青时加以做手——用双手将叶子挤拢和放松，使叶边缘互挤而擦破细胞。摇青次数、转数与每次间隔时间，随品种、气候、晒青程度不同而灵活掌握。在生产实践中掌握：摇做结合、多摇少做，先摇后做；做手先轻后重；转速和转数先慢后快、先少后多；等青时间先短后长；摊叶先薄后厚。

含水量多的品种要多摇少做；含水量少的品种少摇多做，在第一、二、三次摇青前要拼筛，四筛拼三筛或五筛拼四筛。每次摇青的青叶等青均需蓬松堆成凹伏茶堆，以便青气充分散失。

2）机械摇青

摇青机做青工效高，质量好，适用于大批量生产和实现青茶制造连续化生产。圆筒摇青机型号用120型或110型，每筒投叶150~200kg，28~30r/min，每次摇青30min后，青叶放在筒内静置30min左右。每次摇的转数由少到多，又由多到少。

适度标准：做青适度的叶子，叶脉透明，叶面黄亮，叶缘朱砂红显现，带有三红七绿的特色。叶形呈汤匙状，叶缘向背卷，呈现龟背形。花果香显露，叶质柔软（指较嫩的原料）或手握茶叶发出沙沙响时，减重率26%~28%即为适度。做青结束后进行适当堆闷，以利发酵。

3. 杀 青

采用滚筒杀青机杀青，投叶温度240~280℃。掌握多闷少扬，高温，快速短时，均匀投叶的原则，时间8~10min。

杀青的适度标准：杀青到叶子变软，富有黏性，叶色转暗，发生清香，无青臭气，减重率45%~50%时，即为适度。

4. 揉 捻

第一次揉捻叫初揉，第二次称复揉。手工揉捻，就是把杀青后的叶子放在编有十字形棱骨的竹盘上，趁热用力揉20多下，解块抖散；再揉20多下，时间2~3min，揉至叶汁流出，卷转成条，即可解块，进行第二次炒揉。机械揉捻分两次趁热揉捻，每次揉时10~15min。

适度标准：揉至叶细胞破坏，茶汁流出，叶片卷成条索，即为适度。

5. 干　燥

有烘干机干燥与焙笼干燥两种。干燥过程温度应掌握先高后低的原则。采用烘笼焙茶，先初烘，后摊晾，簸拣，再复焙。

① **毛火（初焙）**：要求焙笼干燥，火力均匀，温度100~110℃。每笼摊叶0.5~0.75kg。每隔4~5min翻拌一次，烘至七八成干起焙摊晾，再进行簸拣，簸去黄片、腊片、茶片，拣去梗、片、老叶、茶头和毛杂物。用烘干机干燥，毛火温度135~145℃。摊叶厚度2~3cm，掌握高温、快速的原则。不加簸拣。经过1~2h摊晾，进行足火。

② **足火（复焙）**：采用无烟木炭火烘焙，烘笼足火温度75~85℃，每笼摊叶1.5kg。每隔20min翻拌一次。时间1~2h，焙至叶子呈九成干，发出纯正茶香后，再将两笼拼一笼，焙笼上加盖，进行炖火，炖火温度55℃，要求木炭火无烟无明火，焙火时间6~8h。这次烘焙称吃火或焙火功。下焙后趁热厚堆密闭收藏。烘干机足火的温度115~120℃，摊叶厚度2~3cm为宜，中速约8min，再置于提香机70~80℃，时间4~5h足干，足火后簸拣工作待后进行。

6. 簸　拣

慢烤后的茶叶最后簸拣，除去梗片、黄片、轻片、碎片、杂质，放在晾青架上晾索6~8h，再毛拣即成为成品。

## 第五节　黄　茶

郴州在唐代已产黄茶。20世纪以来，主要在资兴、北湖有少量生产，为岳阳黄茶提供初级产品。

黄茶的品质特点是"黄叶黄汤"。主要通过"摊青→杀青→揉捻→初干→闷黄→足干"六大工艺加工而成。

## 第六节　黑　茶

黑茶在清代已有大量生产茶饼出口。从2015年以来开始生产加工，主要在资兴、桂东、宜章等地生产。以生产黑毛茶为主，少量压制黑茶砖、黑茶饼和茯砖茶。

黑茶的品质特点是"褐叶橙汤"。经摊青→杀青→揉捻→渥堆→干燥→精制紧压茶六大工艺加工而成。

## 第七节　保健茶

### 一、橙普茶

永兴县荒里冲生态农业有限公司联合华南农业大学于2015年成功研发橙普茶。橙普茶采用国家地理标志保护产品永兴冰糖橙和云南普洱茶为原料，经特殊工艺加工而成（图3-6）。橙普茶既融合了永兴冰糖橙清醇的果香味，又保留了普洱茶香悠、醇厚而甘的茶之味。橙普茶具有理气健胃、祛湿化痰、降血脂、提神抗疲劳、防癌抗癌等保健功效。产品上市，深受消费者青睐。

图3-6　橙普茶在制品

### 二、松针茶

松针又叫松毛，即松树的叶子。松针具有祛风、止痛、活血、明目、止痒、解毒、降血脂等功效。郴州天成松品生物科技有限公司以独特工艺研发成功的松针养生茶2009年荣获国家发明专利，主要采用本地松针和普洱茶为原料精制加工而成（图3-7、图3-8）。

图3-7　松针茶

图3-8　松针茶汤

### 三、罗汉果茶

宜章县莽峰生态农业科技有限公司经多年成功研发罗汉果茶，其中"一种罗汉果配方及制作工艺"获国家发明专利。罗汉果红茶采用莽山优质红茶为原料，配伍罗汉果、苹果等甜香食材，平衡红茶的热燥，提升君臣药理特性，增强茶的保健功能（图3-9、图3-10）。罗汉果红茶既保留了红茶的品质风味，更使茶叶香气果香甜香浓郁，滋味醇厚圆润，

图3-9 罗汉果　　　　　图3-10 罗汉果红茶

回味甘爽。产品具有生津止渴、清肺利咽、化痰止咳、降"三高"、抗衰老、抗氧化、防癌抗癌、润肠通便，改善和调理血液、消化、泌尿系统功能。长期饮用，益寿延年。

## 四、黄精茶

黄精红茶是由郴州福地福茶文化发展有限公司出品、湘南学院教授王俊杰团队根据中国家庭成员的体质特征研发而成的养生茶，获得国家发明专利。

黄精红茶以茶为载体，以黄精为主要成分，精制而成（图3-11、图3-12）。黄精滋阴补肾、健脾益气为君药；枸杞、玉竹为滋阴补肾之臣，松花、山药为益气之臣，茯苓、橘皮为健脾之臣；佐以青钱柳、桑叶、决明子清热排毒；使以玫瑰花、藤茶、葛根活血化瘀，滋阴补肾、健脾益气治本，活血化瘀、清热排毒治标。君臣佐使配伍，标本兼治，预防衰老（图3-13）。

图3-11 九蒸九制野生黄精

图3-12 黄精红茶　　　　图3-13 黄精红茶的配伍机理

黄精红茶突破"养生茶"不是茶的技术瓶颈，以茶叶为载体，突破两项核心技

术——"植物靶向萃取技术"和"茶叶微孔发酵技术",开发出全新一代茶饮,实现了功效与口感的完美结合,体验性与依从性全面提升(图3-14)。香港中文大学中医中药研究所所长梁秉中院士、香港茶艺协会会长叶容枝先生在香港茶博物馆品鉴黄精茶,评价为"功能茶国际最高水平"。

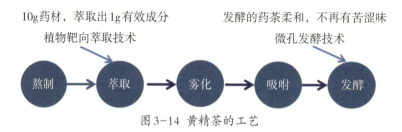

图3-14 黄精茶的工艺

### 五、临武柚香茶

湖南东山云雾茶业有限公司充分利用临武柚、临武野生茶资源研究开发出临武柚香茶系列产品,使柚香与茶香完美融合,打造多款健康养生茶叶。

临武柚和临武野生红茶配伍,加入蜂蜜和古方中药,以现代科学方法精制加工而成,吸收了临武野生红茶和临武柚的精华,味甘爽口,富含人体必需的多种微量元素和矿物质,及具有药理作用的咖啡碱、茶多酚和多种芳香物(图3-15)。

图3-15 柚香红茶

临武柚香红茶具有下气、化痰、润肺之功效,对慢性咳嗽,消化不良等症有很好的疗效。浓厚的柚子风味,清润解渴、美容养颜,有益身体健康。柚子的营养价值很高,含有丰富的蛋白质、有机酸、维生素以及钙、磷、镁、钠等人体必需的元素,深受消费者喜爱。

## 第八节 代饮茶

### 一、高山菊

高山菊分布于南岭山区,主产苏仙区良田镇。基地地处南岭山脉,高山峻岭,天然无污染的大山中。高山菊集高山云雾之灵气、汲山泉流水之精华,采用绿色有机食品方式种植，为广大消费者提供高品质的茶饮产品（图3-16、图3-17）。富含绿原酸，具有抗氧化、抗病毒、增加白细胞、保肝利胆、抗肿瘤、降血压、降血脂、消除自由基等作用。

图3-16 高山菊花

图3-17 高山菊成品

高山菊由郴州金朵高山菊业有限公司研制开发。该公司于2009年11月成立，投资1000万元建设了一条干菊花加工生产线，并且拥有4000m²的加工厂房及速冻菊花加工车间。金朵高山菊于2010年获中国中部（湖南）国际农业博览会金奖，2014年获中国国家知识产权局授权的"金朵"速冻菊花的发明专利产品，2015年被评为郴州市农业产业化龙头企业。

## 二、藤 茶

野生藤茶中文植物名为显齿蛇葡萄，郴州山区均有分布（图3-18、图3-19）。在桂阳等地藤茶又叫霉茶。临床试验证明，藤茶其所含黄酮化合物具有清热解毒、杀菌消炎、镇痛消肿、降脂降压、预防心脑血管疾病、提高人体免疫力等多种功效。野生藤茶含有19种人体必需的营养成分和微量元素。

资兴市藤兴生态农业开发有限公司是郴州首家专业从事藤茶种植加工销售的农业高科技公司，公司与资兴市州门司镇水南村支部农场共同开发千亩藤茶标准化种植示范基地，研发了系列藤茶产品，销往北京、江苏、山东、内蒙古等地，并与省内外多家药物原料公司、茶叶公司及外贸公司达成了合作关系，共同致力于藤茶深度开发及市场推广。

图3-18 野生藤茶

图3-19 藤茶产品

## 三、白龙花凉茶

白龙花,别名白龙条、梦童子、响铃子(图3-20)。郴州山区多有分布,生长在苏仙区五盖山海拔800m以上,品质优异,茶汤甘甜,解火,解暑。

图3-20 白龙花茶

## 四、金银花茶

金银花为多年生半常绿缠绕及匍匐茎的灌木(图3-21)。现代研究表明,金银花含有绿原酸、木犀草素苷等药理活性成分。具有抗病原微生物、抗炎解毒、加强免疫机能、中枢兴奋、降血脂等作用。金银花适应性广,郴州丘陵山地多有分布。

2004年桂阳县注册成立湖南济草堂金银花科技开发有限公司,开发金银花贡茶获国家发明专利授权,2012年获中国驰名商标。

图3-21 金银花

## 五、银杏茶

郴州山地丘陵均有零星分布,民间有喝银杏茶习俗。银杏叶性味甘苦涩平,有益心敛肺、化湿止泻、降血压、清除自由基、改善心血管循环等功效(图3-22)。

郴州市原桂阳县茶场曾开发天韵牌银杏茶。桂东江师傅生态茶业有限公司与湖南科技学院共同开发的"银杏茶"项目获得国家发明专利、永州市科技进步奖、全国创新创业三等奖。

图3-22 天韵银杏茶

## 六、苦丁茶

苦丁茶中含有苦丁皂甙、氨基酸、维生素C、多酚类、黄酮类、咖啡碱、蛋白质等200多种成分。成品茶清香有苦味、而后甘凉,具有清热消暑、明目益智、生津止渴、利尿强心、润喉止咳、降压减肥、防癌抗衰老等功效,素有"减肥茶""降压茶"等美称

（图3-23、图3-24）。

20世纪90年代，原汝城县地热利用研究所、郴县茶树良种繁殖示范场从广西、广东引进苦丁茶苗进行试种并加工成功苦丁茶。在汝城县地热利用研究所、汝城县林科所、热水、东岭等乡镇推广种植了苦丁茶园上千亩。

图3-23 苦丁茶树

图3-24 苦丁茶

## 七、老虎茶

老虎茶是采自茂密森林环境中的一种称之为花红果又名林檎的嫩叶，经精制加工而成的茶叶。老虎茶富含多种有益人体微量元素，其茶爽口甘醇，茶汤呈琥珀色，具有提高人体免疫能力、抗御细菌、病毒的感染，平衡阴阳、柔润肌肤的作用。

湖南东山云雾茶业有限公司开发出一款"老虎红茶"，十分受市场欢迎（图3-25、图3-26）。

图3-25 老虎茶树（林檎）

图3-26 老虎红茶

# 第四章 茶业篇·郴茶产业

# 第一节 郴州茶产业的历史与发展

郴州产茶历史悠久，可以上溯到神农炎帝氏族的采集时期。从桂阳舂陵江畔千家坪遗址出土的古陶器来看，早在7000年前这里的先民就已烧制煮饭烧茶陶器具，可能有了饮茶习俗。唐宋时期，饮茶习俗日渐兴盛，宋代有茶叶销出的文史。清代民国茶叶大量出口南洋和英国，随后因日寇战乱，产茶面积、产量锐减。

建国初期，郴州茶叶发展缓慢，至1972年境内茶园面积仅为724hm²，产茶230t。随后响应毛主席"以后山坡上要多多开辟茶园"的号召，郴州茶叶进入了一个较快的发展时期，至1980年全区域内茶园面积达到4027hm²，产茶1630t，拥有4家国营茶场，即：郴县茶场、桂阳县茶场、临武县茶场和郴州地区行廊茶场，以及一批具有一定规模的乡镇茶场，如安仁县的豪峰乡茶场、安平镇茶场、华王乡茶场、平背乡茶场等。在计划经济年代，茶叶先后被规定为国家一、二类计划物资，实行计划管理和派购政策，由国家茶叶主管部门（中国茶叶公司、全国供销合作总社茶叶局）统一管理。郴州茶叶则由地区农业局、地区供销合作社指导生产，供销、外贸部门统一收购，再上调省里相关部门。郴州地区区内销售则由地区供销合作社下属地区食杂果品公司负责。

20世纪70年代，为加快郴州茶叶发展，原郴州地区供销合作社曾聘请多名湘北茶叶主产区的茶叶技术人员来郴州，帮助指导郴州发展茶叶生产，郴州的茶园面积、产量得到快速增加。各县供销合作社土产公司设有茶叶收购门市部。茶叶收购价格、质量标准由省里统一制定，茶叶质量标准设有六级十二等，价格与标准相对应。

1984年，商业部将茶叶改为三类可自由经营商品，1985年湖南取消茶叶派购，实行以销定产，议购议销。郴州地区的部分茶场未能及时适应市场的变化，出现严重的卖茶难问题，导致部分茶场停产，茶园荒废，郴州的茶园面积逐步减少，至1992年全区茶园仅剩1820hm²。随后随着桂东县玲珑茶、安仁豪峰茶、资兴狗脑贡茶、汝城白毛茶、宜章莽山茶等一批名优茶的兴起，郴州茶园面积得以恢复发展，至2007年茶园面积增至3800hm²。期间，郴州茶叶的销售市场也逐渐发展壮大，郴州市棉麻总公司茶叶分公司、郴州名茶总汇、郴州行廊茶叶商行、安仁豪峰茶行、闽南茶行、兴隆茶行、神韵茶行等一批茶叶经营企业以及兴隆街多家茶叶批发、零售商涌现出来，茶叶的消费市场也由较单一的绿茶、茉莉花茶消费转变为绿茶、红茶、青茶、黑茶及茉莉花茶多种茶类消费。郴州茶叶市场需求的多元化格局也有力地推动了郴州茶产业的发展和产业结构调整。郴州茶叶生产也由单一的生产绿茶，转变为绿茶、红茶生产并举，白茶、青茶、黑茶协同发展的新局面。

表 4-1  郴州市历年茶叶生产情况统计表

| 年份 | 茶园面积 /hm² | 茶叶产量 /t | 年份 | 茶园面积 /hm² | 茶叶产量 /t |
| --- | --- | --- | --- | --- | --- |
| 1957 | 400 | 195 | 1989 | 2726.7 | 766 |
| 1958 | 560 | 190 | 1990 | 2640 | 742 |
| 1959 | 440 | 200 | 1991 | 2746.7 | 823 |
| 1960 | 373.3 | 200.5 | 1992 | 1820 | 835 |
| 1961 | 306.7 | 180 | 1993 | 2086.7 | 853 |
| 1962 | 360 | 140 | 1994 | 2346.7 | 906 |
| 1963 | 373.3 | 150 | 1995 | 2546.7 | 1016 |
| 1964 | 440 | 180 | 1996 | 2760 | 1249 |
| 1965 | 786.7 | 230 | 1997 | 2780 | 1104 |
| 1966 | 880 | 190 | 1998 | 2886.7 | 1139 |
| 1967 | 793.3 | 195 | 1999 | 2720 | 1324 |
| 1968 | 886.7 | 160 | 2000 | 2800 | 1374 |
| 1969 | 1006.7 | 140 | 2001 | 2993.3 | 1509 |
| 1970 | 800 | 175 | 2002 | 3426.7 | 1806 |
| 1971 | 933.3 | 200 | 2003 | 3820 | 1888 |
| 1972 | 740 | 230 | 2004 | 3940 | 2063 |
| 1973 | 1813.3 | 240 | 2005 | 3933.3 | 2327 |
| 1974 | 1966.7 | 260 | 2006 | 3686.7 | 2617 |
| 1975 | 2106.7 | 250 | 2007 | 3800 | 2663 |
| 1976 | 2693.3 | 245 | 2008 | 6550 | 2859 |
| 1977 | 3220 | 325 | 2009 | 6640 | 2932 |
| 1978 | 3807 | 480 | 2010 | 6570 | 3248 |
| 1979 | 4200 | 560 | 2011 | 6540 | 3453 |
| 1980 | 4026.7 | 620 | 2012 | 6710 | 3649 |
| 1981 | 3793.3 | 375 | 2013 | 6820 | 4030 |
| 1982 | 3666.7 | 700 | 2014 | 12210 | 5803 |
| 1983 | 3426.7 | 605 | 2015 | 13430 | 6606 |
| 1984 | 3333.3 | 710 | 2016 | 15850 | 7326 |
| 1985 | 2926.7 | 685 | 2017 | 18500 | 8800 |
| 1986 | 3266.7 | 630 | 2018 | 20800 | 11000 |
| 1987 | 2806.7 | 694 | 2019 | 25613 | 14183 |
| 1988 | 2893.3 | 794 | 2020 | 27667 | 13970 |

注：2018年以前数据源自郴州市统计局，2019、2020年数据源自郴州市农业农村局。

2014年后，郴州茶叶步入快速发展阶段，特别是资兴、桂东、汝城、宜章等县（市）大力发展茶业。至2020年，全市茶园面积达到27667hm$^2$，总产量1.4万t，产值37亿元，综合产值62.91亿元（表4-1）。涌现出湖南资兴东江狗脑贡茶业有限公司1家国家级农业产业化龙头企业，桂东县玲珑王茶叶开发有限公司等10家省级农业产业化龙头企业和一批市级农业产业化龙头企业，以及众多的茶叶专业合作社。郴州茶产业在国家、省、市级农业产业化龙头企业和茶叶专业合作社的引领下，不断壮大发展，焕发出蓬勃生机。

2014年，郴州市人民政府下发了《郴州市人民政府关于加快茶叶产业发展的意见》文件。明确要规划建设一流的精品茶园，培育一流的加工企业，打造一流的茶叶品牌，建设一流的茶产品交易市场。把本市茶产业建设成为具有郴州特色的现代农业产业、生态产业、绿色产业、富民产业。

2015年汝城县被评为全国产茶十佳生态县；2018年宜章县被评为千亿茶产业十强县，桂东县玲珑王茶叶开发有限公司被评为千亿茶产业十强企业，宜章莽山仙峰有机茶业有限公司生产的"莽仙沁"和汝城旱塘茶叶专业合作社生产的"旱塘硒山茶"被评为千亿茶产业十大创新产品；2019年宜章县跨入全国茶产业百强县。郴州茶产业的大力发展，茶产业成为精准扶贫和乡村振兴的重要支柱产业。

郴州茶产业按照"好茶必须要有强势的大品牌引领"的指导思想，2019年12月，由郴州市茶叶协会申请注册的"郴州福茶"地理标志证明商标获国家知识产权局正式批准。着力打造"郴州福茶"这一惠及全市茶产业的公用品牌，力争以"郴州福茶"品牌为引领，把郴州茶产业优势转化为品牌优势，将郴州茶叶推向全国，推向世界，使"郴州福茶"成为国内外驰名的大品牌，郴州茶叶成为人们心目中的好茶、放心茶。

## 第二节 郴州名优茶的发展

郴州地处湖南南部的山区、丘陵地带，产茶区主要分布在南岭山脉和罗霄山脉，两大山脉山高林密、溪流纵横，常年云雾缭绕，为茶树生长提供了得天独厚的自然条件和生态环境，生产的茶叶以其优异的品质、独特的风味，深受饮茶人的喜爱。在茶叶悠久的历史发展中，不仅出现过宋代贡品狗脑贡、冷泉石山茶，明代贡品五盖山米茶，清代玲珑茶、东山云雾等历史名茶。汝白银针、安仁豪峰、郴州碧云、南岭岚峰、龙华春毫、莽山翠峰、莽仙沁、莽山瑶山红、东江云雾、回龙秀峰等多次获国家、省级奖项。郴州的名优茶为郴州茶产业的发展赋上了浓墨重彩的一笔。

20世纪80年代以来，随着改革开放，我国的国民经济得到迅猛发展，人们的生活水平也不断提高，人们对作为日常饮品的茶叶的品质要求越来越高。在湖南省及郴州市茶叶专家和当地制茶能手共同努力下，五盖山米茶、桂东玲珑茶在1980年湖南省名优茶审评会上首次被评为湖南省名茶。1980—1998年，郴州有14个名茶被湖南省农业厅颁发了湖南名茶证书，其中桂东玲珑茶、五盖山米茶、永兴龙华春毫、汝城汝白银针、郴县南岭岚峰、安仁豪峰、永兴黄竹白毫、郴州碧云、临武东山云雾、宜章骑田银毫、汝白银毫、资兴楚云仙茶、莽山银翠、宜章天星毛尖成功入选中国农业出版社出版的《中国名茶志》《中国名优茶选集》和湖南科技出版社出版的《湖南茶叶大观》。资兴市的狗脑贡茶、回龙秀峰、东江翠绿、东江红，宜章县的莽仙沁、瑶益春、莽山君红，汝城县的汝白金、旱塘硒山茶、南岭赤霞、王居仙、赛白金，桂阳县的瑶王贡茶，临武县的岩里茶等名优茶，多次在省内外名优茶评比中获金奖。

郴州的名优茶生产，有力带动了郴州茶产业的发展，郴州被誉为"湖南名优茶开发的领头雁"。桂东、汝城、资兴、宜章被列为湖南省优质茶产业基地。资兴"狗脑贡"、桂东"玲珑茶"均获中国驰名商标和湖南省著名商标；桂东玲珑茶、资兴东江湖茶和汝城白毛茶注册成为国家地理标志保护产品，"郴州福茶"注册成为国家地理标志证明商标。

### 一、桂东玲珑茶

桂东玲珑茶为历史名茶，创制于明末清初，属绿茶类。玲珑茶内含生化成分丰富，水浸出物45.6%，氨基酸5.15%，茶多酚29.48%，咖啡碱2.38%，其内含物指标在湖南六大传统名茶中最为合理。桂东玲珑茶具有条索紧细卷曲、状若钩环、匀整、色泽绿润显毫、香气高锐持久、汤色杏绿明亮、滋味浓醇鲜爽、回味甘甜悠长、叶底嫩绿匀齐的品质特征。它属典型的"生在高山上，长在云雾中"的高山茶。桂东玲珑茶1981年在全省名茶评比列为湖南八大名茶之一，1982年被评为湖南20个优质名茶之一，2019年被评为湖南省十大名茶，成为湖南茶叶的知名品牌和桂东县对外宣传的新名片，玲珑茶产业也成为桂东人民脱贫致富的支柱产业。

### 二、资兴狗脑贡茶

狗脑贡茶为历史名茶，创制于宋代，被列为皇宫贡品，因产自资兴市汤溪镇狗脑山一带，故名"狗脑贡茶"。其来历据《天下第十八福地郴州》一书，《资兴狗脑贡茶》一文说："据资兴史志记载，宋元丰七年（1084年），汤市秋田村一金姓人氏中了进士，为感皇恩进献'狗脑茶'。皇帝喝后龙颜大悦，赞不绝口，从那时起，狗脑茶被定为皇宫贡品。"汤溪镇地处罗霄山脉南端，炎帝陵之东，东江湖之北，境内山高林密、生态完好，是湖南省名优茶基地。其外形：条索紧、细，色泽绿润显毫。具有香气高锐持久、滋味鲜浓纯爽、汤色嫩绿明亮、叶底黄绿匀齐、经久耐泡等特征。狗脑贡茶1995年被评为湖南省名茶，2001年获得日本第三届"国际名茶金奖"，2006年通过湖南省著名商标认定，2008年通过农业部有机食品认证，2014年荣获中国驰名商标，被誉为"湖南第一茶"，深受消费者喜爱。

### 三、汝城白毛茶

汝城白毛茶是湖南的珍稀野生茶树品种，1989年试制的一芽二叶蒸青样分析：水浸出物42.19%（48.8%）、茶多酚33.08%（41.65%）、氨基酸3.02%（1.90%）、儿茶素总量166.21mg/g（247.19mg/g）[①]，其水浸出物及茶多酚含量在我国现有已发现的茶树品种中最高。同时汝城白毛茶对生态环境要求极高，生长的地域性极强，仅限于原产地汝城县三江口镇九龙江森林公园一带，迁移至外地则易发生变异。湖南农业大学茶学专业、湖南省茶叶研究所以及郴州茶树良种繁殖示范场等科研部门曾多次尝试引种，均未成功。审评表明：用汝城白毛茶加工成红碎茶化学鉴评得分111.06分，其中浓强度得分74.03分，鲜爽度得分36.31分，优于国内外最好的红茶，与肯尼亚王牌红茶相比，总分相同，但浓强度得分超出一倍。茶叶产品的保健药用功能突出，提神解倦、助消化止泻、杀菌、消炎、治感冒、降血脂效果十分显著。

以汝城白毛茶的肥壮芽头为原料制作而成的汝白银针，具有外形芽头肥壮重实、银毫满披隐翠、香气高雅、滋味鲜醇回甘、汤色杏绿明亮、叶底肥嫩匀亮等品质特征。冲泡时芽尖朝上，茶柄朝下，如春笋出土，起落成趣，品饮时赏心悦目。汝白银针1993年被评为湖南省名茶，1995年获全国新产品新技术交流会金奖，1997年获法国巴黎国际名优产品（技术）博览会最高金奖，2000年成功入选《中国名茶志》，2016年汝城白毛茶获得"2016年湖南'十大公共品牌'"。

近些年，汝城多家茶叶公司以汝城白毛茶为原料，研制加工白茶获得成功。以一芽一、二叶为主的原料制成的白牡丹，具有外形芽叶连枝、毫心多肥壮、色泽灰绿润泽、内质香气鲜嫩毫香显、滋味清甜醇爽毫味足、汤色黄亮清澈等品质特征。汝城白毛茶加工的红茶和白茶，多次荣获郴州市红茶王和白茶王及潇湘杯名优茶金奖。汝城白茶是白茶中的珍品。

---

① 括号外数据为春季茶样，括号内数据为夏季茶样。

## 四、五盖山米茶

五盖山米茶产于郴州市苏仙区的五盖山。嘉庆《郴州总志》记载："茶，郴属均产，以五盖山为佳。"清《郴县县志》载："山顶有平地一坞，宽数亩，常有云雾蒸覆。茶味清冽，体弱未惯饮者，但可半盂，多则倾则昏眩，汗出涔涔。珍期品者与蒙山茶同。"据说一升茶有一升米重，故称"米茶"。它为清明前采摘未开苞的芽头制成，产量极少，尤为珍贵。

五盖山米茶具有外形芽头紧秀重实、白毫满披、银光隐翠、香气清雅、滋味鲜醇、汤色浅绿明净、叶底嫩绿明亮等品质特征。湖南省茶叶研究所生化分析：水浸出物37.58%，氨基酸2.81%，茶多酚23.87%，咖啡碱5.74%，具有名茶特征。在1982年湖南省农业厅举办的全省名茶审评会上，五盖山米茶以96.69分位居湖南省20个优质名茶之首，被誉为湖南名茶中的一颗明珠，得到湖南农业大学陆松侯、施兆鹏教授的高度评价，并成功入选《中国名茶志》。

## 五、安仁豪峰茶

安仁豪峰又名冷泉石山茶，一叶泡九杯。据《安仁县志》记，冷泉石山茶曾在南宋列为贡茶。《郴州地区志》载："南宋时，安仁县冷泉石山茶被列为贡茶。"清《安仁县志》记载，豪山乡冷泉石山茶曾"悉解京都"。《天下第十八福地郴州》一书中《安仁豪峰茶》一文说："《中国名茶志》和《安仁县志》都有这样的记载……皇帝听说此茶产于深山冷泉石山缝里，即赐茶名为'冷泉石山茶'。"1993年，安仁县政府决定开发豪山历史名茶，聘请湖南农业大学茶学专业朱先明教授和尚本清副教授进行技术指导，创制了"安仁豪峰"名茶，其优异品质名震三湘。著名茶叶大师陆松侯教授在1993年5月品评安仁豪峰时给予高度评价，称安仁豪峰具有："外形条索肥硕、锋苗好、银豪满披、色泽隐翠、汤色晶莹、嫩香高长、滋味鲜醇爽口、叶底明净嫩绿等品质特征，为湖南名茶新秀。"

1994年安仁豪峰参加湖南省首届"湘茶杯"名优茶评比获得金奖；1995年获全国新产品技术交流会金奖、中国国际新产品新技术博览会金奖、中国农业博览会金奖；1996年被湖南省政府授予"湖南名牌产品"称号，1997年评为湖南省名茶；2000年成功入选《中国名茶志》；2006年通过国家绿色食品认证，为郴州最早的茶叶绿色食品；2006年通过ISO9001：2000质量体系认证；2012年豪峰牌商标荣获湖南省著名商标。

## 六、宜章"莽山红茶"

宜章县产茶起源莽山，据民国《宜章县志》记载："（莽山）以崖子石之山茶、莽山思坳之横水茶为佳，其性凉，能解热毒，可治痢疾。"可见莽山茶叶生产历史悠久，但一直以来生产绿茶。2010年木森森茶业有限公司联合广西农科院研制打造莽山红茶，踏出了莽山发展红茶的第一步，打造出"莽山君红""瑶山红"驰名品牌。莽山红茶一经问世，便以其独特的高山红茶风味，深得消费者喜爱，畅销省内外，特别是广东地区，产品供不应求。莽山君红、瑶山红、瑶益春、莽仙沁、金毛毫等红茶，先后多次在国内多项茶叶评比中获得金奖，莽山红茶也成为湖南红茶中一颗璀璨明珠。

"莽山红茶"为宜章县茶叶公共品牌，已申报国家地理标志保护产品，其范围包括景区周边的乡镇所生产的红茶，茶园面积3334hm²。宜章县茶产业以莽山红茶为主打产品，2018年宜章县荣获"湖南千亿茶产业十强县"称号。2018年9月，宜章县人民政府主办"2018第十届湖南茶业博览会暨莽山红茶品牌推介会"，宜章县推出"赏莽山仙境，品莽山红茶"的茶旅融合的战略思想，将莽山红茶打造成生态之茶、文化之茶、精品之茶、富民之茶和希望之茶。

# 第三节 郴州市区域公共品牌——郴州福茶

## 一、郴州福茶的定义

郴州福茶文化底蕴深厚，源自本区域的神农医药文化、道教福地文化、佛教寿佛文化等的有机融合。茶圣陆羽《茶经》载："茶之为饮，发乎神农氏。"而古郴州正是茶祖神农氏族肇始华夏农耕文明、发现茶叶造福天下百姓的宝地。郴州百姓因此将茶叶也叫"福茶"。郴州苏仙岭被道家列为"天下第十八福地"，誉称"仙城·福地"。无量寿佛周全真，郴州福寿之人，德懋年高，享寿138岁，一生与茶结缘，开掘禅茶文化先河。福地产福茶。郴州为三江（湘江、珠江、赣江）之源，境内山高林密，植被丰茂，云雾弥漫，昼夜温差大，成就了郴州茶叶香气清悠高长，滋味浓醇甘爽，茶多酚含量高的地域品质特征。

"郴州福茶"为郴州市的茶文化公用品牌，指经郴州市茶叶协会授权茶企，按照郴州福茶9个团体标准，在郴州地域内生产、加工的优质绿茶、红茶、白茶和青茶。

## 二、郴州市政府助推郴州福茶的发展

### 1. 举办第七届"郴州杯"职业技能竞赛暨"郴州福茶加工技能竞赛"

2017年5月10—11日郴州市总工会、郴州市茶业协会在桂东县，举办第七届"郴州杯"职业技能竞赛暨"郴州福茶加工技能竞赛"。聘请湖南农业大学教授尚本清、湖南省茶叶研究所研究员包小村、郴州市农委推广研究员刘贵芳等为专家评委，参赛选手46人。经理论考试和现场手工绿茶制作比赛，资兴市瑶岭茶厂肖文波获冠军及"郴州市五一劳动奖章"，宜章县莽山仙峰有机茶业有限公司张意雄获亚军，宜章县云上行农业有限公司曾庆军获季军。

### 2. 2017湖南（郴州）第三届特色农产品博览会首设"郴州福茶"馆，并举办中国（郴州）茶产业高峰论坛

2017年12月1—5日，2017湖南（郴州）第三届特色农产品博览会在郴州国际会展中心隆重举行。为充分打造"郴州福茶"品牌，郴州市农委和郴州市茶叶协会精心筹划，设立一座占地1500$m^2$的仿古建筑"郴州福茶"展馆（图4-1）。郴州市茶叶协会组织郴州各大茶企进馆参展，各茶企展出的展品既展示自己的优质茶叶，又宣传郴州悠久的茶历史、茶文化。"郴州福茶"也首次亮相在广大消费者面前，"郴州福茶"馆成为本届博览会一道亮丽风景。

2017年12月1日，由中国茶产业联盟、湖南省农业委员会、郴州市人民政府共同主办，郴州市茶叶协会协办的"中国（郴州）茶产业高峰论坛"在郴州国际会展中心隆重举行，来自国内茶界400余嘉宾出席盛会（图4-2）。本届高峰论坛的主题是"弘扬茶文化，发展茶产业"，旨在推进全国茶业技术创新大合作，搭建全国茶产品推介大平台，促进生产、流通、消费有效衔接，宣传推介郴州福茶公共品牌，让郴州福茶走向全国，促进全国的茶产业、茶文化交流，展示郴州福茶文化的魅力。

本届茶产业高峰论坛及郴州福茶馆的展示，有力提升了郴州福茶在全国茶界的知名度和美誉度，对郴州福茶产业的推广和发展起到了积极的作用。

图4-1 郴州福茶馆

图4-2 湖南农业大学朱旗教授在中国（郴州）茶业高峰论坛作学术报告

### 3. 郴州市重点农业品牌暨农业招商项目推介会推介郴州福茶

2018年10月18日，郴州市委、市人民政府在深圳市举办"郴州市重点农业品牌暨农业招商项目推介会"。郴州市副市长陈荣伟在会上对郴州福茶进行专场招商和推介，郴州福茶受到与会嘉宾的好评和深圳市产业界及市民的关注。

### 4. 郴州福茶参展中国（长沙）国际食品餐饮博览会

2018年9月和2019年9月，先后在长沙举办的中国（长沙）国际食品餐饮博览会上，郴州市商务局和郴州市茶叶协会搭建郴州福茶馆，组织郴州十家茶企参展，扩大了郴州福茶在国内外市场影响力（图4-3）。

图4-3 2019中国（长沙）国际食品餐饮博览会郴州福茶馆留影

### 5. 郴州福茶参展第三届中国（杭州）国际茶叶博览会

2019年5月，郴州市茶叶协会会长黄诚带队，组织郴州福茶茶产业发展有限公司、桂东县玲珑王茶叶开发有限公司等八家茶企，在湖南红茶馆设立郴州福茶专区展销。时任湖南省副省长隋忠诚亲临展区视察指导，对郴州福茶公共品牌的强势推出给予充分肯定和赞誉（图4-4）。进一步提升了郴州福茶公共品牌在国内外市场的知名度，拓展了营销市场。

图4-4 时任湖南省副省长隋忠诚视察郴州福茶展区

### 6. 郴州市茶叶协会举办郴州"茶王赛"宣传推动郴州福茶

2018年6月30日、2020年7月15日先后举办了郴州市第三届"郴州福茶·玲珑王"杯茶王赛和郴州市第四届"郴州福茶·东江湖茶"杯茶王赛（图4-5）。茶王赛经知名茶界专家、教授评审，评出了绿茶、红茶、白茶和青茶的四大茶王，促进了郴州福茶加工工艺技术水平和茶叶品质的提升。将"郴州福茶"品质优异、风味独特的特性充分展示在广大茶叶消费者面前，使消费者对"郴州福茶"有了更深层次的了解。

图4-5 郴州市第四届郴州福茶·东江湖茶杯茶王赛宣传广告

### 7. 2020第十二届湖南茶业博览会暨郴州福茶品牌推介会新闻发布会

第十二届湖南茶业博览会暨郴州福茶品牌推介会新闻发布会，于2020年9月4日在湖南宾馆召开，国家、省、市50多家新闻媒体，以及省、市、县有关部门和茶叶协会等

100多人参会。郴州市人民政府副市长陈荣伟介绍郴州茶产业发展及郴州福茶品牌建设情况，郴州市农业农村局局长李建军介绍本届茶博会"郴州福茶"品牌推介会有关筹备情况。记者们就"郴州福茶"品牌建设及品牌整合、郴州市人民政府发展茶产业的政策措施和远景规划等方面问题进行了提问和采访。

9月4日，湖南卫视茶频道《倩倩直播间》邀请郴州市人民政府副市长陈荣伟、郴州市茶叶协会会长黄诚、郴州市农业农村局局长李建军，以"郴州福茶品牌发展之路"为题进行了100min直播采访。节目深度讲述了"郴州福茶"品牌的历史、文化内涵、品质特点及生产加工的技术标准体系，以及政府为推动"郴州福茶"品牌建设的政策举措、"十四五"茶产业发展规划。扩大了"郴州福茶"品牌在国内外的知名度。

### 8. 2020第十二届湖南茶业博览会暨郴州福茶品牌推介会

2020年9月11—14日，2020第十二届湖南茶业博览会暨郴州福茶品牌推介会在湖南国际会展中心隆重举行（图4-6）。本届茶博会由湖南省供销社、湖南省农业农村厅等单位和郴州市人民政府主办，湖南省茶业协会、郴州市农业农村局、郴州市茶叶协会等单位承办。开幕式上，来自省内外领导、专家、茶界知名人士、新闻媒体等800多名嘉宾出席。郴州市表演了《我在莽山等你来》瑶族歌舞、《茶文化昆曲》和《我的郴州我的家》茶艺表演3个精彩的地方特色文艺节目。郴州市政府副市长陈荣伟在开幕式上对郴州茶产业和郴州福茶进行热情洋溢的推介，并向中国工程院院士、湖南农业大学教授刘仲华颁发郴州市人民政府茶产业科技顾问证书。刘仲华院士对郴州福茶进行了精彩点评。

图4-6 2020第十二届湖南茶业博览会暨郴州福茶品牌推介会现场

开幕式上举行授牌仪式，宜章县获2020湖南茶业"十大精准脱贫先进县"荣誉称号、郴州福茶获2020湖南茶业"精准扶贫十大区域公共品牌"荣誉称号（图4-7）。郴州市茶叶协会和十家茶企与合作方签约，签约金额达1.84亿元。展会期间，湖南卫视茶频道《茶界会客厅》邀请郴州市农业农村局党组成员张仕钊、桂东县玲珑王茶叶开发有限公司品牌总监杜沛婷、汝城九龙白毛茶农业发展有限公司董事长欧胜先，就郴州福茶公用品牌与企业品牌如何融合共创共建、推进郴州百亿茶产业发展,进行直播访谈。"湖南茶博·五彩茶香"超级直播、百名网红逛茶博节目组,邀请郴州市茶叶协会名誉会长黄孝健和湖南农业大学黄建安教授,与网红直播带货宣传,展销了郴州福茶系列企业品牌与产品。

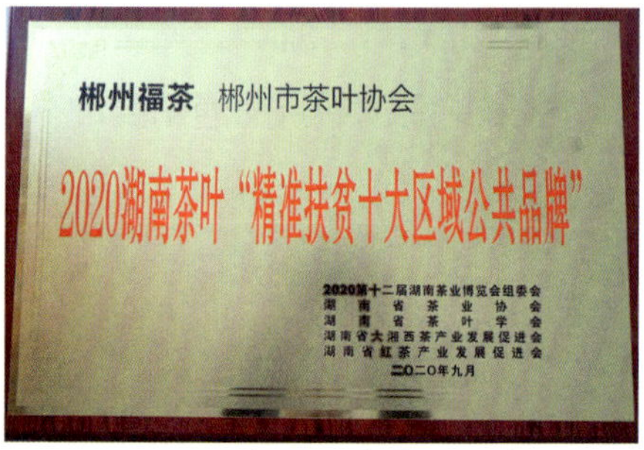

图4-7 郴州福茶获奖奖牌

展销会上,郴州市茶叶协会组织郴州福茶25家授权茶企搭建了"郴州福茶馆",高度融合郴州历史悠久的福茶文化。优异的茶叶品质和精彩茶艺节目受到与会领导和观摩者的高度赞赏。"郴州福茶馆"成为本届茶博会一道最亮眼的风景线。"三湘四水五彩茶,郴州福茶福天下"成为本届大会的主题词,"郴州福茶"跻身湘茶一流品牌行列。

## 三、陈荣伟副市长推介郴州福茶(图4-8)

尊敬的各位领导、媒体朋友、女士们、先生们:

金秋送爽,福茶飘香!非常荣幸在2020第十二届湖南茶博会开幕之际,与媒体朋友们共同分享郴州福茶品牌发展成果。在此,我代表郴州市委、市政府和533万郴州人民,向十二届湖南茶博会组委会表示衷心的感谢!向各位关心和支持郴州茶产业发展的

图4-8 郴州市人民政府副市长陈荣伟推介郴州福茶

媒体朋友表示诚挚的谢意!借此机会,我向大家简单介绍下郴州的基本情况和茶产业发展现状。

郴州市位于湖南省东南部,与广东、江西接壤,是湖南"南大门"。现辖两区、一市、八县,总面积1.9342万 $km^2$,总人口533.7万人。

**郴州是人文蔚起的红色福地。**"郴"字独属郴州,意为"林中之城",自秦置郴县始已有2200多年历史[①],被誉为"天下第十八福地(道教)",是中国农耕文明的发祥地之一,也是"湘南起义"策源地、"第一军规"颁布地、"半条被子"故事发生地、中国女排成就"五连冠"的腾飞地。全市11个县市区都属革命老区,走出了邓中夏等革

---

① 应"自战国置郴县始已历2400多年"。

命先驱和黄克诚、萧克、邓华等开国将军。

**郴州是区位独特的通衢要地。**处于"楚粤之孔道",毗邻广东、邻近港澳,历为中原地区通往岭南的咽喉要道和兵家必争之地,如今境内京广铁路、京深高铁、京港澳高速及复线、厦蓉高速等纵横交错,特别是随着郴州北湖机场、兴永郴赣铁路等的规划建设,日益成为湘粤赣省际区域性交通枢纽。

**郴州是宜居宜业的生态绿地。**处于南岭山脉和罗霄山脉交汇点,山水奇秀、生态良好,全市森林覆盖率达67.94%,有国家级生态示范区1个、自然保护区2个、森林公园8个、湿地公园5个、地质公园4个,是国家园林城市、国家森林城市、国家卫生城市、中国优秀旅游城市、国家级休闲城市、全国50大氧吧城市、中国最具幸福感城市和全球绿色低碳领域先锋城市。

**郴州是禀赋优厚的资源宝地。**处于南岭成矿带上,资源富集、矿物多样,境内已发现矿产达140多种,被誉为"中国有色金属之乡""中国微晶石墨之都""中国银都""中国观赏石之城·矿物晶体之都"和"中国温泉之城"。

**郴州是平台健全的开放高地。**这里正处在中西部地区对接粤港澳的"桥头堡",向来得改革开放风气之先,现有1个国家级高新区、1个综合保税区、1个国家农业科技园区和14个省级产业园区。海关、口岸、检验检疫、铁海联运、国际快件等平台健全、功能完备,是"无水港"城市。近年还被列为国家可持续发展议程创新示范区、湘南湘西承接产业转移示范区,跻身全国创新竞争力百强城市。

茶源始三湘,茶祖在湖南,郴州是炎帝神农开创华夏农耕文明和发现茶叶的地方。相传神农在汝城耒山制耒耜,在北湖开石田,在嘉禾置禾仓,在安仁尝百草,在资兴汤溪发现茶叶。所以,神农发现茶叶,造福天下百姓,郴州百姓因此也将茶叶叫福茶。

郴州为二帝(炎帝、义帝)、二佛(无量寿佛周全真、朱佛朱道广)、二神(洞庭湖神柳毅、北湖惠泽龙王曹大飞)、九仙之地。苏仙岭是西汉苏耽升仙的地方,又因"橘井泉香"的故事广泛流传,被道家列为"天下第十八福地"。郴州因此别名"福地",福地产福茶,自然天成。唐代高僧无量寿佛释全真,叫周全真,为郴州资兴市人,在佛教界享誉很高,有"西有阿弥陀,东有无量佛"之声誉。他一生与茶结缘,爱茶,开创了禅茶文化先河。老百姓因此将寿佛喝过的家乡茶叫"寿福茶",佛福同音。

来到福城,喝杯福茶,沾沾福气,做个福人,已成为郴州的待客之道。郴州茶历史文化源远流长,故事溢彩,极大地丰富了"郴州福茶"的历史文化内涵,奠定了"郴州福茶"这一文化品牌的丰厚底蕴。

近年来,市委市政府高度重视茶叶产业发展。2014年市政府下发了《关于加快茶产业发展的意见》(郴政发〔2014〕3号文件),制定了郴州百亿茶产业发展目标;2015年提出了打造"郴州福茶"区域公用品牌的设想;2019年12月29日,"郴州福茶"地理标志证明商标经国家知识产权局正式注册;2020年5月27日,国家知识产权局正式颁发"郴州福茶"地理标志证明商标证书。与此同时,"郴州福茶"9个团体标准也经国家标准委员会团体标准信息平台审查公布。自此,"郴州福茶"成为区域公用品牌。

"郴州福茶"定义为郴州地域茶文化公用品牌,主要指郴州辖区内所产的优质红茶、绿茶、白茶和青茶(乌龙茶)。"郴州福茶"最突出的品质特征是:香气清悠高长,滋味浓醇甘爽。其中绿茶具有香气清高持久,滋味浓厚甘爽的品质特点;红茶具有花蜜香悠长、滋味浓醇甜爽的品质特点;白茶具有花香毫香交融,味甜醇的品质特点;青茶具有花香悠扬,韵味醇厚的品质特点。"郴州福茶"系列品牌中富含硒元素,茶多酚含量比湖南省平均值高出10%以上。

全市围绕"品牌发展、乡村振兴、产业扶贫"这个中心工作,在品牌建设、市场营销、基地提质改造、茶文化挖掘、茶旅融合、茶类拓展和品质提升等方面,做了大量卓有成效的工作。截至2019年底,全市人工栽培茶园面积达到38.42万亩,野生茶面积16万亩,产茶1.42万t,产值17.8亿元,茶叶综合产值达59.3亿元。全市茶叶面积在全省排名,由2013年的第八位上升到第三位。茶树良种化提高到85%,茶类结构优化,由单一的绿茶生产向绿茶、红茶、白茶、青茶、黑茶五大类发展。茶叶加工提质升级,新增加工厂房面积10万$m^2$余,新增清洁化、机械化、自动化生产线18条,达到42条。茶旅融合快速发展,茶区变景区,茶园变公园,产品变商品,劳动变运动逐步实现。茶叶生产基础进一步夯实,全市生产加工茶企达80余家,茶叶专业合作社达200家。国家级茶叶龙头企业1家,省级龙头企业5家。在品牌建设上,资兴狗脑贡茶、桂东玲珑茶获得中国驰名商标,桂东玲珑茶2019年评为湖南省十大名茶,全市有50余个品牌荣获国家级、省级茶叶评比会、农博会、茶博会金奖,中茶杯特等奖和一等奖。

"郴州福茶"从"历史长河"中走过来,从"茶盐古道"中走出去,将以品牌为引领,借力湖南五彩湘茶,坚持"标准化生产、品牌化营销、专业化分工、现代化管理",突出"消费拉动、市场带动、企业主动、政府推动、部门联动、协会互动、科技驱动、金融撬动",提升品质品牌。在未来五年中,建设5个十亿级主产县,10个亿元级茶乡小镇或专业村,培育5个亿元级龙头企业,10个伍千万元以上龙头企业,50个千万级茶庄园,100个百万级茶馆茶店,10万个销售网点,茶旅游客年1000万人次以上,引导300万郴州茶人年均饮茶3公斤。到2025年,实现茶园面积50万亩,产茶3万t,综合产值达到100亿元。

主办2020第十二届湖南茶业博览会暨郴州福茶品牌推介会，是郴州深入实施"产业主导、全面发展"战略的重要举措，市委、市政府主要领导部署推动，并提出了明确要求，专门成立了组委会，明确分工、明确任务、明确职责。

一是建立了组织机构。（2020年）7月6日，市政府主持召开了筹备工作会议，制定郴州福茶品牌推介会总体方案，成立"郴州福茶"品牌推介会筹备工作领导小组，下设6个筹备工作组，明确了筹备工作领导小组以及各工作组的工作任务和职责。我市博览会筹备工作得到了省茶博会组委会的大力支持。我们先后与省茶博会组委会进行了5次工作汇报沟通，省茶博会组委会两次到郴州面对面对接，通过双方充分沟通衔接，在经费优惠支持、场馆部署安排、品牌推介宣传、活动内容创意等方面达成了共识，有力地推动了筹备工作顺利开展。

二是博览会筹备工作正稳步推进、有序落实。宣传准备方面，反映郴州茶历史文化的"郴州福茶"宣传片录制完成；3000份"郴州福茶"宣传册已经印刷；主场馆400$m^2$"郴州福茶"馆已完成设计方案，只等场馆安排进场装修。产品推介方面，完成了"郴州福茶"首发品鉴茶包装制作和茶叶赞助收集工作；设计了"郴州福茶"主题包装七套，计划在茶博会"郴州福茶"馆展示。活动安排方面，开幕式产销对接签约仪式准备工作正在进行中，计划"郴州福茶"产销对接10~15家合作单位签约；配合举办茶"三十"活动和茶祖神农杯名优茶评比活动；策划举办"百名网红逛茶博"活动，将在（2020年）9月14日上午举办"郴州福茶"专场，通过新媒体直播、转发和各媒体直播宣传，让更多人了解"郴州福茶"，助力郴州百亿茶产业，弘扬郴州茶历史、茶文化。

三是郴州福茶展示区特色鲜明。借此机会，我向大家重点介绍展会现场的"郴州福茶"馆。"郴州福茶"馆践行郴茶历史文化理念，既展示郴茶历史文化，又展示郴茶品牌特色，突出"郴州福茶"品牌，共分为五大展区：主产县展区，4个主产县各展出自己的品牌和文化特色，在"郴州福茶"大品牌的引领下突出地方品牌和企业品牌；非主产县展区，突出非主产县的茶企风采，为扩大郴茶产业发展助力呐喊；福茶文化展区和品牌展区，主要展示郴州茶历史、茶文化、茶具、茶器、福茶主题包装等，让观众了解郴茶历史，知晓郴州茶具茶器，认识"郴州福茶"包装，扩大"郴州福茶"品牌的影响力和知名度；茶艺表演区，主要展示郴州茶历史文化及各年代茶艺特色，郴州茶企的特色茶艺表演，吸引国内外茶界人士和专家学者关注郴州茶，了解郴州茶历史文化，扩大郴茶知名度。届时，欢迎各位领导、各位媒体朋友到"郴州福茶"展馆走一走、坐一坐、喝一杯。

"郴州福茶"产业的发展还需国家、省和兄弟省市领导和茶界同行的支持和关注,期望媒体朋友的大力宣传,诚邀大家来到郴州,来到福城,观美丽郴州山水,品一杯"郴州福茶",做一个"健康福人"。

谢谢大家!

## 四、刘仲华院士点评郴州福茶(图4-9)

刘仲华院士在2020湖南第十二届茶业博览会暨郴州福茶品牌推介会开幕式上对郴州福茶厚重的历史文化、独特的品质特征、优越的生态环境、向现代茶产业迈进等方面,进行了精彩点评。全文如下:

尊敬的各位领导、各位专家、各位企业家、各位茶界同仁、新闻媒体朋友,大家早上好!

图4-9 刘仲华院士点评郴州福茶

受郴州市委、市政府和茶行业对我的厚爱,让我来借这个平台,推介郴州福茶。

三湘四水五彩茶,湖湘大地出好茶。郴州福茶是郴州市打造的茶文化公共品牌,以其深厚的福茶文化底蕴和优异的地域茶叶品质特征,去年(2019年)获得了国家知识产权局中国地理标志证明商标。

郴州福茶文化历史悠久,源远流长,高度融合了郴州特有的神农文化、福地文化和寿福文化。郴州是神农开创华夏农耕文明和发现茶叶的发源中心。据传说神农在资兴的汤溪狗脑山发现茶叶,造福天下百姓,郴州百姓因此将茶叶叫作福茶。刚刚陈市长介绍了有一个大德高僧叫作周全真,这个大德高僧当年就有高寿138岁,在那个年代如果说就有138岁,推算到今天的物质文明高度发达的社会,恐怕208岁都不止。因此,在我们民间有说"西有阿弥陀,东有无量佛"之声誉,郴州人的普通话不很标准,他说佛、福是同一个音,佛福一致。由此,郴州福茶传来已久。

今天我们郴州打造郴州福茶,郴州茶叶有绿茶、红茶、白茶和青茶四大茶类轮番发力,共同形成了郴州福茶全面复兴的局面。郴州福茶的共同地域品质特征是香气清悠高长,滋味浓醇甘爽,茶多酚、氨基酸、咖啡碱、水浸出物丰富而协调。其中郴州的绿茶香气清高持久,滋味浓厚甘爽;郴州的红茶具有花蜜香悠长,滋味浓醇甜爽的品质特征;郴州的白茶具有花香毫香交融,味甜醇的品质特征;青茶就是乌龙茶,具有花香悠扬，韵味醇厚的品质特征。我认为乌龙茶主产福建、广东和台湾地区，其实郴州在20世纪就开始试制乌龙茶，郴州乌龙茶品质非常优异。这些年白茶风生水起，我们的汝城白毛茶作为一个做红茶品质优异，做白茶品质也非常优异的资源，今天不断地绽放出它的光芒。

郴州是我们湖南茶产业发展比较早的一个区域，从20世纪80年代开始，他们先后参加中国和湖南的各种名优茶评比，获得了一大批的荣誉，可以说拿奖拿得手发软。但是，荣誉只是过去，现在要在弘扬过去优异的历史传统名茶来发展我们新时代的郴州茶业，打造郴州福茶。湖南正在举全省之力全力打造红茶，郴州由于独特的地理环境，优越的自然条件，以莽山红为代表的红茶影响了神州大地很多爱茶人士。

为什么如此？我想有这么几点原因，首先是郴州独特的自然地理环境，孕育了郴州福茶优异的自然品质。郴州地处湖南的南端，北纬25°，属南亚热带季风湿润气候区，气候温暖湿润，属于全国茶树最适宜种植区，也是全国优势红茶产业带区。在郴州多丘陵山地，境内南岭山脉与罗霄山脉交错，为湘江、珠江、赣江之源，高山云雾多，漫射光多，昼夜温差大，土壤里面有机质丰富，微量元素分布均衡，这为优质茶叶内含物的积累提供了生态支持。郴州拥有以汝城白毛茶为代表的丰富的茶树品种资源，而且在湖南郴州它的茶树良种种植比例比较高，全市范围内全面推广生态、有机、绿色的栽培理念、技术，郴州制茶历史悠久，拥有一批高水平的制茶大师，他们把传统制茶技艺和现代制茶技术完美融合，形成了郴州福茶独特的生产加工技术体系，并且正在向机械化、自动化、标准化的新一轮的现代加工体系迈进。因此，优越的自然环境，优异的茶树资源，先进的栽培理念，精湛的加工技术，铸就了郴州福茶优异的品质风格。

今天，郴州市的政府、行业、企业、茶农联动，全面打造新一轮的郴州福茶。我坚信在科学与文化的双轮驱动下，郴州福茶将香飘神州大地，享誉全球。在这里，我真诚地建议大家多喝郴州福茶，享受健康幸福人生。

## 五、郴州福茶公共品牌授权使用企业名单（表4-2）

表4-2 郴州福茶公共品牌授权使用企业名单

| 序号 | 单位名称 | 序号 | 单位名称 |
| --- | --- | --- | --- |
| 1 | 湖南资兴东江狗脑贡茶业有限公司 | 5 | 汝城县金润茶业有限责任公司 |
| 2 | 桂东县玲珑王茶叶开发有限公司 | 6 | 郴州福茶茶产业发展有限公司 |
| 3 | 汝城县鼎湘茶业有限公司 | 7 | 郴州古岩香茶业有限公司 |
| 4 | 湖南老一队茶业有限公司 | 8 | 宜章莽山木森森茶业有限公司 |

续表

| 序号 | 单位名称 | 序号 | 单位名称 |
|---|---|---|---|
| 9 | 汝城县九龙白毛茶农业发展有限公司 | 19 | 汝城县泉水镇旱塘茶场 |
| 10 | 郴州木草人茶业有限责任公司 | 20 | 资兴市七里金茶专业合作社 |
| 11 | 湖南舜源野生茶业有限公司 | 21 | 资兴市毛冲头茶叶专业合作社 |
| 12 | 湖南莽山天一波茶业有限公司 | 22 | 资兴市东江名寨茶叶专业合作社 |
| 13 | 宜章县莽山仙峰有机茶业有限公司 | 23 | 资兴市仙坳生态种植业专业合作社 |
| 14 | 湖南豪峰茶业有限公司 | 24 | 桂阳金仙生态农业开发有限公司 |
| 15 | 郴州瑶山农业开发有限责任公司 | 25 | 宜章县云上行农业有限公司 |
| 16 | 资兴市瑶岭茶厂 | 26 | 桂阳县辉山雾茶业有限公司 |
| 17 | 桂阳瑶王贡生态茶业有限公司 | 27 | 郴州福地福茶文化发展有限公司 |
| 18 | 宜章县沪宜农业开发有限公司 | 28 | 湖南橘井生物科技有限公司 |

## 第四节　郴州重点茶企

### 一、湖南资兴东江狗脑贡茶业有限公司

湖南资兴东江狗脑贡茶业有限公司位于湖南郴州资兴市汤溪镇（图4-10），公司成立于1993年，注册资金500万元，现拥有自有茶园133.3hm²，联营茶叶基地1333.3hm²，下辖罗围总厂、汤市分厂（厂房面积5000m²）和22家茶叶体验店。公司拥有中级以上

图4-10　湖南资兴东江狗脑贡茶业有限公司

职称的25人，茶叶加工技术人员25人，年销售茶叶1.5亿元。通过"以公司为龙头，公司+专业合作社+基地+农民"的产业化经营模式，为服务"三农"，创造就业岗位，推动郴州茶产业发展作出了较大贡献，2019年被评为国家级农业产业化龙头企业。

公司主营产品狗脑贡茶。狗脑贡茶历史悠久，底蕴深厚，相传为宋代贡品。狗脑贡茶产地位于湖南资兴汤溪镇，是传说中神农发现茶叶的地方，地处罗霄山脉南端，东江湖之东，境内山高林密、生态良好，是湖南省名优茶基地。公司在秉承传统手工，结合现代科技的基础上，经过不断的工艺提质改造，独创"九臻制茶法"，使狗脑贡茶独具"香高、味浓、回甘、耐泡"等特点，可谓"天生、地养、人成"，被誉"湖南第一茶"的美称。由茶学界大师级专家优选的汤溪茶园区域、精心打造的狗脑贡茶专属"小产区

散种茶园",从种植施肥到病虫防治等均实行科学规范管理,从源头上保障了鲜叶原料的品质,加工生产的"小产区,大师级"高端品质茶,未来将为城市生活提供更多精神享悦新空间。

狗脑贡茶品质优异,深受广大爱茶人士的钟爱,是外形内质兼美,色香味形俱佳的上好茶(图4-11)。1995年获湖南省第二届"湘茶杯"名优茶金奖,1998年荣获湖南省名优茶"金牌杯"评比会金奖,2001年荣获日本举办的第三届国际名茶评比会金奖(图4-12),2004年荣获上海国际茶文化节中国新品名茶金奖,2005年荣获湖南省茶叶学会"湖南名茶"特等奖,2005年荣获中国茶叶流通协会"放心茶"推荐品牌,2006年荣获湖南省工商行政管理总局颁发的湖南省著名商标,2006年荣获第十三届上海国际茶文化节"中国名茶"金奖,2012年荣获湖南农业产业化省级龙头企业称号,2014年荣获中国工商行政管理总局颁发的中国驰名商标称号。

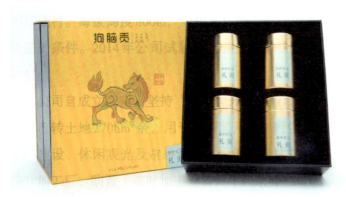

图4-11 湖南资兴东江狗脑贡茶业有限公司产品

图4-12 湖南资兴东江狗脑贡茶业有限公司荣誉证书

为加快发展,公司在资兴市罗围投入6000万元,建成3000m²十万级无尘车间,建设年产值过亿元的高标准茶饮、茶点、茶糕点生产线,以及冷冻冷藏、仓库等相关配套设施。公司组建了高素质科研团队,与湖南农业大学、湖南茶叶研究所、中国管理科学院深圳分院合作,开展新产品研发,其中纯天然无添加剂茶叶精华T2萃取技术、天然酵母尖性养发技术,处于国内领先水平。项目成功运行后,将进一步带动社会就业,提升农业产业化龙头企业的带动作用,成为公司经济效益的新增长点。

## 二、桂东县玲珑王茶叶开发有限公司

桂东县玲珑王茶叶开发有限公司成立于2007年9月(图4-13),现为湖南省农业产业化龙头企业、高新技术企业、质量信用AAA级企业。公司注册资金1080万元,资产总额2.5亿元。公司有五星级玲珑茶主体酒店1个,面积3万m²;自有及合作茶园720hm²,引导发展茶叶基地2667hm²，整个茶产区茶园面积有8000hm²，茶叶专业合作社38家；公司在郴州、长沙、上海设营销配送中心各1个，郴州市市级技术研发中心1个，在桥头乡有占地31亩总建筑面积1.8万m²茶叶加工厂1座，两条自动生产线年加工能力600t；在清泉镇建了占地25亩总建筑面积3.5万m²茶叶加工厂1座，8条自动生产线年加工5000t，2个厂满负荷生产公司年产量可达5600t，产值23亿元（图4-14）。公司的茶园和加工厂通过了ISO9001∶2008认证、GB20000认证、湖南省质量安全企业标准认证、湖南省经济和信息化委员会清洁化生产审核，拥有发明专利5件、实用新型专利21件、地方标准2个。公司的主打产品玲珑茶、玲珑王茶是湖南历史名茶（图4-15），已通过有机食品认证，有红茶、绿茶2个品类，现为湖南省著名商标、湖南省名牌产品、国家地理标志保护产品、中国驰名商标。2015年香港国际茶展，公司包揽了冠、亚、季军和最佳滋味奖。2017年获中国中部（湖南）农博会"袁隆平农业博览奖"。公司有玲珑、玲珑王等60多个注册商标，目前产品在全国近

图4-13 桂东县玲珑王茶叶开发有限公司茶园

图4-14 桂东县玲珑王茶叶开发有限公司自动化生产车间

图4-15 桂东县玲珑王茶叶开发有限公司产品

20个省有销售，年销售额超亿元。公司茶园获评2015年度"中国最美30座茶园"和"全国生态茶叶示范基地"，这些茶园都是分布在全球负氧离子含量最高、森林覆盖率达到85%，海拔在500~1500m的桂东县境内的山上。

玲珑茶最大的特点，就是高山茶叶"嫩""甜"。为了保证产品质量，让大家可放心吃茶叶，公司独创的验收标准用尺子量叶子三围，每个茶农交来的鲜叶都要先量三围定等级并检测无农残才能进厂加工，以及全程不落地全自动化生产来保证每一片茶叶的品质。

2015年以来，公司积极响应精准扶贫开发战略，将公司茶园67hm²，按人均0.022hm²、10年经营权落实到贫困农户，茶园收益的75%用于贫困户返利，结对帮扶贫困农户1930户5083人，采取保底分红、保价收购、基地联营、技术培训、劳务聘请、商超惠农、捐资助农、岗位就业等多层次、多纬度帮助贫困茶农户均增收2000余元。《精准扶贫+茶产业扶贫技术报告》得到国家标准化管理委员会的充分肯定并面向全国发布，在2017年重点产业委托帮扶工作中全面实现贫困户增收脱贫目标。

公司坚持一二三产业融合发展，把茶叶产业、旅游产业、茶文化产业结合起来，发展农事体验、观光旅游、旅游接待、惠农超市等项目建设，拓宽农产品增收的渠道。

## 三、汝城县鼎湘茶业有限公司

汝城县鼎湘茶业有限公司成立于2010年，注册资金1000万元，地处汝城县暖水镇，是湖南省省级农业产业化龙头企业（图4-16）。公司现有固定员工52人，拥有中级以上职称10人，种植、加工技术人员30人，采茶工2000多人。公司主营业务：茶叶种植、加工和销售、茶树良种繁育、茶文化及相关旅游项目开发等，年茶叶销售7000多万元。企业法人王关标被评为"湖南茶叶十大新锐人物""湖南茶叶十大杰出营销经理人"、湖南省非公有制经济组织"优秀共产党员"。公司相继荣获了"湖南省守合同重信用单位""湖南省质量信用AAA企业"。公司党支部获郴州市"先进基层党组织"称号。

目前公司已完成投资8600万元，开发高标准生态茶园333.3hm²（图4-17）；以"公司+基地+农户"的模式发展合作基地533.3hm²；在暖水镇兴建现代化茶叶加工厂，办公及生产用房建筑面积10000m²多，拥有红茶、绿茶、白茶机械化加工生产线，年加工能力可满足加工2000hm²茶园所产鲜叶的要求。公司通过自行研发获得7项"实用新型专利"和4项"外观设计专利"，开发的产品通过"食品安全体系认证"，并荣获"湖南省名牌产品"称号。公司生产的汝白金红茶、白茶相继摘得2014年、2016年郴州市首届和第二

图4-16 汝城县鼎湘茶业有限公司

图4-17 汝城县鼎湘茶业有限公司黄金芽基地茶园一片金色

届茶王赛"红茶王""白茶王"桂冠,红茶、绿茶、白茶产品均获得湖南省茶叶博览会金奖,公司产品得到了市场的广泛认同。

按照"区域特征明显,产品层次分明,品名意境深远"的理念,公司将产品分为至臻、至美、至善三大系列,进入不同的茶叶细分市场,与长沙多家高端设计、营销策划、管理咨询公司建立长期战略合作,对公司品牌、产品包装等进行规划设计和营销体系的打造。实施三步走战略:先占领核心郴州市场,再占领优势湖南市场,最后推动竞争市场,走向全国。

图4-18 汝城县鼎湘茶业有限公司黄金芽茶

公司依托汝城县得天独厚的气候和生态条件,结合自身优势,建立以基地、生产、销售为基础,融合休闲体验、茶文化交流、特色旅游为一体的大茶业产业链。公司在汝城县建立了湖南省最大的黄金芽观光茶园。黄金芽是目前全国唯一的叶片呈金黄色的茶叶新品种,内含物丰富,氨基酸含量高,汤色清澈明亮、香气醇正持久、滋味鲜爽回甘、叶底金黄,极具观赏、饮用价值,堪称茶中极品(图4-18)。

## 四、汝城县金润茶业有限责任公司

汝城县金润茶业有限责任公司(图4-19),地处汝城县井坡乡泉溪村,2013年8月公司正式登记注册,注册资金306万元,是一家集茶叶生产、加工、营销、网上购物、加盟连锁、茶文化推广于一体的茶业综合性企业,湖南省农业产业化龙头企业,企业法定代表人邓佳。公司现有固定员工21人,年产值

图4-19 汝城县金润茶业有限责任公司新加工厂

已突破千万元,现自有茶园233.3hm$^2$,其中53.3hm$^2$有机茶园,茶园分布于汝城县的井坡、马桥、泉水、附城四乡镇十村,茶园覆盖区有2万多农村人口。

公司现有的茶树品种有福鼎大白、安吉白茶、梅占、金萱、平阳特早、湘波绿、黄观音、金观音等,公司的生态茶园种植示范基地,拥有得天独厚的发展条件和生态环境,生产生态有机绿茶、红茶、白茶和乌龙茶(图4-20)。公司"从茶园到茶杯"全过程按绿色、有机食品标准加工生产,产品安全、优质、营养,并具有独特的地域香,香气浓郁,纯而不淡,浓而不涩。产品能以其形诱人,以其香引人,滋味醇厚甘鲜,饮之幽香四溢,齿颊留芳,深受消费者喜爱。2016年公司产品参加湖南省首届"潇湘杯"名优茶

评比就荣获3个金奖和1个一等奖,即王居仙红茶金奖、王居仙白毫银针(白茶)金奖、王居仙乌龙茶金奖、王居仙绿茶一等奖(图4-21)。

图4-20 汝城县金润茶业有限责任公司有机茶园基地

图4-21 汝城县金润茶业有限责任公司产品

## 五、汝城县九龙白毛茶农业发展有限公司

汝城县九龙白毛茶农业发展有限公司成立于2013年,2020年被评为湖南省农业产业化龙头企业。湖南省省级农业示范企业,公司注册资金5000万元,董事长欧胜先。公司位于毗邻广东的汝城县三江口瑶族镇,有固定员工65人,有中级以

图4-22 汝城县九龙白毛茶农业发展有限公司白茶庄园

上职称的6人,技术人员17人,在深圳、韶关、长沙、郴州、汝城等地设有6家茶叶直营店,年产值6000多万元。

2013年,公司响应湖南省、郴州市关于加快旅游、农业产业化建设步伐,调整农业产业结构,以及打造湘南地区特色休闲农业的指示精神,投资6500万元建设的九龙白茶庄园(图4-22),占地面积38.7hm²,设有茶叶加工厂、白毛茶观赏园、茶艺演示茶叶品尝厅、茶展厅、民宿特色餐饮、茶文化展馆等设施,被评选为湖南省五星级休闲农业庄园、湖南省五星级乡村旅游点、湖南省农业产业示范园。公司拥有野生白毛茶基地2667hm²多,富硒茶基地200hm²多,铁皮石斛基地200hm²多,特色养殖基地66.7hm²多,实现了一、二、三产业的高度融合。

公司用其芽、叶加工出来的汝白银针、汝白银毫自1981年起连续多年荣获"湖南省名优茶"称号;1990年,获得中国食品工业成就展示会"优秀新产品"称号;1994年,汝白银针、汝白银毫荣获湖南省名茶奖,汝白银毫茶获全国林业特优新产品博览会银奖;

1995年，获湖南省第二届"湘茶杯"名优茶评比金奖；1997年，汝白银针茶在法国巴黎国际名优新产品（技术）博览会上荣获最高金奖（图4-23）；2016年，公司"赛白金"系列白茶及红茶获得"潇湘杯"湖南省名优茶评比金奖（图4-24）；白毫银针获2020年郴州市第四届茶王赛"白茶王"称号；汝城白毛茶已被批准成为国家农产品地理标志保护公共品牌。

图4-23 汝城白毛茶"汝白银针"获奖证书

图4-24 汝城县九龙白毛茶农业发展有限公司产品

公司致力于汝城白毛茶的开发和利用，充分挖掘其潜力，根据其地域性极强的特点，打造出具有明显特征的"小产区"特色白毛茶。以汝城白毛茶为原料，研制出"赛白金"系列白茶产品：白毫银针，其芽头肥壮，白毫满披，色白如银，其香气清新，汤色浅黄，滋味鲜爽，叶底嫩匀，是白茶中的极品；白牡丹，以一芽二叶为原料，因其绿叶夹银白毫心，形似花朵，冲泡后绿叶托着嫩芽，宛如蓓蕾初放，味鲜香甜，香郁回甘。

公司依托毗邻国家4A级景区"九龙江国家森林公园"的地理位置优势，成功将九龙白毛茶庄园打造成集茶叶种植、加工、销售、旅游观光、养生、餐饮住宿于一体的五星级生态农庄，成为三江口瑶族镇旅游观光的重要景点。

## 六、湖南莽山瑶益春茶业有限公司

湖南莽山瑶益春茶业有限公司，是一家集茶叶科研、种植、加工、销售、茶文化传播、休闲观光旅游于一体，绿色生态省级农业产业化龙头企业。公司位于国家4A级景区——莽山国家森林公园，茶园主要分布在海拔600~1000m区域（图4-25）。莽山山势高耸、涧水漫流、云雾缭绕、土

图4-25 宜章县莽山高山茶园

地肥沃，无工业污染，生态环境优越，是生产高档有机茶的绝佳场所。公司的高山茶园也成为森林公园的一道亮丽风景，吸引着众多游客前来观光。公司前身为宜章县莽山标明茶叶种植专业合作社，拥有社员226户，茶园400hm²，2015年合作社荣获"国家农民专业合作社示范社"称号。

公司自成立以来，秉承发扬莽山茶叶"品质优良、风格稳定、档次分明、质量保证、绿色环保、买得放心、喝的舒心"的优良传统，以潜心发展莽山的茶产业，带动广大瑶乡农民脱贫致富为己任。在各级部门的关心支持下，经过4年多的不懈努力，公司茶叶产量及品质得到了不断提高，茶叶亩产由30kg余提升到60kg左右，茶园亩均收入达到5000元以上，瑶民的收入得到很大的提高。公司以"种好茶为健康"的经营理念，力争为广大消费者提供最好的茶叶。2014年公司获"市级农业产业化龙头企业"称号；2015年通过国家专利13项，其中发明专利1项；2016年获"省级农业产业化龙头企业"称号；"瑶益春"牌商标2016年被评为湖南省著名商标；2017年公司产品成功通过有机茶认证。董事长周标明同志2017年被评为"全国农业劳动模范"。

公司生产的莽山"瑶益春"绿茶（图4-26），外形翠绿紧细显毫，内质栗香浓郁、滋味鲜爽，在第九届"中茶杯"全国名优茶评比中荣获特等奖，在第十二届中国国际中部（湖南）农博会评比中获金奖，在2014年湖南湘茶大赛郴州赛区获金奖，在第十届世界茶联合会国际名茶评比获金奖，2015年湖南茶博会"茶祖神农杯"名优茶评选获金奖，2017年荣获中国中部（湖南）农业博览会金奖（图4-27）。"瑶益春"牌红茶，外形紧细滑润、金毫显露，内质甜香浓郁、滋味鲜浓醇厚，在第二届"国饮杯"全国茶叶评比中获一等奖，在第十届"中茶杯"全国名优茶评比中荣获一等奖，在2014年湖南湘茶大赛郴州赛区获金奖，在第十届世界国际茶联合会国际名茶评比获金奖，2015年湖南茶博会"茶祖神农杯"名优茶评选获金奖，2017年荣获中国中部（湖南）农业博览会金奖。公司研制的黑茶在2015年湖南（郴州）特色农产品农博会荣获"金奖"。

图4-26 湖南莽山瑶益春茶业有限公司产品

图4-27 湖南莽山瑶益春茶业有限公司证书

公司依托素有"第二西双版纳"之称的莽山国家森林公园，着力打造以采茶、制茶、品茶、购茶、高山茶园观光、瑶乡风情体验为主体的旅游观光线路，实现茶、旅产业融合发展，让更多的人了解、爱上国家级自然保护区莽山的高山茶。

## 七、宜章和宜农业综合开发有限公司（湖南老一队茶业有限公司）

宜章和宜农业综合开发有限公司成立于2014年8月，湖南老一队茶业有限公司成立于2016年12月，是宜章为打造优质红茶主产县招商引进的企业（图4-28）。项目总投资2亿元，集育苗、种植、加工、销售、休闲旅游等为一体。建有英红九号良种茶园150hm²。

图4-28 湖南老一队茶业有限公司茶叶加工厂

其品牌"莽山红"是郴州市重点推广品牌，是湖南省红茶十大企业品牌，公司被评为湖南省农业产业化龙头企业，是湖南省特色农业（红茶）产业园、湖南省重点产业扶贫项目，通过产业帮扶贫困户1171户，贫困人口6710人。

公司毗邻大莽山国家级森林公园，生态环境优越，自然资源丰富，素有"中国原始生态第一山"之称，是地球同纬度保护最好的一片原始森林，具有得天独厚的生态资源。公司茶叶种植基地山峦起伏、云雾缭绕、溪涧穿织、雨量充沛、土地肥沃，具有得天独厚的茶叶种植自然条件（图4-29）。湖南老一队莽山红茶是采用公司种植基地的"英红九号"茶青为原料，按照红茶制作工艺精制而成，所出产的茶叶，茶香高浓，品质稳定（图4-30）。茶黄素含量高，外形金毫显露。其中金毛毫产品在2018年先后荣获郴州市第三届郴州福茶·玲珑王杯茶王赛金奖、湖南（郴州）第四届特色产品博览会金奖；"莽山红"品牌红茶、白茶产品双双荣获2019年第11届湖南茶叶博览会"茶祖神农杯"金奖；2020年荣获郴州市第四届郴州福茶·东江湖茶杯茶王赛红茶茶王、白茶金奖。

图4-29 湖南老一队茶业有限公司茶园

图4-30 湖南老一队茶业有限公司产品

## 八、宜章莽山木森森茶业有限公司

宜章莽山木森森茶业有限公司成立于2014年，注册资金600万元，其前身是宜章县莽山瑶族乡钟家茶场（图4-31）。现有员工103人，其中管理人员10名，科研人员16名，加工技术人员5名。企业法人赵紫薇系德国哥廷根大学博士、湖南农业大学副教授，公司总经理

图4-31 宜章莽山木森森茶业有限公司基地茶园

谭凤英为"湖南省巾帼英雄"。公司是一家集茶叶生产、加工、销售、加工技术研发、茶文化推广、生态农业旅游开发于一体的综合型现代化农业企业，2020年被评为湖南省农业产业化龙头企业。公司自有133hm²多高山茶叶基地和333hm²多合作茶叶基地，采用"公司+茶场+基地+农户"的现代化有机栽培管理技术，成功打造出优质莽山高山茶，2016年实现销售收入4258万元。公司在广州、上海、长沙、郴州、宜章等地设有莽山茶叶直营店，公司产品可直接面向消费者。

莽山是4A级国家森林公园，素有"第二西双版纳"和"南国天然森林基因库"之称，其独特、优异的自然环境，孕育出具有独特神韵的莽山高山茶。公司传承千年瑶族古老制茶秘诀，结合现代化的茶叶制作工艺，成功研发生产出"过山瑶"绿茶、"瑶山红""莽山君红"红茶、"莽山老白"白茶，其品质具有甘甜润口、滋味醇厚、余香绕舌、连绵不绝之妙，深受广大消费者喜欢（图4-32）。

图4-32 宜章莽山木森森茶业有限公司产品

企业秉承"坚守瑶山质量、打造瑶山品牌、创新瑶山技艺、传播瑶山文化"的经营理念，以优质茶叶资源和独特的加工工艺立足市场，致力于技术和工艺创新铸造瑶山民族的品牌。企业先后通过有机茶认证、质量管理体系认证（GB/T19001）、食品安全管理体系认证（GB/T22000）。公司产品在国内、省内组织的名优茶评比中，多次获奖。"瑶山红"红茶先后获得2011年、2013年"中茶杯"全国名优茶评比一等奖，"过山瑶"绿茶获得2012年"国饮杯"全国名优茶评比特等奖以及中国中部（湖南）国际农博会金奖；2016年"莽山君红"荣获湖南省著名商标，被列入全国名特优新农产品目录。

## 九、宜章莽山仙峰有机茶业有限公司

宜章莽山仙峰有机茶业有限公司位于宜章县关溪乡东源村，于2015年在原宜章县关溪乡诚盛农林专业合作社基础上成立的股份制公司（图4-33），是一家集生态有机茶叶种植、加工、销售、茶文化传播于一体，兼顾种植业、农副土特产品加工、销售，以及融合生态农业开发旅游的现代科技型绿色生态环保企业。

图4-33 宜章莽山仙峰有机茶业有限公司高山茶园基地

公司法人为谭明贵，注册资金2600万元，有固定员工24人，聘用临时员工500多人。同时公司聘请湖南农业大学茶学系沈程文教授作为茶园基地技术顾问，并签订了长期的《科技服务合作协议》。

公司拥有生态茶园基地266.7hm$^2$，主要分布在800~1200m的高山，种植有槠叶齐、湘波绿2号、碧香早、黄金1号、萍云11号等优良品种，并严格按照有机茶园种植标准进行生产管理，2016年经国家生态产业办现场验收，正式挂牌成为全国生态企业（产品）基地。2017年公司新建了4000m$^2$的现代化茶叶加工厂房、办公楼，引进了清洁化生产的绿茶、红茶加工生产线各一条，年生产茶叶500t以上。生产的产品有"莽仙沁""三仙墩"牌绿茶、红茶系列产品（图4-34）。公司采用"公司＋合作社＋基地＋农户"的农业产业化经营模式，下设诚盛农林专业合作社、茶叶加工厂、为农服务中心。

公司坚持"做好茶，做放心茶"的经营理念，严把产品质量关，公司生产的茶叶具有典型的高山茶特征，绿茶香高持久、鲜爽味浓耐泡，红茶汤色红艳、鲜爽醇浓，饮之满口留香。2017年"莽仙沁"茶叶获得中国绿色食品发展中心颁发的茶叶绿色食品认证证书，"莽仙沁"红茶2017年获第十二届"中茶杯"全国名优茶评比一等奖，"莽仙沁"绿茶2018年荣获"第三届郴州福茶·玲珑王杯茶王赛""绿茶王"称号，"莽仙沁"茶叶2018年荣获"湖南省千亿茶产业十大创新产品"（图4-35）。公司先后两次被评为"造林及巩固退耕还林重点扶持企业"，2020年被评为湖南省农业产业化龙头企业。诚盛农林合作社被评为"省级示范社"。2017年公司被指定为重点帮扶脱贫企业，对接的扶贫贫困户96户已全部脱贫，带动周边110户贫困户户均增收3000元以上，公司董事长谭明贵被评为宜章县脱贫攻坚"十大能人"之一。

公司充分发挥毗邻莽山国家森林公园东大门的优势，结合大莽山旅游景区开发，加强基础设施建设和园区观光道路改造,充分利用茶园优越的自然环境和良好的生态景观,吸引游客到茶园基地旅游观光,亲身体验采茶、制茶、品茶乐趣,学习、推广茶文化,实现茶、旅产业融合发展。

图4-34 宜章莽山仙峰有机茶业有限公司高山红茶

图4-35 宜章莽山仙峰有机茶业有限公司荣誉证书

## 十、湖南东山云雾茶业有限公司

湖南东山云雾茶业有限公司成立于2015年4月,注册资金500万元,法定代表人胡武品。现有员工260人(高管人员15人,中层30人,科研人员10人,其他员工205人)。公司专业开发野生茶、野放茶、生态有机茶,是一家集种植、科研、加工、销售、文化旅游于一体的省级农业产业化龙头企业(图4-36)。

图4-36 湖南东山云雾茶业有限公司总部

公司以"公司+合作社+基地+农户"的模式发展,现有有机茶园133.3hm$^2$,绿色生态茶园820hm$^2$(图4-37),野生茶、野放茶4000hm$^2$,公司开发的茶品有六大系列(红茶、绿茶、黑茶、白茶、养生茶、柚香茶)35个单品(图4-38),年产量200t。

公司申请发明专利12个,其他专利18个。东山云雾茶从1980年创制至1997年先后八年评为湖南名茶,2015、2016、2018、2020年东山云雾品牌先后荣获湖南、郴州农博会茶博会金奖,临武柚香茶荣获2020年湖南省农村、省退役军人创业创新大赛优胜奖、湖南老字号。公司连续五年被评为爱心企业称号。公司已通过ISO9001:2015质量管理体系认证、中国绿色食品认证、GB/T22000—2006和ISO22000:2005食品安全管理体系认证,

图 4-37 采茶姑娘采摘东山云雾茶

图 4-38 临武县东山云雾茶业公司产品

是守合同重信用企业。公司积极参与"同心扶贫"活动,主动对接贫困村4个,直接受益贫困户561户,社会、生态、经济效益显著。

2020—2025年,公司全力打造五星级有机绿色茶园及康养基地,实现茶旅一体化融合发展。

## 十一、湖南舜源野生茶业有限公司

湖南舜源野生茶业有限公司创建于2016年5月,位于临武县环城南路工业园,公司注册资本2000万元,董事长曹旭日。公司有固定员工26人,采茶人员300多人,下设1个茶叶加工厂、2个茶叶专业合作社和多家茶叶销售门店,年产值1200多万元。目前公司投资3000

图 4-39 临武县野生茶树

万元,在工业园兴建办公大楼8000m²余,加工厂房3000m²余,茶叶加工机械设备齐全。

公司专做生态、有机野生茶叶加工,产品为"岩里"野生茶,寓意为"岩石里生长出来的野生茶"。公司野生茶叶基地位于南岭山脉东段北麓,区域内植被丰富,气候温和,雨量充沛,是野生茶树生长,传播繁育的理想之地。野生茶树广泛分布在东山林场、西山林场海拔800~1300m的深山中,树型有大叶乔木、半乔木和小叶灌木型,其中东山林场约866.7hm²,西林山场约有1200hm²(图4-39)。其独特的地理区域环境孕育出来的野生茶树,用其鲜叶加工制作的红茶具有汤色晶莹透亮,滋味纯柔甘甜,或野果香或花香或蜜香，经久耐泡等特点。加工制作的白茶，则最大限度地保持了野生茶的活性，汤色橙黄明亮，滋味纯和，内含物丰富，回甘持久（图4-40）。岩里白茶在2019郴州市第三届玲珑王杯茶王赛上获得金奖。岩里茶为纯野生茶制作，46项农残指标均未检出，产品通过有机茶认证，为真正的高端高山云雾茶，产品深受爱茶人士喜爱，远销上海、广州、深圳、长沙等大、中城市。

图4-40 湖南舜源野生茶叶有限公司野生白茶

公司依托丰富的野生茶树资源和湖南农业大学、华南农业大学、湖南省茶叶研究所、国家植物功能利用研究中心的科技支撑，已成功研发出风味独特的野生茶红茶、白茶，销售前景相当可观，公司也得到迅速发展，2020年被评为湖南省农业产业化龙头企业。

## 十二、汝城县旱塘茶叶专业合作社

汝城县旱塘茶叶专业合作社成立于2009年7月，位于汝城县三星镇西南部山青水秀、风景宜人的旱塘村。茶叶专业合作社由原村支部书记何培生带领村里的茶农发起而成立的，按照"支部+合作社+农户"的规范经营模式运营。茶叶专业合作社现有社员228户，茶叶示范区3个，茶叶示范区以旱塘下洞和麻溪、排上生态有机茶园为中心，辖旱塘、麻溪、西山3个片区，有高山生态茶园323.3hm$^2$。2015年被国家农业部、发改委、财政部等九部委授予"国家农民专业合作社示范社"（图4-41、图4-42）。

旱塘村共有土地面积9000hm$^2$，是一个山峰层叠、溪水纵横、云雾缭绕、环境优美、无工业污染、非常符合生产高档优质茶的地方。几年来合作社不断发展创新，投入500多万元建起了标准化、规范化的茶叶加工厂和茶品展示区、办公大楼，建筑面积2600m$^2$余，

图4-41 汝城县旱塘茶叶专业合作社证书

图4-42 汝城县旱塘茶叶专业合作社旱塘村茶园

配备了两条标准化生产线，一条清洁化全自动生产线，年生产加工茶叶能力可达150t。2016年，合作社带动117户贫困户发展茶叶，新种植茶园100hm² 余，全村现人均茶叶种植面积约0.27hm²，人均纯茶叶收入增加20000元以上，合作社实现销售收入1800万元，茶产业成为旱塘人民脱贫致富的第一大支柱产业。如今的旱塘村，放眼望去，漫山遍坡皆是一层层绿油油的茶园，构成了一幅美丽的山村茶园风光。2016年旱塘村被评为"湖南省十大最美茶叶村"，许多外地游客都来旱塘村进行茶海摄影、徒步骑行、观光旅游。

合作社注册了"旱塘硒山"茶产品商标，取得了食品生产许可证、条码证、产品经营许可证等市场准入必备证件。"旱塘硒山"茶富含人体所需的锌、硒等微量元素，深受消费者喜爱（图4-43）。"旱塘硒山"绿茶其外形紧细弯曲、翠绿显毫，内质清香馥郁、鲜爽浓醇，2018年荣获郴州市第三届玲珑王杯茶王赛金奖、湖南省

图4-43 汝城县旱塘茶叶专业合作社产品

第十届茶叶博览会十大创新产品奖，及评选为"湖南省千亿茶产业十大创新产品"。合作社发展的宗旨是以人为本、诚信经营、严控质量、追求绿色健康食品。按照"专业化、规模化、标准化、产业化"的经营方针，实现社员大合作，经济、产业大发展。充分发挥旱塘村独特天然优势，打造富硒、生态绿色有机茶叶品牌，造福消费者。

## 十三、郴州福茶文化发展有限公司

郴州福茶文化发展有限公司于2018年7月19日在郴州市工商行政管理局经济开发分局注册成立，注册资本1000万元，由郴州市茶叶协会副会长李爱国牵头组建（图4-44）。公司致力于郴州福茶文化研

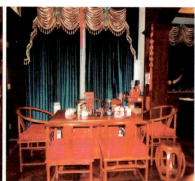

图4-44 郴州福茶文化发展有限公司办公室、茶室

究及推广服务，新式茶具的研发、设计、销售，新式茶饮、茶产品的研发、生产、销售；着力于挖掘展示郴州福茶文化的无穷魅力，创建茶文旅融合新模式，推动郴州福茶品牌向高端迈进。

## 十四、郴州古岩香茶业有限公司

郴州市古岩香茶业有限公司于2015年成立，是郴州市农业产业化龙头企业（图4-45）。公司地处北湖区华塘镇塘昌村，注册资金1000万元，有固定员工24人，年产值3000多万元，企业法人陈志达。

华塘茶场始建于1958年，是一家有着60年茶叶发展历史的原国营农场，1991年正式列为农业部全国十大茶树良种繁殖示范场建设项目，1994年通过项目验收，成为全国十大茶树良种繁殖基地（图4-46），可年出圃良种茶苗1000万株，为湖南省及周边地区茶树良种化推广作出了很大贡献。有土地面积85.4hm$^2$，标准茶苗繁殖苗圃6.67hm$^2$，良种示范茶园及良种母本园65.4hm$^2$。茶场主要生产绿茶，兼制红茶。茶场生产的"南岭岚峰"曾连续10年被评选为湖南省名茶，并入选《中国名茶志》，多次获农业部（现农业农村部）、全国茶叶博览会金奖。

图4-45 郴州古岩香茶业有限公司办公楼

图4-46 郴州古岩香茶业有限公司茶叶苗圃基地

图4-47 郴州古岩香茶业有限公司产品

郴州古岩香茶业有限公司成立后，公司投入上千万元进行茶园土壤改良、茶园改造，增添了茶园喷灌设施，使茶园展现蓬勃生机。公司成功引进福建武夷山优质红茶、乌龙茶新品种梅占、奇兰、金观音等6个，为在湖南地区创新生产优质乌龙茶夯实基础；新增年产50t红茶、60t乌龙茶生产线各一条，可为公司及周边县市、茶农委托加工红茶、乌龙茶。公司以其精湛的加工工艺和严格的加工工艺流程在茶业界享有盛誉，尤其是引进福建省武夷岩茶的乌龙茶制作技术，填补了湖南省乌龙茶加工的空白，研制的乌龙茶获得湖南农业大学、湖南省茶叶研究所专家、教授的高度评价，公司研制的古岩香红茶和乌龙茶多次获得名茶评比大奖（图4-47），产品畅销湖南及粤、港、澳地区。

公司产品先后获2015年湖南省（郴州）第一届特色农产品博览会红茶金奖、2016年湖南省"潇湘杯"名优茶评比乌龙茶组一等奖、2016年湖南省"潇湘杯"名优茶评比红茶组一等奖。"古岩香乌龙"和"北湖乌龙"分别于2016年、2020年获郴州市第二、四届茶王赛乌龙茶"茶王"称号，2016年获湖南省（郴州）第二届特色农产品博览会红茶金奖，2017年获湖南省（郴州）第三届特色农产品博览会乌龙茶金奖。

### 十五、郴州福茶茶产业发展有限公司

郴州福茶茶产业发展有限公司，于2017年5月成立，注册资金999万元。办公及展示平台分别位于苏仙区爱莲湖湖光山色小区和苏仙岭风景区内。在资兴市天鹅山国家森林公园有茶园20hm²（图4-48），2018年先后与省级非物质文化桂东玲珑茶传承人江秋桂、资兴市瑶岭茶厂达成战略合作，合作茶园基地100hm²，逐步形成产、供、销一体化经营。

公司着力为郴州茶企构建一个资源共享、优势互补的公共平台，为茶企提供企业市场营销策划、推广茶文化旅游、茶具茶艺展示、茶文化艺术交流、茶叶茶饮料生产加工、茶道及茶艺培训、茶具的研究设计与开发、茶叶批发零售等多项服务。秉承"以人为本、追求卓越、引领变革、共存共赢"的核心价值观，以"人才就是核心，创新力就是竞争力"的经营理念，着力为郴州茶叶企业提供品牌运营与市场营销服务，助推地方经济发展。

公司推出首款郴州福茶产品小罐福茶，引领了郴州茶叶高端消费（图4-49）。代表郴州市茶企参加"岳阳黄茶节"，与湖南卫视茶频道签订战略合作协议。受郴州市商务局委托于2018年9月13日组织郴州5家茶企代表郴州福茶参加中国（湖南）国际食品博览会，设立200m²余的"郴州福茶馆"，使郴州福茶以良好形象展示给消费者。

公司以"集中茶叶优势资源，与时俱进，抱团发展，真正做到资源共享，优势互补，推进强强联合模式，增强茶企核心竞争力，打造地域品牌"为己任，共同打造郴州福茶公用品牌形象，让郴州福茶公用品牌形象深入人心。

图4-48 郴州福茶茶产业发展有限公司
天鹅山国家森林公园内茶园基地

图4-49 郴州福茶茶产业发展有限公司小罐茶

## 十六、郴州瑶山农业开发有限责任公司

郴州瑶山农业开发有限责任公司成立于2013年,地处五盖山西南麓的苏仙区良田镇向阳瑶族村。公司注册资金1000万元,采茶人员300多人,现有生态茶园100hm²余。

五盖山因山体常年被"云、雾、露、霜、雪"笼罩,故名"五盖山",主峰碧云峰海拔1620m,有"郴阳第一峰"之美称。五盖山有林地面积20000hm²多,降雨充沛,土壤肥沃,植被茂盛,常年溪流潺

图4-50 五盖山野生茶树

潺,优越的自然环境孕育出被誉为"瑶山二宝"之一的茶叶(图4-50)。公司所处的向阳瑶族村。海拔高度800m,周边无任何工矿企业和污染,完全具备"高山云雾出好茶"所需的条件。2014年公司试制的"五盖山米红",参加郴州市首届茶王赛荣获金奖(图4-51)。

公司自成立以来,坚持"恢复、开发五盖山米茶,引领广大瑶民致富"的经营理念,现已流转土地270hm²余,用于新茶园开发、野生茶树保护、原生态茶园垦复、新茶叶加工厂建设、休闲观光及避暑设施建设等,已垦复原生态茶园100hm²余,建有600m²多的茶叶加工厂,购置了茶叶加工设备,年产茶叶15t。

在各级政府部门的大力支持下,公司将充分利用城乡结合部的区域优势和优异的自然环境条件,打造集茶叶生产、山地休闲旅游、茶园观光、瑶族风情体验、夏日避暑等于一体的综合新型农业项目,实现茶、旅产业融合发展。

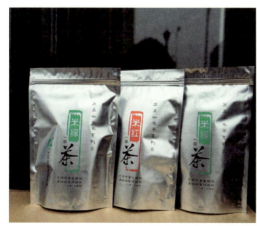

图4-51 郴州瑶山农业开发有限责任公司产品

## 十七、湖南寿福茶业有限公司

湖南寿福茶业有限公司位于资兴市东江食品工业园,公司创始于2011年,注册资金1000万元,属湖南省民营科技企业。公司现有专职从事茶叶研发生产、销售推广的员工22人,另聘请佛学、茶学方面的顾问6人。公司在资兴市境内以本地原生乔木茶树种开发了33.3hm²优质茶叶基地,与周边农户合作茶园333.3hm²,并投资建设了"寿佛茶"精加工厂和佛茶研发基地(图4-52)。

图4-52 寿佛茶生产标准厂房

历史原因佛茶制作工艺部分失传,佛茶制作技艺一直隐藏在寺庙和民间,寿佛茶传人李清凡为寻求佛茶加工工艺,奔走全国各地,挖掘、整理佛茶制作工艺,传承和创新佛茶制茶之道,经过数年的反复试验,"寿佛茶"得以重新面世,其外形优美、品质超群、香高味醇、回甘持久。"寿佛茶"制作工艺于2017年成功申请成为市级非物质文化遗产。

寿佛茶不仅在其"色、香、味、形"俱佳,更难得的是找到了茶叶中的"太和之气",得茶"神、韵"之妙(图4-53)。

图4-53 资兴寿佛茶

寿佛茶的制茶过程融入金刚萨埵制茶心法和技法,制茶讲求"松、散、通、空"四大要诀,手法行云流水,身法自然圆活,身心舒适通畅,这样做出来的茶"阴阳接合,人地合天,香甘活韵"。

为让客户能真实感受佛茶的魅力,体验养生、养德、养性之妙,公司研发团队在陆羽《茶经》"三沸"泡茶法的基础上融入《无量寿佛茶事仪轨》,专门研发了一套"寿佛茶煎茶法",用于佛茶的体验与推广。

公司以"敬天爱人,务实创新"为文化理念,以"做中国佛茶第一品牌"为目标,以"一茶品千年,寿佛茶无量寿无量福"为宗旨。产品分为养生系列、养德系列、养性系列。

公司主要采用互联网+销售方式，开发了"寿佛茶"公众号销售平台和网上商城，营销注重以产品体验为核心，围绕以寺庙、茶楼为主的线下产品体验中心，发展产品会员。同时还开发了以寿佛文化和佛茶文化为体验特色的"寿佛茶观光旅游"项目。

## 十八、资兴市瑶岭茶厂

资兴市瑶岭茶厂位于回龙山瑶族乡，成立于2012年，注册资金100万元，投入资金650万余元，有茶园面积150hm$^2$（图4-54），与农户协议基地面积670hm$^2$，固定员工15人，采茶人员300多人，年茶叶产值1200万元。茶厂在资兴市城区、东江镇开办两家茶叶品牌专卖店。茶厂以资兴市回龙山瑶族乡回龙村、二峰村的茶叶基地为依托，实行"公司+基地+农户"的合作方式，按照统一标准、统一加工、统一销售的经营管理模式，形成"产、加、销"一体化的经营格局。并与湖南农业大学茶学专业合作，着力打造"回龙秀峰"绿茶和"瑶岭红"红茶品牌以及"回龙仙乌龙茶"。

图4-54 资兴瑶岭茶厂茶园

图4-55 资兴瑶岭茶厂红茶产品

茶厂于2013年申请注册了"回龙仙"商标，2014年开发的新品种"瑶岭金芽"（红茶）荣获郴州市首届茶王赛银奖；2015年"瑶岭红""高茶黄素花香红茶"加工关键技术研究荣获郴州市科学技术进步三等奖；2016年"瑶岭红"红茶荣获郴州市第二届茶王赛红茶茶王、"回龙秀峰"绿茶荣获郴州市第二届茶王赛金奖、"回龙仙乌龙茶"荣获郴州市第二届茶王赛金奖；2017年"瑶岭红"红茶荣获湖南省第九届茶业博览会"茶祖神农杯"名优茶评比金奖；2018年"瑶岭红"红茶荣获湖南省第十届茶业博览会"茶祖神农杯"名优茶评比金奖（图4-55）。

展望未来，资兴市瑶岭茶厂按照"一个中心，两个园区"的发展理念，利用"古南岳"回龙山这一旅游资源优势，把基地建成"资兴市茶叶科技示范园区"和"资兴市回龙村瑶家风情茶文化体验园"，探索茶产业可持续发展的新路子。

## 十九、资兴市东江名寨茶叶专业合作社

资兴市东江名寨茶叶专业合作社，位于滁口镇塘湾村，于2013年11月成立，法人代表唐社善，注册资金498万元，注册商标"东江名寨"，发展社员101人，是一家集茶叶生产、加工、销售于一体的茶叶专业合作社。现有管理人员18个，中级茶叶技术员5人，制茶能手10人，中级评茶员1人。加工厂房配置名优绿茶、红茶精细化生产加工线各1条，年加工优质绿茶、红茶50t。合作社以"民办、民管、民受益"为宗旨，以"入社自愿、退社自由、利益共享、风险共担、民主管理、自我发展"为组织原则。

合作社现有茶叶基地面积100hm$^2$余（图4-56），联营茶园基地面积220hm$^2$，带动农户2291户，带动贫困户37户，贫困人口99人。实行"统一农资采购供应、统一技术标准、统一鲜叶收购、统一检测、统一加工、统一销售"的产业化经营模式，制定严格的茶叶生产加工管理措施，以提高合作社的产品质量，促进合作社进行规范化建设，实现茶叶产业化发展；并与湖南省茶叶研究所建立长期的技术合作关系，使合作社的生产加工技术有了保证。红茶加工严格按照广东英德百年红茶生产加工工艺生产，主要有"东江红""贵妃红"等系列产品（图4-57）。坚持"种好茶、产名茶、树品牌、惠茶农"的发展理念，合作社的发展取得了长足进步。2014年10月20日中央电视台新闻联播进行了典型推介，2015年合作社荣获"郴州市农业产业化龙头企业"，2016年创建全国茶叶标

图4-56 东江名寨茶叶专业合作社基地茶园

图4-57 东江名寨茶叶专业合作社产品

图4-58 东江名寨茶叶专业合作荣誉证

准园,"东江红"于2017年荣获第九届湖南茶博会金奖和湖南省名牌产品证书(图4-58)。袁隆平院士尝过本社红茶后,欣然题词"东江名寨"。

## 二十、资兴市七里金茶专业合作社

资兴市七里金茶专业合作社于2010年创办,位于资兴市回龙山瑶族乡。2013年实现股份改制,引进湖南省金井茶业有限公司,依托资兴市金井茶场的有机茶园,注册资本100万元,有员工24人(其中管理人员4人,技术人员20人),采茶工人640人。合作社现有茶园120hm$^2$,获欧盟有机茶叶标准园基地40hm$^2$,联营茶园230hm$^2$,标准化厂房6360m$^2$余,茶叶加工厂年加工能力150t,年出口茶叶100t余(图4-59至图4-61)。茶园基地覆盖到回龙山瑶族乡的柏树、桃源、株树、七里、南营等村。在与农民签订的收购订单中,我们坚持"宁可赔钱给农民,绝不失信丢形象",2016年仅支付鲜叶及采摘工资就达465多万元,有效带动了农业产业的发展和茶农增收,取得了广大农户的信赖。

资兴市七里金茶专业合作社全力拓展茶叶销售业务,与全国10余家客商建立了稳固的购销关系,同时打通了电商销售渠道,在淘宝、天猫、京东等电商平台建立了销售网点,2019年并向日本出口茶叶100t余,取得了良好的销售业绩。通过近几年的不懈努力,合作社由小变大,由弱到强,业绩不断攀升,社会效益日益增强。合作社生产的乌龙茶,不仅填补了资兴市乌龙茶生产的空白,还丰富了当地茶叶的市场,成为资兴市特色农产品。实现了茶叶产业结构向多元化方向发展,有效保护和合理开发茶叶资源,实现资源的优化配置。茶园中建设了茶廊茶亭,茶旅融合发展。

图4-59 资兴市七里金茶专业合作社基地茶园

图4-60 资兴市七里金茶专业合作社加工厂

图4-61 资兴市七里金茶专业合作社获欧盟有机茶证书

## 二十一、资兴市神农制茶厂

资兴市神农制茶厂于2003年3月成立,总资产600万元,位于汤溪镇汤边村,"渌水"茶2017年被湖南省质量技术监督局授予"湖南名牌产品"证书(图4-62、图4-63)。

近年来在全体员工的共同努力下,茶厂不断发展壮大。2015年扩建新厂,引进一条清洁化、自动化茶叶生产线,为本厂扩大产能、提升产品质量提供了保障。茶厂聘请专业的鲜叶收购团队,以让利茶农为收购鲜叶的原则,仅这一项就为当地茶农增收60万元。茶厂的发展壮大对增加茶农收入,引领茶农脱贫致富,作出了积极贡献。

图4-62 资兴市神农制茶厂茶园

图4-63 资兴市神农制茶厂产品"渌水江雾茶"

## 二十二、桂阳瑶王贡生态茶业有限公司

桂阳瑶王贡生态茶业有限公司于2010年成立,是一家集茶叶种植、加工、销售、茶文化推广于一体的茶叶产业化市级龙头企业,是湖南省茶叶研究所重点科技服务企业(图4-64)。公司注册资金100万元,现有固定员工30人,中、高级职称7人,公司法人李娟。公司总投资5000多万元,建立了"瑶王贡"品牌系列,年精深加工优质红、绿茶400t以上。公司下设桂阳瑶王贡生态茶叶精制厂、光明乡瑶王贡茶叶初制厂,自有高山生态茶园基地33.3hm$^2$和联营农户茶园133hm$^2$。

公司秉持生态健康、高山云雾育好茶的理念。公司茶园基地位于桂阳县西北的扶苍山,主峰海拔1249m,常年云雾缭绕、气候生态环境极佳。是桂阳瑶族世代聚住地,当地瑶民历来有种茶、喝茶、以茶待客的习俗。公司传承千年瑶族古老制茶秘诀,结合现代化的茶叶制作工艺,研制出瑶王贡"扶苍山"黄金茶、瑶王贡"招瑶山"生态茶、光明云雾茶系列产品(图4-65)。具有色泽翠绿、清香馥郁、滋味醇爽、回味甘长的品质特征。瑶王贡茶先后荣获2014年首届郴州市茶王赛绿茶金奖、2015湖南(郴州)特色农博会金奖、2016年第二届郴州茶王赛红茶金奖。

为更好地提高瑶王贡茶的知名度、传播瑶王贡茶叶文化,2013年投资600万元组建

了瑶王贡茶乐团、瑶王贡茶艺表演队，原创了"高山云雾育好茶"企业文化歌曲，打造高品质茶文化企业。公司产品远销北京、广东、山东、长沙等地，并在京东商城、阿里巴巴1688批发平台、淘宝店等大型电商平台建立了茶叶专卖店，年销售茶叶2000多万元。公司通过与湖南省茶叶研究所合作开发了4个茶叶品种，与深圳大型包装印刷企业协作，设计16款优美雅致的包装产品投放市场。公司的一系列运作，为公司做大做强夯实了基础。

图4-64 桂阳瑶王贡生态茶业有限公司产业园　　图4-65 桂阳瑶王贡生态茶业有限公司产品

## 二十三、桂阳县辉山雾茶业有限公司

桂阳县辉山雾茶业有限公司是一家主要开展茶叶种植、加工、销售和技术信息服务等业务的现代茶叶生产企业，于2017年4月成立。2019年评为郴州市农业产业化龙头企业，注册资金356万元。公司茶园基地位于桂阳县桥市乡辉山村，拥有茶叶基地面积124hm$^2$。公司的前身桂阳县桥市乡荣欣有机茶专业合作社，采取"公司+合作社+基地+农户"的模式发展，现带动农户380余户，涉及建档立卡的贫困户70户234人。合作社于2014年被评为"省委省政府为民办实事省级示范合作社"，2015年被国家农业部评为"国家级示范社"（图4-66、图4-67）。

图4-66 桂阳县辉山雾茶业有限公司茶园基地　　图4-67 桂阳县辉山雾茶业有限公司生产车间

辉山产茶历史悠久，茶叶品质香高味厚回甘，产品"谷雨醇"绿茶获2020年中国广州国际茶业博览会全国名优茶推荐活动特等奖（图4-68）。公司茶园平均海拔580m，集山峦叠嶂之灵气于一体，气候温暖湿润、云雾缭绕，昼夜温差大，土质为花岗岩发育的灰垯土，有出产高品质茶的土壤和小气候。现有连片标准生态茶叶生

图4-68 桂阳县辉山雾茶业有限公司产品

产基地4个，年产20t的标准化加工厂房780$m^2$，绿茶、红茶生产线各一套。公司固定员工20人（建档立卡的贫困户6人），长期雇工采茶的村民有120余人（其中贫困户80余人）。2018年生产加工各种绿茶8.75t，红茶5t，实现销售收入580万元，利润160万元。在运作模式上，实行统一开发、统一管理、统一经营、统一担保、统一核算。

公司在经营理念上，坚持以市场为导向，以带领更多贫困户，提供更多就业岗位为目标，通过不断提高茶叶栽培、采摘、加工技术水平，拓宽销售渠道，将公司打造成原生态、绿色、有机茶叶品牌企业。

## 二十四、桂阳金仙生态农业开发有限公司

桂阳金仙生态农业开发有限公司于2012年4月成立，位于桂阳县荷叶镇干塘村，注册资本2000万元（图4-69）。公司流转荒山67$hm^2$，建设生态有机茶园（图4-70）。

图4-69 桂阳金仙生态农业开发有限公司

图4-70 桂阳金仙生态农业开发有限公司茶园

公司坚持"生态有机，发展绿色茶产业"的经营理念。企业的核心价值观是"勤奋、务实、诚信、担当"。公司恪守"让每片叶子都感动客户，让人类喝一杯更好的茶！"的使命。

公司的商标为"金仙天尊"，主打产品是红茶和绿茶。所生产的红茶具有外形条索紧细弯曲、色泽乌黑油润、有金毫，内质花蜜香浓郁、汤色红明亮、滋味醇爽回甜、叶底

红亮等特征（图4-71）。绿茶具有外形色泽翠绿、条索紧细弯曲、白毫显露；内质栗香浓郁、汤色杏绿明亮、滋味鲜爽、叶底黄绿尚匀齐的特征。公司产品先后荣获2020年第十届"中绿杯"全国名优绿茶产品质量推选活动金奖、郴州市第四届郴州福茶·东江湖茶杯茶王赛红茶、绿茶两项金奖。金仙天尊红茶、金豪红茶双获2020年湖南省茶祖神农杯名优茶金奖。

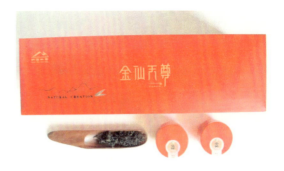

图4-71 桂阳金仙红茶产品

## 二十五、湖南莽山天一波茶业有限公司

湖南莽山天一波茶业有限公司于2006年11月成立，地处4A级国家旅游景区莽山国家森林公园内，是一家集茶叶科研、种植、加工、销售、茶文化传播于一体，融产供销、农工贸一体化的现代科研型绿色生态企业。公司注册资金1000万元，现有固定资产3000万元，员工66人，采茶工人300多人，自有绿色生态茶园58hm²，合作基地茶园200hm²。年产茶叶45t，年销售产值近2000万元。

图4-72 湖南莽山天一波茶业有限公司高山茶园基地

公司所属的泽子坪茶叶基地，位于莽山国家森林公园深处，海拔1300~1600m，生态环境极佳，是生产天然高档有机绿茶的最佳场地，茶场土壤富硒（图4-72）。天一波高山云雾茶具有观赏、营养、健康三大特点。公司研制开发的云雾青龙、翠玉观音、高山云雾、绿野仙踪等4个绿茶，冲泡后香气馥郁、清高持久、滋味甘鲜醇厚、浓而不苦、回味甘甜。"高山云雾"绿茶荣获2015年第七届湖南茶业博览会"茶祖神农杯"名优茶评比金奖；研制开发的"高山红茶"，具有典型的高山茶风味，冲泡后甜香持久、汤色红亮、滋味鲜醇、浓厚、回味甜爽，先后荣获2015年第七届湖南茶业博览会"茶祖神农杯"名优茶评比金奖和2018年第三届"潇湘杯"湖南名优茶评比红茶"金奖"（图4-73、图4-74）。经生化检测，天一波高山云雾茶含人体所需13种氨基酸和多种矿物质元素及维生素，无农药污染。常饮具有提神、消除疲劳、消食、下火、防癌、降血脂、防动脉硬化、降高血压等多种功效。

图4-73 湖南莽山天一波茶业有限公司产品

图4-74 湖南莽山天一波茶业
有限公司获奖证书

公司是郴州市茶业协会（现郴州市茶叶协会）常务理事单位，2015—2017年度被评为"湖南省重合同守信用单位"。2017年"天一波"商标被评为湖南省著名商标。公司产品深受消费者喜爱，远销内陆及港、澳地区。公司将充分利用茶园地处莽山国家森林公园深处优越的自然环境和生态景观的优势，吸引游客到基地旅游观光，亲身体验采茶、制茶、品茶的乐趣，学习、推广历史悠久的瑶茶文化，实现茶、旅产业高度融合发展。

## 二十六、宜章沪宜农业开发有限公司

宜章沪宜农业开发有限公司为宜章县人民政府重点招商引资农业开发项目，于2015年成立，注册资金600万元，现有固定员工12人。公司设在宜章县经济开发区产业承接园。

项目投资3000万元，建设标准高山生态茶园200hm²，（图4-75）优质水果基地100hm²。建成标准高山生态茶园80hm²、优质水果基地45hm²、2000m²多的茶叶加工厂和办公楼及生产、生活配套基础设施，购置了一套茶叶加工设备，可年生产红茶、绿茶50t。2018年试制生产的红茶、绿茶，口感很好，香味浓郁，且醇厚甘爽，具有明显的高山茶特征，得到了专家及爱茶人士的肯定（图4-76）。目前公司注册了"富宜""瑶仙红""瑶仙翠"3个商标，推出了"瑶仙红"红茶和"瑶仙翠"绿茶产品，很快就得到了市场的认可。"瑶仙红"红茶和"瑶山银翠"绿茶在2020郴州市第四届"郴州福茶·东江湖茶"杯茶

图4-75 宜章沪宜
农业开发有限公司茶园基地

图4-76 宜章沪宜
农业开发有限公司产品

王赛上均获得金奖。

公司将按照"高质、高效、高产、生态、观光"的经营理念,打造出特色、优质系列农产品,诚信经营,稳步发展,使公司发展成为郴州市的现代化农业产业化龙头企业。

## 二十七、永兴县荒里冲生态农业有限公司

永兴县荒里冲生态农业有限公司,位于永兴县便江街道园丁路,现有员工25人,于2015年5月成立,注册资金555万元,生产基地位于金龟镇山下村,茶叶面积33.3hm²。

公司联合华南农业大学于2015年9月研发橙普茶,2016年9月成功研发出一款新的养生茶,是茶界的一次有关产品技术与营销模式的创新。橙普茶采用国家地理标志保护产品的永兴冰糖橙和云南普洱茶为原料,在没有任何添加剂的情况下,经特殊工艺加工而成,融合了永兴冰糖橙清醇的果香味和云南普洱茶醇厚甘香之味,具有理气健胃,祛湿化痰,降血脂,抗疲劳之功效(图4-77至图4-79)。

图4-77 切帽去肉后的橙壳

2017年实现销售收入500多万元,产品主要以团体消费形式销往河北、山东、江苏、广东等地,很快就得到了消费者认可。公司计划进一步加大资金投入,加强基础设施建设和新产品研发力度,扩大产量和产能,完善营销网络和营销模式,争取将橙普茶推向更大全国市场,让更多的消费者爱上橙普茶。

图4-78 永兴县荒里冲
生态农业有限公司橙普茶成品

图4-79 永兴县荒里冲
生态农业有限公司橙普茶晾晒

## 二十八、郴州木草人茶业有限责任公司

郴州木草人茶业有限责任公司于2014年6月成立,位于汝城县三星工业园,注册资金1200万元,固定员工12人,企业法人李志国,是一家集茶叶加工、种植、研发、销售及茶文化体验、茶艺培训于一体的市农业产业化重点龙头企业。

公司自成立以来，发展迅速，目前拥有自有茶园50hm²（图4-80），以"公司+合作社+农户"模式发展合作茶园基地330hm²余，接纳精准扶贫户30户，基地利益联结农户1850户，新增农村劳动力就业岗位2000多个。公司茶叶加工厂设在卢阳镇，厂房面积1000m²，配备了绿茶、红茶、白茶生产设备（图4-81）。注册了"木草人"和"理宗茶"两个商标，开发出"木草人"红茶、绿茶和白茶三大系列产品，产品推出后很快得到市场认可，并多次在国家、省、市级名优茶评比中获奖。2016年首届"潇湘杯"湖南省名优茶评比中"木草人"南岭赤霞红茶荣获一等奖；2016年郴州市第二届茶王赛上，南岭赤霞红茶荣获金奖；2016年郴州市第二届茶王赛上，白毫银针茶荣获金奖（图4-82）；2017年"木草人"白毫银针荣获第十二届"中茶杯"全国名优茶评比一等奖；2017年"木草人"南岭赤霞红茶荣获第十二届"中茶杯"全国名优茶评比一等奖；2017年"木草人"南岭赤霞红茶在第二届"潇湘杯"湖南省名优茶评比中荣获金奖；2018年"木草人"南岭赤霞红茶、汝城白茶分别荣获"郴州市第三届玲珑王杯茶王赛"红茶王和白茶王。

图4-80 郴州木草人茶业有限责任公司基地茶园

公司在汝城县卢阳大道新城水岸设立了300m²的体验店，用以销售茶叶和交流传播茶文化，在湖南、广东、江西等发展代理商100余家，同时建立了网络销售平台，逐步形成了生产、加工、销售产业链，年销售茶叶2800多万元。

图4-81 郴州木草人茶业有限责任公司科研楼、加工厂全景

图4-82 郴州木草人茶业有限责任公司汝城白茶茶样

### 二十九、汝城县汝莲茶业有限责任公司

汝城县汝莲茶业有限责任公司，是汝城县政府于2013年从深圳引进的一家现代农业企业。公司总部落户于泉水镇杉树园村，注册资金500万元，现员工86人，技术骨干

14人，茶园基地266.7hm²，拥有"汝莲""汝白"两个产品注册商标，年茶叶销售2000多万元。公司以发展茶产业为主导，打造成集茶叶、养生、休闲、旅游、民宿于一体的新型田园式生态农业企业。公司建立4个生产、研发基地（图4-83）。流转生产用地近200hm²，征用加工及办公用地1.8hm²，

图4-83 汝城县汝莲茶业有限责任公司加工厂

一期项目建成面积3000m²的加工厂房，引进红、绿茶生产线2套，年加工高档红茶200t，绿茶10t，产品主要销往广东、湖南、山东、浙江等地，并建立了自己的网络销售平台。

公司重点打造"一亩茶园"品牌。配套开发当地宋公堡、望月岩、黄金泉、茶马古道等风景名胜，形成"清幽木屋""茶宴十八碗"系列特色风格，以亲子茶园、缘爱茶园、育英茶园、聚义茶园等时尚的生活方式，吸引外地游客前来观光旅游，呼吸当地清新的空气和观赏当地优美的自然景观，实现茶、旅产业融合发展。

公司以农业扶贫为引导，精准扶贫贫困户70户，先后解决了当地近千人的就业问题。通过用工、建筑、采购等方式，每年给驻地村民带来超过500万元的收入，创造了良好的社会效益。先后荣获省级重合同守信用单位和湖南省四星级休闲农业庄园，汝莲白茶2016、2017年连续获得湖南省"潇湘杯"名优茶评比"白茶金奖"（图4-84、图4-85）。汝莲红茶2017年荣获中茶杯全国名优茶评比一等奖。

图4-84 汝城县汝莲茶业有限责任公司产品

图4-85 汝城县汝莲茶业有限责任公司获奖证书

## 三十、汝城县绿金香生态农业发展有限公司

汝城县绿金香生态农业发展有限公司位于汝城县卢阳镇，于2012年3月成立，是一家以茶叶产业为主，兼顾水果种植、水面放养、休闲观光、农事体验、农村电商于一体的民营企业，注册资金500万元，法人代表范育雄。公司成立以来，创办茶叶示范基地

100hm², 新建年加工能力200t的茶叶加工厂1个，带动周边群众开发茶叶基地134hm²（图4-86）。产品主要销往浙江省松阳茶叶大市场。2016年实现产值1200万元，直接带动周边群众就业增收500多万元。公司基地以卢阳镇东溪村为中心，延伸到周边的磨刀村、向东村、江头村，规划面积达670hm²。

图4-86 汝城县绿金香生态农业发展有限公司基地茶园

为充分发挥基地得天独厚的优势，特别是紧邻县城的区域优势，公司将进一步拓展基地规模，构建休闲产业，延伸产业链条，提高综合效益，重点是把生产基地提质改造为集体验、观光、休闲、购物、经营于一体的休闲农业项目，让城镇人口融入田园生活，体验劳动的乐趣。

## 三十一、桂东江师傅生态茶业有限公司

桂东江师傅生态茶业有限公司于2014年成立，由在校大学生江小梦发起，当时注册资金65万元。2015年6月江小梦大学毕业后全力投入公司运行，玲珑茶非物质文化遗产制茶传承人之一的江秋桂负责茶叶生产技术。公司现自有生态茶园基地20hm²余（图4-87），合作社基地100hm²余，非物质文化遗产传承基地1000m²（图4-88），生产厂房1000m²，有长期固定员工9人，兼职员工30余人，大专及本科文凭以上3人，中级以上职称2人。公司传承了客家世代相传的玲珑茶非物质文化遗产制茶技艺，以此开发原汁原味的生态手工茶，同时结合现代工艺，引进机械设备生产红茶、绿茶、白茶。公司宗旨是：回归自然，传承传统制茶工艺，让每个人喝上健康好茶。

桂东山高谷深，重峦叠嶂，沟壑纵横，岭谷相间，生态优美，适宜茶树生长，是优

图4-87 桂东江师傅生态茶业有限公司生态茶园

图4-88 桂东江师傅生态茶业有限公司非遗基地

质茶的极佳生产地。桂东曾是国家级贫困县，山区贫困人口占总人口的60%以上，公司自觉承担社会责任，免费给农户提供技术服务，并开设茶叶种植、制作培训班，给有需要的贫困户提供精准技能培训与就业岗位。在茶叶生产加工方面，公司予以技术指导与生产物资支持，茶农按要求管理茶园，生产的合格鲜叶公司统一收购、加工与销售，解除茶农生产的后顾之忧。公司每年可提供就业岗位40余个，带动本地百姓发展茶叶产业，为当地脱贫攻坚作出了积极贡献。2016年公司负责人江小梦被评为2016年郴州市"十佳创业青年"和郴州市"最美农民工"；2017年公司被评为桂东县"精准扶贫就业基地"，2018年茶园被列入"科技扶贫专家服务团服务基地"和"郴州福茶生产基地"。

公司成立以来，注重科技与创新，开发的"互联网+农业"项目《掌上茶梦》，先后荣获2016年全国大学生创新创业大赛铜奖和2017年湖南省"创青春"创新创业二等奖。同时公司注重工艺开发创新，已完成5个注册商标认证，取得"一种手工红茶制作工艺"与"一种乌龙红茶的制作工艺"的2项发明专利；在茶叶生产装置、茶园管理设备方面，先后完成6项实用新型专利；与湖南科技学院建立了校企合作，共同开发的《银杏茶》项目获得国家发明专利、永州市科技进步奖、全国创新创业三等奖。

## 三十二、蓝老爹茶业开发有限公司

蓝老爹茶业开发有限公司于2013年11月成立，位于"玲珑茶"原产地桂东县清泉镇，创始者畲族人蓝利丽系玲珑茶非物质文化遗产制茶传承人之一。公司主要以茶叶种植、生产加工、营销、传承畲族文化、传承祖辈手工制茶技艺为主，公司注册资金1000万元，有固定员工24人，季节性员工147人，

图4-89 蓝老爹茶业开发有限公司基地

拥有茶园100hm²余。公司投资500万元，建立标准化厂房1800m²，在郴州市南湖路开设了206m²的营销中心，在桂东县城和清泉镇设有直营店，并发展外地各类茶庄、茶楼、土特产店合作者100余家，年销售茶叶900多万元。

公司采取"公司+基地+合作社+茶农"模式，走可持续发展的品牌战略，成立了下属专业合作社——桂东县思农茶叶专业合作社，并与中国茶叶行业前十强"湘丰茶业"签订品质茶战略合作协议，开拓了自己的营销网络，走上"拓品牌，建渠道，强基地"道路（图4-89）。2017年纳入县产业带动贫困户脱贫增收重点企业，助力桂东县脱贫攻坚，

按贫困户每人2500元的奖扶和配比标准，引导317贫困户入股公司产业项目，按年收益率高于8%的标准给予分红；实行订单生产，以保底价收购茶农的鲜叶，茶农按要求培育管理好茶园，亩产收入实现了6000元以上。

2013年公司注册了"蓝老爹"商标，研发"蓝老爹"红茶、绿茶、白茶系列产品（图4-90、图4-91），得到了市场的充分认可，近期研发的"高山野生红茶"，倍受消费者喜爱，产品供不应求。其中"蓝老爹"白茶荣获2018年郴州市第三届玲珑王杯茶王赛金奖。

图4-90 蓝老爹茶业开发有限公司制茶工艺

图4-91 蓝老爹茶业开发有限公司产品

## 三十三、湖南豪峰茶业有限公司

湖南豪峰茶业有限公司是郴州市科技型农业产业化龙头企业，于2006年创办，企业前身为安仁豪峰茶场。1992年茶场改制为股份制企业，采取"公司+基地+农户"的运作模式，集茶叶开发、研制、加工、销售为一体。企业资产总额3300万元，固定资产1278万元，注册资金300万元。公司有5个分场，8条初加工、精加工、包装生产线，技术人员83人，中、高级职称20余人。

企业有稳定的茶叶生产基地，固有茶园面积333hm²多，加工的茶叶系列产品有豪峰毛尖、豪峰银针、豪峰人参乌龙、豪峰翠绿、豪峰特级、豪峰精品毛尖等（图4-92、图4-93）。

图4-92 安仁豪峰茶

图4-93 湖南豪峰茶业有限公司茶园

2006年，企业生产的豪峰系列产品获得ISO9001：2000质量体系认证和"绿色食品"认证；2012年"豪峰"商标荣获湖南省著名商标；2013年公司获评为国家高新技术企业；2014年获得郴州市农业产业化龙头企业。豪峰系列产品多次获得省内外名茶评比金奖、"湖南名茶""湖南名牌产品"等荣誉。

企业不断开展科学研究，取得实用新型专利9项、外观设计专利6项，企业产品销售全国各地，年产值达1025万元。连接3150户农户，免费为贫困户提供技术、肥料、低毒低残留对口农药，农户负责茶园管理和采茶，企业收购鲜叶，每年带动贫困户320户，使贫困户每年增收3000元以上。

# 第五章

## 茶泉篇・林邑井泉

陆羽指出："茶有九难，一曰造，二曰别，三曰器，四曰火，五曰水，六曰炙，七曰末，八曰煮，九曰饮。"这其中三分之一，讲的都与水紧密关联。陆羽的同乡人、明晚期重臣钟惺深得乡贤真传，其《虎丘品茶》一诗，直指"水为茶之神，饮水意良足。但问品泉人，茶是水何物？"所以，无论何等茶，需用良好之水，方能最大化挥发出茶的良性。这方面，天赐南岭郴州玉乳琼液。尤其是，林邑各县市区，托茶祖神农炎帝、楚义帝熊心、汉医仙苏耽、纸祖蔡伦、茶圣陆羽等先贤之福，产生一批古井名泉及其相与共生的茶水故事。

苏仙区犀牛井（愈泉、涌泉）、天下第十八福地橘井、天下第十八泉圆泉、北湖区剑泉、燕泉，桂阳蔡伦井、子龙井（蒙泉）、宜章蒙洞泉、汝城热水温泉等，名传千秋。西汉经学家、文学家、光禄大夫刘向在《列仙传·苏耽》中，提及桂阳郡城苏耽宅"庭中井水"，唐代诗圣杜甫、文学家元结、郴州刺史孙会称其"橘井"。东晋桂阳郡哲学家、长沙相罗含在《湘中记》，已写了桂阳郡治郴县的甘泉即愈泉、民间传说神农犀牛井；南朝齐史学家盛弘之在《荆州记》写到桂阳郡治郴县的贪泉、浪井、圆水，北魏地理学家、散文家郦道元在《水经注》详述桂阳郡治郴县的圆水（厥名除泉）即圆泉，唐代茶圣陆羽将郴州圆泉列为天下第十八泉。这些井泉之所以成为煎茶名水，与郴州地处南岭山脉，喀斯特、花岗岩、玄武岩、大理岩、丹霞石层多种，植被丰富，有色金属之乡矿物元素极多等因素，密切相关；矿泉类型多，能与茶共同萌发养生保健作用。

以上泉井记录于汉代至宋朝的名著文献，当是湖湘历史文献中最早的涉茶名水。

北宋浮休居士张舜民贬谪郴州（1085年），被南岭郴州历史上的古井名泉润泽抚慰，在诗集《郴江百韵》中，记述橘井、陆羽泉（圆泉）、宛樽等，又撰《愈泉》《剑泉（义帝遗迹）》《宛樽铭》。宋徽宗宣和二年（1120年），朝散大夫、诗体学家阮阅出任郴州知州，又被这里的名泉古井浇心洗魂3年，在诗集《郴江百咏》中，写有《橘井》《圆泉》《愈泉》《剑泉》《香泉》《迷穴》《浪井》《潮井》《温泉》《贪泉》《寒泉》《宛樽》《蒙泉（宜章）》《醴醁泉（资兴）》14首，占百首七绝诗的1/7；时因桂阳监别离郴州，尚不包括桂阳监城蔡伦井、蒙泉（子龙井）等48眼井泉。

就连路名，郴州也依古井名泉而多，如涌泉门（犀牛井）、橘井路、剑泉巷、燕泉路、龙泉路、龙骨井巷、香花井路、谢家井街、罗家井巷、海棠井巷、张家井巷、秀水巷、水巷等郴城街巷地名，以及桂阳城蔡伦路、蒙泉路等。

故，郴州当为湖湘州城古井名泉之最。

# 一、橘井·天下第十八福地·橘泉

橘井，省级文物保护单位，在郴州城苏仙岭下橘井路郴州一中校园，属道教"天下第十八福地"组成部分（图5-1）；各类名著、志书、蒙学读物、工具书如《辞源》《辞海》均有载。西汉大臣刘向《列仙传》记汉文帝时桂阳郡人苏耽："语母曰：'明年天下疾疫，庭中井水橘树能疗。患疫者，与井水一升，橘叶一枚，饮之立愈。'"这反映了公元前预测瘟疫、橘茶疗疾，产生预防医学，距今2190多年。

图5-1 橘井

晋葛洪《神仙传》、南北朝郦道元《水经注》都提到此井。唐代诗圣杜甫的最长作品《秋日夔府咏怀奉寄郑监李宾客一百韵》和《奉送二十三舅录事崔伟之摄郴州》《将之郴先入衡州欲依崔舅于郴》3首诗，都吟颂"橘井"；文学家元结专撰七律《橘井》。奉唐玄宗令，茅山道第12代宗师司马承祯考订《上清天地宫府图》，列出72个道教福地，苏耽采药栖居过的马岭山，获排第21福地。唐开元二十九年（741年）唐玄宗诏令"发挥声华，严饰祠宅"，即指苏耽宅、橘井建筑群。北宋大中祥符元年（1008年），宋真宗敕赐苏耽宅、橘井建筑群为"集灵观"，亲作御诗有"橘井甘泉透胆香"句；北宋皇祐二年（1050年），名道、堪舆学家李思聪向宋仁宗进献《洞渊集》，宋仁宗封其"洞渊太师"，马岭山在《洞渊集》中列为"天下名山七十二福地"第18位；北宋元符三年（1100年）宋哲宗封苏耽为医仙"冲素真人"；南宋高宗（1162年）、宁宗（1222年）、理宗（1264年）加封号至"冲素普应静惠昭德真人"；如此，催生出医林典故"橘井泉香"。

南宋进士黄希说："余尝官郴，见其风土，唯善煎茶。客至继以六七，则知茗续煎者。"继而说在橘井："井水每酌，则有金星云丹影如是，尝在郴州目睹。"明代橘井，成郴阳八景之"橘井灵源"。

明崇祯十年（1637年），地理学家、旅行家、文学家徐霞客游郴州，在苏仙岭亲见"天下第十八福地"穹碑，感慨"橘井之遗意"。清乾隆年间（1784年）史学家檀萃赴岭南，途中专程游"橘井"，见"湖南郴州苏仙故居，院门匾额'第十八福地'，殿前庭当阶有井，甃以石，深丈许，即橘井"（《中国的井文化》天津人民出版社，2002：159）。清光绪年间《郴州直隶州乡土志·古迹篇》记载："苏仙宅在城东、汉苏耽故居（即今橘井观），门悬'天下第十八福地'匾额，相传为苏东坡书。"（郴州市翰天云静文化发展有限公司重印本，2020：119）

历史上橘井涉茶诗多不胜数，如北宋文学家张舜民诗："橘井苏仙宅，《茶经》陆羽泉。"两宋抗金名将、参知政事（副宰相）折彦质诗："石桥步月公居后，橘井烹茶我在先。"

## 二、圆泉·天下第十八泉·陆羽泉

圆泉（图5-2），省级文物，在郴州城南苏仙区坳上镇、湘粤古道旁，历史上很多名人到过、名著写过，如南朝齐史学家盛弘之《荆州记》、北朝地理学家、散文家郦道元《水经注》。《水经注》记载郴县"除泉水，水出县南湘陂村"，原来圆泉曾称"除泉"，含可除疾之意。全文为："除泉水，水出县南湘陂村，村有

图5-2 天下第十八泉圆泉·陆羽泉

圆水，广圆可二百步，一边暖，一边冷。冷处极清绿，浅则见石，深则见底。暖处水白且浊，玄素既殊，凉暖亦异，厥名：除泉，其犹江乘之半汤泉也。"明《一统志》《大清一统志》《湖南全省掌故备考》均载，名众多，如天下第十八泉、陆羽泉、圆泉香雪等。

天下第十八泉，南北朝"广圆可二百步"的圆水，唐代收缩为几丈平方。唐贞元三年（787年）茶圣陆羽经郴州，过南岭赴广州节度使李复幕府做给事，亲尝此泉；在《煮茶记》中，记载他论煎茶名水20处，"郴州圆泉水第十八"。鉴水状元、江州刺史张又新在唐宝历元年（825年）《煎茶水记》，仍将其列为天下煎茶名水第十八位。

陆羽泉，北宋吏部侍郎张舜民在《郴州》一诗，称誉天下第十八泉为"《茶经》陆羽泉"。诗体学家、郴州知州阮阅争辩圆泉位次应更高："又新水鉴全然误，第作人间十八泉。"于是，宋元明清辛弃疾、郑刚中、萧立之、袁均哲、何孟春、陈士杰等名人争相风雅撰诗。

圆泉香雪，南宋辛弃疾于淳熙六年（1179年）任湖南转运副使、潭州知州、升湖南安抚使，因郴桂瑶汉起义频发而奏设湖南飞虎军，"平郴寇"；故走马郴州，饮茶圆泉，对陆羽品定十八泉以及张舜民写"陆羽泉"、阮阅议论事，了解颇深。在离湘去赣，茶酒送别玉山县令陆德隆时，陆德隆恰与茶圣陆羽同姓。这使辛弃疾联想到陆羽及《茶经》，所以撰词《六幺令·用陆氏事送玉山令陆德隆侍亲东归吴中》，标题写"用陆氏事"，指陆羽品鉴茶水及天下第十八泉郴州圆泉事，末句专吟"细写《茶经》煮香雪"；于是形成郴阳八景之"圆泉香雪"。

南宋嘉定十一年（1218年），朝奉大夫万俟侣（mò qí sì）出任郴州知州，了解到圆

泉上述文史，为免后人向隅，干脆亲题"天下第十八泉"6个大字，命工匠刻于泉边石壁，每字长60cm、宽55cm，醒目至今八百载。故地理学家王象之在南宋地理总志《舆地纪胜》记载："圆泉陆羽著《茶经》定水品，张又新益为二十，圆泉第十八。"明万历二十年（1595年），知州杨世莘也书写"湖南甘谷""可用汲"的大字，刻于石壁。

## 三、愈泉·犀牛井

愈泉（图5-3），俗名犀牛井，省级文物，在郴州旧城郴江畔，苏仙区辖历史文化老街区之愈泉街，即三河街之上河街（今干城街）转裕后街处；出露于地表浅石层，长方形，深1丈，长1丈，宽6尺；年代久远，明《一统志》以及《大清一统志》、清《湖南全省掌故备考》有载。据湖南美术出版社"三湘揽胜旅游丛

图5-3 愈泉·犀牛井

书"1984年版《南国郴州》一书"地名传说·犀牛井"文载，东晋南北朝古本《湘中记》记，其俗名来自神农带犀牛驱逐恶龙、犀牛化为甘泉、水能疗疾的传说。南宋地理总志《舆地纪胜》记载："清冷甘美，初名'甘泉'。人患疾，饮之即愈。"明《万历郴州志》记载："在州南愈泉门，东流十三丈入郴水，《湘中记》云：清冷甘美，初名'甘泉'。人患疾，饮之即愈。"后附"张浮休诗""阮阅诗"。清《嘉庆郴州总志》还记载："愈泉，在州南愈泉门……唐，天宝年间改名：愈泉。"愈泉门，又名涌泉门。宋代文学家张舜民、阮阅均有诗，张舜民的《愈泉》"饮之能愈疾……直疑白药根"，即风趣地说，这泉水煮桂枝桂花茶可以治愈疾病，是不是因为百药之根（白药，《说文解字》"桂，江南木，百药之长"）浸入了岩层深处呀？

## 四、剑　泉

剑泉，市级文物，在郴州旧城、北湖区辖历史文化老街区剑泉巷、燕泉河畔，原出露于河中石罅，为石砌方井。它是楚义帝建都郴县、被害的见证物，明《一统志》以及《大清一统志》、清《湖广通志》《湖南全省掌故备考》有载。秦末天下起义，原六国后人推战国楚怀王之孙熊心为王领导。灭秦后，项羽想要义帝熊心改变原约定先入秦关者为关中王的决议，义帝坚持诚信"如约！"项羽怀恨，逼他迁都长沙，义帝选择原楚国苍梧郡治、南岭郴县建都。天下因"项王宰不平"又战，项羽疑惧义帝再起或他人利用，

遂密令英布暗弑义帝于郴。据载,英布击杀义帝后,躲到怨溪(即燕泉河)洗衣服溅血,"卓(插)剑于此"而泉出,《万历郴州志》记"张浮休尝刻铭其上",故名剑泉。北宋张舜民、阮阅等均有诗,"水味甲于州城",泡茶、酿酒极佳。

## 五、燕　泉

燕泉(图5-4),全称燕子泉,市级文物;在郴州旧城北湖区辖历史文化老街区结合部燕泉路,燕泉河边。南宋《舆地纪胜·郴州》记:"在城西,以'燕来时生泉,燕去时涸',极清冷。'葆真居士'折彦质居郴时,剪茅为亭。"折彦质乃两宋之际抗金名将,得罪秦桧,被贬郴州安置,择燕子泉而居,筑引春亭,燕子频顾。明《一统志》以及《大清一统志》、清《湖

图5-4　燕泉

广通志》《湖南全省掌故备考》有载。明代理学家、文学家、政治家、代吏部尚书、郴人何孟春,被嘉靖皇帝贬谪后,回归家乡,定居于此,"塘引泉流,种荷养鱼",与民"田利";著书立说多部,并撰《茶贡、茶马互易及茶禁》,系湖南图书馆藏湖南古代名人著作较多者。何孟春逝后平反,获赠礼部尚书,谥号"文简";《明史·何孟春传》记:"孟春所居有泉,用燕去来时盈涸得名,遂称'燕泉先生'云。"郴州即命名燕泉路、燕泉河。燕泉水煮五盖山茶的传说,流传甚广。

## 六、蔡伦井·蔡泉

蔡伦井(图5-5),古名蔡泉、蔡伦池,市级文物,在桂阳县城。《大清一统志》及清湖湘文化大家王先谦著《湖南全省掌故备考》,记:"蔡伦石盆刻字桂阳州西南,有蔡泉,为蔡伦造纸处,有石盆,上刻'蔡伦置,可验'。"《后汉书·蔡伦传》记"蔡伦字敬仲,桂阳人也",即纸祖蔡伦为桂阳郡人,按古史书籍记人籍贯,郡县同治一城者写大不写小,蔡伦即生于郡治郴县。他发明造纸术后,遭安帝迫害致死,桓帝时平反,诏书送达桂阳郡北大门耒阳县,该县率先建起蔡

图5-5　蔡伦井·蔡泉

伦宅等纪念建筑。郴州亦有蔡伦宅（包括蔡伦池），北宋知州、诗人阮阅诗集《郴江百咏》专咏《蔡伦宅》一首，郴州万寿念禅师有机语"蔡伦池内，石马犹存"。蔡伦井、蔡伦祠（民国废）则在郴州西今桂阳，清湖湘文化大家王闿运纂同治《桂阳直隶州志》，记："今州城南有蔡伦井，传云伦故居也。其井深不可测，下有隧道，石磴曲折，旁多刻识。顷遣井工转斛涸泉，将拓其字。工入数十丈，言石砌可穷而泉源难竭。从上开通，碍于民居，竟不果入。造纸不必曲池，此恐是蔡侯旧冢……后人相传，但云蔡伦井耳。"井长方池形，宽1m，长1.2m，深10m多，水冬暖夏凉，清澄洁净，烹茶味佳。

## 七、蒙泉·子龙井

蒙泉（图5-6），省级文物，在桂阳县城，俗名子龙井、八角井，南宋《舆地纪胜·桂阳军》记"蒙泉，在永宁寺"，寺在城西，故为八景之"西寺蒙泉"。清《湖南全省掌故备考》有载。牵涉三国文化。传魏蜀吴争天下，蜀国赵子龙率军先入桂阳郡，受阻于平阳戍，赵云驻军宝山山麓，天旱难耐，将诸葛亮绘八卦图置于地面，银枪插下而泉出，军卒有了饮水，

图5-6 蒙泉·子龙井（八卦井·八角井）

遂攻下平阳。因银枪插入位置在蒙卦处，遂名蒙泉。"蒙泉"碑由南宋官员、鄱阳人张垓书写。

泉旁有四方亭，亭石柱上，刻清督学使者张预撰写的涉茶对联，曰："此来柱笏看山，孤负平生能著屐；为客飞符调水，偷闲试院且煎茶。"题识注语："桂阳多好山，使者不能游也。城西芙蓉峰下赵侯庙，有泉甚清洌，试院茗饮则汲取焉。庙废久，今州刺史宜都陈国仲新之，招浙僧昌福司香火。丹徒茅君尝谒侯庙。僧乃介以乞余书。余以僧同乡人也，为缀二十六字贻之。光绪壬辰五月既望，钱塘张预书并识。"

"蒙泉"之名由，历来说法三义叠加：一谓蒙恩之意。赵子龙凿开此泉，且任桂阳太守三年，郡人仰慕其人品，铭记其恩德，传为千古佳话。二谓卦象之名。"蒙"乃易经六十四卦中第四卦，卦象是坎（水）下艮（山）上，属山下有泉水表象，指水在山上；泉位于芙蓉峰山麓，恰与诸葛亮送赵云八卦图吻合。三谓初始之意。亦由"蒙"的卦象演化而来，本意指蒙昧，引申为启蒙之意蕴。

## 八、紫 井

紫井，在永兴县城，清《湖南全省掌故备考》有载。明《万历郴州志》记："紫井在县北郭。其泉色紫，重于它水，取以定漏刻不爽。为永兴八景之一，曰：紫井泉香。"该井甚至名闻于邻县，载于清同治《安仁县志》。明代永兴县岁贡马元作《紫井香泉》："一味甘香古道边，清漪漱藓日涓涓。当年陆羽如经过，定拟堪舆最上泉。"发出感慨，如果陆羽当年经过紫井，一定会将其列入最上等之名泉。清嘉庆年间翰林院庶吉士黄崇光喝过此泉烹茶后，亦大加赞赏"酌雪烹茶金鼎澈"。清代诗人吕宣曾《饮紫井水》赞道："旧采龙井茶，新烹紫井水。不是水泉清，不知茶味美。"

## 九、蒙 泉

蒙洞蒙泉（图5-7），省级文物，在宜章县城，与另一艮岩亨泉，及两岩洞题刻均省级文物。两处名泉，都出于半敞式岩洞中，由南宋理学家、郴州知州吴镒开发。吴镒先任宜章知县，在艮岩题名镌刻"亨泉"，再于蒙岩题写镌刻"枕流灌缨"，命名友泉，并在《蒙艮二岩记》中写为蒙泉。清《湖广通志》《湖南全省掌故备考》

图5-7 蒙泉·蒙岩泉

均有载。"蒙岩""艮岩"，均按卦象。《宜章县志》载："岩，嵌空玲珑，内有白石晶莹如玉。泉，清冷澄澈，煮茗甚甘。"《湖南全省掌故备考》记载："蒙岩县东。石白如玉，下有友泉，味甘洌。明邓庠、何孟春有诗。艮岩县南。有泉名亨泉，自岩涌出，其深不测。宋吴镒有《蒙艮二岩记》，明邓庠、何孟春有诗。"艮岩列为县八景之"艮岩龙隐"，蒙岩列为县八景之"蒙洞泉香"。邓庠，系明初宜章县进士，历官监察御史、陕西巡按、广东广西布政使、河南巡抚，至留都南京户部尚书。他常游两岩泉，汲水回家煮茶，吟"和烟沦茗尝泉乳"。两岩古人题刻满壁生辉。清同治二年（1863年）知县、广西进士麻维绪撰联："洞有蛰龙，两泓神渊作雨；峰疑灵鹫，千章古木奇云。"请大书法家、道州何绍基书写，悬于艮岩亭柱，一时传遍湘粤边际。还有福泉井，县境东西南北直到莽山的温泉群。

## 十、珠 泉

珠泉（图5-8），在嘉禾县城，省级文物；明《一统志》、清《湖广通志》《湖南全省掌故备考》，均载："珠泉，在县北门外。吐沫如珠。"乃嘉禾八景之珠泉涌月，又名万斛珠泉。清代满洲正白旗举人达麟，清道光二十三年（1843年）任嘉禾知县，十分喜爱，撰有名联"逢人便说斯泉好，愧我无如此水清"，收入《湖南名胜楹联集》。清嘉禾县训导龙翔，有"汲来活火煮好茶"之吟。同治《桂阳直隶州志》中，王闿运美文赞之："源出石穴，涌上成泉；清鉴鸟影，响若珠散；引丝直进，状类倒雨，亦犹历城珠泉神喷之小者耳。"形容嘉禾珠泉如同著名泉城济南的珠泉。革命家、军事家、中华炎黄文化研究会会长萧克将军为家乡题"珠泉亭"。

图 5-8 珠泉

## 十一、玉　泉

玉泉，在资兴市旧县城（明清兴宁县）兴宁镇与新城之间，《大清一统志》有载。明《万历郴州志》详记："玉泉，在县西四十五里，方广四十丈。相传其地有寺，陷为池。其水清澈无底，为兴宁八景之一，曰：玉泉温润。李端诗'一泓澄澈昼生阴，古寺何年此陆沉；花片暖浮春雨后，蛟龙潜起碧波心……'"玉泉温润，又名玉泉映月。李端，明代资兴诗人，景泰元年兴宁举人，明天顺元年（1475年）考取进士；历官顺天府知县、滦州知州、涿州知州、杭州知府、河南按察使，事迹载入明《一统志》。资兴名泉众多，名气最大者醽醁泉，专门酿醽醁酒，晋代选为贡酒。玉泉则温润如乳，泡茶别有风味。

## 十二、珠泉·洁爱泉

珠泉（图5-9），全名泉亭珠涌，又名洁爱泉，县级文物，在安仁县城北神农殿（"文革"毁）遗址。清《湖南全省掌故备考》记安仁县："洁爱泉县北门外。自田间涌出，喷瀑如珠，数十道浮水面。"因水质清、味甘甜，人们盖起护泉亭，于是"新构名亭傍凤城（县城边有凤凰山，故名）"，"漫道廉泉并让泉，嘉名洁爱几经年"成为具有清廉高洁内涵的名泉，在安仁八景中占有一席。清代安仁知县叶为圭的七律《将赴马乘留别宜溪绅士四首》之三，吟"山覆绿云茶乳熟，瓦敲青雨木皮香"，描绘了谷雨时节安仁乡村茶园及泉泡茶乳的景象。

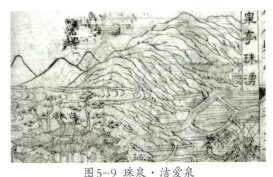

图 5-9 珠泉·洁爱泉

## 十三、贾公井

贾公井，在临武县城，清《湖广通志》记临武县"贾公井，在县治后"。《临武县志》第三章文物古迹第一节古迹一、古遗址篇，记载："贾公井：在西城卢家。相传为宋代一贾姓县令所掘。该井水清质佳，大旱不干，居民称之为：贾公井。"附近居民汲水煮茶、淘米洗菜甚是方便。另，城内原有"张署井"。唐代进士张署与韩愈同贬南岭，在家中排行十一的张署在郴州做临武县县令；韩文公韩愈则"阳山鸟道出临武"（《忆昨日和张十一署》），过临武县到骑田岭（主峰在郴州城南）山脉南面的阳山县任县令，与张署为邻；两人既往来于临武县城诗、酒、茶互酬，也到临、阳边界的临武县期宿村相会，一次韩愈和张署夜宿期宿村，结果华南虎进村叼走韩愈的坐骑。韩愈做客临武县城，撰有《题张十一署官舍三首》，第二首即张署官舍的《井》，写他由阳山县越岭北上，抵达临武县张署官舍口渴难耐，张署连忙汲水煎茶，韩愈遂风趣道："寒泉百尺空看影，正是行人渴死时。"

## 十四、义　井

义井（图5-10），在汝城县县城，县级文物。汝城井泉亦多，影响最大者义井。《汝城县志》第四章文物名胜第二节名胜篇，记有："在城关镇新井村。相传宋代该村有朱梦松之女叫余周，7岁时父母双亡，15岁时叔婶双故，朱余周即抚养其堂弟云伯成人，自己则终身未嫁。她在房屋边开凿一水井，井水清澈，以资食用。明

图5-10 义井

正德十四年（1519年），范辂奏请皇上封赐朱余周为'靖一'，其井名'义井'，今存。"清《嘉庆郴州总志》也记载："（汝城）义井在县南南街坊。孝女余周姑携幼弟，手掘成井，不涸不溢，今族人用。"本是为自家养护幼小堂弟，结果义务方便了族亲、邻居、众人。奏请皇帝赐封义女的范辂，系明正德年间汝城县进士（历官密云兵备副使，江西、福建左右布政使，曾因对抗宁王和大太监刘瑾遭受冤狱，后平反；国家级文物保护单位"绣衣坊"即为他而建）。皇帝诏令旌表朱余周为"靖一娘"后，明《万历郴州志》将其列入"列女传"。义井水可汲用煮茶，能洗涤人心。

## 十五、元泉（珠廉泉）、甘泉

元泉，又名珠廉泉，在桂东县西。桂东是湖南海拔平均最高的县，县城即海拔

800m，八景也都是山、岩洞、石桥、瀑布等。但泉水也很有名，《大清一统志》、清《湖广通志》《湖南全省掌故备考》记："元泉县西。水味甘冽，称第一泉。"《嘉庆郴州总志》记："珠廉泉，其泉甚甘。取以酿酒、烹茗，另有异香。"又，"甘泉在新坊，离县三十五里。泉自石中溢出，东温夏寒，四时不涸；色清洁，味甘美，汲以烹苦茗亦旨。"说如此高山美泉，连烹煮苦茶也能达到甘美可口。

## 十六、金仙水

金仙水，在北湖区、临武、桂阳县交界的金仙岭上（图5-11）。清同治《临武县志·山川志》记："金仙岭，在县东金三乡六十里，县人呼为金仙寨，高数百仞，连接郴、桂两界。相传为金仙升仙之所。"光绪《湖南通志·地理志》二十八·山川十六记："（临武县）金仙岭在县东六十里，接郴、桂界。"同治《桂

图5-11 金仙水在金仙岭（世界最大自然人头像石山）山头寨子，俗称神马井

阳直隶州志·水道志》记："岭有'神马蹄'，孤迹宛然；中贮清泉，供人酌饮，恒量多寡，来者取足，千挹不穷，少亦不溢。"井呈马蹄形，传为金仙坐骑踏出的蹄印，称"神马井"，现称金仙水，难得的含锶矿泉，烹茶味美。现由桂阳金增矿泉水公司开发成省内第一家袋装水"天然金仙山泉水"，先后在北京第七、八届好水中国品茶鉴水大赛上，获得绿茶、红茶唯一的水中奥斯卡——梅花雪奖。

## 十七、回龙泉

回龙泉（图5-12），在永兴县高亭司镇"中国历史文化名村"板梁村。板梁村是首批列入湖南省和全国传统村落的村子，是截至2018年郴州市首个"中国历史文化名村"。居此已660多年，建成一个非常典型的湖南古民居村落。"回龙泉"清冽甜绵，居住在井周围的村民，平时多习惯直接饮用泉水。客人来了，到井里取活

图5-12 回龙泉

泉煮茶，再摆一圆箕茶盒礼（即点心）招待客人，泉甜茶香点心脆，别有一番乡土风味。

# 第六章

## 茶具篇・林邑之器

郴州地处南岭成矿带，为古代国家矿业基地。《山海经》开篇《南山经》即写南岭，篇首就记述"招摇之山""多金玉"，东汉学者高诱注明"招摇山，在桂阳"，即多金玉的山在桂阳郡。西汉王朝在各郡国唯一设"金官"即桂阳郡；现代则被世界地质大会代表们誉称"世界有色金属博物馆"。地矿部及相关行业协会又授牌郴州为中国"矿物晶体之都"、永兴县为"中国银都"、桂阳县宝山铜银矿为"国家矿山公园"。因此郴州茶器也呈现此一特点，古有陶、铜制茶器，郴县、汝城、永兴陶窑、银制茶器，近有铁、锡制茶器，今有银茶器、玉茶器，各县市区均有陶土、砂土质茶器等。自然，地处竹木之乡，也有竹制茶器。

## 一、新石器时期陶制茶器

郴州最早出现的茶器，固然是陶土烧制，2011年湖南省考古研究所在桂阳县仁义镇千家坪发掘新石器遗址，距今7000年。遗址发现的一百多件陶器中，有用于煮茶的器物——白陶罐，与喝茶的器物——白陶杯、红陶杯（图6-1）。

## 二、东汉茶具

资兴市在东江水电站建设期间，对"九十九堆"遗址进行抢救性发掘，清理了上至春秋下至唐宋的近600座墓葬，其中80座战国墓，出土了楚、越遗物铜壶与陶罐、碗、杯，可用于煮茶饮茶，有规范简洁之美（图6-2）。

图6-1 桂阳千家坪白陶罐、红陶杯　　图6-2 资兴市出土东汉茶具

## 三、东晋铜制茶器

郴州前身为汉桂阳郡，因处于南岭成矿带上，很早就有开采冶铸有色金属的史录，《汉书·地理志》记载："桂阳郡，高帝置。莽曰南平。属荆州。户二万八千一百一十九，口十五万六千四百八十八。有金官。"这"有金官"的记载，是西汉王朝所有郡国20余种专管特产贡物职官中的唯一一个。就是说，朝廷在桂阳郡设置了全国唯一的金官署，派任金官专门管理有色金属冶铸之事，此"金"指鸣金收兵的"金"——铜。桂阳郡金

官管理铜、银坑开采所铸即铜、银钱。唐代设桂阳监,专门监管铜钱铸造,故桂阳宝山铜银矿延续至今;这样,也制造铜制茶器(图6-3、图6-4)。

## 四、东晋青釉鸡嘴茶壶

北湖区燕泉路五里堆,中国人民解放军郴州军分区疗养院内发现"东晋青釉鸡嘴茶壶"(图6-5),造型别致,贵气美观,且透出圆整、平衡等美学元素(郴州市艺术收藏家协会池福民收藏)。

图6-3 东晋铜茶杯及盖托

图6-4 晚清桂阳州乡村铜制茶壶

图6-5 北湖区出土东晋"青釉鸡嘴茶壶"

## 五、银制茶器

古代"煮水以银壶为贵,泡茶以银壶为尊",银茶器在养生保健、防治疾病诸方面,大有益于人。煮茶有"富贵汤"一说,晚唐点茶师苏廙《仙芽传·十六汤品》指出:"以金银为汤器,惟富贵者具焉。"北宋初礼部尚书陶谷也在百科知识书籍《清异录》指出:"富贵汤(富贵茶)当以银铫煮之。"明代茶学著作者许次纾在《茶疏》讲出其中道理:"茶注以不受他气者为良,故首银次锡。"

南朝文学家任昉《述异记》记载,汉代便县即今永兴县的"三翁银井"传说:"桂阳郡有银井,凿之转深。汉有村人焦先,于半道见三老人,遍身皓白,云:'逐我太苦,今往他所。'先知是怪,以刀斫之,三翁各以杖受刀。忽不见,视其断杖是银,其后井遂不生银也。"这个传说生动形象地说明了汉王朝对银的大量需求,对桂阳郡银矿开采的依赖程度,导致银井因过量开掘而枯竭的状况。其具体位置,清末湖湘文化大家、翰林院侍讲、国子监祭酒王先谦在《湖南全省掌故备要》指向永兴县城东北:"土富山,县东北。有银井,土人掘之,有三老翁授以杖,归,视之,银也,一名三翁井。"明代大理寺少卿、永兴人曹琎《土富银井》诗云:"嵯峨土富凤钟灵,古井漫漫产白银……独有三翁遗韵在,至今贪鄙悉归淳。"

近古永兴县银井虽已无存,但冶炼的高超技艺却保留了下来,尤其是现代回收工业

"三废（废渣、废料、废液）"提炼金银的技术更为科学，再生白银产量占全国三分之一；2004年被中国有色金属工业协会授予"中国银都"称号，银制品琳琅满目，其中茶器茶具突出（图6-6至图6-8）。

图6-6 中国银都永兴县银制茶器

图6-7 永兴银制茶器

图6-8 永兴银制茶器

## 六、玉制茶器

同样，按《山海经》所记桂阳郡招摇山多金玉，传国玉玺的典故"卞和泣玉""卞和三献"，便发生于此。古本《韩非子》记述"春秋林人卞和得璞于荆山"，"林"是桂阳郡前身春秋方国——林，南岭林国之民称"林人"。方林被荆楚吞并，林人卞和在家乡得到一块璞，献楚历王、楚武王，都被认为是拿石头诳君，被斩去双足。楚文王登基，卞和抱璞痛哭，泪干血滴。文王派人去问，卞和回答非为刖足，是为君不识忠贞之心而悲。文王醒悟，剖开璞石，晶莹乍现，制成玉璧，引出战国"完璧归赵"典故，"和氏璧"落到秦始皇手里，雕成传国玉玺，后成"汉传国宝"。南宋地理总志《舆地纪胜》揭示传国玉玺的原生地："在湖广郴州永兴县荆山观旁有玉洞，世传卞和取玉之地。"明《永乐大典》亦有记载。

北宋郴州知州阮阅诗集《郴江百咏》写到郴江《雕玉山》、宜章《玉履岩》。

进入21世纪，郴州各区县市矿业历久弥新；临武县石破天惊，连续发现通天玉、香花玉，晶莹温润，光华泽世，展露出南岭郴州3000年的宝玉身姿。全市获称"中国矿物晶体之都"。国家自然资源部、湖南省人民政府2015年决定：中国湖南（国际）矿物宝石博览会永久落户郴州。矿博会显示的文化影响力直追美国图森矿物展和德国慕尼黑矿物展，已然跃升亚洲之最世界第三大矿物宝石专业展会。郴州的玉石产业随之水涨船高，临武县玉制茶器成为一大精品。

古之君子，以茶修气、以玉养德。玉石有较佳的保健作用，李时珍《本草纲目》记述玉器具有"除胃中热、喘急、烦闷、润心肺、润声喉、活筋强骨，安魂魄、利血脉"等功能。制作茶具，不止于生津止渴。据检测，玉石茶具含有20多种对人体健康有益的微量元素和矿物质，经水浸泡，可析出硒、铁、锶、锌、钴、氟、锰、钾、钙、镁等元素，玉器所浸之水3h能接近或达到优质矿泉水标准，能将对人体有害的硬水软化。玉石茶具泡茶时析出的微量硒，具有防癌、抗衰老、防止动脉硬化和高血压的功效。长期使用玉石茶具泡茶喝，健胃理肠，有利于营养物质的吸收与消化；可补充人体不足的微量元素，平衡阴阳气血，使人保健益寿。有些玉石茶具泡茶3天，茶汤色、香、味仍可保持。

临武县目前是湖南省唯一产玉之县。"通天玉"，产于桂岭之首通天岭，通天玉列入国家级宝玉石，其地方标准的制定、发布，是目前湖南省首个也是唯一一个玉石地方标准，获评郴州市十大文化符号之一。"香花玉"，与新疆和田玉特征非常相似，其发现结束了湖南不产高档玉石的历史，是制作高档玉制品的优质原料。"舜珑玉"乃后起之秀，这三种美玉的雕刻作品，均获得全国、国际性大奖，都生产精美茶具（图6-9、图6-10）。

图6-9 临武县通天玉茶具

图6-10 临武县香花玉茶具

## 七、汝城窑陶瓷茶具

汝城县上古乃郴县汝城乡，系传说神农炎帝发明农耕工具耒耜之处，《汉书》载"桂阳郡……郴，耒山耒水所出"，《水经注》记述"耒水发源出汝城县东"，清《衡湘稽古》考据神农炎帝带领大臣"作耒耜于郴州之耒山"。耒山即在该县东南与粤北交界处，由3座大山组成，山中流出耒水，山下有耒泉，耒耜通过耒水输出运到各地，中华农耕由此发祥。东晋，汝城由郴县析出置县。汝城窑在该县暖水乡浿江畔，一度被誉为"湘南第一窑",历宋元明清民国,占地1km²。出土的瓷器款识中,一瓷片写有"圣帝"一词,有的烧造时间为北宋初"太平"纪年,因此窑厂可能始于唐。由于瓷土质量好,窑温高,器物胎体硬实,釉色持久,接近炻器质,民谣唱"汝城罐子汝城缸,经得敲来经得撞!"宋元明清所出陶瓷茶具,有的釉面与浙江龙泉窑相似,有的与宋代哥窑相仿,冰裂纹自然美观,驰名湘粤赣边(图6-11至图6-17)。

图6-11 汝城窑
宋代茶壶

图6-12 汝城窑
元代茶壶

图6-13 汝城窑仿哥窑瓷茶壶

图6-14 汝城窑
"福"字茶壶

图6-15 明清汝城窑
仿哥窑釉茶杯

图6-16 汝城窑
宋式瓷茶壶、茶叶罐

图6-17 明晚期汝城窑仿哥窑盘口茶壶

## 八、宋代褐釉茶具(图6-18)

图6-18 宋代褐釉茶具

## 九、锡茶叶罐

作为有色金属之乡,郴州历代有各种金属茶具制造。郴州市艺术收藏家协会会长、郴州市义文化研究会副会长池福民在临武县搜集到清代的锡制茶叶罐,雕刻精致,配饰字画(图6-19);在桂阳县搜集到清代全套锡制茶壶、茶杯,茶壶结构奇巧、线条流畅,茶杯造型明快(图6-20)。

## 十、民国茶具

民国时期郴州地区的茶器，有陶质和金属结合的，有现代意味的（图6-21、图6-22）。

图6-19 清代锡茶叶罐　　图6-20 清代锡茶壶茶杯　　图6-21 资兴移民馆民国烫金茶壶　　图6-22 桂阳文物所民国彩陶茶壶

## 十一、砂罐茶器

各县市区农村群众寻常用的最普遍的，是砂土质茶器，它上小中大下稍小，由砂土烧制而成，具有造价低、加热快、熬煮出来的茶水清、香等特点（图6-23）。其容量大致在1000g左右，最适合放置在煤灶、柴灶上煮茶，郴桂群众叫"熬茶"，到冬天，一般则放置在木炭火盆上煮，来客或家人围炉夜烤、饮茶聊天，温馨无比。现在，安仁县几乎家家都有此物。

砂罐的另一个用途是熬制中药，所以砂罐基本上是煮茶和熬中药兼用，有的配个木盖。

## 十二、竹制茶器

凡有茶处，必有竹。茶与竹，皆山间清爽高洁之物。人背竹篓采茶，用竹箕摊茶，以竹笼烘茶。唐宋八大家之柳宗元吟"山童隔竹敲茶臼"；与贾岛齐名的诗人姚合"烧竹煎茶夜卧迟"；北宋黄庭坚吟"依依茶坞竹篱间"；明代诗人居节则"寄君茶碾湘江竹"，用竹筒做茶碾。现代也有用竹子制作茶壶、茶杯等茶具的（图6-24），如郴州资兴市茶坪瑶族村就是如此。

图6-23 安仁县煮茶砂罐　　图6-24 资兴市茶坪瑶族村竹制茶壶

# 第七章

## 茶人篇·林邑人物

# 第一节　茶祖神农炎帝与采茶部落民族

## 一、茶祖与采茶部落民族

神农炎帝（图7-1），名石年，远古华夏民族首领，主要活动于南方，《礼记》指出"南方曰炎天，其帝炎帝"。他率氏族农耕、定居南岭地域，曾越过天险长江、黄河，将农耕推向北方。湖湘、南岭地域传说，他及他的后代是世上最早尝试百草的民族先贤，因开创农耕的巨大贡献和发现火、运用火，其17代均被推崇为"炎帝"，与北方的黄帝一道，被后世共尊为中华人文始祖——炎黄。神农炎帝在南岭古方国林（即战国的郴，见"茶史篇"），发现茶之果腹、疗疾价值，其氏族数代采茶，系世界上最早利

图7-1　神农炎帝

用茶的民族。南岭遂产生"茶"的植物名称，及"茶乡"的地名，神农炎帝被后世尊为"茶祖""药王"，逝后亦葬于"茶乡之尾"（"茶乡"最早在古方国林即苍梧国、楚苍梧郡郴县，西汉初期封"茶陵节侯"于桂阳郡）。

## 二、茶　氏

茶氏，居于"茶乡"，是神农炎帝后裔中以采茶、交易茶出名的部族。湖南炎黄文化研究会已故会长何光岳在《三湘掌故》第一章"炎帝氏祖的繁衍和迁徙"中，考据出"神农氏的后裔繁衍，支族甚多"，有"荼"的族姓。湖南地方文献研究所所长任国瑞考证：远古"以国名国号为（姓）氏"的，有"炎""神""郴""荼""茶""苍梧"等。按此排序，可知"炎""神"属于南方部落大联盟，即神农炎帝邦国；"郴（掷）"属于地方王国，"荼""茶"属于"林·郴"方国中的小乡国。"苍梧"国，属于方国"郴（掷）"发展至商周王朝的流变名称。如此，才有战国楚、秦苍梧郡郴县的"茶乡"，并在西汉初期升格为桂阳郡节制的行政区划"茶陵"县（最后一位茶陵节侯无子嗣后，茶陵县析出移隶长沙国）。

# 第二节　南北朝与郴茶相关人物

郦道元（472—527年），涿州（河北涿州）人，历官北魏尚书郎、治书御史、鲁阳郡太守、河南尹（治理京城洛阳）、持节兼黄门侍郎、侍中兼行台尚书（图7-2）。逝后

追封吏部尚书、冀州刺史。北魏延昌年间（512—515年），郦道元出任东荆州刺史，4个年头应到过荆州所辖湖湘。其《水经注》对桂阳郡治郴县的水、泉，是古代典籍第一次系统、详尽、准确、全面的记述，"圆水"及其前称"除泉"系田野调查知名，尤其"除泉"一名，给后人研究中国古代泉、水变迁及湖湘郴州古井名泉的来龙去脉，提供了难得的人文地理方面的珍贵史料和范本。

图7-2 北魏郦道元

## 第三节 唐代与郴茶相关人物

### 一、茶文化、文学与茶饮名人

#### 1. 茶圣陆羽

陆羽（733—804年），字鸿渐（图7-3），唐代复州竟陵（湖北天门）人，据《新唐书》《唐才子传》言："陆羽出生凄苦，自学成才，性格近于楚狂陆接舆，不愿为官，故在'诏拜太子太学'后'徙太常寺太祝（祠祀官员）'后，不就职而去。反倒是潜心茶学，阖门著书。"《煮茶记》一文，记载他品鉴天下煎茶名水20等，将郴州圆泉排在第十八位。唐贞元十三年（797年）陆羽经郴州翻越南岭赴广州刺史李复幕府任职，圆泉就在郴州城南湘粤古道右侧，故有品尝、鉴定圆泉。

图7-3 唐代茶圣陆羽

#### 2. 鉴水状元张又新

张又新（生卒年不详），字孔昭，深州（今属河北）人，唐宪宗元和年间（806—820年），先考中"博学宏词科"头名；又为京兆（首都长安府）会试解头，即按道中选户籍解送京城会试的头名；元和九年（814年）状元及第，三次大考均高中第一名，即解元、会元、状元，谓之"连中三元"，时人号为"张三头"。据说政治品质不佳，依附奸相，唐文宗将其左迁江州刺史。但此人本领颇多，尤其以陆羽口述之文作核心内容，于唐宝历元年（825年）撰《煎茶水记》，郴州圆泉更声名远扬。

#### 3. 刘禹锡

刘禹锡（772—842年），唐代思想家、文学家，字梦得，洛阳（河南）人，世称"诗豪"（图7-4）。唐贞元九年（793年），与柳宗元同榜进士及第，同登博学鸿词科，为监察御史。唐贞元末与柳宗元、陈谏（郴州蓝山县人）、程异等参与"永贞革新"，遭贬朗州（今湖南常德）司马。唐元和十一年（816年）"谪在三湘最远州"连州刺史，往来经郴，撰《度桂阳岭》等诗。赴连州前，因患疟疾寄寓友人、郴州刺史杨於陵处，住驿站一间小屋；杨於陵正在撰写《青史王碑记》，述壮士曹代飞降龙北湖平息水患获封号之事，又告诉他苏耽橘井救民、马岭山升仙传说。于是刘禹锡有所感悟"山不在高有仙则名，水不在深有龙则灵"，遂撰哲理美文《陋室铭》。疫病初愈，他便离郴赴连

图7-4 唐代诗豪刘禹锡

州。在《连州刺史谢上表》中，他叙述原因："非臣殒越，所能上报。伏以南方疠疾，多在夏中。自发郴州，便染瘴疟。扶策在道，不敢停留。即以今月十一日到州上讫。"即当年五月初在郴治疗、养息（五月十一到连州），病情好转即刻上道。途经郴州临武县西山遇雨，避雨僧舍，僧人采屋后茶炒制待客，刘遂作《西山兰若试茶歌》，"斯须炒成满室香"句揭示，唐代炒青技艺早已覆盖南岭地域。

### 4. 柳宗元

柳宗元（773—819年），唐宋八大家之一、哲学家、文学家、大诗人，字子厚，河东（今山西运城）人（图7-5）。诗文方面，与挚友刘禹锡并称"刘柳"。政治上与刘禹锡也如一体之人，唐贞元末任监察御史，与刘禹锡、陈谏（郴州蓝山县人）、程异等参与原太子侍讲王叔文、王伾等大臣的"永贞革新"，遭贬永州任司马小职，时间长达10年左右。他毫不消极，研究并撰写历史、哲学、政治、文学作品。其诗歌成就，与王维、孟浩然、韦应物并称"王孟韦柳"。政论文、散文等达600多篇，《永州八

图7-5 唐宋八大家之柳宗元

记》等风靡天下。永州系西汉元鼎六年（公元前111年）由桂阳郡析出，山水相依，故柳宗元也写了不少郴州诗文，如郴州尧牧儿《童区寄传》《杨尚书寄郴笔》等。其中《奉和周二十二丈酬郴州侍郎》，提到郴州时产黄茶。

## 二、郴州本土茶饮名人

"西祖阿弥陀，东宗无量寿"，无量寿佛周全真（729—867年），唐代高僧，郴州郴县程水乡（今资兴市香花乡）人。综合《旧唐书》、明《万历郴州志》、清《湖南通志》、广

西《湘山志·寿佛志》，及《嘉庆郴州总志》《兴宁县志》《永兴县志》记载，其名全真，别号宗慧。父周鼎，母熊氏永兴县人，唐开元十六年夏历十二月十二（729年2月3日）降诞。传说其母"受孕时，梦金色神人手持摩尼宝珠，入室投怀"，故小名周宝，落生地因其姓及佛号而称天寿里周源山。全真14岁入郴州城开元寺出家，当年冬赴杭州余杭县（今余杭区）径山，参拜道钦禅师。748年随师上长安朝觐唐玄宗。754年辞师云游、返郴探母，郡人建香山寺留他，他却在牛脾山（苏仙岭）麓搭草庵修炼。其母逝后，他经游衡州、永州，756年到湘源县，在湘山开创净土院。唐武宗灭佛时，他改戴道冠隐躲藏，据传苏仙观道士曾助其隐匿（图7-6）。

图7-6 湘籍大画家齐白石1954年绘唐代湖南乡贤、郴州无量寿佛周全真像

唐宣宗即位，恢复佛教，传说周全真应佛教界请，在唐大中三年（849年）进京都朝觐宣宗，时恰为120岁。宣宗大为惊奇，问："服何药而致寿？"周全真回答："臣少也贱，素不知药性，唯嗜茶，凡履处，惟茶是求，或过百碗不以为厌。"宣宗感叹之下，赐给他50斤名茶，安排暂住保寿寺，并赐名其饮茶所为"茶寮"。周全真返回湘山后继续弘扬佛法，著有《牧牛歌》《遗教经》《湘山百问》等，强调"仁者寿，寿者静，静故万物生焉"，告诫信徒"说的一尺，不如行的一寸，"宣扬"忠孝是佛""勤俭是佛""公平是佛"。唐咸通八年（867年）寿佛圆寂。五代楚国以其法名第一字"全"，升湘源县为全州。北宋徽宗赐全真"寂照大师"，南宋三次加封至"慈祐寂照妙应普惠大师"；清康熙帝赐以"寿世慈荫"匾，咸丰帝敕封"保惠无量寿佛"。

# 第四节 宋代与郴茶相关人物

## 一、茶文化、文学与茶饮名人

### 1. 苏轼与秦观

苏轼（1037—1101年），宋代文豪、政治家、豪放词派代表、散文唐宋八大家之一，眉州（四川）人，与父亲苏洵、弟弟苏辙并称文坛"三苏"（图7-7）。在北宋王朝太后党与皇帝党的内部倾轧中，受"乌台诗案"诬陷贬谪黄州，带领家人开垦城东的一块坡地，种田帮补生计，取别号"东坡居士"。他与郴州有缘，写五言诗《刘丑厮》，感慨河北定州一个类似唐代郴州尧牧儿的少年："曰此可名寄，追配郴之尧。恨我非柳子，击节为尔谣。"还写过与郴州苏仙相关的七绝《来鹤亭》，因也姓苏、仙风道骨，宋代文人亦称其"苏仙"。把持政坛的丁谓、蔡襄在贡茶问题上营私，苏东坡十分反感，作《荔枝叹》，专门以东汉桂阳郡临武长唐羌罢贡之事，批评唐宋以权谋私的权臣，特别是在贡茶、官茶上营私的宰相丁谓、蔡襄。

图7-7 苏轼画像（传为李公麟作）

图7-8 秦观画像

秦观（1049—1100年），婉约词派一代宗师，字少游，江苏高邮人，世称其淮海居士（图7-8）。进士，历官蔡州教授、太学博士、秘书省正字、国史院编修。因系"苏门四学士"之一，被小人陷害，被当作"元祐党"遭贬。谪居郴州后，佳作迭出。《念奴娇》词写一八旬翁："万缕银须，一枝铁杖，信是人中杰……闻道久种阴功，杏林橘井，此辈都休说。"言及橘井，却无婉约风。五言古诗《茶臼》，写谪郴后的幽居，茶饮乃是支撑其度过受贬生活的一种清心方式。

苏东坡、秦少游这两首诗词，是宋代前期涉茶、涉郴的重要文学作品。

## 2. 浮休居士张舜民

张舜民，北宋文学家、画家，字芸叟，自号浮休居士，陕西彬县人（图7-9、图7-10）。诗人陈师道之姊夫，文豪苏轼之友。宋英宗治平二年（1065年）进士，任襄乐县令，后官至吏部侍郎。宋元丰年间（1078—1085年），在环庆帅高遵裕帅府掌机密文字，随高帅西征灵

图7-9 张舜民塑像

图7-10 张舜民"浮休居士"号石刻

夏（即宁夏），无功而还，作诗《西征途中二绝》，嘲讽"灵州城下千株柳，总被官军斫作薪"及"白骨似沙沙似雪，将军休上望乡台"，遭小人劾奏，贬为郴州监税官（监税官"掌茶、盐、酒税、场务征输及冶铸之事"）。他南下途中专程到黄州看望苏轼，叙述了西征情况，遂使苏轼有感而发，撰出《赤壁赋》《水调歌头》等名篇。

张舜民到郴后置身南岭山水，情绪一振，撰写《郴行录》《剑泉》《愈泉》等大量诗文，在《游鱼降山记》中写了6人带茶叶旅游郴州四野，"汲涧瀹茗，再行"，即取溪水煮茶喝了再走。他其实已经找到了会胜寺，看到了陆羽品水及张又新记写的天下第十八泉圆泉，但一因黄昏，二因无任何题刻，三因翌日早起回城，竟擦肩而过。但他留下的"《橘井》苏仙宅，《茶经》陆羽泉"诗句，名扬天下。

其在郴州创作的五言诗集《郴江百韵》，开宏大"百咏"诗先河，启发了后来郴州任职官的诗人阮阅撰写出《郴江百咏》，构成郴江双百诗集的大观佳话。两部百咏体诗集中，涉茶诗达9首。

### 3. 阮七绝阮阅

阮阅（北宋晚期），北宋末诗文体学家、诗人，字闳休，舒城（属安徽）人。宋神宗元丰八年（1085年）进士，榜名美成，1123年以朝散大夫出任郴州知州。在任第一年，完成《诗话总龟》，对诗体创分门别类法，成其诗文体学家之名。自序："余平昔与士大夫游，闻古今诗句，脍炙人口，多未见全本及谁氏作也。宣和癸卯（1123年）春，来官郴江，因取所藏诸家小史、别传、杂记、野录读之，遂尽见前所未见者。至癸卯秋，得一千四百余事，共二千四百余诗，分四十六门而类之。"《四库全书》在其《郴江百咏·提要》专记："（阮）阅素留心吟咏，所作《诗话总龟》，遗篇旧事，采掇颇详，于兹事殊非草草。"原本散佚，分由南宋晋陵知县、闽中漕幕胡仔诗话《渔隐丛话》、东平知府蔡居厚《蔡宽夫诗话》《高斋诗话》等引入，最后从包括《永乐大典》在内的各书拣出汇成《四库全书》所收版本。

《诗话总龟》卷二十九、卷三十为"咏茶门"，7300多字，是继陆羽《茶经》之后，篇幅最大、内容最多的宋代茶学著作（包括茶文化、茶文学、茶经济、茶贡制等）。为最早专门集萃、考证、议论涉茶诗歌及文献。如从诗之角度，论《诗经》《尔雅》涉茶诗文，陆羽与茶、煎茶水质、游历产茶地考、唐代贡茶及卢仝等名人茶诗、涉茶文史、北宋贡茶史及相关文献、名人茶诗茶文，采茶方式如唐代采顾渚紫笋时湖州、常州郡守均到场，宋北苑茶、建州茶，斗茶产生等。也有自己的观点，如"茶非活水则不能发其鲜馥"，"茶之佳品"为社前、寒食前、谷雨前，等等。

他在任三年游遍郴州，足迹所至即撰七绝一首，成百首《郴江百咏》集，如《义帝庙》《苏仙祠》（西汉郎中苏耽奉祀道观）、《橘井》（医林典故"橘井泉香"出处）、《蔡伦宅》（纸祖蔡伦，东汉桂阳郡人，北宋郴州尚存故宅）、《成仙观》（"牛郎织女传说"及传播"七夕文化"的东汉成武丁奉祀道观）、《刘相国书堂》（唐代宰相刘瞻读书处）等。诗集可见古井名泉等组诗，人呼为"阮七绝"。其中涉茶诗6首，涉茶井泉达14首，叹为观止。

## 二、郴州本土茶饮名人

雷应春（生卒年不详），南宋词家。其词《沁园春·官满作》《好事近》被收入《全宋词》、明代《阳春白雪》、清末《蕙风词话》。《万历郴州志·人物传》记："雷应春，字春伯，郴人。自幼兄弟竞爽，以诗学擅乡评。嘉定丙子魁乡举，明年又魁礼部。"就是说南宋嘉定九年（1216年）在荆湖路（湖北、湖南）乡试中夺魁，考中头名举人，第二年接着高中进士。先授岳阳教授，改江西漕干（漕运官）、赣县知县，擢监察御史。因"率性纯固笃实"首疏时相，继忤权贵，差知全州，不就。归隐郴州北湖9年，故名"雷北湖"。后出知临江军，终江东宪台（路的提刑按察大员），为政廉平。《万历郴州志》《清一统志》记录其词集有《洞庭集》《清江集》《玉虹集》《日边集》《鸥盟集》，均散轶。《沁园春·官满作》写客人到访北湖其宅，他"与做棋局，砌换茶炉"。

# 第五节　元明清代与郴茶相关人物

## 一、元代与郴茶相关人物

### 1. 桂阳路总管鲁明善

鲁明善，维吾尔族人，著有《农桑衣食撮要》，为元代三大农书之一，内录《焙茶谚》"茶是草，箬是宝"（2007年《中央民族大学学报》高栋梁《鲁明善与〈农桑撮要〉研究》）。

### 2. 临武县尹刘耕孙

刘耕孙，《元史·列传第八十二·刘耕孙》记："字存吾，茶陵州人。至顺元年进士，授承事郎、桂阳路临武县尹。临武近蛮獠，耕孙至，招父老告知曰：'吾儒士也，今为汝邑尹，尔父老当体吾教，训其子弟，孝悌犁田，暇则事诗书，毋自弃以干吾政。'乃为建学校，求民间俊秀教之，设俎豆习礼让，三年文化大兴。邑有茶课，岁不过五锭，后增至五十锭，耕孙言于朝，除其额。"刘耕孙作为父母官，怜悯父老乡亲交税过重，设法减轻临武茶税。

## 二、明代湖湘茶学名人

### 1. 郴州燕泉先生何孟春

何孟春（1471—1536年），明代理学家、政治家、军事家、"茶陵诗派"代表人物（图7-11）。字子元，号燕泉，郴州郴县（今北湖区）人，出身官宦世家，一门五代科甲，炳耀湖湘，祖辈事迹入《明一统志》。本人乡试中亚元（第二名）、进士及第。历官兵、吏、工部、都察院及河南、陕西、苏松、云南等省，陕西马政、兵部侍郎、副都御使、云南巡抚、吏部侍郎、代尚书。任陕西马政时管"给番易马"事宜，撰关于茶马互易及茶禁之文。任太仆寺少卿时，代表皇帝、朝廷返乡祭祀炎帝陵。以副都御使出任云南巡抚，"讨平十八寨叛蛮"，"奏设永昌府，增五长官司、五守御所"，平定西南边疆，奠定昆明的东南亚名城基础。明嘉靖年初，苏松诸府旱潦相继，江淮洪水，他奏上解决方案使之舒缓。对粮农问题，他指出"湖广熟，天下足"。

图7-11 郴州市燕泉河口小岛上的"燕泉先生"何孟春雕像

嘉靖为拉拢他，擢升其代吏部尚书，企图让他在"议大礼"事件起作用。此事件是正德皇帝死而无子嗣，朝廷选其堂弟为嘉靖帝，嘉靖千方百计想僭越礼制，何孟春则与其他大臣限制皇权任性。嘉靖甚为不满，贬其为南京留都工部侍郎，何孟春与涉茶书画家文徵明等友善，爱观南戏（昆曲）。他对嘉靖拒不低头，一再辞职，触怒嘉靖，削去名籍永不录用。何孟春毅然归郴，带回昆曲戏班（使昆曲首次进入湖南）。他卜筑何公山为母守墓，定居城西燕子泉畔，自号"燕泉"，以燕泉烹清茶，借以明志，为天下第十八泉撰《圆泉记》等大量诗文，系湖南图书馆藏古代名人著作较多者。世人钦敬，尊称"燕泉先生"。他逝后获平反，追赠礼部尚书，谥号"文简"。郴人呼燕泉边川流为"燕泉河"，泉上道路为"燕泉路"，以怀念之。《明史》立传，今湖南炎黄文化研究会辖"郴州市燕泉学会"。

### 2. 临武探花曾朝节

曾朝节（1525—1605年），明代政治家、大臣，临武县人，万历五年（1577年）进士，殿试高中探花；历翰林院编修、国子监祭酒（最高学府长官）、礼部侍郎、太子侍讲、礼部尚书，清正廉洁敢直谏；返乡下马不踏农田青苗；在京建造瑞春堂，供湘南衡、郴、永州赴京赶考、办事者住宿，并留给后人作湖南会馆；卒赠"太子太保"，谥号"文恪"；著《紫园草》《经书正旨》《古文评注》等书，诗集中涉"茶"诗4首。

## 三、清代与郴茶相关人物

### 1. 湖湘教育家欧阳厚均

欧阳厚均（1766—1846年），清湖湘教育大家，安仁县人，字福田，号坦斋，清乾隆五十九年（1794年）乡试第14名举人；清嘉庆四年（1799年）全国第7名进士，增光湖南。历户部贵州司主事、广西司员外郎、陕西司郎中、浙江道监察御史、顺天府（北京地区）乡试主考官，清正廉明"有直声"，为学广博精湛。其性孝友，年逾四十，以母老告归；湖南当事者聘其主持岳麓书院，他谢辞；母亲再三催促，1818年赴长，主讲席27年，是担任山长时间最长的两人之一（另一位长沙进士罗典）。他先后捐教课所得束修千余金，复古迹、增书籍、定学规；在麓山下创筑文庙；心血浇灌三千弟子，曾国藩、左宗棠、李星源（两江总督）、罗绕典（云贵总督）、郭嵩焘（首个驻外大使）、江忠源（安徽巡抚）、陈士杰（浙江、山东巡抚）、李元度（贵州布政使）、唐训方（署湖北巡抚）等，学业精进，脱颖而出，组成湘军。欧阳厚均学识渊博，著作多部，《坦斋全集》之诗词集，涉"茶"字诗14首，是郴州历代名人涉茶诗之最。"万里风云欣会合，九霄雨露茶栽培"，披露宽广胸怀。岳麓书院竖立其雕像（图7-12）。

图7-12 长沙岳麓书院树立的欧阳厚均塑像

### 2. 湘军将领陈士杰

陈士杰（1824—1893年），清末湘军名将，桂阳州（今属郴州）人，字隽丞，清咸（丰）同（治）年间"中兴将帅"之一。初入岳麓书院深造，清道光二十九年（1849年）作拔贡生（12年一选）选任户部七品官。清咸丰三年（1853年）入曾国藩军幕，对曾氏谏议颇多。曾国藩评价"隽丞外朴内朗，干济才也"。太平军石达开离开南京，打到桂阳州，陈士杰率部于七拱桥将其挫败，石达开只得另择方向最终折戟大渡河。因对太平军、天地会的作战功勋，陈士杰历官江苏按察使、福建布政使等，授光禄大夫兼振威将军，慈禧太后召他进宫，听不太懂桂阳州北乡话，便给予领兵部侍郎衔，后升浙江巡抚、山东巡抚。名士杨度在《湖南少年歌》专言"桂阳陈公慕嚣述"，《清史稿》有传。

图7-13 清代陈士杰画像

据传记《陈士杰》（南方出版社2018年版，彭广业著）调查，他致仕后返乡，观察到地处南岭的州境较大，山道崎岖，明代以前"十里一亭"，而清代担粤盐者、旅行者等日增，便谋划加建茶亭茶屋，方便商旅百姓。发动州境各大道附近村人捐田，专人耕种、居茶屋烧水煮茶，在茶亭免费施茶，达到"三里一亭，亭以百计"。莲塘乡通常宁县道上，就有翛然亭、香枫亭等12座茶亭；陈士杰还在路下亭题写一联"荏苒半生，几度星霜催我老；纵横尺地，一番风雨庇人多"。桂阳《陈氏族谱》绘有陈士杰持剑像（图7-13）。

# 第六节　近现代与郴茶相关人物

## 一、领袖人物与郴茶

1927年11月朱德、陈毅率南昌起义余部进抵湘南，在汝城、莽山策划湘南起义，1928年1月12日打响宜章揭幕战，2月4日在湘粤赣边际中心城市郴州建总指挥部，与中共湘南特委共同领导湘南起义。1928年4月毛泽东奉特委令，接应湘南起义军到郴州桂东县；4月3日在沙田墟颁布著名的《三大纪律、六项注意》。4月6—11日，毛泽东率部队从桂东转战汝城，驻扎在汝城县土桥镇黄家大院（图7-14），毛泽东与房东黄元吉一家老小拉家常，讲革命道理，同桌吃饭，同桌喝茶，同屋住宿。县委书记何日升详细汇报了汝城"八七会议"以来秋收起义、"朱范合作""汝城会议"、工农革命军二师一团等情况。毛泽东发现年纪轻轻的何日升成熟老练，非常欣赏，将他带上井冈山。4月28日至5月4日朱毛会师井冈山。

图7-14　毛泽东在黄家大院的卧室

5个月间，毛泽东、朱德、陈毅、王尔琢、蔡协民、粟裕等在郴州进行革命运动，生活于此粗茶淡饭；而郴州百姓有以家藏好茶待客的礼俗，传说前辈们："喝清茶闹红火。"欧阳毅将军回忆宜章县独立营活动："我们化成小股的队伍钻进骑田岭，在宜章、郴县、临武交界的开山寺宿营。开山寺的老和尚对我们很友好，用水桶泡了一大桶'云雾茶'招待我们。这种茶很奇特，泡在桶里就会升腾起一股蘑菇状云雾，袅袅而上，久久不散……我一辈子再也没有喝过这样有味的茶。老和尚说这种茶是过去向皇帝进贡的茶，他的盛情感动了我们。"

1934年红军长征，毛泽东、周恩来、朱德、张闻天、刘少奇、任弼时、彭德怀、刘伯承、聂荣臻、邓小平、粟裕等将士，在郴州通过第二三道防线，打仗、行军22天，以郴茶解渴，喝郴茶提神。陈云《随军西行录》一文，说"资兴、郴州、宜章一带"，"沿途烧茶送水，招待赤军"。

曾担任党和国家主要领导人的华国锋，也结缘郴茶。"大跃进"后，为改变农业生产落后面貌，提高湘南粮食产量，应对自然灾害，湖南省20世纪60年代初决定利用本省南高北低地形，在南岭湘水上游舂陵水流域建设一个水利灌区。舂陵江发源于原郴州地区蓝山县，流经嘉禾、新田、桂阳、常宁、耒阳，水库和大坝均建在桂阳县，就以桂阳牺牲的子弟兵、爱民模范欧阳海的姓名作灌区名称。欧阳海灌区是当时湖南最大的水利工程，华国锋担任第一任总指挥长；灌区工程在桂阳西北部，正是古代瑶汉生产和交易的"茶料"地。三年间，华国锋经常奔忙在桂阳县，喝过蒙泉泡大滩茶。到郴州地区行署开会，也喝了五盖山米茶。他和郴州干部群众关系融洽，郴州人赴北京时去看望他，他就风趣地背诵郴州民谣"船到郴州止，马到郴州死，人到郴州打摆子"，然后说他走遍郴州好多个县，也没有打过摆子。

2000年11月27日，郴州市人大原副主任黄诚到京，专程登门看望他，带了两盒"狗脑贡茶"。华老说，别的礼都不能收，两盒茶叶可以接受，但要付钱。黄诚说是自己个人所带，华老只好收下，并关切地问到郴州茶、稻谷、水果、烟叶、酒等多种经营和社会经济发展、群众生活的情况。他提到支持"杂交水稻之父"袁隆平在郴州制种的事，褒奖郴州烟叶的质量好，说自己在为郴州引进优质烟品种上还是做了一点事。原定谈半个小时，结果80高龄的华老见到郴州人非常高兴，一边询问东江湖库区移民等情况，一边喝茶，谈了湖南各地水利、农业、能源等，还有郴州的改革开放等；时间延长到2个小时还精神颇好，并高兴地与黄诚合影留念。

## 二、郴州本土茶饮名人

老一辈革命家、军事家、全国政协原副主席、中顾委常委、炎黄文化研究会会长萧克上将，是郴州嘉禾县人。早先嘉禾人进京看望，他不受礼，只接行廊茶场的茶。《天下第十八福地》一书《五盖山》一文，记述了萧老1990年回郴："特地上五盖山重游凤林寺，提到他在战争年代曾率部宿营凤林寺、凤林溶洞；并提及他当年伤口感染，是凤林寺的老和尚用收藏数载的五盖山米茶，酽沏给他服用，又将冲沏后的茶叶和草药捣碎敷于伤口，几天后将军的伤口消炎，竟神奇般地好了。"这是1928年他参加湘南起义，率宜章县独立营上井冈山会师途经五盖山时的情形。1997年湖南省政协编辑"二十世纪湖南文史资料文库"丛书，其中有《从秘密基地起飞·中国女排在郴州》，郴州市政协编辑部进京请萧老和曹里怀、欧阳毅、曾志、彭儒等郴籍前辈题词，是带玲珑茶、狗脑贡、汝城白毛尖、永兴龙华春豪、宜章莽山银翠等家乡茶，去分别看望并求取墨宝的。萧克等前辈叮嘱要发展茶叶、山茶油、水果、蜂蜜等农副产品。

## 三、现代名人与郴茶

袁隆平（1930—2021年），"现代神农"袁隆平同郴州缘分匪浅，他与原郴州地委书记、湖南省农业科学院院长、湖南省农业厅厅长陈洪新因杂交稻紧密携手，从20世纪70年代起，为温泉育种、南岭山区水田、冷水高岸田种子实验等，走遍郴州；所以1977年全国杂交水稻会议后，他与郴州代表团同游井冈山并合影。北湖区华塘镇塔水村农民曹宏球经历过20世纪50年代末至60年代初的大饥荒，特别感恩科学家让人民吃饱饭。郴州茶树良种繁殖示范场就在华塘镇，老曹不但请袁老喝南岭

图7-15 郴州农民曹宏球为"现代神农"袁隆平塑的石雕像

岚峰茶，还要给袁老塑一尊石像，袁老坚拒，要老曹把钱用于生产，还给他到长沙读书的女儿买了"文曲星"学习机。消息传开，华塘镇群众自筹资金50万元，塔水村拨地，建起"稻仙园"，老曹终于给袁老塑了石像（图7-15）；全国人大常委会委员、原湖南省省长、省委书记熊清泉欣然题字。中央电视台得知，想方设法，将一个大科学家同一个"普通农民"请到演播室，进行了报道。

1985—2000年，袁隆平在汝城县考察和在热水镇等地进行育种，特别喜爱白毛茶，他说："喝了汝城白毛茶，神清气爽，非常舒服。"他叮嘱汝城县政府一定要保护好野生白毛茶生长地。2016年5月6日汝城县九龙白毛茶农业发展有限公司按新工艺，制作了汝白银针、白牡丹、贡眉系列茶，登门送给袁院士品尝。他高度赞扬："口感香滑，韵味甘长，加上白毛茶的药性，是我们湖南不可复制的地理优质产品。"欣然为汝城白茶题词"白毫含香"，要求公司将"汝城白茶"做成品质优异，在全国具有重大影响力的知名品牌。董事长欧胜先捧着墨宝十分激动，对袁院士说："一定更加精细地加工好汝城白茶，不辜负您老的殷切嘱咐。"袁老笑言，自己走遍郴州也喝了不少郴州茶。他到资兴喝狗脑贡，到安仁喝豪山茶，到桂东喝玲珑王，评价都很高；并给资兴"东江名寨"茶题字（图7-16），大赞桂东县生态环境好，题词"桂东天下秀，山水世人惊"。

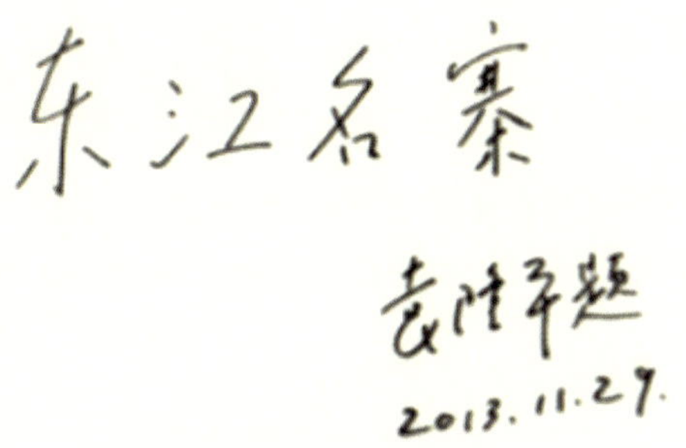

图7-16 袁隆平院士为资兴市"东江名寨"红茶题词

# 第七节　当代郴州茶人

## 一、黄孝健

黄孝健（1941年—），郴州永兴县人，大专学历（图7-17）。1961年参加工作，历任郴州地区公安局副局长，宜章县委副书记，宜章县人大常委会主任、县委书记，郴州地委秘书长、郴州行署常务副专员，郴州市委常委、常务副市长，正厅级市委巡视员。长期从事地方党政和经济工作。2001年退休，2014—2017年任第一届郴州市茶业协会会长，现任名誉会长，为湖南省茶产业高质量发展指导专家。

图7-17　黄孝建

黄孝健重视和关心郴州茶产业的发展。在担任宜章县委书记和郴州市常务副市长期间，经常深入茶园、茶企调研，解决实际问题，有效推动了茶业发展。退休后，依然不辞劳苦，心系茶产业。2014年组建第一届郴州市茶业协会，走遍了郴州11个产茶县市区和重要产茶乡镇与村庄，多次组织茶企负责人召开座谈会，全面细致掌握了解茶企的困难和茶产业发展瓶颈。他提出：坚持以"郴州福茶"品牌为引领，把郴州茶产业优势转化为品牌优势，为实现全市100亿茶产业的宏伟目标而努力奋斗。他多次向郴州市委、市政府建言献策被采纳，促进了"郴州福茶"区域公用品牌的落地，制定了许多有利茶产业发展的政策措施，为推动郴州市茶业发展贡献颇多。

## 二、黄　诚

黄诚（1955—2021年），郴州资兴市人，1979年12月中南林学院林学专业毕业（图7-18）。曾任资兴市市长、郴州市人大常委会党组副书记、副主任，正厅级干部退休，2017年当选为郴州市茶叶协会会长，为湖南省茶产业高质量发展指导专家。

他在资兴工作期间，与资兴市委、市政府领导共同组织了国家重点工程东江水电站5万多移民搬迁安置和城市搬迁两大历史性工程，与资兴市科技副市长赵思东在东江库区引导移民，开发良种茶

图7-18　黄诚

园1.07万$hm^2$和柑橘3.3万$hm^2$，在全国率先走出了一条开发性移民的路子。重视和支持中国驰名品牌资兴"狗脑贡茶"的创建与发展，多次进行田野调查、现场指导生产营销。"狗脑贡"茶原名"神农茶"，又叫"狗脑山茶"；他思考此茶南宋曾作贡品，就与赵思东邀请召集湖南农业大学、湖南省茶叶研究所专家教授讨论，定名"狗脑贡"。其撰写的《理论与实践的探索》一书，获中国世纪风采优秀著作奖和世界文化研究交流中心国际优

秀论文奖,并获得湖南省"五个一工程"一等奖。自担任郴州市茶叶协会会长以来,带领协会工作人员,经常深入茶区、茶企、茶农中去,开展茶产业调研,为打造郴州福茶公共品牌和茶产业发展作出了积极贡献。

## 三、欧羡如

欧羡如(1942年—),郴州汝城县人,大专学历(图7-19)。1985—1989年任桂东县委书记,引领县委、县政府把玲珑茶生产列为重点产业建设项目。先后投资187.3万元,培育玲珑茶标准基地,筹建加工厂,逐步建立一条龙服务体系。通过组织茶叶种植大户赴湖南省茶叶研究所参观学习,组织各种技术培训,大力推广茶叶密植速成栽培技术、茶园修剪技术和玲珑茶系列产品加工技术,使茶叶产业得到快速发展。到1989年,全县茶叶面积220hm$^2$,产茶2.875

图7-19 欧羡如

万kg,产值69万元,较1986年增长3.6倍。茶叶交易价格逐步上涨,每千克价由1986年的16元提升到1989年的36元,茶叶生产逐渐成为桂东县重要商品和山区农民脱贫致富的重要产业。积极组织名优茶叶评比申报,1982—1987年连续评为省级优质名茶,1985年被国家农牧渔业部评为名茶,1988年获北京首届中国食品博览会铜牌奖,1989年获国家农牧渔业部优质产品奖。1987年欧羡如作《玲珑茶赋》,先后在《过度试验区探索》杂志、《郴州日报》发表。

## 四、刘贵芳

刘贵芳(1953年—),郴州永兴县人,1977年湖南农业大学茶叶专业毕业(图7-20)。长期在郴州地市农业农村局工作并任科长、农业推广研究员,专事茶叶科学技术推广工作;在《中国茶叶》《茶叶通讯》《湖南农学院学报》《中国名茶志》等国家级、省级专业刊物发表论文、学术文30余篇。该同志1994—2004年任郴州市茶叶学会理事长,2014—2016年为郴州市茶业协会副会长兼秘书长,2017年任郴州市茶叶协会第一副会长。参与、主持的科研项目

图7-20 刘贵芳

获得众多荣誉:"茶角胸叶甲发生规律及防治研究""汝城白毛茶野生资源开发利用的研究"分获地区科技进步一等奖(1986年、1992年)、湖南省科技进步四等奖、湖南省农业科技进步二等奖、世界华人重大科学技术成果奖(香港);"湖南主要外销商品开发研究"1987年获湖南省科技情报成果一等奖;"名优茶综合开发增值技术"1993年获湖南

省农业丰收二等奖；"湖南省茶树规范化栽培技术推广"1995年获农业部农牧渔业丰收一等奖；"湖南省郴县茶树良种繁殖示范场繁育体系建设及技术研究""湖南省名优茶综合技术开发"于1995年、1997年获湖南省科技进步二等奖；"郴州茶树良种繁殖新技术和名优茶开发配套技术的研究""绿色植保新农药试验示范及配套技术推广""莽山有机茶开发技术研究与示范"分获郴州市科技进步二等、三等奖；研制五盖山米茶、郴州碧云、汝白银针、汝白银毫、永兴龙华春毫5个名茶评为湖南省名茶，汝白银针获1997巴黎国际名优产品（技术）博览会最高金奖，永兴龙华春毫获1999年第三届爱因斯坦世界发明（技术产品）博览会金奖。1988年他获评湖南省茶叶学会"优秀茶叶科技工作者"，1997年获湖南省农学会"优秀青年农业科技工作者"称号，1995年、1998年连续两届获郴州市专业技术优秀拔尖人才荣誉称号，2016年获湖南省老科学技术工作者协会"科技精英"荣誉称号，政府记功3次。

## 五、刘跃荣

刘跃荣（1963年—），郴州安仁县人，本科学历，担任郴州市农业科学研究所党委委员、总农艺师、高级农艺师，湖南省现代农业（茶叶）产业技术体系郴州试验站站长，湖南省茶叶协会常务理事，湖南作物学会理事，湖南作物品种审定委员会评委（专家），郴州茶叶协会副会长（图7-21）。

图7-21 刘跃荣

他先后主持或参与国家、省、市级科研项目30余项，其中：主持或参与《湖南茶叶产业技术体系湘南（郴州）试验站》《郴州地方茶资源保护与利用技术研发中心》《郴州福茶提质增效及产业升级关键技术研究集成与示范》《汝城白毛茶特色资源利用关键技术创新与示范》《郴州福茶红茶加工技术规程》等茶叶科研项目；从事茶树新品种选育，汝城白毛茶特异种质资源挖掘与利用，茶园高效管培，茶叶加工工艺创新等方面的研究；开展科企合作、全市茶叶技术培训与技术指导工作，协助政府做好茶产业发展规划；引进、示范、推广、应用新品种、新技术和新成果30余项；获得省、市级科学技术进步奖6项；在《茶叶通讯》《湖南农业科学》等重点期刊发表茶学学术论文3篇。

## 六、周玲红

周玲红（1982年—），女，郴州临武县人，副研究员，植物病理学硕士，现任郴州市农业科学研究所茶叶研究室主任，湖南省茶叶学会常务理事，郴州茶叶协会常务理事，主要从事茶树品种选育和病虫害防治研究（图7-22）。主持开展"汝城白毛茶特异资源利用关键技术创新与示范""郴州福茶红茶加工技术研发中心""郴州福茶红茶加工技术规程"地方标准制订。作为专业负责人主持国家农业科学实验站植保观测监测、湖南茶叶产业技术体系湘南（郴州）试验站项目，参与了湖南省农业创新资金项目"郴州特色茶资源开发与利用""郴州福茶提质增效及产业升级关键技术研究、集成与示范"和郴州市科技局项目"郴州市地方茶资源保护与利用技术研发中心"等国家、省、市级项目19项，发表学术论文26篇，代表作有《茶白星病对茶叶品质的影响及茶白星病菌拮抗微生物的分离和筛选》《郴州市茶叶产业发展现状与建议》。荣获国家实用新型专利3项，获郴州市科学技术进步奖二等奖1项，参与选育并通过审定农作物品种2个。被湖南省茶业协会、湖南省茶叶学会、湖南省大湘西茶产业发展促进会、湖南省红茶产业发展促进会四家单位联合授予"2020年度湖南千亿茶产业建设先进个人"。

图7-22 周玲红

## 七、张国才

张国才（1958年—），郴州安仁县人（图7-23）。1981年毕业于湖南农业大学园艺系茶学专业，茶学学士学位。郴州市茶叶学会第一届理事会常务理事、秘书长，第二届理事会副理事长。主编《郴州地区农业志》，撰写"发展名优绿茶，发展郴州茶业""谈谈茶叶包装技术""茶艺与书法"等论文，发于《茶叶通讯》等刊物。中国国学研究会研究员、中国硬笔书法家协会会员、中国茶叶学会会员、湖南省茶叶学会理事、湖南省书法家协会会员、湖南省硬笔书法家协会常务理事、郴州市硬笔书法家协会主席、郴州市书法家协会副主席，政协郴州市第一、二届委员会委员，郴州市城市雕塑委员会委员。

图7-23 张国才

## 八、廖汉昌

廖汉昌（1966年—），郴州宜章县人（图7-24）。郴州市农业农村局检测中心主任，农艺师、土建工程师、注册监理工程师、注册咨询师等。1988年湖南农学院园艺系茶学专业毕业，毕业后分配到郴县茶树良种繁殖示范场工作，该场是全国十大茶树良种繁殖示范场之一，参与茶树良种推广和主持茶树良种繁殖工作，1991年任

图7-24 廖汉昌

副场长。他主抓的郴县茶树良种繁殖示范场建设项目1993年通过了农业部的验收,达到国内领先水平。1990—1993年期间参与湖南省"良种繁殖"和"茶树规范化栽培"两项目研究取得重大进展,获农业部丰收计划一等奖。"湖南省郴县茶树良种繁殖示范场繁育体系建设及技术研究"1995年获湖南省科技进步二等奖。1995—2003年任茶场场长,主持茶树良种苗木繁殖出圃率攻关,使良种茶苗出圃率由传统的每亩7万~8万株,提高到每亩15万株,经济效益明显提高。

## 九、侯铁坚

侯铁坚(1947年—),郴州安仁县人,1982年毕业于湖南农学院茶叶专业,高级农艺师,郴州市茶叶学会副理事长(图7-25)。历任湖南省国营东山峰农场茶厂厂长,农场副场长。主持"东山秀峰"名茶创制获部优、国优产品。1993年7月调安仁县任政协副主席,兼任县茶叶办主任,负责安仁豪峰茶开发技术管理总指挥,1997年任县政府顾问。1996年豪峰茶四年开发突破5000担规模,产品先后获湖南省名茶奖,"湘茶杯"名优茶金奖,湖南省名牌产品。参加"出口眉茶成套工艺研究"获国家外经贸部(现商务部)科技进步二等奖,参加"茶园病虫害生态控制研究"课题获湖南省科技进步二等奖。

图7-25 侯铁坚

## 十、谭振华

谭振华(1963年—),宜章县天塘镇人,本科学历、高级农艺师(图7-26)。1987年湖南农学院园艺系茶叶专业毕业,在宜章县农业局从事茶叶、果树等生产技术推广。中国茶叶学会、湖南省茶叶学会、郴州市茶叶协会会员,中国柑橘学会会员。因对宜章县果茶科学技术推广的贡献,1995年评为县首届十佳青年,1997年评为全市首批跨世纪学术和技术后备人选,1998、2003年均评为专业技术拔尖人才。2015年评为县劳动模范。先后任宜章县农业局经作站站长、湘南脐橙综合试验站站长。1993年其"郴州名优茶综合开发增值技术"分获湖南省、郴州地区农业丰收二等奖;1995年"名优茶丰产技术"获湖南省农业丰收一等奖;"郴州市茶树良种繁育与名优茶开发配套技术研究与推广"项目获郴州市科技进步二等奖;1996年"名优茶开发"获农业部科学技术进步三等奖;2001年"莽山银翠茶研究"

图7-26 谭振华

获宜章县科技进步二等奖；2014年《莽山有机茶开发技术研究与示范》通过湖南省成果鉴定，获郴州市科技进步三等奖。参与主编《宜章县莽山茶产业发展规划（2010—2015年）》，《试论宜章县茶叶生产的制约因素及发展对策》被《茶叶通讯》刊登，获郴州市自然科学二等学术论文。其引种的碧香早、萍云11号、楮叶齐、湘红、黄金茶等红绿茶兼制的新品种，使宜章茶业得到较快发展，茶园面积由467hm²发展到2600hm²，指导开发了宜章莽山红茶，为宜章县列为湖南省红茶重点县作出了贡献。

## 十一、黄 昂

黄昂（1966—2020年），常德桃源县人，1988年湖南农业大学茶学专业毕业（图7-27）。农艺师，湖南省茶叶学会会员，郴州市茶叶学会理事。1988年毕业后分配到湖南省国营东山峰农场工作，曾任茶厂车间主任，手制"东山秀峰"名茶，以全国总分第一名（102.54分）获国优产品。1993年12月作为人才引进调入郴州市安仁县，历任安仁县茶叶办副主任、豪山乡政府乡长、中共豪山乡党委书记、县扶贫办党组书记、县人大农业工委主任。手制"豪峰茶"，先后获湖南省名茶、湖南名牌产品。主持建设了豪峰茶8条初制、精制加工生产线。参加的"茶园病虫害生态控制研究"课题，获湖南省科技进步二等奖。获国家记功颁奖三等功6次、二等功2次，对安仁豪峰茶业发展作出了重要贡献。

图7-27 黄昂

## 十二、黄鹤林

黄鹤林（1972年—），郴州桂东县人，桂东县玲珑王茶叶开发有限公司董事长，桂东县第14届人大常委会委员，郴州市茶叶协会副会长（图7-28）。2006年组建桂东县玲珑王茶叶开发有限公司，租赁建设核心良种基地267hm²，发起组建桂东县玲珑茶叶合作社、清泉大地茶叶合作社、桥头泉汇茶叶合作社，吸收4600余农户参社入股，吸引1.5万农村劳动力从事茶叶生产。带动全县发展茶叶8000hm²，建起两个"万亩玲珑茶观光园"、133.3hm²有机茶标准化示范园，建立由产地到市场的全程质量安全体系。成为郴州茶产业发展的带头人，对郴州茶产业的发展作出了积极的贡献。

图7-28 黄鹤林

## 十三、谭凤英

谭凤英（1966年—），女，郴州宜章县人，大专学历（图7-29）。宜章莽山木森森茶业有限公司总经理，湖南省第十二届人大代表，湖南省政协委员，宜章县政协常委，湖南女企业家协会副会长，郴州市茶叶协会副会长。宜章县茶业协会会长。2010年率先研发工夫红茶"瑶山红"成为郴州第一个荣获"中茶杯"全国名优茶评比一等奖。对郴州红茶的发展作出了积极贡献。主研"莽山有机茶开发技术研究与示范"2014年获郴州市科技进步三等奖。

图7-29 谭凤英

## 十四、雷翔友

雷翔友（1970年—），郴州苏仙区人，本科学历，中国民主促进会成员（图7-30）。湖南资兴东江狗脑贡茶业有限公司董事长、郴州长福商贸有限公司（郴州福城四件宝）法人代表兼总经理；郴州市茶叶协会副会长，苏仙区人大代表，郴州市政协委员。2007年他通过收购成立湖南资兴东江狗脑贡茶业有限公司，在郴州、长沙、深圳等地开设20余家狗脑贡（四件宝）茶叶连锁店，狠抓产品质量，积极拓展市场，促进了公司的高质量发展，将公司在郴州茶行业第一个跻身国家级农业产业化龙头企业。率先开展茶产品多元化研发，形成"狗脑贡"特有的营销模式，大大地提升了"狗脑贡"品牌的知名度和影响力，有力地推动了郴州茶产业的发展。

图7-30 雷翔友

## 十五、江秋桂

江秋桂（1963年—），郴州桂东县人，农民（图7-31）。13岁随父学习种、制茶，先后在桂东县清泉镇铜锣村玲珑茶场、园明茶场和夏丹茶场从事和负责玲珑茶的生产与加工及玲珑茶加工技艺的培训、宣传工作。2018年获评为湖南省级玲珑茶制作技艺非物质文化遗产代表性传承人。

他积极承担桂东玲珑茶的宣传推广，2015年接受湖南卫视拍摄《直播大湘东之玲珑茶"梦"》，湖南日报《工序12道，妙手制佳茗》《玲珑茶里玲珑心》，郴州电视台《寻茶艺——手工茶香》，新闻联播《远山

图7-31 江秋桂

的歌》等系列报道中，常可见其身影。湖南卫视教育、都市、经视频道，潇湘晨报、芒果TV、广东卫视等数十家媒体采访，他都极力推广桂东茶叶、呼吁保护民间传统技艺。2016年5月，获得中央电视台农业频道的首次拍摄宣传，为郴州茶业的宣传作出贡献。

## 十六、周标明

周标明（1967年—），宜章县莽山瑶族乡村民（图7-32）。湖南莽山瑶益春茶业有限公司法人代表，从事茶叶产业发展已历28载。数十年来，在党和国家的富民政策鼓舞下，周标明敢为人先，立足实际，抢抓机遇，因地制宜地闯出了一条以茶叶致富之路。先后获得"郴州市科技示范户""县杰出青年民营企业家""郴州市农业科技示范先进个人""湖南省省级科技示范户"等一系列光荣称号，2016年被推选为宜章县政协委员，2017年获授"全国农业劳动模范"，成为宜章县莽山乡远近闻名的通过创业致富的优秀新型农民，公司也成为湖南省农业产业化龙头企业。

图7-32 周标明

## 十七、肖文波

肖文波（1971年—），郴州资兴市人，大专学历（图7-33）。资兴市瑶岭茶厂厂长，资兴市政协委员、资兴市茶叶协会秘书长。

主研"瑶岭红高茶黄素花香红茶加工关键技术研究"2015年获郴州市科技进步三等奖。在2017年第七届"郴州杯"职业技能竞赛暨"郴州福茶"加工技能竞赛决赛中荣获冠军，荣获郴州市"五一劳动模范"荣誉称号。2019年评为"湖南省十大制茶工匠"。

图7-33 肖文波

## 十八、王关标

王关标（1966年—），浙江松阳县人，大专学历（图7-34）。浙江松阳碧水源农业开发有限公司董事长，江西尚林产有限公司监事会主席，汝城县鼎湘茶业有限公司董事长，郴州市茶叶协会副会长，汝城县政协委员，2014年被评为湖南茶叶"十大新锐人物"，湖南省非公有制经济组织"优秀共产党员"，湖南茶叶"十大杰出营销经理人"和"郴州工匠"等荣誉称号。公司研发成果荣获7项"实用新型"专利和4项"外观设计专利"。

图7-34 王关标

## 十九、陈志达

陈志达（1970年—），广东汕头人，本科学历，国家一级评茶师，制茶师（图7-35）。郴州古岩香茶业有限公司董事长，郴州市茶叶协会副会长，《中国茶全书·福建卷》副总策划。陈志达先生从事茶叶种植、生产、营销20余年，对我国六大茶类均有较深的研究和品鉴能力，特别是对乌龙茶、红茶有较深的研究。"名枞乌龙茶"研制技术处国内先进水平，引领湖南乌龙茶加工技术。

图7-35 陈志达

撰写"建设茶叶集贸市场，推动郴州茶产业快速发展"论文获郴州市茶业协会2016年度优秀论文一等奖。

## 二十、欧胜先

欧胜先（1969年—），毕业于湖南省建筑工程学院（图7-36）。现任汝城县九龙白毛茶农业发展有限公司董事长，郴州市茶叶协会副会长，汝城县茶叶协会会长、汝城县文化旅游促进会副会长（法人）、汝城县民俗文化协会副会长、汝城县文博馆馆长、汝城县九界图书馆馆长、北京大美东方文化传媒发展有限公司董事长、湖南省中融耀投资置业发展有限公司总经理、湖南省中龙盛健农林科技有限公司董事长等。汝城县优秀青年企业家等荣誉称号。汝城县九

图7-36 欧胜先

龙白毛茶农业发展有限公司为湖南省农业示范企业、湖南省扶贫重点企业、湖南省农业产业化龙头企业。公司所建九龙白茶庄园，是湖南省五星级旅游度假基地、湖南省农业产业示范基地、湖南省五星级庄园。创建深圳、长沙、郴州等地5家汝城白茶馆旗舰店，其中郴州予乐茶馆2019年被评为郴州市"十佳茶馆"名列第一。公司生产的汝城白茶产品是湖南省名牌产品，获得郴州市白茶王称号，湖南省第九、十、十一届茶博会白茶类评比金奖，得到中国工程院院士袁隆平、刘仲华的高度赞赏。对郴州茶旅融合、茶文化发展作出了积极贡献。

## 二十一、李志国

李志国（1978年—），大专学历，汝城县土桥镇人，现任郴州木草人茶业有限责任公司法定代表人，郴州市茶叶协会副会长（图7-37）。

2012年怀着回报家乡的凤愿回乡创业，2014年注册郴州木草人茶业有限公司，任董

事长，公司专注汝城白毛茶特色优势资源研究、开发利用与保护，2020年联合湖南农业大学、湖南省茶叶研究所、郴州市农业科学研究所组建了"汝城白毛茶工程技术创新中心"，在汝城白毛茶种质资源研究、开发利用和加工技术体系建设上取得了多项成果，产品多次获得国家、省市级金奖。其中"南岭赤霞"和"汝城白茶"分别获得2018年郴州市第三届郴州福茶·玲珑王杯茶王赛"红茶王""白茶王"称号。

图7-37 李志国

## 二十二、伍佰年

伍佰年（1954年—），原名伍兴国（图7-38），祖籍湖南耒阳县，1954年出生于台湾高雄市，毕业于"中华民国海军军官学校"（清末建立最早的海军学校，即福州船政学堂，誉称中国海军的摇篮）。工作之外，钻研茶学与佛学，探究禅茶一味真谛。2003年来大陆，在郴州开设翰林院美学茶馆。伍先生始终秉持"传承茶文化，发扬善知识"的文化理念，联袂两岸多位著名茶人、柴窑名家，把台湾茶文化与郴州茶道相融合，致力于将翰林院美学茶馆打造成为高品质慢生活文化空间，在品茶、插花、赏器、闻香中体现茶文化的魅力，在物质、文化、心性、交流中寻求平和与恬淡。翰林院美学茶馆2019年被评为"郴州市十佳茶馆"。18年来，他开创了郴州清茶馆的一个传奇，开启了两岸茶文化的交流，深得郴州爱茶人士钦佩，茶馆经常吸引来自全国各地的茶人慕名拜访观摩。

图7-38 伍佰年

## 二十三、罗 克

罗克（1983年—），郴州嘉禾县人，本科学历（图7-39）。国家级创业导师（SIYB师资培训教师），国家二级评茶师，湘南学院客座教授，《中国茶全书·福建卷》总策划，《中国茶全书·湖南郴州卷》编纂委员会委员；郴州福茶茶产业发展有限公司董事长、郴州市茶叶协会副会长，郴州市大观文化传媒有限公司董事长。

基于对茶的热爱及致力于他的郴州茶产业的发展，于2017年成立郴州福茶茶产业发展有限公司。公司积极投入资金用于茶产品的研发与设计。为郴州茶企提供市场营销策划、推动茶旅融合、茶文化交流等方面发挥了积极作用。

图7-39 罗克

## 二十四、何培生

何培生(1967年—),郴州汝城县泉水镇人,大专学历(图7-40);汝城县泉水镇茶叶专业合作社理事长,旱塘村村委会主任;郴州市劳动模范,郴州市非物质文化遗产汝城硒山茶制作技艺传承人。

图7-40 何培生

该同志1985年高中毕业回村从事茶叶生产,带领村民种植茶叶353hm²,为全村开辟了一条脱贫致富奔小康的道路。清《汝城县志》记载"茶出西山",旱塘村一带山岭古代叫西山;而2009年专家鉴定旱塘村山上土壤富含硒元素,竟真的是"硒山"。他大喜,办起旱塘茶叶专业合作社。2012年获湖南省"农民专业合作社示范社",2013年获国家"农民专业合作社示范社",2016年获湖南省"十大最美茶叶村(园)"。创立的茶叶品牌"旱塘硒山茶",2018年获湖南省千亿茶产业创新品牌。

## 二十五、杨佑建

杨佑建(1973年—),广东清远人,大专学历,中共党员,郴州市茶叶协会副会长(图7-41);湖南老一队茶业有限公司董事长,"莽山红茶"创始人;宜章县非物质文化遗产"莽山红茶"制作技艺项目带头人之一。

图7-41 杨佑建

2012年,本人和股东们从广东英德引种"英红九号"茶品种北上湖南宜章,成功种植333.3hm²,成立了湖南老一队茶业有限公司(宜章和宜农业综合开发有限公司)。2020年,公司获评为湖南省农业产业化龙头企业,并列入湖南省重点产业扶贫项目。在产业扶贫中,共帮扶贫困户1771户,贫困人口5710人,为地方脱贫做出了较大贡献。带头研发和打造的"莽山红""湖莽壹号"茶叶品牌多次在国家、省、市级评比中获得金奖。2020年获得了中国绿色食品认证企业(基地),产品加工厂通过了海关出口备案资质,获得了ISO国际质量管理体系认证和HACCP国际食品质量安全管理认证,带领宜章"莽山红茶"实现了外贸出口零突破。

## 二十六、张式成

张式成(1950年—),郴州市人,本科学历(图7-42);中国管理科学研究院特约研究员、郴州市义文化研究会会长、郴州市徐霞客研究会副会长,郴州市政协原委员兼文史研究员、市人大立法专家、郴州市历史文化名城保护办专家组长,郴州市文史研究会、党史研究室、湘南学院地域文化所聘研究员,郴州市地名、文物、非物质文化遗产、城市LG、雕塑评委等。郴州市作家协会名誉副主席、湖南省报告文学学会理事、中华知青作家学会主席团委员。

图7-42 张式成

　　破解"神农尝茶"真实性以及"郴"字、苍梧郴县、茶陵政区来历,揭示《禹贡》南岭郴地贡茗史实,解密刘禹锡《西山试茶歌》及茶叶炒青技艺原点,厘清历代郴州茶事,发掘古近代茶人、茶馆,夯实湘粤古道输出湘茶史,发掘二百首涉茶古诗词;学术文发《中南大学学报》《文献与人物》《茶博览》《县域文化初论》《人文郴州》《湖湘文化区域精粹·郴州·郴江幸自绕郴山》等书、刊;应湖南省茶叶学会邀请参加中国国际茶文化研讨会;获郴州市茶叶协会聘《中国茶全书·湖南郴州卷》主编。

# 第八章 茶俗篇·林邑礼俗

郴州风俗，按南宋地理总志《舆地纪胜》言"郴州，古桂阳郡也……其民俗愿朴而劲"，《方舆胜览》云"俗尚农桑，民知教化"，明《万历郴州志》指"风俗颇纯"，清嘉庆年间奉政大夫朱偓任郴州知州，赞扬"其人心之厚、风俗之美，楚南州县皆不及也"。虽是溢美之词，却也道出郴州地方礼俗的淳朴。具体到茶俗茶礼方面，确有自身特点。

## 一、橘井烹茶我在先

古代郴人除了见面时的拱手礼，大概就是行茶礼了。两宋之际抗金名将折彦质遭奸相秦桧暗算，1145年贬郴州，于《留题寓居》诗，吟接待客人之礼："石桥步月公居后，橘井烹茶我在先。"说明宋代郴州人讲究烹茶，舀橘井水煮之为上，某公来访，先敬茶水。

南宋进士黄希可证实这点，他1175年任郴县令，对郴州、湖南的茶饮印象极深，在《黄氏补千家注纪年杜工部诗史》述说："余尝官郴，见其风土，唯善煎茶。客至，继以六七，则知茗续煎者。湖南多如此。"说明郴人不仅只擅长于煎茶，且很懂得茶饮、茶礼，客一进门连敬6、7杯，这种以茶迎客之礼显见是习俗所致。

南宋侍讲（掌记皇帝言行并为讲学之官）、吏部尚书罗汝楫登苏仙岭，撰《谒苏仙观》诗，有"檀烟曳云白，茗粥浮新浓"句，说明摆茶粥（浓茶）系苏仙观道士接待访客的恬淡礼仪。

## 二、人之一生茶当场

郴州人出生、婚嫁、寿诞、丧葬等各个阶段，都与本土的茶叶紧密关联。

### （一）婴儿洗礼茶开张

旧时郴州城乡，在婴儿出生时，要用茶叶煮开的井泉水做洗身水，能起到消毒和开窍的作用，是为婴儿人生中的第一次沐浴。同时用经过消毒的细软白棉布或白纱布，蘸温茶水轻轻搅除婴儿口腔中的胎液，开始其人生中的第一次口腔卫生。百日内，每天清晨如法泡制，人生洗礼从茶开始。

### （二）长命戴锁敬茶神

小孩出生后，如果有毛病，或者几代单传，或是补益五行，其父母长辈会选用金、银、铜等不同材质，请师傅制作长命锁给小孩戴，以保佑其平安健康成长。戴长命锁时要请道士做法事，准备10双红筷子，道士作法后用红纸包住筷子头部，红布条扎紧，同长命锁的锁匙一起放进篾片编织的装茶叶的茶叶篓里，把茶叶篓挂在主屋福禄头灶处的楼枕上，然后在祖厅神龛的右边安放花公花婆的神位，以祈茶神和花神共同庇佑，此程序叫"戴锁开花"。小孩每年过生日，在敬祖宗的同时，要敬茶神和花公花婆。孩子长大，女满16、男满18，就"开锁（花）结果"。"开锁"仍然要请道士作法事，从茶叶篓中取出长命锁匙开锁，取下长命锁。从此，便可找对象，结婚成家，百事无虞。

### （三）结亲嫁娶茶为媒

郴州人谈婚论嫁办喜事，非常看重茶礼俗。明神宗朝礼部尚书徐学谟任湖广按察使时，视察郴州发现一个现象，"婚不尚银弊，但用殽果茶榼"。

#### 1. 论财不齿重盐茶

清《嘉庆郴州总志》记述，郴州古代婚嫁礼俗"论财者不齿"，在必要的纳采行聘中，除了"金银首饰、布匹、猪羊鸡鹅、饼果之属"，"以盐、茶为主，云海誓山盟"。这是因为郴州与沿海只隔着南岭，古人食盐，基本上是经骡马古道从广东、海南运来的海盐。故青年人婚嫁时，以盐代表海，以茶代表山，寓意"海誓山盟"。

#### 2. 采过青茶唱娘娘

桂阳州有采茶之后采茶女出嫁的习俗，同治《直隶桂阳州志》记载清初州学教谕曹友白的《蓉城竹枝词》："采茶未了又采桑，萝婢荆妻整日忙。闻道邻家新嫁女，花筵约伴唱娘娘。"说的就是乡间婚嫁中的一种。

#### 3. 母摘茶叶崽喝茶

《桂阳民俗》（中国文史出版社版）记述，古代桂阳州人相亲以茶为礼节，有道是"凡种茶树必下子，移植则不生，故俗聘妇以茶为礼"。意思是讲，茶树只能从种子萌芽成株，不能移植；因此，人们把茶树看成是坚贞不屈的象征。飞仙、余田乡一带的老茶区有个习俗，如有子女许配，却尚未成婚者，母亲在谷雨时，请子女对象的母亲来茶园摘茶叶、品茶。在轻松气氛中谈天说地，从中了解对方父母的心理要求及子女家教等状况，由此知根摸底，增进感情交流，这叫"知亲茶"。而崽相亲初次入女方家，要站在女家厅屋前；若女方父母斟一杯茶给男子喝，就表示应允了这门亲事，男子即可以女子恋人的身份进入女方家。在永兴叫"进门茶"。

#### 4. 送亲途中要等茶

嘉禾县婚嫁习俗女子出嫁的礼仪中，按《嘉禾县志》记："新娘坐花轿，有兄弟及至亲好友'送亲'，沿途有女方亲友备糖食'等茶'，过桥或到渡口时，送亲者需给抬运嫁妆人员'过桥渡礼'。新娘到男方家后，行成亲拜堂礼，再引入洞房。是日，戏弄者以锅底黑灰油给新郎新娘打花脸。晚上，请邻里亲友喝'糖茶'，青年男女闹洞房。"

#### 5. 行聘过礼撒茶叶

汝城县婚嫁习俗的行聘礼，按《汝城县志》记："俗称过礼。行聘常于迎亲前一年进行。行聘之日，男家备厚礼送至女家，除了礼银、礼肉、鸡、酒诸物外，还要以十二支盘，装上头簪、耳环、手钏、戒指、衫裙等新娘用品，并撒上茶叶、黄豆、芝麻等物，以表海誓山盟、瓜瓞绵延等吉祥之意。"

### 6. 新郎新娘同抬茶

临武县婚嫁习俗闹洞房时"抬茶"，《临武县志》记载："（闹洞房时）新郎新娘'抬茶'，遍请客人喝茶。客人均说吉利话或念诗祝贺。"就是人们闹洞房时，新郎新娘抬着长方形的茶盘，茶盘上放置小茶杯和花生、瓜子、糖果，走到每一个人面前，礼貌地请他喝茶，喝茶者一杯入喉，抓花生的讲"早生贵子"，拿糖果的讲"甜甜蜜蜜"。桂阳、嘉禾也都如此。

### 7. 新娘入户带"换茶"

《故事安仁》（湖南人民出版社版）记述：安仁县在婚嫁方面有个规矩，新娘入户次日起床，即拜见丈夫的长辈亲戚，给公、婆敬茶，送鞋子等见面礼。婆婆把新媳妇带进厨房，让她在"过早（早餐前的早点）"的热糊汤里搅几下，叫作"抡羹"……当所有的亲朋都"过早"时，每张桌子上还要"换茶"，这换茶必须是新娘从娘家带过来的。婆婆这时才走进洞房。新娘打开头天挑来的箱笼，婆婆用手在屋内四角操一下（操箱），再给各个茶盘装"换茶"，大家喝茶喰（qí，方言"吃"）茶点。

### 8. 迎亲改口均靠茶

女子出嫁前夜坐歌堂时，邻里主妇，相好的亲友们，会温一壶茶，托一盘茶果，送到歌堂，让唱伴嫁歌的女眷们吃。女子出嫁这天，送亲的队伍走向男方的村庄，沿途的亲戚女姑就要在村前的桥边或凉亭边，也有的在进村的岔路口，摆上一张桌子，桌上摆满糖饼茶果，斟满热茶请送亲的姑娘喝，这叫"送（迎）亲茶"，也叫作"女姑茶"。

结婚典礼上，有一个十分重要的仪式，先是在女方嫁女的于归宴会上，其后是在男方迎娶的宴会上（或是在祖厅），各方在执事者引导下，新郎、新娘用红漆茶盘捧着茶水，向（岳）父母敬茶："耶耶（爸爸）请喝茶""妈妈请喝茶"，（岳）父母亲在饮茶之后，都会掏出一个大红包回赠。敬茶仪式，既是对父母亲的一种尊敬，同时，将之前的"叔叔、伯伯""阿姨、婶婶"之类的称谓全部改过来，从此正式叫"耶耶（爸爸）、妈妈"了，所以，这杯茶就叫"改口茶"，而父母亲回赠的红包又叫作"改口金"。婚礼仪式中还有一个以茶敬亲友、认亲友的内容叫"抬茶"，实质是"认亲茶"。即用10个完好无缺的茶杯，盛上八分满的新煮香茶，排列在红漆茶盘里，在家庭长辈的带领下，新郎、新娘男左女右抬着茶盘，按来宾主次顺序，依次向客人们敬茶，客人们则根据自己的身份，遵序主动地从茶盘里端一杯香茶，口赞祝福，同时，将一个红包放在茶盘里，以示对新人敬茶的回赠和认识亲戚的见面礼。一个提壶的后生，一个换茶杯的姑娘，则紧随新人身后，殷勤服务。

嫁娶的仪式中还有一个非常重要的事项，当新郎新娘从女方祖厅大门出来时，以及到达男方进入男方祖厅大门时，男女方的主事者均会用一只完好无损的瓷碗装一碗茶叶盐米，一把一把地向新人和客人们的头顶撒去，驱邪避秽，以保新人吉祥如意，婚姻美满。真可谓月老牵红线，茶神缔姻缘。

### （四）祝寿祝福三献茶

茶树的寿命长；茶字以草字头，与"廿"相似，中间的"人"字与"八"相似，下部"木"可分解为"八十"；"廿"加"八"再加"八十"等于一百零八。所以旧时把一百零八岁的老人称为"茶寿老人"。久而久之，许多人便将"茶"字代表长寿。为长寿老人祝寿必须有茶。

寿诞祝寿是人生里程碑式的喜庆活动，郴州城乡普遍重视。按照传统习俗一般是从六十岁开始，六十岁之前，只叫过生日，六十岁满花甲了才算老人，可享受祝寿礼遇；之后添十再祝。茶，是寿庆中的重要一物。客人登门，先以茶点招待，为之接风洗尘；其次是宴会，可以茶代酒；再次，也是最能体现茶的文化含量的仪式，就是为寿星献茶。祝寿仪式中有"三献礼"，即儿子、儿媳敬献寿酒，女儿、女婿敬献寿茶，孙子、孙女敬献寿桃。献寿茶时，女婿提茶壶，女儿托茶杯，象征性敬茶三杯。知客师唱祝词："敬祝父亲（母亲）老大人，容颜不老，福寿齐名（茗）！"

### （五）丧葬祭祀也带茶

民间丧葬祭祀风俗，与茶的关系也十分密切，有"无茶不在丧"的观念。

入殓时，殁者的枕头要塞满茶叶，或用手巾大小的白布包裹茶叶填塞棺木四角（多用粗茶），一是寓意死者至阴曹地府要喝茶时，可随时"取出泡茶"，二是藉茶的驱邪功能，以避四方鬼魂捣乱。

民间传说，人刚去世，魂魄处于飘游状态，故停枢期间，为使亡灵安息、灵堂安全，孝子每夜必须通宵守护。夜深沉，气肃穆，对守灵人的体力精神倍极考验。故，通宵供饮浓茶配以点心，一藉茶之功力以解乏提神，二藉茶之正气以驱邪气，葆有神奕气壮之态。

祭祀过程中，除三牲、果品外，茶水是祭祀礼仪不可缺少的供奉物，古代宗谱记载的祭礼仪程中，有"献清茶"一项。主要体现在出殡前夜的"夕奠"和出殡当日清晨的"朝奠"中。夕奠俗称"开堂"，朝奠俗称"辞堂"。这两个礼俗中，多由女儿或侄女，通过道士念经，向亡灵敬献饭食和清茶，俗语"带食带茶"。

出殡时，道士或和尚或族中长者将茶叶盐米撒向灵柩和"八大金刚"，以避煞驱邪，以求吉祥平安。

## 三、传统节日茶礼俗

传统节日,尤其春节,茶有不可替代的实用功能和文化含意。清同治《临武县志·风俗篇》载:"元旦临,是日预置香案设花烛茶果等物,举家长幼男女皆夙兴盛服,择吉时开门烧纸钱叩拜天地,以祈一岁之祥,次谒祠堂,无祠堂者即于祖先堂具香烛茶果酒馔列拜焉。"

这就是人们所说的正月初一开财门,敬天地祖宗。

正月初一是全年中最神圣之日,当天一大早的吉时,家长们穿好新衣,洗净双手,开门、烧香、鸣炮敬天地迎财神,随即泡好红茶加入冰糖,茶杯里添两个红枣,餐桌上摆放茶点果品。全家人起床穿新衣洗漱后,按主次位置团圆一桌,喝糖茶传杯祈福,寓意全家甜蜜幸福。吃过早餐,家长带领家人到长辈那里拜年。客人来家拜年,亦用冰糖红茶传杯祈福。

春节期间,按旧俗元宵节之前是男人们请客喝酒的时段。元宵节之后的几天中午是女人们请客吃油茶的时段,邻居妯娌之间,你请我,我请你,或煮素油茶,或煮荤油茶,各显身手,融融乐乐。

中元节是一个以茶为始终的节日,从农历七月十一开始接祖宗亡灵回家供奉,至七月十五午后及傍晚送祖宗亡灵回天国。接送供奉祖宗亡灵的仪式事务多由家庭主妇执行,七月十一中午,在祖厅神龛前或在家里的神案、餐桌摆放三样果品和茶点,新煮的茶三杯,举行迎接仪式,奠茶祈祷。期间,每天供奉三餐,每餐必备新鲜的三茶、三酒、三菜、三饭。送祖宗亡灵回天国所供奉的食品和地点与迎接时相同。然后在山麓水畔燃烧供祖宗亡灵在冥府所用的纸质物品。中元节从茶开始,又以茶为终,茶成了联通阴阳的媒介神物。

## 四、走亲访友大"换茶"

正月初二开始至元宵节,各家各户走亲戚访挚友拜年,上门礼仪俗名"换茶",郴州各县市区均有此礼俗。"换茶",顾名思义就是互相交换家制茶点(图8-1),以表亲情、诚意,交流制作工艺,有什么开春要种的果菜种子也带一点,凸显社会交换智慧。

图8-1 郴州山茶油炸出的茶点馓花,中国女排集训时最爱的茶点

各家做的年货有无特色?口味是否地道?手上功夫如何?会通过交换茶点检验。"换茶",谐音也叫"饭茶";过年从初一到元宵15天,人们忌讳杀生也不做重体力事,有五花八门的茶

点和茶水当早餐夜宵，方便又饱腹，还可以解放手脚，随身带上走州过县。

做"换茶"，其准备期在年前，男的靠边站，女的来当场，男人听从女人召唤，服从女人调遣，能间接反映自己的生产能耐、劳动本事，怕懒得。女的舞（方言"做"）出的东西得色，说明：人——心灵手巧，物——品味实足；而味道独具、样式独特，品位就已上层楼，审美情趣获得乡里一村城中一街点赞，俨然为民间艺术家，最是脸面有光。

做"换茶"，女人的聪明才智发挥到极致。茶叶、糯米、红薯、南瓜、萝卜、荞麦、绿豆、芝麻、面粉、茶油等，在她们手把杵臼、石磨、台板、擂棍、铁锅、勺子之下，魔术般变成年糕、馓环、酥饺、花根、糖花、红薯瓜片、米糖枣、烫皮、芝麻豆、南瓜饼等，还有人们最青睐的郴县（今苏仙、北湖区）馓环、桂阳饺粑、临武油茶、宜章油角、资兴团撒、安仁米塑、永兴禾米糖、嘉禾油煎粑、汝城豆包芯、桂东黄糍粑等。

走亲戚时，人们把这些"换茶"，装进大篮子小箩筐；最上面置放一小包茶叶，罩张四方形红纸。然后肩挑臂挎、翻山越岭、走村入城拜年。朋友互拜，则4色小包足矣，3包有特点的茶点加最上面一包茶叶，也是盖一张红纸片。总之，打开来，一派丰足喜庆烘托绿黄茶叶。可以喰到开春。

## 五、茶会、茶时、茶歌节

永兴县明代即有"茶会""茶时"习俗。"茶会"是妇女聚会，清乾隆《永兴县志》载："永俗，妇女多勤纺绩修，中馈每于日将午时饮茶，或将茶叶合油煮之谓之油茶，或用碎米合油煮之谓之擂茶，家人妯娌相聚而饮。凡约会女客，或煮大馓、花馓，或炒冻米合油茶擂茶款之，谓之'茶会'，盖明不用酒也。"而"茶时"为永兴县特有，明代兵部郎中"邑人李永敷集齐男子亦于日将午时饮茶，故俗呼此时为'茶时'云"。

桂东县有农历三月三"茶歌节"。明末清初之际，一批广东客家人迁徙定居于桂东，种茶制茶，劳动产生艺术，在客家茶人中开始流行"茶歌节"习俗，直到1960年代"破四旧"运动被中止。到2018年4月18日该县又恢复了清代、民国时期曾经流行的采茶节。

当天，天朗气清，惠风和畅，"神农仙茶历史长，郁郁茶山玉带装……"，阵阵悠扬悦耳的茶歌声在清泉镇美丽的茶园中回荡。大批茶文化爱好者来此，祭

图8-2 桂东县茶农对歌

茶祖、听茶歌、采茶叶、品茶香。在庄严的祭祖仪式上，茶农们将祭品摆上神案，虔诚地向茶祖神农圣像行礼，感恩茶祖在过去的一年赐予了丰收、平安与福气，祈祷新的一年人畜平安、五谷丰登、茶业兴旺。随后，茶农们背着背篓，提着竹篮，成群结队进入茶园，进行茶歌对唱（图8-2）。茶园绿的海洋中，茶农们一唱一和，一问一答，不时引起阵阵欢声笑语，仿佛穿越到了古代的阿哥阿妹含情脉脉情意绵绵的采茶情境。接着，举行鼓动人心的采茶比赛，选手们手脚利索地采摘茶叶，精挑嫩芽，享受比赛的乐趣。这期间，闻讯而来的游客还观摩体验了手工制茶技艺。

除桂东外，在资兴市汤溪镇、宜章县莽山瑶族乡等地，也保留有采茶节习俗。

## 六、日常生活爱喰茶

《桂东县志》记载："饮茶县内群众素有饮茶习惯，不少人习惯于饭后一杯茶。各墟镇都设有茶馆，亲朋相见，进茶馆饮茶叙旧。桥头、大地产名茶，农民以茶待客十分讲究，待贵客常以6碟、9碟、12碟不等的碟点伴茶。特别是当地居民以醋酒浸辣椒、藠头及各种油炸食品，别具风味。"

## 七、油茶擂茶滋味浓

郴州地区民间爱好"油茶"和"擂茶"。清同治《桂阳州志》载："家家为油茶，以糯及杂果姜著入油炒研之，沃以茗汁，客至则设之，士大夫日设之。"清《永兴县志·风俗》载："临午饮茶或用茶叶合油煮之，谓之油茶，或用碎米合油煮谓之擂茶，女客至或煎大糍、花糍或炒冻米和油茶款之，谓之茶会。盖明不用酒也，故俗谓午时为茶时。"

油茶在普通人家的日常生活中是待客的高规格礼节，俗话讲："进门呷（方言"吃"）你一碗油茶，出门敬你是爷爷（yá yá）。"就是说，用油茶招待了来家里的客人，他们得到了尊重，同样当你出门在外时，也会受到他人的格外尊重。

过去，油茶还是缓解肚子"油荒"的耐饥饿的好食物。流传至今的一句顺口溜是最好的佐证："出门喝一碗油茶汤，挑脚走篓子肚不慌。"

喰油茶的习惯主要在临武、嘉禾、桂阳、永兴、宜章、汝城、郴县（今苏仙、北湖区）等地及瑶族中盛行。相传，临武县从北宋开始就有喝油茶的习俗，当地人喝油茶有断餐不断天的说法。外地人到临武做客，进门迎接的就是一碗香喷喷的油茶，所谓"一碗疏、二碗亲、三碗见真情"。永兴以元宵节后，家庭主妇们邀请邻里妯娌呷油茶最突出，是一种富有人情味的茶会。

瑶族是南岭郴州人口较多的少数民族，他们居住的大山叫瑶山，因自然条件和生活习惯，自古就盛行喝油茶，尤其是做喜事时。因他们居住分散，远的要走两三天路，必须先一天到达，而先一天因客人到达的时间有早有迟，主家不便开正餐，只好准备一些零食，油茶便是最好的选择（图8-3）。晚上没有那么多床铺，于是烧篝火，唱山歌，喝油茶。

图8-3 临武、嘉禾、桂阳一带的油茶

制作油茶的原料：夏季采摘的陈年粗茶、糍粑籽（切成小坨坨晒干的糍粑）、炒米花或冻米又叫冷饭米撒（蒸熟晒干的糯米）、花生仁、煮熟晒干的玉米、小块红薯干、黄豆、雪豆、小麦、芝麻、香菇、笋尖、油、盐、生姜等，荤油茶还要加入腊肉、鸡肉等肉类。

制作油茶的方法：先是加工好配料，把猪油或植物油下铁锅，要特别注意火候和油温。烧到滚热时，分别把冻米、红薯仔或者糍粑籽放到油中炸成金黄色，用铁丝捞箕捞上来沥干油。用温油分别炸花生仁、玉米，这样容易掌握火候，炸出来的花生、玉米等黄灿灿、香脆脆。黄豆、雪豆、小麦浸泡后，拌砂子炒至黄脆。芝麻略炒，出香味即可。香菇、笋尖放大蒜和盐炒过即可。腊肉用温水浸泡，除去熏烟味，切成肉丁。鸡肉用清水洗净，切成肉丁。分别用容器装好备用。再就是煮油茶，在锅中放入适量猪油，一把粗茶叶，拍打开的老姜一大块，炒出姜茶香味。将刚烧开的水倒入锅中，加柴烧大火，然后分批次加入各种配料。米撒、糍粑籽为主料，其他配料根据食用者的喜好灵活加减。几分钟后锅中的油茶滚沸，这时要用铁勺不停地搅动，不使粘锅，待煮至熟烂时，减柴降火，再熬到浓而不稠时加入香料调味，浓香扑鼻、入口相融的油茶就煮好了。热腾腾、香喷喷的油茶，便印入人们悠然的岁月之中。

制作擂茶的原料和方法：原料以杂粮、果仁为主，方法分为粉擂和现擂。粉擂就是将黄豆、玉米、小麦、芝麻、花生、干果等炸炒好的杂粮及冻米，混合捣碎成粉末，密封备用。饮用时，只需在茶汤中加入一勺擂茶粉，就成一碗擂茶。现擂就是在喝擂茶前，将刚炸炒好的原料放进擂钵里，用擂棒及时碾碎，冲入热茶汤即成。

## 八、瑶族喜饮胶状茶

郴州除了汉族，主要是瑶族，他们居深山老林，饮浓茶、采茶卖为习俗。国家森林公园《莽山志》就记述瑶族："喜喝浓茶，用砂罐置火上，将茶叶放入罐内滚沸的开水中煎熬，茶汁成胶状。客至敬半杯，饮完再添。"

# 第九章

## 茶馆篇·林邑茶馆

# 第一节 茶楼始于唐代

唐代郴州城北门外北湖湖畔的驿站北楼，在韩愈的散文中称之为"州楼"，在柳宗元的诗歌中称之为"郡楼"，属于州郡、刺史招待宾客的酒宴茶饮之处，如俗话所言"茶酒不分家"。韩文公《祭郴州李使君文》，回忆好友、郴州刺史李伯康招待他，有"航北湖之空明……宴州楼之豁达"之语。因此，北楼应含有早期以茶待客的茶楼功能。

北宋朝散大夫阮阅出任郴州知州，撰诗集《郴江百咏》，中有《茶山寺》等6首涉茶。如《北园》第一句，便吟"一坞春风北苑芽"，说自己观看到州署后面的北园茶圃：春风一越过南岭，园圃中茶叶便新芽齐露，嫩绿美观。如此规模的茶业，没有茶馆说不过去。

至南宋，郴州茶馆身影显现。诗人宋无游历湘南，与郴县人士廖有大为友，赠诗《寄郴阳廖有大》，而在《秀上人饮绿轩》中吟出名句"不向苏耽寻橘酒，却从陆羽校茶经"。此"饮绿轩"即茶轩（图9-1），轩为有窗廊屋，饮绿轩即饮茶轩。明代在州署建有南轩，为品茶议事之所（明代《南轩记》有"烹虎丘茗"）。

图9-1 茶轩

# 第二节 清代名楼茶馆

## 一、郴 州

### 1. 叉鱼亭

叉鱼亭在古八景"北湖水月"的北湖中，筑于晚唐，属纪念韩愈的建筑，归驿站管理，明清用作湖上饮茶餐饭之处（图9-2、图9-3）。1919—1920年湖南省省长、督军谭

图9-2 北湖古叉鱼亭

图9-3 今日北湖叉鱼岛叉鱼亭夜景

延闿率湘军与北洋军对峙湘中,设临时省会于郴州两个年头,与粤桂滇赣黔各方交往。《谭延闿日记》数篇记述"饮叉鱼亭",如1920年3月2日"雨(饮叉鱼亭)","午不饭,以李吟秋、萧叔康招饮叉鱼亭也"。结果他到了,别人因雨阻"待六时乃入席,客皆饥不择食"。谭延闿等了半天,全靠茶撑着。

### 2. 福星楼

"清末民国时期郴县城有名的饮食店。创始人贺炳荣,是城郊卜里坪人,光绪五年(1879年)13岁在县城一家小饮食店当学徒,三年出师。光绪八年(1882年),因得中广东彩票头奖一千元银元,便在北街王家祠堂前坪砌了间铺面,独自开设饮食店,取店名福星楼。开始经营清茶、面食、包点等……到清末年间,发展到最旺盛时期",成了郴州有名的酒家。"除了本地绅士名流外,还有一些高级官员和外国人士,如国民政府湖南省主席何键、教育厅厅长黄士衡(郴籍)、湖南省都督谭延闿、越南胡志明、美国传教士文美丽小姐等,曾来店里赴宴品尝。"(《郴县文史资料》第4辑)

### 3. 四牌楼茶馆

清代四牌楼茶馆。郴州四牌楼,在东塔街、西塔街、南塔街、北塔街交汇口,四牌楼茶馆即在纪念唐代郴州状元、宰相刘瞻的天官坊巷(今兴中街)巷口,位居清代郴州城繁华热闹中心区。早已不存,遗留楷书大写"茶"字木牌,阴刻(图9-4)。木牌上镌茶联:"四方来客远,满座溢茶香。"

图9-4 郴州四牌楼茶馆木牌

## 二、桂阳州

### 清虚茶馆

清末永兴县秀才刘重跟随孙中山、黄兴投身辛亥革命,1906年赴日本参加同盟会,归国在长沙、郴州、桂阳州开茶馆作为联络站。清虚茶馆即设桂阳城,他亲撰门联"清坐使人无俗气,虚堂尽日转温风",故名清虚茶馆。辛亥革命推翻清王朝后,刘重获选为国会议员,清虚茶馆转为它用。

## 三、永兴县

### 板梁村回龙茶轩

回龙茶轩位于永兴县高亭司镇板梁村(图9-5)。板梁村建于元代,盛于明清民国,系湘南典型的富庶乡村。因地处湘粤古驿道旁及桂阳州通永兴、资兴、耒阳三县的要道上,形成山村商业街,村民文化传统浓、商业意识强,茶轩、饭店、伙铺、钱庄等一应俱全，是郴州第一个评上中国历史文化名村的古村落、国家4A级景区。回龙茶轩背依回龙泉建于板梁村上村街上，宽敞明亮，茶桌满堂，至今仍是村民喝茶休闲和招待游客的场所（图9-6、图9-7）。书有对联"柳引清溪月，茶烹古井春"，"香分花上露，水吸石中泉"。

图9-5 永兴县板梁村回龙茶轩

图9-6 板梁回龙茶轩内侧

图9-7 今日板梁村民在回龙茶轩品茶休闲

## 第三节 民国茶楼茶庄与抗战时期清茶馆

### 一、清末民初与茶相关的汤点业

"清末民初，郴州较大的汤点业有北街的福星楼、永春楼、正一楼，裕后街的天星楼、魁星楼、春华楼等店，它们经营宴席堂菜，兼营饺面名茶细点。尤为著名的是福星楼，它不仅规模大，经营项目多，而且开办时间长，服务质量好，成为郴州一大名店，虽然五易老板，声誉却一直领先。"（《郴州文史》第6辑）

民国期间，郴州城、郴县县城茶庄较多，"民国初期，县城仅茶庄就有23家"。但茶馆在饮食行业中居于酒家饭馆、小吃店后，"三等的是吃茶不喝酒的茶馆，一杯清茶、一盘瓜子，为清谈消闲的处所"。

### 二、抗战期间的郴州清茶馆

"抗日战争期间，湖北、广东等地的难民逃到郴州，为了维持生计，他们从事小本生意，分别经营油条、麻花等食品，进而发展成清茶馆。这时，城区的酒楼、茶馆有20余家。这些茶馆，能方便一般顾客，谁想吃两根油条喝一杯茶，皆可进馆落座。上河街（即郴江畔、化龙桥起犀牛井止的干城街）的华利清茶社，其油条以松酥可口著称，郴州城区多数人都品尝过,有人赞为'到口溶'。广东人在西街开设的大三元酒家,主要经营粤菜和广式风味的点心……许海泉兄弟在西街又开设了粤湘饭店,经营宴席点菜和广式点心,光复后更名东南饭店,也是颇有名气的店子……无论是酒楼还是茶馆,他们都把顾客至上当作经营的信条。"(《郴州文史》第6辑)抗战时期的清茶馆,以薄利快捷方便收入有限的平民。

### 三、抗战期间的桂阳县城茶馆

抗战期间,桂阳人李徐,由国民政府军事委员会政治部第三厅上校秘书调回湖南,出任郴县县长,经常往来于桂阳、郴州。他在两地大力推行国共合作,与桂阳城春园茶馆的刘满春、王秀龙等,利用茶馆设置秘密洞穴,放置秘密文件,开展工作。

### 四、湘粤古道良田墟茶馆汤点

郴县良田镇是湘粤古道必经之地,民国时"茶馆汤点五家:① 四合茶社,老板廖开亿;② 杏园茶社,老板罗大雨;③ 华南茶社,老板陈逢杞;④ 谢仁皆夜市汤饺;⑤ 熊玉生夜市汤饺"。(《郴县文史资料》第1辑)

## 第四节 现代茶馆

随着国民经济的飞速发展,人们对物质与精神生活质量的追求,茶馆茶楼逐渐兴起。如今,郴州城区茶馆、茶楼、茶坊、茶轩、茶室、茶座、茶餐厅等160多座,各县城及主要乡镇茶馆如雨后春笋遍布大街小巷。

### 一、予乐茶馆

汝城九龙白毛茶农业发展有限公司旗下茶馆。公司在郴州、汝城县城、三江口镇均设茶馆。郴州予乐茶馆位于民权路五岭阁下,茶馆以茶祖神农在汝城耒山制耒耜和周敦颐到过的汝城县古十景之一的予乐湾为主线,结合汝城民居特色的设计理念,完美呈现了千年古县物产风情(图9-8)。"予乐茶馆"由中国茶文化导师蔡镇

图9-8 郴州予乐茶馆

楚教授命名题写,并撰联"予乐山城闲云石,茶缘周子太极图(闲云石:汝城古十景之一)"。对联恰如其分地描绘了千年古县深厚的文化底蕴,北宋理学鼻祖周敦颐在郴州、汝城著《太极图说》《爱莲说》《拙政》等脍炙人口的千古名篇,其弟子、诗人程颢随之游学汝城,在予乐湾悟道,撰诗《春日偶成》,曰:云淡风轻近午天,傍花随柳过前川。时人不识予心乐,将谓偷闲学少年。

郴州予乐茶馆营运以来,深受各界人士的高度评价,被评为郴州十佳茶馆之首。

## 二、郴州福茶·苏仙馆

郴州福茶·苏仙馆属于郴州福茶茶产业发展有限公司旗下的实体项目之一,位于国家级风景名胜区苏仙岭。

"郴州福茶·苏仙馆"为全木屋结构,蠹掩映于绿荫之间,静候于主游道旁(图9-9)。茶馆2008年建立伊始,为来苏仙岭游玩的游客提供茶饮服务10余年,丰富了景区旅游休闲内容,一些市民爬山之后来

图9-9 郴州福茶苏仙馆

到福茶馆静心品茗,成为一种习惯。茶馆的福茶茶艺表演、免费提供凉茶等一系列公众活动,传播了苏仙岭"福"文化。

## 三、翰林院生活美学茶馆

翰林院生活美学茶馆郴州店于2003年10月1日开业(图9-10)。创始人伍佰年先生从宝岛台湾名城高雄到大陆湘南郴州,秉持"传承茶文化、传播善知识"的理念,以推动两岸茶文化融合与交流为己任,足迹遍布两岸各大名茶产区,联合多位著名茶人、台湾陶艺名家,致力于推动台湾茶文化与郴州茶道的深度融合,首倡清饮茶馆,积极倡导宣扬中华传统文化,传统节日举办丰富多彩的茶文化活动。自创客人购茶、存茶、存壶、存杯的方式,打破之前郴州茶楼包厢配茶的消费方式。

他与国学大师南怀瑾先生的关门弟子、台湾著名设计大师登琨艳交谊深厚,

图9-10 翰林院生活美学茶馆

翰林院门店皆由登老师的"上海大样环境设计有限公司"设计。并把六艺文化从台湾带入郴州，最先把茶席曼陀罗、插花、品香等融入茶文化，将茶馆发展的优秀理念和服务体系无偿教给茶艺届的年青群体，为郴州茶文化的发展作出了重要贡献。馆内藏有台湾陶艺大咖、工艺大师手作茶器数千件，名人字画近千幅。伍先生以传播两岸茶文化，推动祖国和平统一作为终生的事业。他为地方经济发展献计献策，带领翰林院员工积极参与各项文化事业与社会公益事业，2019年被评为郴州市十佳茶馆。

## 四、汉风宋韵·点茶馆

图9-11 汉风宋韵·点茶馆

汉风宋韵·点茶馆创办人何丽在福建武夷山居住数年，了解宋代武夷山茶事，又因喜爱宋瓷及宋代茶文化，回到郴州老家后开设茶馆，以弘扬传承中华茶文化及古茶艺为主体，让更多的人了解宋代茶事（图9-11）。馆内装饰古典清雅，小巧玲珑，传统又不乏舒适。厅堂主经营点茶的十二先生，以陶宝文（建盏）为主，厅内可品茗赏器，并设有雅间一则可点茶、读书，三五茶友小聚。里间是功能性茶室，饮客可以在这里点茶、斗茶、分茶（茶百戏），以及感受宋代茶事雅集与学习宋代点茶。

汉风宋韵·点茶馆发掘、传承宋代茶粉，复刻宋瓷。将情感注入在器物的复刻制作，是一种都市生活乐趣，更是一种对古人智慧的尊敬、对文化的热爱与传承。

## 五、和鸣居人文茶馆

和鸣居人文茶馆成立于2012年8月，位于郴州市香花南路。法人代表廖银娟，自18岁进入茶行业，就爱上了茶，是郴州茶界资深茶人。

"和鸣居人文茶馆"主营云南古树普洱茶以及衍生产品，在云南普洱市景谷县有基地（图9-12）。馆内的普洱散茶、饼茶、砖茶、熟茶、龙珠、月光白茶、古树红茶、竹筒茶、大红柑、小青柑深受茶

图9-12 和鸣居人文茶馆

客喜爱，其茶类茶品涉足面广而深，博而专。茶馆传承中国博大精深的茶文化，传播绿色健康的饮茶习惯和理念，传递快乐吉祥安康。

## 六、玉熹茶馆

玉熹茶馆创立于1998年，在郴州市城区民生路和沿江路各有一家，至今有20余年的历史，是郴州老字号品牌茶楼（图9-13）。木制家具、雕花屏风、古风灯笼，使得玉熹就像一位端庄典雅的古妃子一般。茶馆主营国内六大茶类，兼营餐饮、茶具和名人字画。2019年评为郴州市十佳茶馆。

图9-13 玉熹茶馆

## 七、桂东玲珑王体验茶馆

桂东玲珑王体验茶馆，位于桂东县玲珑王大酒店大堂内，融产品展示、休闲品茶于一体，为消费者提供了直观体验、品茶鉴茶、购茶的好场所（图9-14）。

图9-14 桂东玲珑王体验茶馆

## 八、瑶王贡茶桂阳旗舰店（茶楼）

瑶王贡茶桂阳旗舰店，是桂阳瑶王贡茶业有限公司设立在桂阳县城的"瑶王贡"品牌直营形象店（图9-15）。茶楼注重茶文化传播，自创了瑶王贡茶艺，以宣传推广瑶王贡茶品牌，带动瑶王贡茶的销售，广交天下茶友。经过精心经营，茶楼在桂阳县城有了较大的影响力和良好的口碑，年营业收入160万元，成为瑶王贡茶业对外宣传、销售的窗口。2019年被评为郴州市十佳茶馆。

图9-15 "瑶王贡"茶楼

## 九、资兴市鸿福茗茶

资兴市鸿福茗茶茶楼成立于2011年6月15日，位于资兴市新区阳安路（图9-16）。

茶楼以传统饮茶习俗为经营主导，突出浓郁的茶文化氛围，借鉴唐代传统茶道的形式。以诚信经营为本、以茶为媒介、以茶会友、以茶为业，奉行茶楼"茶品观人品，好茶缘好人"雅训，团结、勤勉、务实、诚信，形成了一支精神振奋、凝聚力强的团队。茶楼从过去单纯的卖茶服务变为集商务交流、交友娱乐、产品销售、传播文化为一体的综合服务体（图9-17），为当代茶馆业的经营，创造一个新的案例。

图9-16 鸿福茗茶接待、展示厅　　　　图9-17 鸿福茗茶茶艺表演

## 十、福地福茶馆

福地福茶馆位于郴州香雪路，装修自然，清雅，是一家精致的茶馆（图9-18）！您身边的寻茶顾问！在这里，除了茶与茶器具，还可以欣赏到本地知名书画家作品。

茶馆的创始人言芳毕业于湖南农业大学，是国家级高级茶技师（图9-19）。原在茶叶批发市场高桥与勐海经营批发茶叶，从事茶行业十多年，对茶知识和茶文化有深入研

图9-18 福地福茶馆　　　　图9-19 福地福茶馆创始人言芳

究，吸引了一批优秀茶师和忠实的茶友。郴州优异的自然生态环境，悠久的历史文化沉淀，让郴州成为产好茶叶的地方。福地福茶馆的创建初心，除了给茶友带来世界各地的好茶，另一个使命就是联合本地茶馆、茶企和爱茶人士一同推广郴州福茶。福地福茶馆已与郴州茶企"玲珑王""汝莲""木森森"建立良好的合作关系，让茶友可以一站式品鉴到郴州特色茗茶。

## 十一、安陵茶社

安陵茶社，置于永兴县安陵书院内，设有烟波致爽、水芳岩秀、鸿宾馆、听橹阁、听桐轩等茶室（图9-20至图9-23）。主要以郴州产的特色绿茶和红茶为主打产品，其中绿茶精品狗脑贡，红茶代表玲珑红。月下亭榭，日照阁楼，品茗观景。雅室内，则有温润华丽的"降香黄檀"之花梨木等名贵的明清、民国家具茶具；让茶客于香茶入腹之时，明心见性，顿悟在山水之中。2019年评为郴州市十佳茶馆。

图9-20 永兴县安陵书院

图9-21 安陵书院全景

图9-22 安陵茶社茶室

图9-23 品茶论道

历史上，书院和茶文化在宋代达到鼎盛阶段，由此产生书院茶文化，茶道思想融合儒、释、道诸家精髓而成。安陵茶社以传承中华传统文化之琴棋书画诗酒茶香等，为别致文化内容，聚四海之内文化学者、儒商富贾和社会名流等，品茗闻香、赏韵听琴、曲会雅集，成为郴州的一张文化名片。园林曲径、移步换景，江畔书院并茶室，提供了文化艺术之论坛交流、学术研修、国学讲堂、传承文化道统、度假休闲的高雅环境。

# 第十章

## 茶文篇·林邑文荟

郴州茶文化可谓重头内容，茶文论、茶文学、茶文艺各呈特色。

① **茶文论**：世界上最早的茶饮理论著作即唐代茶圣陆羽、状元张又新撰写之文，已有当时湖湘唯一煎茶名水郴州圆泉的地位。唐宋八大家之欧阳修论煎茶水品文论，也含此泉。北宋大夫、郴州知州阮阅在郴著《诗话总龟》，含"咏茶门"两卷，涉及茶文化、工艺、经济、唐宋贡茶及贡制。明代郴籍大臣、理学家、文学家何孟春对明朝贡茶、西部边境与外藩、各民族的"茶马政策"、茶叶经济，有清晰论说。当代茶文论述了当今茶历史、名茶、品种资源等方面的研究成果。均利于今人了解。

② **文学作品**：神农茶饮起源的民间传说古老悠远、领先全国，具备较权威的史学、文化、科技、地理、文学诸种价值，凸显湖湘农业文明、非物质文化遗产地位。三国赵云、唐朝郴州寿佛、天下第十八泉的相关传说；古茶诗茶散文，名人领衔，蔚然大观。如唐代刘禹锡关于"炒青"之诗极突出，宋代苏轼、张舜民、秦观、辛弃疾、杨万里、雷应春（郴籍）、萧立之，明代解缙、李东阳、何孟春（郴籍）、袁子让（郴籍）、徐霞客，清代欧阳厚均（郴籍）、陈士杰（郴籍）、杨恩寿等诗词散文，揭示郴桂茶情；茶联发达，张舜民、折彦质、郑洪、王都中、邓庠（郴籍）、曾朝节（郴籍）、刘献廷等，作品具南岭郴州特色，助益潇湘茶文学。

③ **艺术作品**：汉、瑶、畲族茶歌、采茶舞、茶歌节，见于桂阳、嘉禾、宜章、桂东、汝城等县的汉族、瑶族、畲族村组；书法作品收藏有清代大家何绍基之孙、书法家何维朴与清末民国"三湘名士"曾熙的佳作；还有雕塑、摄影、省级非物遗产等。

④ **茶道茶艺**：桂东县玲珑茶制作工艺列入省级非物质文化遗产保护名录，资兴市狗脑贡、汝城县白毛茶、安仁县豪峰茶、五盖山米茶、临武县东山云雾、永兴县龙华春毫等制作技艺，列入市县级非物质文化遗产保护名录；发掘恢复和创新了唐代寿佛煎茶茶艺、宋代点茶茶艺、郴州福茶茶艺等。

⑤ **现代茶文**：现代对郴州茶叶的论文较多，选择有代表性的作品录入。

# 第一节　茶文论

## 一、唐代涉郴煎茶水品文论

### 《煮茶记》品天下水

陆（羽）曰："楚水第一，晋水最下。"李（季卿）因命笔，口授而次第之：庐山康王谷水帘水第一；无锡县惠山寺石泉水第二；蕲州兰溪石下水第三；

峡州扇子山下有石突然，泄水独清冷，状如龟形，俗云虾蟆口水，第四；苏州虎丘寺石泉水第五；庐山招贤寺下方桥潭水第六；扬子江南零水第七；洪州西山西东瀑布水第八；唐州柏岩县淮水源第九，淮水亦佳；庐州龙池山岭水第十；丹阳县观音寺水第十一；扬州大明寺水第十二；汉江金州上游中零水第十三，水苦；归州玉虚洞下香溪水第十四；商州武关西洛水第十五，未尝泥；吴松江水第十六；天台山西南峰千丈瀑布水第十七；郴州圆泉水第十八；桐庐严陵滩水第十九；雪水第二十，用雪不可太冷。

此二十水，余尝试之，非系茶之精粗，过此不之知也。夫茶烹于所产处，无不佳也，盖水土之宜。离其处，水功其半，然善烹洁器，全其功也。

（唐·陆羽）

## 煎茶水记

故刑部侍郎刘公讳伯刍，于又新丈人行也。为学精博，颇有风鉴，称较水之与茶宜者，凡七等：扬子江南零水第一；无锡惠山寺石泉水第二；苏州虎丘寺石泉水第三；丹阳县观音寺水第四；扬州大明寺水第五；吴松江水第六；淮水最下，第七。

斯七水，余尝俱瓶于舟中，亲挹而比之，诚如其说也。客有熟于两浙者，言搜访未尽，余尝志之。及刺永嘉，过桐庐江，至严子濑，溪色至清，水味甚冷，家人辈用陈黑坏茶泼之，皆至芳香。又以煎佳茶，不可名其鲜馥也，又愈于扬子南零殊远。及至永嘉，取仙岩瀑布用之，亦不下南零，以是知客之说诚哉信矣。夫显理鉴物，今之人信不迨于古人，盖亦有古人所未知，而今人能知之者。

元和九年春，予初成名，与同年生期于荐福寺。余与李德垂先至，憩西厢玄鉴室，会适有楚僧至，置囊有数编书。余偶抽一通览焉，文细密，皆杂记。卷末又一题云《煮茶记》，云："代宗朝李季卿刺湖州，至维扬，逢陆处士鸿渐。"李素熟陆名，有倾盖之欢，因之赴郡。至扬子驿，将食，李曰："陆君善于茶，盖天下闻名矣。况扬子南零水又殊绝。今日二妙千载一遇，何旷之乎！"命军士谨信者，挈瓶操舟，深诣南零，陆利器以俟之。俄水至，陆以勺扬其水曰："江则江矣。非南零者，似临岸之水。"使曰："某棹舟深入，见者累百，敢虚绐乎？"陆不言，既而倾诸盆，至半，陆遽止之，又以勺扬之曰："自此南零者矣。"使蹶然大骇，驰下曰："某自南零赍（怀抱）至岸，舟荡覆半，惧其鲜，挹岸水增之。处士之鉴，神鉴也，其敢隐焉！"李与宾从数十人皆大骇愕。李因问陆："既如是，所经历处之水，优劣精可判矣。"陆曰："楚水第一，晋水最下。"李因命笔，口授而次第之：

"庐山康王谷水帘水第一；无锡县惠山寺石泉水第二；蕲州兰溪石下水第三；

峡州扇子山下有石突然，泄水独清冷，状如龟形，俗云虾蟆口水，第四；

苏州虎丘寺石泉水第五；庐山招贤寺下方桥潭水第六；扬子江南零水第七；

洪州西山西东瀑布水第八；唐州柏岩县淮水源第九，淮水亦佳；

庐州龙池山岭水第十；丹阳县观音寺水第十一；扬州大明寺水第十二；

汉江金州上游中零水第十三，水苦；归州玉虚洞下香溪水第十四；

商州武关西洛水第十五，未尝泥；吴松江水第十六；

天台山西南峰千丈瀑布水第十七；郴州圆泉水第十八；

桐庐严陵滩水第十九；雪水第二十，用雪不可太冷。

此二十水，余尝试之，非系茶之精粗，过此不之知也。夫茶烹于所产处，无不佳也，盖水土之宜。离其处，水功其半，然善烹洁器，全其功也。"

李置诸笥焉，遇有言茶者，即示之。

又新刺九江，有客李滂、门生刘鲁封，言尝见说茶，余醒然思往岁僧室获是书，因尽箧，书在焉。古人云："泻水置瓶中，焉能辨淄渑。"此言必不可判也，力古以为信然，盖不疑矣。岂知天下之理，未可言至。古人研精，固有未尽，强学君子，孜孜不懈，岂止思齐而已哉。此言亦有裨于劝勉，故记之。

（张又新）

## 二、宋代涉郴煎茶水品文论

### 大明水记

世传陆羽《茶经》，其论水云："山水上，江水次，井水下。"又云："山水，乳泉、石池漫流者上。瀑涌湍漱勿食，食久，令人有颈疾。江水取去人远者，井取汲多者。"其说止于此，而未尝品第天下之水味也。

至张又新为《煎茶水记》，始云刘伯刍谓水之宜茶者有七等，又载羽为李季卿论水次第有二十种。今考二说，与羽《茶经》皆不合。羽谓山水上，乳泉、石池又上，江水次而井水下。伯刍以扬子江为第一，惠山石泉为第二，虎丘石井第三，丹阳寺井第四，扬州大明寺井第五，而松江第六，淮水第七，与羽说皆相反。季卿所说二十水：庐山康王谷水第一，无锡惠山石泉第二，蕲州兰溪石下水第三，扇子峡蛤蟆口水，第四，虎丘寺井水第五，庐山招贤寺下方桥潭水第六，扬子江南零水第七，洪州西山瀑布第八，桐柏淮源第九，庐山龙池山顶水第十，丹阳寺井第十一，扬州大明寺井第十二，汉江中零水第十三，玉虚洞香溪水第十四，武关西水第十五，松江水第十六，天台千丈瀑布水第十七，郴州圆泉第十八，严陵滩水第十九，雪水第二十。如蛤蟆口水、西山瀑布、天台千丈瀑布，羽皆戒人勿食，食之生疾，其余江水居山水上，井水居江水上，皆与羽经相反。疑羽不当二说以自异。使诚羽说，何足信也？得非又新妄附益之邪？其述羽辨南零岸时，怪诞甚妄也。

水味有美恶而已，欲求天下之水一一而次第之者，妄说也。故其为说，前后不同如此。然此井，为水之美者也。羽之论水，恶渟浸而喜泉源，故井取多汲者，江虽长，然众水杂聚，故次山水。惟此说近物理云。

（北宋·欧阳修）

欧阳修（1007—1072年），唐宋八大家之一，官居参知政事（副宰相），在散文、诗、词、文学理论等方面成就卓著。在《集古录》中，他对东汉桂阳郡太守周憬整治武水的相关碑记，就不遗余力地收集到《后汉桂阳太守周府君纪功铭》《后汉桂阳州府君碑》《后汉桂阳州府君碑后本》三种史料，予以考证。甚至查明武水源头在郴州临武县鸬鹚石。欧阳修此文全名《大明寺泉水记》，撰于北宋庆历年间扬州刺史任上。扬州大明寺井水，被陆羽排在煎茶名水第五。欧阳修则对张又新《煎茶水记》所记，和湖州刺史李季卿所说陆羽将煎茶名水分为二十等，提出不同看法。认为张、李二人尤其李季卿虽与陆羽友善，但由他们口中说出的陆羽论水，却与陆羽《茶经》论水"相反"。欧阳修认为水味尽管有"美恶"之分，但把天下之水一一排出次第，属于"妄说"，最后欧阳修指出：陆羽"喜泉流，故井取多汲者"，江水次于山水，对陆羽论水给予较为公允的评价。郴州圆泉，恰属"山水"。

## 《诗话总龟·咏茶门》撷语

唐以前茶惟贵蜀中所产。孙楚（西晋文学家、冯翊太守）歌云："茶出巴蜀（目前所知中国最早涉茶诗《出歌》，原句'姜桂茶荈出巴蜀'）。"

"唐茶惟湖州紫笋入贡，每岁以清明日：贡到，先荐宗庙，然后分赐近臣。紫笋生顾渚，在湖、常二境之间。当采茶时，两郡守毕至，最为盛集。"宋茶"建安北苑茶始于太宗〔朝〕，太平兴国二年（977年），遣使造之，取象于龙凤（即龙团凤团茶），以别庶饮，由此入贡。"

"茶色以白为贵"，"茶之精美不必以雀舌、鸟嘴为贵"。"茶之佳品造在社前；其次则火前，谓寒食前也；其下则雨前，谓谷雨前也。佳品其色白，若碧绿者乃常品也；

茶之佳品，芽蘖细微，不可多得；若此（取）数多者，皆常品也。茶之佳品，皆点啜之；其煎啜之者，皆常品也。"

"茶非活水则不能发其鲜馥"，"吾闻茶不问团锷（銙），要之贵新；水不问江井，要之贵活。"

（北宋郴州知州·阮阅）

阮阅，北宋诗文体学家、诗人，北宋末以朝散大夫出任郴州知州。在任3年，撰两大著，诗集《郴江百咏》全部七绝，成其"阮绝句"之名；诗论《诗话总龟》创诗体分门别类法，列宋人三大诗话总集之前，故有"阮郴州"外号。两书均收于《四库》，自序："宣和癸卯（1123年）春，来官郴江，因取所藏诸家小史、别传、杂记、野录读之，遂尽见前所未见者。至癸卯秋，得一千四百余事，共二千四百余诗，分四十六门而类之……故名曰《诗总》。"

## 三、明代郴州人之贡茶及边境茶经济文、武陵人之论水品文

### 茶贡、茶马互易及茶禁

天下茶贡岁额止四千二十二斤，而福建二千三百五十斤，福建为多。天下贡茶但以芽称，而建宁有探春、先春、次春紫笋及荐新等号，则建宁为上。国初建宁所进，必碾而揉之，压以银板，为大小龙团，如宋蔡君谟所贡茶例。太祖以重劳民力，罢造龙团。一照各处，采芽以进。复其户五百，俾专事焉。事责于有司，有司遣人督之，茶户不堪。于是洪武二十四年，又有建宁上供茶，听民采进之诏。只此一事，知祖宗爱民之盛心矣！

西番之人，资生乳酪。然食久气滞。非茗饮则亦无以生之，番饶马而无茶，故中国得以摘山之利，易彼乘黄。此中国之利。茶不可无禁也。若守边者不得其人，不通络商贾，纵放私茶，即假名朝廷，横科番马，既亏国课，又启戎心。洪武中，我太祖立茶马司于陕西、四川等处。听西番纳马易茶。因置金牌勘合，命曹国公李景隆直抵西番，令各番酋领受，俾为符契，以绝奸伪。诏定三年一差官，召各番合符认纳，差发马匹，给与价茶。有以私茶出境者斩，关隘不觉察者处极刑。民间畜茶不得过一月之用，茶户私鬻者籍其园入官。三十年敕兵部遣人赍谕川陕守边卫所，仍遣僧管箐藏卜等，往西番一体申饬。

时驸马都尉欧阳伦奉命西使，以巴茶私出境货鬻，倚势横暴，所在不胜其扰。而藩阃大臣皆奉顺，不敢违伦令。陕西布政司移文所属起车载茶渡河州，伦家人周保者，索车至五十辆。兰县河桥巡检司吏被捶不堪。以其事闻，上怒。以布政司官不言，并

伦赐死,保等皆伏诛。茶货官河桥吏特嘉劳之。曹国公还自西蕃,凡用茶五十余万斤,得马一万三千五百一十八匹,分给京卫骑士,国初之法如此。永乐十三年,遣御史三员巡督陕西茶马,正统十四年,停止茶马金牌。后每岁遣行人四员,巡察私贩。自潼关以西至甘肃等处,通行禁革。成化十四年奏准。定差御史一员,领敕专理。今法之行,非复国初,而所得之马,岁益微矣!

(何孟春)

何孟春(1474—1536年),明代名臣,郴州人,云南巡抚、代吏部尚书,赠礼部尚书。曾"出理陕西马政",而"陕西给番易马,旧设茶马御史",故他于茶有研究,于茶马交易有贡献,对宋、明前期的茶情比较了解。论"天下贡茶但以芽称"、宋"龙团"制作、明初朱元璋罢造龙团的原因。对明朝"茶马政策"论述精确,①揭示西部、西北少数民族、藩属国、邻邦"纳马易茶"的历史和西部、西北民族生活习俗对内陆茶叶的依赖性需求;②揭示作为农业国,明王朝的茶叶生产与交易,乃国家税收之大宗"国课";③论述中央王朝在陕、甘、川等地设置专门机构"茶马司",与西番交易的"金牌勘合"方式,目的"绝奸伪";④述说"茶禁"结合吏治之必要,连借公谋私的驸马及主管一省民政、赋税、户籍的布政司都处以极刑;⑤停用茶马金牌是为杜绝私贩。何孟春茶文论,载其大著《余冬序录·摘抄内外篇》(入湖湘文库丛书),对今人研究明王朝初中期的茶事、茶史、茶经济,颇多裨益。标题由集注者拟。

## 蒙史(摘录)

陆(羽)曰:楚水第一,晋水最下。因命笔口授而次第之。郴州城南有香泉,味甘冽;属邑兴宁,有程乡水亦美。武陵郡卓刀泉在仙婆井傍,汉寿亭侯过此,渴甚,以刀卓地出泉。下有奇石,脉与武陵溪通。即降水不溢,大旱不竭也。后人嘉其甘冽,又名清胜泉,予恒酌之,与南泠等。沅湘间故多佳水,此其一焉。泉非石出者必不佳,故《楚辞》云:饮石泉兮荫松柏。

(龙膺著,喻政辑录)

龙膺(1560—1622年),文武之士,武陵(常德)人。明万历八年(1580年)进士,历官徽州、温州府、礼部、国子监。从田大司马督军青海,勇立战功,任陕西按察司佥事、甘山兵备分巡道副使,持节张掖、酒泉连捷,擢山西参政、太常寺正卿。好文学戏曲,著传奇剧《金门记》《蓝桥记》《九芝集》等。嗜茶,撰《蒙史》,以《易经·蒙卦》和南北"蒙泉"现象(青海西宁"蒙惠泉"、郴州宜章"蒙泉"、桂阳州"蒙泉")为题。其《试茶》诗读来似写郴桂金仙岭、蒙泉,"金仙曾供紫茸香,客饷松萝味亦强。蒙水煎来应第一，不须扬子驿边尝"。而陆羽扬子江驿站论水，言及第十八郴州圆泉。此文"郴州城南有香泉"，即香花井，嗜茶的郴州寿佛曾居泉旁香山寺；"属邑兴宁，有程乡水"乃汉唐名泉醽醁泉。常德卓刀泉，因关公以刀插地而泉出得名。这都被贵州铜仁解元、进士喻政辑入《茶书》，喻政祖籍南昌，历官湖广、南京工部、兵部、福州知府；日本汉学家称其"集《茶经》以后茶书之大成"。

## 第二节　文学作品

郴州古代涉茶文学作品丰富，最突出的是"神农尝茶"的民间传说，还有三国赵云、唐代寿佛、明末李自成等名人与茶的传说，以及宋代文学家张舜民与天下第十八泉的真实故事。唐朝至清朝产生大量名家涉茶诗歌，有诗豪刘禹锡关于"炒青"的重头篇章，唐宋八大家之柳宗元、苏轼，宋代张舜民、阮阅、折彦质、杨万里、张栻，明代王都中、袁均哲、何孟春、邓庠、刘尧诲，清代欧阳厚均、陈士杰等历代名家、名宦、乡贤的作品精彩纷呈。涉茶散文有明代名臣解缙、郴籍大儒何孟春，及"世界奇人"地理学家、旅游家徐霞客的大作。还有楹联、民歌，包括瑶族、畲族的茶歌，弥足珍贵。

### 一、民间传说、史实传说

民间文学乃文学之母；南岭郴州最早的文学作品，即神农尝茶的民间传说。比较全国相关省区流布的同类传说，其最为丰富，自成完整体系；在历史文献、农耕起源、医药发祥、自然地理、人文地理、植物学、人类学、民俗学诸方面以及茶叶学科本身，更具历史、文化、科技、经济含量的权威资料，诚属宝贵的非物质文化遗产。

按联合国教科文组织的权威定义及划分体系我国把"民间文学（口头文学）"定为第二大基本类别的非物质文化遗产。其中的民间传说，规范意义区别于神话传说、娱乐故事，是非物质文化遗产中的口头文化（口头文学）。文化部（现文化和旅游部）的《非物质文化遗产概论》论述：

非物质文化遗产中的口头文化，具有相当重要的科学价值。表面上看起来口头文学靠口耳相传，没有固定文本，人为性、随意性似乎比较强，但这是问题的一个方面。换个角度来看，就会发现口头文学可能更多地保存了历史的原状，是活态的、生动的历史。由于口头文学是在民间流行，相对于官修史书而言，更少受官方意识的影响和干扰，更少为所谓的尊者、贤者讳饰，因而就能更多地记录、存留下来当时的真实状况。这就使得在某些时候口头文学比官修史书更有历史记忆价值、科学认识价值。

口头文学更高的科学价值，一定程度上还是由口头文学的口语性决定的。在史前社会以及现在仍然没有文字的民族那里，口传文学在记录、保存、传承民族历史方面具有不可替代的重要作用。人类的口头语言及口传文学有两个显著特征，首先是讲究具体事实细节的可信，其次是强调高度发达的记忆能力。而且这两大特征是互为因果相辅相成的；只有强调讲清事实原委及具体细节，保证讲述的真实性，才能达到准确记忆的目的；反过来，有了准确的、发达的记忆功能，才能保证对历史事实的准确记忆和讲述传承。正是口头文学本身的特征，以及它所用以表达的口语的特征，共同保证了口头文学的高度历史真实性，决定了其具有极高的科学价值。

古方林、楚苍梧郡、汉桂阳郡治郴县之"茶乡（茶陵）"及后世郴州的"神农尝茶"传说，除"炎帝云'葬吾汤边'"后段的神话部分等，整体十分符合上述理论范畴，其隐含的历史记忆价值、科学认识价值，及蕴藏的地理学、民俗学价值，"记录、存留下来当时的真实状况"，足以帮助我们解密中华茶饮的源头，出自生态南岭、古郴。

"南方炎天，其帝炎帝"，世上最早的农耕民族神农氏族主要生活在南岭地域，其首领被尊为炎帝数代。除"作耒耜于郴州之耒山"，创制最早的农具及开田于骑田岭；另一对人类的最大贡献，就是"尝百草"尝出"茶"。故传说滥觞，古人绘图竟有神农尝白毛茶。

### （一）神农尝茶、洗药的传说

#### 1. 豪山茶与九龙庵

神农为给百姓治疗疾病，亲自尝试百草。一次他带8个随从在安仁豪山尝草，头痛目眩，心知中毒，忽见山泉石缝中有几株青翠欲滴的茶树，随手摘了几片嫩叶放在嘴里嚼，顿时满口生津，晕痛渐消。神农惊喜"此叶可祛毒也"。于是他将茶的奇特功效告诉山民。山民采此茶煎水，喝了神清气爽。据杭州中国茶叶研究所《名茶志》和《安仁县志》记载："宋乾德三年（965年），安仁置县。县民谢恩宋太祖，上贡此茶，宋太祖喝后，龙颜大悦。"因此茶产于冷泉石山中，民间称"冷泉石山茶"，能一叶泡9杯。安仁人为纪念神农及八随从，便修建了"九龙庵"。

#### 2. 神农洗药药湖池

神农和随从采摘的百草包括茶叶，都要拿到一个清澈的湖塘，去集中、分类、洗净、晾晒，久之这个湖塘就叫"药湖"。名气之大，传到明清，居然被雍正《湖广通志》记载："（安仁县）药湖，在县东南四十里，世传：神农洗药于此。"

### （二）神农藏宝传说

传说神农炎帝来到挨近茶乡之尾的古郴西南山区（永兴县七甲乡、大布江乡交界处），这里风光秀丽，几座大山常年云遮雾罩，于是神农把一些宝物藏在其中一座高山中。天下蒸民来讨要，神农就吩咐守卫者拿一些分给他们。原来，宝物是百姓最需要的金色稻谷、翠绿茶叶、水果、蔬菜的种子。久而久之，先民就把藏宝的大山叫作金宝山，因其云气雾霭缥缈，又叫金宝仙。

### （三）神农用"汤"及"茶汤"起源传说

#### 1. 汤市尝茶祛伤痛

神农尝百草，翻山越岭，钻荆棘、攀高岩、爬绝壁，经常弄的一身伤痕，肚子又饿。一个春末，在南岭山中看见一种树叶，青青嫩嫩绿油油的，招人喜爱，就捋了几把嚼碎，又捧了泉水喝下，结果觉得树叶香，人清爽。后来，发现长这种树的山下，石层中冒出的泉水热烫，洗泡后特别舒服，疲劳消除了，撞伤的肌肉不痛了，擦伤的皮肤竟然很快复合了。他大喜过望，给这泉水取名叫"汤"（测其水温44~53℃，含数种矿物元素，属硫磺型温泉）。以后神农辛苦劳累了，就到此"泡汤"，洗去疲乏、医治伤痛。

又有几次，发现青绿的树叶掉落一些到汤泉边的小石坑中，泡得水碧绿漂亮，并散发一种沁人肺腑的浓郁香气。于是他捧几捧热泉水喝下去，顿时脑聪目明，一身冒汗，出汗之后，身上体力恢复了，肚肠毒素排除，清通畅快，好像有什么巡查肚腹一样，于是他把这树叶取名"察"，后因是草木之叶，就叫"茶"。并且他将茶叶和"茶汤"的好处，告诉先民。

#### 2. 玉狗聪明救主人

有次，神农找药时非常劳累，从皮市（资兴与炎陵交界处）山崖上摔下来，晕倒了。跟随他的那条玉狗，就咬住他身上的兽皮坎肩，下坳上坡穿过树林，拼命往汤市方向拖，拖到汤市茶山茶树下的温泉，用舌头舔神农的脸。神农朦胧中闻到茶的清香，闭着眼伸手捋了茶叶放进嘴里嚼起来，吃了一些茶叶后清醒一些，又把嚼烂的茶叶渣涂抹在伤痕处，又用温泉水泡茶叶喝。

神农完全清醒后，发现狗不见了，连忙起身去找狗，而那条忠诚的狗已经累得吐血而死。神农十分悲痛，又觉得狗的脑瓜子很聪明，感叹此狗："仁义智勇，诚如玉也！"他把狗安葬在汤边的山上，把茶山命名为"狗脑山"。从此，狗脑山上就有了"玉狗冢"。

#### 3. 炎帝云"葬吾汤边"

神农为了天下百姓的健康尝百草，不幸在方林国茶陵和安仁交界的断肠坡误尝"王老药"，这种藤草学名钩吻，非常毒又叫"断肠草"。因一时未找到解药，神农炎帝闭眼前交代臣工胡真官"葬吾汤边"，也就是汤市温泉旁边，因为玉狗埋在那里。臣工们号哭着将灵柩抬上船筏，沿洣水河上行，汤市溪河正是洣水的源头之一。

普天下烝民得知噩耗，悲痛万分，纷纷赶到南岭方林来送葬，他们披麻戴孝，腰扎草绳，吹起竹子卟筒，带来了牛、羊、猪，一统计各3000头。载着神农炎帝的船筏，每边由18个力士拉纤。上行到船形山下的鹿原陂河段，鼓队刚到资、郴两地交界的皮市响鼓坳，锣队刚抵达铜锣圫，此时突然暴雨如注、风浪大涨，漫过了大船筏！原来此处深潭乃洣水苍龙宫，因神农炎帝救过苍龙的命，苍龙得知凶讯后，大哭三天三夜，它的泪水使洣水河陡涨三丈，将炎帝灵柩沉入龙宫，它亲自守护。这一来，洣水上下的牛羊猪全都变成了石头，连汤泉也降温三日。

炎帝的臣工们认为这是上天之意，就在鹿原陂筑墓、立碑作为炎帝之陵，守陵人居住之地就成了船形镇，炎帝的后裔也一代代归葬于此。

**4. 祭拜炎帝必"洗汤"**

郴州各县民众，自古有"洗汤"习俗，尤其挨近郴县（今炎陵县）的几县民众祭祀炎帝陵必须"洗汤"。俗语云："到资兴不洗汤，枉到资兴一趟。去炎帝陵朝圣，不洗汤谓之不诚。"

传说方林人在神农的助手郴天的带领下，专程前往迎接炎帝灵柩归葬汤边，由于苍龙抢先迎灵，方林人也只好每年经船形镇，到鹿原陂炎帝陵祭祀神农。不过，他们世世代代传承了上述习俗，去朝拜前，都要到资兴汤市洗温泉，洗去肉体上的污秽，洗净精神上的不洁杂质，洗成心中的真情虔诚！然后再面无愧色地庄严进入炎陵大殿，祭拜中华民族的人文始祖。

### （四）狗脑贡茶传说

据《天下第十八福地郴州》"资兴狗脑贡茶"一文，称"资兴史志记载"：宋代元丰七年（1084年），汤市乡秋田村一金姓试子高中进士，赴京时为感皇恩，带了一包狗脑山茶叶进献。皇帝品尝后龙颜大开，赞不绝口。于是朝廷定为贡品，每年上贡，"狗脑贡茶"由是得名。（香港天马图书公司2001年版）

狗在湘南郴州、资兴被叫作"狗牯"，所以天下的"狗脑贡""狗牯脑"茶种，都出自汤市（注：汤市时属宋代郴县资兴寨，今郴州资兴汤溪镇）。

### （五）神农与犀牛井

在郴州老城历史文化街区裕后街区，有一眼古老神奇的大井，水清见底，水中静卧巨石一条，苔藓水草贴身，酷似一头沉入水中、毛密体健的黑犀牛，同游鱼嬉戏不愿出水。

其身世不凡，东晋南北朝古本《湘中记》记录一则传说：远古神农氏带了9条犀牛在南岭古郴开田，使这里风调雨顺、人寿年丰。可是好景不长，不知从哪里来了一条造孽的恶龙，将瘟疫引到郴州。神农让9头犀牛跟它搏斗了九天九夜。最后，恶龙被打败，其中 8 头犀牛把恶龙赶出郴州，守在郴江、耒水畔，负伤的恶龙沿着湘江、长江一直逃往东海。而那头最大的犀牛，由于在搏斗中受伤，跌落在南塔岭下、郴江坡上的凹处，人们扯来青草喂它，它泪珠涌出，已不能进食，渐渐化成了井底巨石……

神农带来的犀牛，虽然渐渐变成石头，但灵性未泯；见恶龙引来的瘟疫尚在肆虐，便尽最后一点气力，从口中喷出一股清泉，冲刷掉污秽邪气。人们感恩，从此将这眼井叫作"犀牛井"。"犀牛"身下石层泉水珠玉般涌出，故又名"涌泉"。更神奇的是，腹中不适，饮上几口便可愈疗；头疼脑热，汲泉煎茶竟能痊愈；因此人们直呼为"愈泉"。

### （六）五盖山茶传说

#### 1. 神农与五盖山云雾茶

五盖山碧云庵前有一片茶林，盛产极负盛名的五盖山云雾茶。云雾茶不仅味道纯美止渴生津，还能祛痰穰病。相传远古时期，神农氏用它来去除肆虐郴州的疟疾，现在终年笼罩茶林的云雾，就是当年神农氏系在茶树上的帕子。

#### 2. 乾隆与五盖山云雾米茶

云雾米茶清香淳厚，泡入杯中根根直立，茶水清澈明净，萦绕在杯口的热气如烟似雾长久不散，因此明崇祯十七年起被列为贡品。相传五盖山的米茶用郴州城内橘井的水冲泡，杯口的热气就如同一位白须飘飘的老人立在上面。到乾隆时，乾隆爷令一太监到橘井取水。这太监酷爱赌博，一路耽搁，只走到黄河边就所剩水不多，于是便从黄河取了水回京。乾隆爷冲茶一看，杯口不见了白胡子老头，随口说道："白胡子老头死了。"从此便再也看不到杯口成胡须老人状的热气了。

#### 3. 燕子泉与五盖山茶

郴州市有一条燕泉路，燕泉路下方流过燕泉河，燕泉河畔有一口清澈的泉水井。井水清凉甘甜，泡茶芳香扑鼻，它来自一段动人的传说。很久很久以前，一年春天，一对美丽的小燕子飞到郴州，落在知府家的厅屋屋梁上，垒巢筑窝。知府见厅堂地上又是燕子屎，又是禾草树叶，烦死了。就命仆人用竹竿捣毁了燕子窝，把燕子赶走了。

这对燕子飞啊飞，飞到城西门外小河边的茅屋顶落了脚。这茅屋住着一位靠卖茶水营生的刘老汉。老汉很喜欢这对燕子，每天还要撒点饭给燕子吃。有一次，一连 10 多天刮风下雨，没人来买茶水，老汉无钱买米下锅，只得去挖野菜充饥。他虽然吃的是野菜，也没忘记那对燕子。那天早晨，老汉把煮好的野菜夹了些送到燕子窝里，发现燕子不见了。老汉等啊等，一直等到天黑也不见燕子回来。

晚上，老汉做了一个奇怪的梦。梦见那对燕子飞回来了，落在他家屋门口的一丛野菊花上。燕子对他说："老人家啊，你在这里挖口井吧，这里有一股好泉水呀！"第二天，老汉醒来，想起燕子的话，便拿起锄头，在长着野菊花的地方挖井。才挖了几锄头，泉水就涌了出来。老汉取了泉水烧开，泡上五盖山的茶叶，茶水芳香扑鼻，令人惊奇的是，水面雾气居然像一对翩翩起舞的燕子……

消息不胫而走，慕名而来的茶客络绎不绝。从此，老汉的茶水生意日益兴隆起来。为了铭记燕子的好心，老汉就把这口泉井叫燕子泉，并请人写了"燕泉茶"的招牌，高挂在门上。刘老汉生活简朴，心地善良，生意兴旺后，仍然住在茅棚里，却十分同情穷人。凡是挑脚的、拾柴的、作田的，来到他茅屋喝茶，茶钱都收得很低，有时还拿出卖茶水的钱周济穷人。

有一年，皇帝南巡路过郴州，听说了燕泉茶有名，便派人去要了一碗。揭开碗盖一看，香雾腾腾，水面燕子起舞双飞。一口下肚，异香飞绕心肺，皇帝龙颜大悦，赞不绝口。当即下了一道圣旨，命刘老汉进贡"燕泉茶"。

刘老汉每年赴京进贡，皇帝都要赏赐刘老汉黄金白银，并要下旨让刘老汉当郴州州官。刘老汉一听，惊慌失措，连连摇头说："我斗大的字认不得一个，这可使不得。"皇帝想了一想说："那你就当个看水官吧。"刘老汉将皇帝赏赐的黄金白银捐献出来，重修了燕子泉，为方便老百姓去挑水，还修了一条大路，取名燕泉路。

后来，郴州知府知道此事，就取代刘老汉进京贡献燕泉茶。结果，知府送去的燕泉茶，不但闻不到茶香，看不到燕子双飞，喝了一口，又苦又涩。皇帝怒发冲冠，打了知府三十大棍，还摘了他的乌纱帽。诏令仍由刘老汉上贡，刘老汉贡上的"燕泉茶"与过去一模一样。

却说刘老汉返回郴州后，街坊邻居跑来告诉他，几天前有个叫花子拿了竹竿到茅屋来，捅坏了燕子窝，赶走了燕子，还向燕子泉吐了三口唾沫，就鬼头鬼脑地溜走了。这样，刘老汉用燕子泉泡茶，再也看不见燕子雾气飞舞了。原来那个叫花子就是被革职的知府。皇帝得知此事，通缉捉拿，知府逃往岭南，被那对燕子发现，啄瞎他双眼，摔死岭下。

刘老汉的燕子飞走了，但燕子泉和燕泉茶的故事，一直在燕泉路和郴州的街坊里巷流传。

## （七）赵云与八角井

相传东汉末年天下大乱，曹操、刘备、孙权争天下，形成魏、蜀、吴对峙之势，三国都想占据荆州南部的桂阳郡，这里控扼南岭、可下沿海。蜀国丞相诸葛亮棋高一着，派大将、常山赵子龙领一支轻骑兵抢先突袭，自己和主公刘备率大军随后从蜀地出发。赵云秘密穿过零陵郡插入桂阳郡，但平阳戍大堡挡在通往郡治郴县的交通要道上，赵云兵马不多，一时攻打不下，于是将营寨驻扎在宝山山麓，派兵卒围住平阳戍。这地方怪，不傍河生活，不依水防守。原来，它是西汉桂阳郡的采矿冶铸基地，地下山中藏着金银铜铁锡铅锌石墨八宝。

宝山山麓地势高，取水困难，井泉都在平阳戍寨堡内。时当盛暑，人马干渴，赵云急忙差人去向丞相求计。诸葛亮听了禀报，并不着急，画了一幅图叫差人带回。赵云打开一看，是一幅八卦图，问是怎么回事？差人转告诸葛丞相的话：选宝山树多低洼处铺开此图，自会找到水云云。赵云照办，可是，一天两天过去了。哪里见到水影子？第三天，赵云问差人，差人渴昏了头，记不清诸葛亮最后一句话了。赵云心如火燎，举起银枪朝地上的八卦图猛力一戳，枪头穿过泥土、石头，戳出一个深深洞眼，随着银枪头抽出，一股清泉冒了出来。赵云大喜，吩咐军士们按诸葛丞相的八卦图打凿水井。从此清流奔涌，长年不断，煮茶、饮水，给后人带来极大方便。因井呈八卦形，故名八角井，枪尖戳中处在蒙卦也叫蒙泉。为纪念赵子龙，又叫子龙井。

**（八）寿佛奉茶敬母**

郴州、资兴一带的百姓都晓得全真是个得道的佛法大师，人人对他尊敬得五体投地。一些乡绅、志士、仁人就组合起来，四处筹划，广结善缘，在郴州的香山盖起了一座佛寺古刹，留全真大师在寺庙中诵经修行。众人的盛情难却，全真大师只好遵照乡绅们的好意，只身孤影先来到香山古刹静心求佛。

全真离家到香山古刹又有很长一段时间了。母亲净照夫人很想看望自己的儿子。她晓得儿子出家要超凡脱俗，要想儿子回家探望母亲是很难的，于是，她只好自己走去香山，进入古刹，找到全真。

全真大师见母亲上山来看望自己，心中内疚万分，急忙把母亲扶到静室里，恭敬地拜叩请安后，向母亲问长问短。久不见面，要问的事很多，竟把奉茶献水的事忘了。谈得太久，母亲口渴了，就问全真："寺里是不是煮有茶水？"全真见母亲真的太渴了，一般老人是不会问茶喝的，如果再去烧茶，母亲就口渴难忍了。全真随之答道："茶，随时都有的！"说着，全真顺手提起放在身边的锡杖，往地上一戳，地里立刻冒出一股泉水，他又拿起桌子上的一把空锡壶舀起泉水，往桌子上一放，然后拿起一只杯子一斟，一杯热腾腾的浓茶冒着清香，他恭敬地把茶递到了母亲的手里。净照夫人喝着清香爽口的茶，不停地夸儿子会做事，要茶就有茶到，要水就有水来。

**（九）圆泉与浮休泉**

天下第十八泉的逸闻趣事不少，比如《荆州记》记它名圆水，《水经注》记它初名除泉（除病之泉），正名圆水即圆泉。南宋地理志《方舆胜览》记载："圆泉《郡志》：在州南二十里。张浮休《永庆寺记》云：世传陆羽著《茶经》定水品，张又新益水品为二十，而圆泉第十八。然，永庆寺今易为州学，在城内不能半里，或以为即会胜寺。"明《一统志》、郴州名人何孟春《圆泉记》《大清一统志》揭示了这里面的一件趣事：

北宋文学家、浮休居士张舜民被贬到郴州做了个监酒税官，他早已向往圆泉，所以到了郴州，就急急忙忙寻找，想一亲芳泽。一天，他离开州署出西门，经义帝陵在西南永庆寺旁边，看到一眼圆圆的清泉，以为就是《水经注》所说的圆泉。大喜之下，酌水煎茶，一饮为快。喝了只觉彻骨开襟、悠扬解醒，回到州署，即挥笔撰《永庆寺记》；将寻觅圆泉水的过程，圆泉的名气、水质，饮用的滋味，大书特写一番。话里行间披露心理，即能遇上如此天赐佳泉，贬谪算得了什么呢？后来，遇赦北返，他的文章已在汴京传开。有到过郴州、喝过圆泉水的人告诉他："真正的圆泉君并未尝到，君所喝其实是永庆寺泉呐。"张舜民问清圆泉的真实所在，恍然大悟，又郁闷不已，遂弃《永庆寺记》于不顾。

郴人遗憾于他的错过，有感于他对圆泉的偏爱，就把永庆寺泉改名为"浮休泉"。南宋郴州知州万俟倡被这故事所打动，为免后人向隅，特题刻"天下第十八泉"于圆泉石壁。

### （十）莽山奉天雾绿茶传说

湘粤边际大莽山，是宜章县过山瑶的老家，三百里山深林密，云雾缭绕，野生茶长得蛮好，瑶族家家会制茶，人人能品茶。所以莽山茶，湘粤边人都知道。还有一件蛮出名的事，李自成自北京败退后，最后可能归隐到了莽山，旧《宜章县志》记："顺治六年正月，闯王贼余党一只虎败遁过郴，杀戮甚惨……"又载，"（明朝副总兵曹志健）六年侵入县境，八年三月陷黄沙、笆篱两堡……清兵围之莽山蕨子坪，粮尽，尽歼之。"据知，这曹志健恰已病故，李自成便使"曹冠李戴"之计，移花接木由"大顺皇帝"变成"曹国公"，而将"闯王"旗授给侄子"一只虎"李锦，以莽山为大营继续"奉天倡义"，直到失败被歼。

李自成起义军进入莽山后，由于气候多雨潮湿，北方人水土不服，众多官兵患上腹泻、流感等病疫。李自成也不例外，染风寒多日不愈。凤形坪瑶民盘德天得知后，呈上一杯煮沸的浓山茶。李自成先用舌头舔舔，感觉奇苦无比，眉头紧锁。旁人正惶恐不安时，李自成表情却阴转晴，面露多日难见的笑容，竟一饮而尽。一会儿便精神焕发，道："莽山茶又苦又甜，回味无穷，好！"随即风寒顿去，继而官兵都饮煮茶，三天内全都痊愈。李自成为感谢当地百姓，特赐名此山茶为"奉天雾绿茶"。凤形坪随之改作"奉天坪"，而"一苦二甜三回味"就是莽山茶的特点。

### （十一）安仁豪峰贡茶传说

安仁豪山，地处罗霄山脉，群岭叠翠，云雾缭绕，距炎帝陵15km。相传，炎帝神农氏尝百草8名随从登上安仁豪山九龙庵，正感口渴疲劳之时，发现一大石下涌出一股山泉，清澈见底，便捧而饮之，水凉如冰，味甜如琼，滋肺润腑，透心爽悦，大呼：好泉水！一抬头又望见石山缝隙之中有数株山茶，青翠欲滴，逗人喜爱不已。神农忙爬上去摘嫩叶嚼之，顿觉甘苦清甜，满口生津，立时止渴，精神倍增。于是，他们采了些带回。又走了几个时辰，来到另一山青水秀之地，停歇野炊，看见这里也有一大片同样的山茶，便又采摘不少带回家中制作成干茶保存，日后用水熬而饮之。神农发现此茶不仅能生津止渴，还有去毒、消积、除病之奇效，便把茶的好处和制作加工方法传授给山民，当地百姓从此而喝茶。《神农本草经》也有记载："神农尝百草，日遇七十二毒，得茶而解之。"后人为纪念神农氏等9位"仙人"在九龙庵发现好茶，造福百姓，又在香火堂野炊过，于是在那冷泉石山的地方建一庵子，并取名为"九龙庵"，把神农野炊过的地方叫"香火堂"。从此，九龙庵、香火堂的茶叶世代流传。

宋乾德三年（965年）安仁置县，百姓为谢皇恩，要把这种神农喝过的由神农传授制作方法的云雾山茶进献皇上，知县顺从民意，上京献茶。宋皇喝后龙颜大悦，连称好茶。太监见皇上如此称誉，便将皇上喝过剩下的茶叶又连泡八杯，分给宫臣品尝，众人赞不绝口。因此茶产于豪山九龙庵冷泉石山缝里，宋皇帝赐名"冷泉石山茶"；又因此茶泡九杯仍滋味鲜爽，故称之为"一叶泡九杯"。从此，"一叶泡九杯"的"冷泉石山茶"成为历年贡品。只是到了近代，冷泉石山茶才销声匿迹，仅为当地民间百姓喝的一种好茶。然而在中国茶叶研究所《名茶志》和《安仁县志》里都有这一名茶的文字记载，也是至今发现的郴州地区有史料记载的贡茶。直到1992年，安仁县委、县政府在改革开放、加快经济发展中才又发掘这一历史名茶，并加以科学制作，更名为安仁豪峰茶，经品评，得到全国、全省著名茶叶专家的充分肯定和高度评价，被誉为名茶新秀。

正是：天地灵秀豪峰茶，曾几何时神农夸；南宋天子定贡品，今日开发誉中华。

## 二、涉茶散文

涉茶散文游记有名家宰相的雅致笔翰，如明代首辅解缙、大臣何孟春、地理学家徐霞客，清代将领陈士杰、戏剧家杨恩寿等，涉及郴州、桂阳州及汝城、永兴、嘉禾、郴县。

### 桂阳连珠岩记

连珠岩，旧名洞灵山，距县治十里许。相传岁旱祷于潭下，能兴云雨，以利于民，故以灵得名也。

环山左右皆平原，闲旷突然，奇石峥嵘，亭亭渐渐，负土而出，或起或伏，蜿蜒相续，如贯珠然。而今之名，亦以此也。四山环拱于外，一溪屈折于中，丹崖翠壁，千态万状。其大略则皆石板平布，而其覆于前者尤最。膏渟泻玉，林杪生寒，计其广亩许，汲其泉可以濯缨、瀹茗；击其石作钟磬声。古好事者，为佛像环列上下，凡治浮屠者皆得居之。其后有石径，可容一人伏而入。四周皆石壁，中有潭，潭光澄澄，金鳞游泳，韬涵太虚。又缘壁中通，自西北入，槎牙清冷，滢滢洋洋，景象奂然，又约与前一状。又进有石牛伏于下，若经斧凿而成。惜其径幽冥晦，必以火烛之，然后可瞩。过此则人迹少到，不可得其详矣。珠岩之胜为邑之最者，此其大略也。

今岁春三月，刘侯经以名进士试政。五月余，刑简化洽，有和平之渐。苏山子偕年友邓君皋，携酒烹蔌，邀侯出游是岩。时，则吴掌教洲、聊司训珠、乡先达朱通府守蒙、朱上舍斌、乡进士何君广、欧君绍说、朱君瓛，皆与焉。我侯之至是也，设燎举火，无所不到，心凝神释，敛兴就席。喟然叹曰："珠岩异态，举在目中矣。诸君怀抱利器，其将何所建白，嘉斯会之不偶乎？"既而合席交欢，倒囊倾悃，杂然并陈。或言先忧其忧而后乐其乐者；或谓满堂燕笑，无使向隅有泣者；或以为大盗蜂起，劫掠日滋，买刀剑，买牛犊，责有所归者；或以为大丈夫得时行道，当磊磊落落，虽跌挫撼顿，无以祸福为顾虑者；或又以为崇节俭，劝廉隅，又必慎终如始，令名无穷者。侯皆不让，醉而归。越三日，具其事谒苏山子凤冈别舍，索文买石刻之，遂记其事如此。

（明·解缙）

解缙（1369—1415年），明代宰相、理学家、文学家，与徐渭、杨慎一起被称为"明朝三大才子"。江西吉水县人，明洪武二十一年（1388年）进士。为朱元璋器重，授翰林学士。后官至大学士、首辅大臣（宰相），主编《永乐大典》。因才高气盛、直言参劾，被他人嫉恨，劝谏成祖朱棣，遭贬。谪广西布政司参议，往返经家乡吉水、桂阳（汝城）、郴州。理学鼻祖周敦颐首次担任县令在郴县，又为桂阳县令，首次升任知州亦在郴州，理学发祥于郴桂。解缙利用这机会，在汝城寻访周子遗迹，并应友人请，撰《桂阳寿江水记》《桂阳连珠岩记》。桂阳连珠岩，即汝城县连珠岩，解缙记几位朋友游岩趣事，述岩泉清冽可洗帽带、煮茶叶，赞为名胜。

## 圆泉记

圆泉水，在郴州城南二十里会胜寺侧。张又新《煎茶记》自述于僧室得一书，见陆羽与李季卿论水之目二十，而此其第十八者也。又新《记》始云：刘伯刍称水之与茶宜者有七等，扬子江南零水第一；挹而试之诚如其说。及刺永嘉，过桐庐、严陵濑，家人辈用水泼陈黑坏茶，皆芳香，以煎佳茶，鲜馥不可名。愈于扬子南零殊远，至永嘉取仙岩瀑布用之，亦不下南零。今考，又新僧室所得书，水品次第以庐山康王谷水帘水为冠，而桐庐严陵濑水第十九，又在圆泉之后，所谓仙岩瀑布弗与焉。

然则，吾郡是水者，容可以其品目稍下，而遽轻视耶？张舜民谪郴时，求是水而不得，而以永庆寺泉水当之。是水既出永庆寺，虽美不足复称，后人特缘张爱，名"浮休泉"。永庆寺基今入学宫，浮休泉已就湮。圆泉水，余亲掬其上，信有异脉，《茶》记不虚著也。独念盛弘之《荆州记》云："郴阳郡有圆水，一边冷一边暖，冷处清且绿，暖处白且浊。"吾郡圆泉水外，别无圆水，水今无此异，岂水脉今与昔不同邪？意者其人好奇，与耳目僻远地得凿空言之，以诧骇常情耳。此等记录在天下往往而有，是非验之，闻见弗信可也。

（何孟春）

大儒何孟春此记，既是游记又属哲理散文，载于《万历郴州志》。文章叙述郴州"天下第十八泉"的来历。圆泉在城南坳上镇，湘粤古道旁。泉旁的会胜寺，旧时为官吏游客品茶之地，远近胜友高朋携茗聚会，故名"会胜"。文中解密了张舜民误认永庆寺泉为圆泉之事，指出该泉水虽"美"但不能替代圆泉，郴人因为张舜民爱此泉，特以其号"浮休"命名此泉。而到明代，永庆寺基址已圈入学宫即文庙大院，浮休泉也早就淤塞。对于圆泉，何孟春亲口体味，相信水脉异于它泉。作为理学家，他就圆泉不复往昔冷暖色泽，发表一番看法；强调天下事物，要亲身体验，他亲尝圆泉，才信"《茶》记不虚著"，此乃本篇亮点。

## 燕泉记

郴城南之西南，有燕泉者，在桂林坊东。而泉仰喷砂石间，寒冽而甘，四时不涸，傍泉居人取汲焉。谓之燕者，春燕来时，汎滥东流，合三川水，过游鱼桉，入通坡堰，有灌溉之利。燕去则否。南天秋多雨，燕之去，泉与农无功焉。

宋折彦质谪郴时，所居考《郡志》，殆即春所居之地。折寓郴号"葆光居士"，尝作引春亭于泉上，为流觞曲水。又作春和堂，日游宴其间，今遗址具存。春顷就故居之南隙，展凿一塘，得青石数段，合之则昔人之所为流觞者，其折之遗物欤？

塘引泉流，种荷养鱼，自春徂秋，弗盈弗缩。方兹泉之急田利，春不敢专，及其剩于农也，春独有之，而人不以为嫌。春故于兹泉号是托焉。昔人所有亭堂觞咏之乐，宛然在目，第欲效其所为，而愧其力之弗能举，且弗暇也。

家山别后，重怀邱首，简诸知己，各著文诗，庶以名泉，有咏云尔。

（何孟春）

何孟春此记，载清同治《湖南通志》卷末十一·杂志十一，《万历郴州志》《嘉庆郴州总志》。燕泉，详见前篇前文"燕子泉与五盖山茶"的传说。何孟春在"议大礼"事件时遭贬南京留都工部侍郎，遂愤懑辞职，毅然归郴，择居城西南燕泉畔，饮茗著书，自号"燕泉"，借以明志。撰《燕泉记》事由：离家又重归家山怀抱，与各处友好约写当地名泉。"邱"，地名，同"丘"，因孔子名丘，为避讳圣人名字，清雍正三年（1725年）上谕除四书五经外，凡遇"丘"字加偏旁为"邱"；"邱首"指代故乡。所以何燕泉为天下第十八泉和燕泉作记。此文明确写宋代抗金名将折彦质"谪郴"，自己在燕泉发现了前贤遗留的"引春亭""春和堂"遗址及文物，字里行间表露追随先贤、造福乡梓之心。

## 游金宝山记

邑之东北，延衮六七十里，所见无非山者；而层峦突兀，襟带群岭，惟金宝山为绝胜。

戊午秋，同人偕余作登高游，于是涉江潭，循樵径，西风扑面，寒气上衣，遥望仙峰缥缈，依稀在指顾中也。将抵山，攀缘而上，数步一折。鸟迎于道，云绕于足，石磴花阶，送影在目，飘飘然作天际想矣。

入山门，禅关半扃，茶烟暂歇。久之，一僧荷锄归，问："游子何来？"余告之故，因导余蹑危岩，登宝塔，谒王真君毕。窃忆当年飞升故址，丹灶鹤影，至今无一存者；而仙灵陟降时，若与月白风清，共为往还也。少焉，纡回周视，诸山来朝。大如盘，小如拳，其间断者、续者、俯者、拜者，历历皆可数。遥指城郭庐舍，隐隐在烟树间。余与诸子瞻眺数四，因思干戈缀眼，带甲弥天，风景山河之殊，邑里丘墟之感，又转而痛悼不已。

是时也，夕阳在山，倦鸟知还。余乃止宿僧房，听鸣钟，闻梵呗麓阿那赞叹之声，涤我嚣尘，觉百年之内，暂借此袈裟片地，消闲囊一夜。

晨起，辞山僧，留诗壁间而去。遂不复取故道，踵虎豹之遗蹊灞步禽羽之飞踪，稍折而下，直抵山腰，四面围以松阴，响以石泉。老衲款扉而迎，询其名，曰："龙泉庵。"余乃披襟而坐，四顾苍无一不可人意者。僧朗一执礼甚恭，向余索诗。余欣然若有所友人迎之归，吟未就而返。当斯时也，虎溪一笑，蝉鸣不休，山依依欲送人。余与诸子逐步回顾，抵书斋，不觉月影在户矣。因作游龙诗未吟成便回去了。当这个时候，像辨才和尚送东坡，不觉过了虎溪，彼此一笑，树上的蝉声不止，山对游人依依不舍，表示了欢送。我与同游的诸位，也是一步一回头地观望，抵达书斋，不知不觉月影已在窗上了。因此写了一首游龙泉的诗，用来抒发这次游山的兴会罢了。

（明·庄壬春）

庄壬春，明代官员。福建晋江（泉州晋江市）人，明嘉靖八年（1529年）与同族二人同中进士，誉为"一榜三龙"；历官户部员外郎、郴州同知、严州知府，闻人海瑞曾向其家庙赠香炉。明嘉靖十九年（1540年）庄壬春贬任郴州同知，重修苏仙桥、建吏隐堂等。明嘉靖三十七年（1561年）游览金宝山等处，金宝山离州城70里，在永兴县东北与炎陵（炎帝陵所在）、资兴交界。传说神农藏稻、茶、果、蔬种子于山中，当地农民收获稻谷后，头碗新米饭朝向炎帝陵。

## 南轩记

秩唯尉为卑职，于余为宜。乃尉事则又在巡獗盗贼，则其职又不易称也。余尉郴，乃数有天幸，铃柝可弛，日惟徜徉以适。燕居之南，隙地可半亩，高厂若阜，故在宿莽中。余徘徊得之，曰是宜轩。

乃鸠工聚材，构直屋。屋前为台，台杂植花木；台下置盆沼，养小鱼，时观其活泼浮沉，殊令人喜悦；中列几，几上设古篆，横素琴。每昼静，则焚香以抚之。倦则设篑以卧，卧起则又呼瓦鼎拾橘枝，烹虎丘茗，辄啜数瓯，陶陶然不知其身之羁为卑尉也。轩成之三月，太守胡公闻而视之，乃为扁曰"南轩"，且笑谓曰，是足以寄子傲。

嗟夫！余方逐逐督司间，安敢作傲。乃余之适，可以征治矣。襄闻郴素多警，巡徼者日不得息，犹恐负罪戾。乃今则四境廓廓然无事，尉庭阶蓊然茂草，太守君亦多时吟秋水，况于余乎。故四境治，则余得为一日之安，尉有一日之安，故南轩得奉余一日之乐。是余之南轩，固郴治平征也。抑谚有曰："郴安则湖南九郡可以奠枕。"然则郴之安危，又关乎湖南矣。余之南轩，其又湖南治平之征已乎！爰喜而志之，见予非私乐也。

（明·朱棠）

朱棠，明万历年郴州官员，吴县（苏州）人。监生，明万历二年（1574年）任郴州吏目，掌刑狱及官署内部事务。他做田野调查，数次建议知州胡汉游览"郴阳佳境"万华岩。此岩原名坦山岩，系大型地下河溶洞，北宋知州阮阅有诗，在郴弘扬理学的大师张栻题诗命名为万华岩。于是州署一班人游万华岩，唱昆曲，是昆曲明代传入湖湘的依据。朱棠在吏目厅旁建一小轩，知州胡汉命名为南轩，亦含有纪念南轩先生张栻之义，于是朱棠撰《南轩记》。文中记述"烹虎丘茗"；因其为苏州人，来郴履职携带了家乡茶叶。

## 耒阳县石臼仙碑阴记

石臼仙，世传为郴阳苏仙之舅，名无可考。一日求修炼处于耽，耽以一失遗之曰："视失所至，即为汝驻足地。"随寻之，则在牌楼下。周氏因以石臼山名焉。失著处有小孔出泉，冷冷溜溜，清冽可人，堪供一僧。后以披剃者众，觅石工凿大之，泉竟不出。乡人疑为仙迹显灵之所。自宋迄今几百年，碑文磨灭。省相周君仲隆建枫亭，立石亭，塑苏仙石臼母子三象于其上，及茶、酒二仙咸备列焉。且植松数十株于道旁，令行者有庇荫之所。复砌石数十丈于山，令朝且谒者无崎险之艰。无奈风雨震凌，仙亭后圮。仲隆子万年偕庠生男讳时纠周姓，并仙旁附近一重修之。事竣，丐余为记。余从粤西归来，喟叹曰："神所凭依将在人矣！"周公父子仗义捐赀，祖耳濡目染积德此亭，得此君而再新此仙，得此亭而重光。行将与九仙二佛并称不朽，岂徒为无益之靡费哉？时族人居民相与共成厥事，输财助力焉，义得备述以为将来劝。

万历戊子仲秋月望日<br>（明·陶志皋）

此为流传在桂阳郡耒阳县的奇葩传说，苏仙传说中提及舅舅，但舅舅在郴州和母、舅家乡永兴下落如何？不得而知，却在与永兴接壤的耒阳流传，舅舅向外甥讨一处修炼宝地，苏耽射出一箭云落地即其修炼处。这箭从郴州射到了60km外的耒阳县牌楼下西山石，形成一个石臼且清泉淌出，其舅便至"石臼山"修炼，后世称"石臼仙"。宋代立碑刻，明代湖南观察使（省相）耒阳周仲隆在此造亭，塑苏耽、苏母、舅舅像；更奇葩的，还塑了茶仙之像。后风雨侵凌破损，其儿周万年又兴义举，与周姓秀才倡导族人县民捐资重修。周万年请朋友、浙江绍兴举人陶志皋作记，1588年陶从广西至耒阳，盛赞周氏父子（后孙子又修，历三代）等行为非浪费，而有益民众耳目，此积德义举可与湘南郴州九仙二佛媲美。

## 燕泉赋

桂林之腋，沈水之间，石碛一派，有泉出焉。始屑渗而瀽沸，终枝流而蔓延，枕文明而印碧，漱沆瀣以分元。无岁不潆，泓于入桂，有时长溢，灌于三川。不与醽醁而共酒蘖，不随张、陆而护茶烟，为粒民而出世，顷沃土以穰田。

客有观斯泉者，掸袁生而进之曰："美哉泉乎！吾尝斟中泠于江巅，挹太乙于百都，吸明月于金华，酌金沙于潕湖。品虽登于杯盏，功未及于梁稌，斯何泉也，而功至是乎生？"

正襟而对曰："桂渚之真，淑气之炫，郁结成泉，蜿蜒为练，其发于窦，其名曰：燕。出有本而终阂，达盈科而外渐，渗玉乳以流甘，喷香雪而集霰。滓之不浊，澄之不清，泆而为隐，洄而若见，濯缨而孺，有歌枕流，而客忘倦。拜汉甘而可宫，跨秦醴而居殿，此泉品中之绝流，岂人间世可多见耶。"

客变色而问曰："凡名之立，惟实是副，鸤鹉集而成陂，鸳鸯宿而泊渡，池以凤凰而美丝纶，洲以鹦鹉而重词赋。泉兮燕兮，孰丽孰附？"此子之所稔闻，而予愿闻其故。

生曰："泉之逶迤，燕以为期，燕之去来，泉与之偕。当黄叶之既尽，正青辂之方来，鸤鵙舌动，煖律风回，民举趾而首事，悉计耦以相赍。是月也，碧桃迎候而华，元鸟应社而降，语呭杂而呢喃，飞颉颃而下上。此石此泉，若盈若涨，派云涌而星流，势滥出而涒放，似骥奔而漂来，比虎跑尤觉畅通。陂以润膏腴过，游鱼而来荡漾，乐岁有粮米之盈，大旱无云霓之望。及其东作，既终西成，告至景已谢乎朱陵，令传司于素帝，瞻白露之自天，怯金风之动地。功既衰于稼穑，民无藉乎耒耜，紫燕巢空，朱衣巷闭。此石此泉，为归为还，田窦枯而成塞，琼膏秘而不宣，从鹈鹕以反国虚，犹兔鹭之在郊原。风不波而潮落，月无影而潭寒。收余泽于龙湫，养重晦于虹渊，其来也抱泉而来，其去也挚泉而去。吾以知燕之灵，其缩也待燕之踪，其鸣也待燕之至。吾以知泉之有名，浮沉有定候，而如以潮海为程，出处不愆时，而如符天地之经。燕知泉之消息，泉以燕为神情，是佳气之所扶舆而魁奇之所挺生。惟泉之东有何文简公者，饮光而生，濯神而出，孕元鸟以呈祥，浴秋水以为骼。道滴矣而有泉，才毚焉而不竭，见有期而得出之时，湟不淄而得流之洁。忠愤虞渊，学探禹穴甚矣，泉之似先生矣，精相授也甚矣。先生之爱斯泉也，情相动也，于是乃翱乃翔，以游以乐，寻折氏之觞池，觅舜民之尊窭。掬不尽先生之赏，复拾为先生之号，谓夫泉隔我，而尚离其神未若我，即泉而始得其妙。濯白贲于邱园，沛甘霖于廊庙，往来独任左右逢源。性澄而尘不染，景过而鉴常空，洒霁怀以映秋月，祐沃野以慰春农。注《家语》之文而洙泗衍派，作《周易》之翼而山水告蓁，修同寺之马政，止滥觞于洧溶，罢大梁之戎事，与沟洫以田功。筹边计数十事，而北塞驰瀚海之封；平滇镇十八寨，而南徼建瓴水之雄。擅学阐之百家，汇众派而朝宗，抗'大礼'之一疏，经万折而流东，大节事三朝而不解，典礼昭万世以为功。春和乘燕来，而出分湛露于九重；秋肃感燕去，而隐藏云水于深谷。两间正气，一代贞忠，此孰非先生之概乎？而亦非此泉之所钟乎？"

客愕然而起曰："予初不知泉之有燕也，亦不知燕之有泉也，又复不知燕泉之有先生也。因泉知燕，因山川知文献，一闻吾子之言，恍见先生之面生。"恤然曰：先生之大，渤澥难量；先生之深，河源难溯。一隙之流，所达有数，此何足以钩公之元，而亦祗以窥公之素，生颐溜而折磐。客嚅舌而却步。乱曰：

天命元鸟窍发，清冷气孕壮士，朝借正衡词源，巫峡学海沧溟。

处则渊塞，出则霖倾；百世为师，万邦作刑，功盖古记。民到今称，

惟燕于飞，惟泉不停，谁司去来？谁主消盈？不可得而知吾知之燕泉先生。

（明·袁子让）

袁子让，明代文字音韵学、文学家，郴州人，明万历辛丑年（1601年）进士，历嘉定（四川乐山）知州、兵部郎中，封奉直大夫。他廉政爱民、维修乐山大佛、开发峨眉山旅游，朝廷制文"询瘝哀芘，恩波与夹江并润；祛奸剔蠹，勋猷共峨岭俱崇"。认为他对待百姓的恩泽像浩荡江水，驱除奸邪，整治民风，功高堪比峨眉山，故予旌表。明代学者研习诗词，出切、行韵标准不一，遂知"时有古今，地有南北，字有更革，音有转移"。袁子让钻研音律声韵，创作《字学元元》一书，解决难题。《四库全书》收入此书，当代"湖湘文库丛书"也重新刊印。其诗文俱佳，《香海棠赋》轰动国中，而《燕泉赋》亦是大块文赋，洋洋一千四百字格，笔法新颖，借访客提问展开对话，讴歌郴州名泉与大儒何孟春。

开篇说以产桂著称的桂水流域之泉，水质上乘，但不像本州醽渌泉特作贡酒，也不似鉴水状元张又新和茶圣陆羽品鉴的圆泉专于煎茶，其更重要的是为百姓生计而泉涌成名的。客人说我游南北，在镇江、百泉之都济南、金华、湖州等处都喝过煎茶名水，郴州此水虽好，可我还不知其名？作者告诉他，本州系产桂的南岭幽雅之地，此水出于石穴叫燕泉，玉乳香雪一般，如果秦、汉发现它，就可在其畔建醴泉殿、甘泉宫。客人被震住，说名要副实，此水究竟是因泉还是因燕呢？作者便以800字的长篇大论，述说燕泉对于农耕的贡献、文化的象征，燕来泉涌，燕去泉小，燕有灵而泉有性的生态意义。文中"耒耜"，即神农氏族在南岭郴州发明的农具。故大贤何孟春择居泉畔，号为"燕泉"。接着，文字转向对燕泉先生爱燕泉的揭示，寻找北宋贬官张舜民的窳樽刻石和南宋抗金将领折彦质的遗迹。叙何孟春行迹南北西东之政绩，博大精深之学问撰著，诸如任职马政与西陲的茶马交易，献策苏松治理江淮洪灾，担纲云南巡抚安定边疆，以"湖广熟天下足"之见促进农业，在嘉靖"议大礼"事件中敢于限制皇权任性。此赋正气磅礴，如潮起潮落，由泉及燕由燕及人，最终落笔于人的风采精神，堪称涉茶散文的珍品。

## 徐霞客游记·郴游日记

初十日雨虽止而泞甚。自万岁桥北行十里，为新（升）桥铺，有路自东南来合。想桂阳县之支道也。又北十里为郴州之南关。郴水东自山峡，曲至城东南隅，折而北径城之东关外，则苏仙桥横亘其上。九洞，甚宏整。至是雨复大作，余不暇入城，姑饭于溪上肆中，乃持盖为苏仙之游。随郴溪西岸行，一里，度苏仙桥，随郴溪东岸行，东北二里，溪折西北去，乃由水经东上山。入山即有穹碑，书"天下第十八福地"。由此半里，即为乳仙宫。丛桂荫门，清流界道，有僧乘宗出迎客。余以足袜淋漓，恐污宫内，欲乘势先登山顶，与僧为明日期。僧以茶笋出饷，且曰："白鹿洞即在宫后，可先一探。"余急从之。由宫左至宫后，则新室三楹，掩门未启。即排推开门而入，石洞正当楹后，崖高数丈，为楹掩，俱不可见，洞门高丈六，止从楹上透光入洞耳。洞东向，皆青石迸裂，二丈之内，即成峡而入，已转东向，渐洼伏黑隘，无容匍伏矣。成峡处其西石崖倒垂，不及地者尺五，有嵌裂透漏之状。正德五年，锡邑秦太保金时，以巡抚征龚福全，勒石于上。又西有一隙，侧身而进，已转南下，穿穴匍伏出岩前，则明窦也。复从楹内进洞少憩，仍至前宫别乘宗，由宫内右登岭，冒雨北上一里，即为中观。观门甚雅，中有书室，花竹翛然，乃王氏者，亦以足污未入。由观右登岭，冒雨东北一里半，遂造其顶。有大路由东向迂入即延伸者，乃前门正道；有小路北上沉香石、飞升亭，为殿后路。余从小径上，带湿谒苏仙，僧俗谒仙者数十人，喧处于中，余向火炙衣，自适其适，不暇他问也。

郴州为九仙二佛之地，若成武丁之骡冈在西城外，刘瞻之刘仙岭在东城外，佛则无量（无量寿佛周全真）、智俨，廖师（韩愈《赠廖道士序》）也，俱不及苏仙，故不暇及之。

十一日与众旅饭后，乃独游殿外虚堂。堂三楹，上有诗匾环列，中有额，名不雅驯，不暇记也。其堂址高，前列楼环之，正与之等。楼亦轩敞，但未施丹垩，已就攲裂，其外即为前门，殿后有寝宫玉皇阁，其下即飞升亭矣。是早微雨，至是微雨犹零，仍持盖下山。过中观，入谒仙，觅僧遍如，不在。入王氏书室，折蔷薇一枝，下至乳源宫，供仙案间。乘宗仍留茶点，且以仙桃石馈余，余无以酬，惟劝其为吴游，冀他日备云水一供耳。宫中有天启初邑人袁子训雷州二守碑（雷州通判），言苏仙事甚详。言仙之母便县人，便即今永兴。有浣于溪，有苔成团绕足者再四，感而成孕，生仙于汉惠帝五年五月十五。母弃之后洞中，即白鹿洞。明日往视，则白鹤覆之，白鹿乳之，异而收归。长就学，师欲命名而不知其姓，令出观所遇，遇担禾者以草贯鱼而过，遂以苏为姓，而名之曰耽。尝同诸儿牧牛羊，不突不扰，因各群畀之，无乱群者，诸儿又称为牛师。事母至孝，母病思鱼脍，仙往觅脍，不宿而至。母食之，喜问所从得，曰："便。"便去所居远，非两日不能返，母以为欺。曰："市脍时舅氏在旁，且询知母恙，不日且至，可验。"舅至，母始异之。后白日奉上帝命，随仙官上升于文帝三年七月十五日。母言："儿去，吾何以养？"乃留一柜，封识甚固，曰："凡所需，扣柜可得。第必不可开。"指庭间橘及井曰："此中将大疫，以橘叶及井水愈之。"后果大验。郡人益灵异之，欲开柜一视，母从之，有只鹤冲去，此后扣柜不灵矣。母逾百岁，既卒，乡人仿佛见仙在岭哀号不已。郡守张邀往送葬，求一见仙容，为示半面，光彩射人。又垂空出只手，绿毛巨掌，见者大异。自后灵异甚多，俱不暇览。第所谓"沉香石"者，一石突山头，予初疑其无谓，而镌字甚古，字外有履迹痕，则仙人上升遗迹也。所谓"仙桃石"者，石小如桃形，在浅土中，可锄而得之，峰顶及乳仙洞俱有，磨而服之，可已治愈心疾，亦橘井之遗意也。传文甚长，略识一二，以征本末云。

（明·徐宏祖）

徐宏祖（1587—1641年），明代地理学家、旅行探险家、文学家，别名徐霞客，江苏江阴人。法国洞穴联盟专家让·皮埃尔指出"徐霞客是早期真正的喀斯特学家和洞穴学家"，美国科学家甚至赞誉徐霞客为"最卓越的地理地质学奠基者"。徐霞客于明崇祯十年（1637年）农历三月底至四月游历郴州、桂阳州，写下郴桂游日记。四月初十至十一，专程游道教天下第十八福地、喀斯特地貌的苏仙岭，住一晚。《徐霞客游记》记述茶事百来条，9种敬茶方式郴游日记写到2种。四月初十当天岭麓乳仙宫僧人乘宗，热情地"待茶"招待他；第二天徐霞客下岭经过乳仙宫，乘宗"留茶"并点心为他送行。徐霞客还在宫中发现郴州人、广东雷州通判袁子训所撰《苏仙》碑文，叙述了汉代郴县草药郎中苏耽生卒年、孝母、得道升仙以及用橘叶井泉救民的事迹。最主要的，是饮茶后得出对郴州的看法"郴州为九仙二佛之地"。

## 观音岩纪胜

盖闻天地无言，自具流形之道妙，山川毓秀，每为揽胜所声称。《钴记》作自柳州，始开生面。《黄鹤诗》成于崔颢，愈壮大观。信乎地以人传，抑亦词缘境起也。

吾邑西观音岩，托慈荫于神麻，实名区之古迹。危峰插汉，上独有天；飞阁临渊，下疑无地。曲槛回岭头之日，层梯嵌谷口之云。结构乘虚，玲珑入妙。峻峭则石屏耸立，葱茏而林木繁阴。象倚壁以长闲，坐老洞中岁月；狮截流而稳卧，鼾吹江上波涛。斜抹一湾，僧梵与渔樵竞唱；参差两岸，宝雁同花鸟齐飞。晴空远吐山岚，接氤氲于一气；雨后新迎晓绿，开艳景于三春。禅榻茶香，尘心初静；筠帘烟袅，午篆方长。昕钟磬之声声，顿开觉路；望樯帆于阵阵，早被迷津。时而碧水澄鲜，夜则冰轮映澈。杯倾竹叶，笛起梅花。居然海上峤壶，非比人间图画。

于焉逍遥，仙客，肆意盘桓；亦有采访辅轩，会心高远。每青衿而结伴，仿舞雩沂水之游；间朱绂以联翩，乘佛诞花晨而至。仰观俯察，憩息流连。或同归闲雅之中，或放浪形神之外，或凭栏而怀古，或即事以留题。寄托攸殊，幽赏各别。若抱青云意气，独抒白凤才华，锦绣千重，光芒万丈。洒彩毫于纸上，行行倒薤悬针；摘芳耗于囊中，字字铿金戛玉。朋侪式合，逸兴偏多。爽把秋宵，奚待庾楼近接；烟开石径，何妨谢屐重来。文章大块之工，点染菁华之笔，品题增盛，藻采何穷。

（清·李宗德）

李宗德，清朝举人，永兴县人。曾任湘东攸县教谕。这篇骈文序，载清嘉庆《郴县县志》卷三十五。观音岩乃湘南佛教名胜，故文中有"禅榻茶香，尘心初静"之语。

## 世泽亭序

周官遗人掌鄙野，委积以待羁旅，庐有饮食，路室有委候，馆有积。此即建亭施茶所由昉也。

临蓝嘉三邑交界有都会焉，曰"塘村圩"。南通两粤，北达长、宝、衡、永，担运海醝者，宵旦络绎，率以万计，冲繁哉，数省通衢也。顾行者过此，冬愁雨雪，夏苦喝渴。苟有一橡之庇，一勺之甘，是拜嘉惠矣。

英溪周君毅然以建亭施茶为己任，今观其石挂屹然，瓦屋巍然，施茶田一十二亩，约费千金，伟哉！斯诚仗义乐施、能人之所不能者。太史公之于当世贤人，富而好行其德者，乐与之比而称道弗衰，窃于周君忻慕之矣。至于作大善必报以大吉祥，虽不得于其身，必得于其子孙，此又天道毋或爽者，不必赘也。

（清·苏良枋）

苏良枋，清代官员，清临武县人。清乾隆五十九年（1794年）恩科举人，拣选文林郎、教谕、侯铨知县。世泽亭，在湘南最大牛市嘉禾县塘树墟北端，清道光十四年，塘村花溪人周沛泽捐资独建。其自序云："经商十余年，备尝艰苦，欲建亭以庇行火，以伸隶志。清道光五年五月廿五。乃相墟北里许四达之衡建亭及屋，募人事茶。并置田十二亩，永为茶工茶叶之用。别立茶会，年租生息以备岁修。俾世异而亭与茶不异，因名亭曰'世泽'。"周沛溪慕苏举人才名，礼请其著文，故苏良枋撰序，将茶亭建筑源自周代之由来道明，同时褒扬周氏仗义之举。

## 万福攸同碑记

今夫茶亭之设到处攸具，日用之须为此为甚。故此地虽非大镇名区，上通蓝、临，下底湘江，往来行人不绝如缕。四路村远，谁念行路辛艰。一勺难求，奚啻涸辙之苦；望梅林而不见；病似长卿思佩刀之无人；渴同夸父爱集。同人倡为义举，建茶亭以为息肩之地，造茶室以为人——庶。凡渴者有甘露之歌，行者无饥渴之害，此非子村之功，实仁人君子之福也。用勒芳名，以垂不朽云。

（清·佚名）

清道光二十一年（1841年）九月，桂阳州打马冲茶亭，立碑"万福攸同记"，碑文仅140字，将茶亭茶室所建古道"上通蓝（山）、临（武），下抵湘江"的地理位置，与方便行人的意旨，写得十分精辟。文引典故四则。"涸辙之鲋"，以陷入干涸车辙的鲫鱼，比喻处于窘困境地、亟待救援之人；"望梅止渴"，比喻行路者的解渴心理；"病似长卿"，以司马相如的"长卿疾"形容旅客之盼消渴成疾；"夸父渴"，以《山海经》"夸父追日，喝干河渭"的传说，形容极度需求。碑首的"万福攸同"，语出《诗·小雅·蓼萧》"和鸾雝雝，万福攸同"，为吉语，以铃铛声和谐优美，愿道上万人同福，蕴含人生大同的哲理。

## 翛然亭记

此关为桂常通衢，山侧原有亭，以资憩息。岁久失修，风雨剥蚀，屋宇倾，行人伤之。壬辰秋，彭君伟堂纠工庀材慨然整修，并建茶屋二座，置田亩以供日食。既成，行人过此当暑雨人疲时，忽听松风沥沥，流水潺潺；一杯香茗，万斛尘消，怡然神游太古，自谓羲皇上人焉？额曰：翛然亭。

诰授光禄大夫振威将军山东巡抚部院姻弟陈士杰撰

## 濯源书院记

濯源主人淡荣利，笃内修，奖诱后进惟恐不及。既倡建凤山书院以励族姓学，复思所以教育子若侄者。越三季，癸酉于近村里许得胜地焉，后枕云盘山，前临溪水，石壁对峙如玉屏然，左则白阜，苍山排列，宛若大纛插霄。右则流峰高耸，卓立如笔。顾而乐之，曰："嘻！得无彼苍灵气所钟留，为吾辈建学地乎？"爰诹吉日审方位，鸠工庀材，逾年乃成。地居港水之源，因名焉。

余尝过访主人，相与散步徐行，随田塍转折，不数百步已抵墙垣。墙内垂杨袅袅，游丝牵人衣袂，仿佛迎客也者。入门东西两楹，凡八舍，童冠六七人，讲授诵习，书声琅琅然。旁斋二楹，各三舍，扫榻小憩，煮茗谈心，相忘永日。周遭护以短垣，隙地遍种竹木花卉，以资游目。门外凿小池，广半亩，水月相映，天光云影，徘徊共之。主人侍养馀闲，躬临督课。开门瞭望，但见春和时烟雨迷离，万山苍翠，泼人眉宇。夏则雨后人耕，天然绿野画图，而奇峰层叠，明灭变幻，恍如文兴勃发，离奇不可思议。秋风既起，山色平远，万里无云，尘翳净尽，道念自生。隆冬四山叶落，老树权橱有古意焉。若夫雪霁，烟消徙倚，独立朗朗。

如身在玉山行，意文境澄澈，当亦类是。因念古人读书，超以象外，得其环中，时地虽异，形形色色，触目皆足怡情，诚有取之不禁，用之不竭者，此岂濯源主人所得，私而据为己有哉而已！若据为己有也，是可美也。且夫山川无灵，每因文人学士之歌咏以成其灵。而文入学士亦时借山川之精英，以助其聪明材力。昔太史公周流天下名山大川，而文滋闳肆。东坡自浮大海，而笔势纵横。跌宕不可提摹。王摩诘得辋川别墅，而诗中有画，画中有诗，学者苟能触景生情、情至文生，领四时之佳趣，抒绝妙之词章，色几哉不负此名区与立学之意乎？春风沂水，舞雩农山，无之非学，亦无之非教。在人神而明之尔。

余老矣，不能以时至斋舍，与诸子共切磋，因而把酒赋诗，玩此风日佳丽。而苟影易逝，屈指主人弃世已二年矣，其哲似镜溪昆仲属余为之记。遥望崔源，院宇鳞次，佳树葱茏，犹想见树木树人之意，而风景依然哲人莫睹，殊令我低徊四顾，感既欷歔不能自己也！主人颜姓，锡蕃字接三，置岁租六十石备廪饩而资修葺，凡与同祖考者，其后裔皆得入学，并附记之。时光绪十六年庚寅夏四月。

（清·陈士杰）

此两文，系陈士杰告老还乡后作。前文摘自桂阳县文史研究会系列丛书、彭广业著《陈士杰》"赈置茶亭"一节。清桂阳州属衡永郴道，接壤各州，山道多条，人客翻越辛劳，陈士杰倡导加建茶亭茶屋，方便商旅百姓。于是州境各道附近村人捐田让专人耕种，居茶屋茶亭烧茶，免费施茶，使之达到"三里一亭，亭以百计"。翛然亭，坐落于桂阳州莲塘乡衡州常宁县要道腊元村关口，其亲家彭伟堂领衔捐资重修，并筑茶屋两间。竣工时，陈士杰欣然为之作记。后文在其《焦云山馆诗文集》中，为本州颜锡蕃建濯源书院而作。文均清朗，语渗茶香。

## 自瓦窑坪坐肩舆抵郴州

十九日早雨，午晴。

午初自瓦窑坪，与桂仆同上肩舆，行四十五里，酉初抵州。久困篷窗，忽登彼崩。真鹄举矣，青天廊然。始缘山脊而行，茶树槎枒，崎岖殊甚。五里许方得坦途，纽蓂如烟，型花先重，余润疑露，风来更香。溪水潆洄，两度呼渡。遇山市少憩。见一少年，芒鞋雨笠，贸贸然来，呼酒甚急。自涤酒杯凡二，以黄荠煮青笋。甫熟，有老媪扶杖至，其母也。进酒献笋，倍极殷勤。母与子相语，似入城索逋者。乡愚犹能孝其母，吾弗如也。游子天涯，对之增感。望见东门，有衣冠揖于道左者，门下士仲仪、叔云也。入署周旋，人旧地新，烦喧逾两时之久，三鼓始息。前任冯刺史尚未出署，书房尚无定所，暂寄寓于西廨焉。

（清·杨恩寿）

杨恩寿（1835—1891年），清末戏剧家、诗人，长沙人。清同治庚午（1870年）举人，在云南、贵州做过幕宾,清光绪初授都转运盐使司运使衔、湖北候补知府。清同治初(1862—1864年)曾受郴州知州魏镜余聘请为西席,教其两儿读书,因此四到郴州。这篇日记散文就是叙述清同治元年三月十九抵郴情形,载杨恩寿《坦园日记》《郴游日记》卷一,青山、茶树、花香、溪水,写得优美耐读。

## 三、茶饮诗词曲

郴州古代茶及茶饮的诗词曲,承运于汉代橘叶泉水驱瘟疫救民的福地橘井,和唐代茶圣陆羽青睐的煎茶名水天下第十八泉圆泉;又开篇于"刘柳",即诗豪刘禹锡和唐宋八大家之柳宗元。两宋由丰神俊逸的苏轼领起,秦观、张舜民、阮阅、辛弃疾、杨万里、张栻、折彦质、雷应春(郴州籍)继之,呈现内涵丰厚、格式丰沛、辞藻丰赡、手法丰崇的丰硕之状。元代因时间不长数量少,却不乏佳作。明代复归丰渥,本土理学家兼名臣,"茶陵诗派"主将、代吏部尚书何孟春(郴县)、户部尚书邓庠(宜章)、礼部尚书曾朝节(临武)、两广总督刘尧诲(临武)都有篇章。清代随着前中期经济之繁荣,面面俱到,丰博多姿,岳麓书院山长欧阳厚均(安仁),浙江、山东巡抚陈士杰(桂阳)、湖湘文化大师王闿运、戏剧家杨恩寿等,难以枚举。

据不完全统计,郴州涉茶诗词曲超过200首,俯拾皆是。北宋开始出现名家诗组,丰饶出人意表。按发生年代排序,有医林名典"苏耽橘井"即道教"天下第十八福地"与茶组诗、陆羽与天下第十八泉"圆泉香雪"组诗、浮休居士张舜民《郴江百韵》涉茶组诗、阮七绝阮阅《郴江百咏》涉茶组诗、郴州古八景与茶组诗,明清湘昆、湘剧、祁剧也有涉茶词曲牌,蔚为湖湘茶诗词曲大观。本书精选部分。

### (一)唐 代

#### 西山兰若试茶歌

山僧后檐茶数丛,春来映竹抽新茸。宛然为客振衣起,自傍芳丛摘鹰觜。
斯须炒成满室香,便酌砌下金沙水。骤雨松声入鼎来,白云满碗花徘徊。
悠扬喷鼻宿酲散,清峭彻骨烦襟开。阳崖阴岭各殊气,未若竹下莓苔地。
炎帝虽尝未解煎,桐君有箓那知味。新芽连拳半未舒,自摘至煎俄顷馀。
木兰沾露香微似,瑶草临波色不如。僧言灵味宜幽寂,采采翘英为嘉客。
不辞缄封寄郡斋,砖井铜炉损标格。何况蒙山顾渚春,白泥赤印走风尘。

欲知花乳清泠味,须是眠云跂石人。

(刘禹锡)

## 奉和周二十二丈酬郴州侍郎

衡江夜泊自得韶州书并附当州生黄茶一封率然成篇代意之作：

丘山仰德耀，天路下征骖。梦喜三刀近，书嫌五载违。

凝情江月落，属思岭云飞。会入司徒府，还邀周掾归。

（柳宗元）

柳宗元（773—819年），郴州侍郎，即谪郴州刺史的杨於陵，他原任朝中户部侍郎，故柳宗元尊称其"郴州侍郎""杨尚书"；"韶州"系代称，即韶州刺史裴曹，与柳州刺史柳宗元叫"柳柳州"一样。此诗所记大致为：周掾在边州干了5年后返京投教育主管机构司徒府，带着韶州刺史写给郴州刺史杨於陵和柳宗元的信，抵郴州时，知柳宗元在衡州，于是他赶往湘江船上夜会柳宗元，转交韶州刺史的信；同时郴州刺史杨侍郎送别周掾还不忘给柳宗元也附上一包新摘的郴州黄茶。柳宗元感慨不已，周掾书写感谢杨侍郎的诗，柳宗元也奉和一首寄郴州，与之一起酬谢杨於陵赠茶，并吉言杨也将归京。

## （二）五　代

### 书伍彬屋壁

圆塘绿水平，鱼跃紫莼生。要路贫无力，深村老退耕。

犊随原草远，蛙傍堑篱鸣。拨棹茶川去，初逢谷雨晴。

（廖　融）

廖融（？—984年），五代郴州马车令、诗人，字元素，号衡山居士，赣县（江西赣州）人。唐末五代初，兄弟曾隐南岳衡山，其兄后出任楚国（都长沙）连州刺史。廖融却弃郴州职官，只与诗人交往。伍彬，诗家，《宋诗纪事》载："彬，郴州人。"清雍正《湖南通志》有记，《沅湘耆旧集》详细一点："伍主薄彬，彬，五代郴州人，初事马氏。宋师下湖湘，授官为安邑主薄。"安邑，即今郴州安仁县。《书伍彬屋壁》，廖融此诗书写在郴人伍彬家墙上，诗中"茶川"即茶溪，传说茶祖神农在南岭尝百草发现茶，故有茶陵地名，其后裔茶氏也居此，流过的河即茶川。此句意思说：自己从安仁乘船去茶陵，刚好赶上谷雨初歇采茶的天气。"茶川"名，加"茶陵"县，可证包括郴州在内的湘江东面皆产茶。

## （三）北　宋

### 荔枝叹

十里一置飞尘灰，五里一堠兵火催。颠坑仆谷相枕藉，知是荔枝龙眼来。

飞车跨山鹘横海，风枝露业如新采。宫中美人一破颜，惊尘溅血流千载。
永元荔枝来交州，天宝岁贡取之涪。至今欲食林甫肉，无人举觞酹伯游。
我愿天公怜赤子，莫生尤物为疮痏。雨顺风调百谷登，民不饥寒为上瑞。
君不见武夷溪边粟粒芽，前丁后蔡相笼加。争新买宠出新意，今年斗品充官茶。
吾君所乏岂此物？致养口体何陋耶！洛阳相君忠孝家，可怜亦进姚黄花。

（苏　轼）

苏轼（1037—1101年），宋代文豪、唐宋八大家，政治家。《荔枝叹》诗，一透露东汉"唐羌罢贡"典故出自郴州，二揭露北宋士林丁谓、蔡襄借贡茶捞政治资本。唐羌为东汉桂阳郡（治郴县）临武县之长（不足万人之县官为长），奏请停止劳民伤财的荔枝龙眼等岭南水果进贡。北宋文豪苏轼遂借此撰诗《荔枝叹》。其在"无人举觞酹伯游"句后，自注："汉永元中交州进荔枝龙眼，十里一置，五里一堠，奔驰死亡，罹猛兽毒虫之害者无数。唐羌字伯游，为临武长，上书言状，和帝罢之。唐天宝中盖取涪州荔枝，自子午谷路进入。"本诗叹年代久远，人们已不记得祭奠为民请命罢贡的桂阳郡临武长了；如此，后段联系北宋贡茶说事，结束句作注："洛阳贡花自钱惟演始。大小龙茶始于丁晋公，成于蔡君谟。欧阳永叔闻君谟进小龙团，惊叹曰：君谟士人也，何至作此事！今年闽中监司乞进斗茶，许之。"表面看，苏轼以荔枝为题，似为汉代唐羌说话，抨击唐代以贡果等媚上的宰相李林甫，讽喻北宋借贡茶捞资本的宰相丁谓、蔡襄；实际上，指斥的是朝廷贡品制中的腐败。

## 茶　臼

幽人耽茗饮，剡木事捣撞。巧制合臼形，雅音侔枳椌。
灵室困亭午，松然明鼎窗。呼奴碎圆月，搔首闻铮鏦。
茶仙赖君得，睡魔资尔降。所宜玉兔捣，不必力士扛。
愿偕黄金碾，自比白玉缸。彼美制作妙，俗物难与双。

（秦　观）

1096年冬秦观被削秩谪郴安置，在郴州两个年头，撰多首诗词。这首《茶臼》诗，开篇就表明自己的身份"幽人"，即削了官职的幽居之人，似乎并不在意，只顾"耽茗饮"，玩味于茶臼，想象茶臼捣茶叶是"呼奴碎圆月"，愿沉醉于茶饮为"茶仙"。然而，随着打击迭至，心态忧懑，终于吟出婉约词代表作之《踏莎行·郴州旅舍》，加苏轼悼语、米芾书法，镌刻成千秋三绝碑，引起天下文士"郴江本自绕郴山，为谁流下潇湘去"的共鸣。

## （四）南 宋

### 武陵春·呈子西

老夫茗饮小过，遂得气疾，终夕越吟，而长孺子有书至，答以《武陵春》，因呈子西。

长铗归乎逾十暑，不著鹖鸒冠。道是今年胜去年，特地减清欢。
旧赐龙团新作祟，频啜得中寒。瘦骨如柴痛又酸，儿信问平安。

（南宋·杨万里）

杨万里（1127—1206年），南宋著名文学家，字廷秀，号诚斋，江西吉安人。宋绍兴二十四年（1154年）进士，历官永州零陵县丞、知县、国子监博士、知州、广东提点刑狱、吏部右侍郎、东宫（太子）侍读、秘书监等，封吉水县开国伯，晋宝谟阁直学士，封庐陵郡开国侯。力主抗金、收复失地，累遭贬抑，却屡屡痛陈国家利病。诗词方面，为南宋"中兴四大诗人"之一。他与郴地郴人多有交集，撰《送子上弟赴郴州使君罗达甫寺正之招》《旱后郴寇又作》《舟过安仁》《题兴宁县东文岭瀑泉》等诗、文。这首《武陵春·呈子西》也跟郴人相关，即呈于《寄题临武知县李子西》的李子西，他二人同榜进士。"武陵春"，曲牌名。小序提到自己喝茶过多，以致成疾。"长铗"指长剑；"鹖鸒"，一种鸟，汉代皇帝近臣戴此鸟羽缀饰的头冠；一二句说明自己脱离官场10年。"旧赐龙团"，指在侍读太子时所获赏给贡茶，6、7句说明受贡茶诱惑，饮用过度竟患寒气疾。

### 从郑少嘉求贡纲余茶（其二）

茗事萧疏五岭中，修仁但可愈头风。春前龙焙令人忆，知与故人僧味同。

（南宋·张栻）

张栻（1133—1180年），南宋理学儒宗，号南轩，右文殿修撰、静江知府、荆湖北路安抚使等，与朱熹、吕祖谦合称"东南三贤"。原籍四川绵竹，其父乃抗金名相张浚，宋绍兴七年（1137年）后落职、谪居永州、连州，张栻随父入籍湖湘，经停郴州。他从理学家胡宏学于衡山，定居长沙，创城南书院。宋乾道元年（公元1165年）郴州李金农民起义，连破郴州、桂阳两城，朝廷为之惊慌，立即从前线调兵清剿。湖南安抚使刘珙向张栻求破义军之策，张栻辅佐镇压之。刘珙请其主持岳麓书院，朱熹到长沙与其论辩理学，史称"朱张会讲"。张栻熟悉郴州，咏郴诗数首，并将郴州灵寿杖赠友。宋乾道四年（1168年）寓居郴州，撰《郴州迁建学记》《桂阳军修学记》。此诗"茗事萧疏五岭中"，指郴桂数次瑶汉起义影响茶叶生产，故向漳州进士郑少嘉求寄贡茶交运后的剩余茶。"五岭"，郴州处五岭要冲，五岭人文最深厚的骑田岭即在城南郊，岭下有宜章县五岭乡、粤汉铁路五岭站。

## 乾明寺

寒藤枯木道人家，乃有酲红第一花。我亦花前煞风景，一杯汤饼试新茶。

（南宋·吴镒）

吴镒（1140—1197年），南宋文学家，江西抚州人，字仲权。宋隆兴元年（1163年）进士，郴州教授、宜章、郴县知县，宋淳熙十六年（1189年）召为秘书省正字、郎中。宋绍熙三年（1192年）出知郴州，1196年湖南转运判官。在郴为官四任，修葺宜章学宫；与知州薛彦博迁建州学于义帝陵前，请寓居郴州的理学大师张栻作《郴州迁建学记》，状元词人书家、潭州知州张孝祥书丹；理学家陆九渊为其述功。吴镒咏郴诗词数首，"他年休歇处，诗里识郴州"一时名震。此七绝在日本藏《嘉靖湖广图经志书》郴州卷发现，乾明寺位于橘井观附近，北宋阮阅前有《乾明寺》一首。吴镒此首《乾明寺》，写在由郴州知州转任提举湖南茶盐公事时，其"一杯汤饼试新茶"句，道明南宋制茶主要为饼型。

## 沁园春·官满作

问讯故园，今如之何，还胜昔无。想旧耘兰蕙，依然葱茜，新栽杨柳，亦已扶疏。韭本千畦，芋根一亩，雨老烟荒谁为锄。难忘者，是竹吾爱甚，梅汝知乎。

茅亭低压平瑚，有狎鹭驯鸥尚可呼。把绛纱准拟，新官到也，寒毡收拾，贱子归欤。略整柴门，更芟草径，惟有幽人解枉车。丁宁著，与做棋局，砌换茶炉。

（南宋·雷应春）

雷应春，南宋词家，郴州人，宋嘉定九年（1216年）乡试头名，翌年中进士、入礼部；任江西漕粮运输官、赣县知县，性笃实，为政廉，升监察御史；因上疏触犯权贵，分任广西全州知军；雷应春不就，辞职归隐家乡，盖屋筑亭北湖边，取名"盟鸥居"；后启用为临江知军（江西新余市）、升江南东路宪台（同省司法主管）；隐居北湖畔及致仕后，著《北湖集》《鸥萌集》《清江集》等，毁于元军入侵，留得《沁园春·官满作》《好事近》收入《全宋词》。《好事近》的"梅片作团飞"，《沁园春·官满作》的"雨老烟荒谁为锄""茅亭低压平湖，有狎鹭驯鸥尚可呼"为名句，诗界称其"雷北湖"。郴州知州及郴县县令拜访，请他为北湖龙王庙撰写《重修惠泽龙王庙碑》，讲述洞庭湖神郴人柳毅"灵济侯庙"、北湖神郴人曹代飞"惠泽龙王庙"的来由，及韩愈跟北湖的关联。其待客方式，是见车骑已至，让家人"砌换茶炉"，然后与访客在茅亭中下棋、品茶。

## 城头月·赠道士梁青霞

城头月色明如昼,总是青霞有。酒醉茶醒,饥餐困睡,不把双眉皱。

坎离龙虎勤交媾,炼得丹将就。借问罗浮,苏耽鹤侣,还似先生否?

(南宋·马天骥)

马天骥,南宋大臣,浙江衢州人;宋绍定二年(1229年)进士,秘书省正字兼沂靖惠王府教授、秘书省著作佐郎、直秘阁修撰,先后任吉州、池州、广州、衢州、福州知州,绍兴、庆元、平江知府,浙东安抚司公事、沿海制置使、广东、福建安抚使,兵部、礼部侍郎,直学士兼侍读兼国子祭酒,端明殿学士,同签书枢密院事,封信安郡侯、大学士;但曲意讨好理宗,与阎贵妃、右相丁大全和董宦官结为"四人帮",弄权乱政,朝野愤懑,民谚云"阎马丁当,国势将亡",有人书于朝门。度宗登基后,追夺执政恩数。马天骥留存的文学作品不多,但这首词中"苏耽鹤侣"一语,说明他作为大学士还是视线阔、学问深、文采高,谙熟苏耽驱瘟救民、由仙鹤作伴升天的传说。"坎离龙虎勤交媾",指专注于心肾阴阳交合才能炼成好丹药。"酒醉茶醒"等句,恭维梁道士。

## (五)元 代

## 游会胜寺

寺古唐朝立,山藏一迳幽。木生灵寿异,花发蕙兰稠。
瀹茗香浮齿,簪梅雪满头。公余寻胜会,此地约重游。

(元·王都中)

王都中(1279—1341年),元代诗人、郴州路(路府)总管,字元俞,号本斋,福建霞浦县人;其为官40余载,升户部尚书;至正元年卒,赠昭文馆大学士,谥号"清献";史称"元时南人以政事之名闻天下,而位登省宪者,惟都中一人而已",且在理学和文学上造诣颇深;1313—1317年出掌郴州,治理城中(今北湖区)北湖、龙泉塘(南湖)、流杯池(燕泉)等,修三川贯通城市,修撰《郴州路志》,奉旨查处邻州茶陵狱案。郴居南岭要冲,王都中令税务官依法征住税、不征过税,商旅皆愿经郴往来沿海岭北。这首五律,写他公余寻游会胜寺(今在苏仙区坳上镇),了解到寺庙建于唐代,在万寿山下、圆泉畔。山中产著名的灵寿杖,还有兰、梅,尤其"瀹茗",他亲尝圆泉煮的茶,口齿留香;故与同游者约好,下次再游。

## 菩萨蛮·蒙岩

至正戊子年二月朔,谐宪椽戴仲治、奏差刘佑卿、祝厘来游。时山桃烂漫,烟雨冥濛，恍隔尘世，汲泉煮茗清甘。移时，为赋《菩萨蛮》一阕云：

蒙岩几日桃花雨。依稀流水章桥去。只恐到天台，误通刘阮来。

玉堂开绮户，不隔尘寰路。休认避秦人，壶中别有春。

（元·偰世玉）

偰世玉，元代官员、诗文家，本名玉立，字世玉；祖先回纥族，迁居江西；元延祐五年（1318年）进士及第，为国史院编修；元顺帝朝任通议大夫宪佥，后为泉州路总管、湖广行省廉访司佥事；元至正六年（1346年）于湖广任上到郴，在郴州路司法官、掌赍送表笺章疏的官员陪同下，专程至宜章县视察，特意游览蒙岩（蒙洞），用蒙泉水煮茶，饮后作此词曲。

## 次韵云松西山春游五首（之四）

城南竹院似丹丘，风雨遥知客独留。花暎洞门春寂寂，茶分石鼎夜悠悠。

苏耽井近观遗迹，徐孺亭空怅旧游。不待山灵嘲俗驾，题诗翠壑共赓酬。

（元·蓝山）

蓝山（1315—1386年），元末诗人，名诚，字静之，号蓝山拙者，福建武夷山人；不事科举，从福州名儒林泉生学《春秋》，跟武夷山隐士杜本学《诗经》，博采众长，形成风格，"杖履遍武夷"，啸傲山林；迁邵武县尉，不赴，就武夷书院山长；入明，隐乡里，著《蓝山集》，其诗"仙、道、丹、药"字满页，《明史》有载；熟悉郴州上古传说，撰数首诗，此首含茶与苏耽井，足见橘井影响广披。

## （六）明 代

### 怀郴州，为何郎中孟春作

郴州形胜天下稀，千岩万壑劳攀跻。山高地峻水清驶，此语吾信韩昌黎。

何郎少年美文藻，直以赏识随标题。偶逢燕人作楚语，某山某水皆不迷。

黄岑山深入云雾，楚粤藩篱此门户。五岭中分隔雨晴，诸峰忽变成朝暮。

苏仙恍惚无定所，何公流传岂其祖。有泉如燕复如潮，与月盈虚社来去。

编磬悬钟似有声，奇形怪状纷无数。吾祖昔闻生此州，吾家近住茶溪头。

扁舟三日不一到，空负平生作壮游。

（李东阳）

李东阳（1447—1516年），明代国之柱石之一，大文学家、政治家、书法家、"茶陵诗派"创始者，长沙府茶陵州（今湖南茶陵）人。他长期参掌朝政，担纲首辅大学士15

年。代吏部尚书、郴籍理学家何孟春系其得意弟子。年少的何孟春投在其门下时，李东阳放言："此子当表吾楚。"何孟春由兵部郎中将任陕西马政（掌茶盐转输西北事）前，李东阳专写《怀郴州，为何郎中孟春作》诗，联想"茶"字与郴州关系。其"吾祖昔闻生此州，吾家近住茶溪头"，即说茶陵往昔属古郴州，自家挨着茶江源头所在的茶山。此说根据是，远古神农传说时期、方林国直至西汉前期，茶陵属楚苍梧郡、汉桂阳郡治所郴县的"茶乡"，汉武帝封长沙定王之子刘䜣"茶陵节侯"，茶乡升县，至刘䜣的玄孙无嗣，撤侯爵位将茶陵县由桂阳郡"移隶"长沙国。

## 东溪草堂（之二）

凿石依山小结茅，明时应有凤来朝。和烟沦茗尝泉乳，滴露研朱点易爻。

酒兴漫从花下醉，棋声闲向竹间敲。吟风弄月皆真乐，却笑杨雄作解嘲。

（邓庠）

邓庠（1447—1524年），明代郴籍大臣、诗家，字宗周，号东溪，宜章县人；明成化八年（1472年）进士，行人司行人使，明成化十四年（1478年）送日本进贡使臣出境，所过州县肃然；历官浙江、陕西、顺天、河南、广东都察院副都御使，河南、苏松巡抚，户部右侍郎，南京户部尚书。明嘉靖朝吏部尚书石瑶所撰《邓庠传》记述："河洛之间，土地膏腴，不习水稻。公始教民凿渠治田，引济沁伊洛之水灌溉，无虑万亩，至今仰其利。"即在河南任管刑法的按察使邓庠，把湘南开造水田、种植稻谷的技术教给中原农民。1498年纪念殷商"亘古忠臣"的比干庙大修，《重建太师殷比干庙记》也由他书丹。在岭南，他将贪污象牙犀角的总镇太监绳之以法；重返河南任巡抚，又治理黄河、修筑宋代旧京汴梁城郭，民得安全。此诗是他年老归乡，结屋宜章城东溪畔，作《东溪草堂五首》的第二首，"和烟沦茗尝泉乳，滴露研朱点易爻"，颇露理学情趣。

## 即事六首（其三）

不动游吾槔，远驰望阙心。卉香侵幄润，石溜滴云深。

洞碧藏书古，江清写练沉。方将折新茗，无意赋枫林。

（刘尧诲）

刘尧诲（1521—1585年），明代郴桂籍政治家、理学家、军事家，号凝斋，临武县人；明嘉靖三十二年（1553年）进士，历官新喻知县、上海府丞，顺天府丞，晋金都御史，福建巡抚，江西巡抚，晋副都御史，两广总督。巡抚江西时，创建濂溪书院；总督两广时，其姻亲、首辅宰相张居正下令撤毁天下书院，刘尧诲云："此非盛世事也！"拒不执行,保全两广书院。明万历二年(1574年),他追击海盗至菲律宾玳瑁港,生擒倭寇头子朵麻里等,全歼海盗林凤党羽;明万历八年(1580年)再次联合居澳葡人对付海盗林道乾;后任户部、兵部尚书,逝赠太子太保。著有《虚籁集》《岭南议》《留垣吟稿》《临武县志》,四库全书收藏《大司马刘凝斋文集》。《即事六首》在清《临武县志》中,其三"方将折新茗,无意赋枫林"句,是说我正要采新茶来喝,没有作赋枫林的意愿。

## (七)清 代

### 蓉城竹枝词(之三)

网得鲜鳞向酒家,蒙泉煎取大滩茶。街前幸遇同心侣,平伙归来日未斜。

### 蓉城竹枝词(之五)

采茶未了又蚕桑,萝婢荆妻镇日忙。闻道邻家新嫁女,花筵约伴唱娘娘。

(曹友白)

曹友白,明末清初桂阳州教谕(学官)。"蓉城"是桂阳城别称。盛夏水芙蓉(莲荷)飘香,金秋木芙蓉锦簇;又因桂阳郡人蔡伦发明造纸术,木芙蓉为纸药,桂阳故名"蓉城",全国唯一与蔡伦联系的《蔡氏族谱》发现于此。《蓉城竹枝词》第一首述盐米运输,第二首述舂陵江、禹帝祠,第四首述瑶女卖药,第三、五首涉茶。第三首描述舂陵江百姓生活,"蒙泉"又名子龙井、八角井,"大滩茶"是舂陵江边大滩村山茶,欧阳海灌区大坝坐落于此地;蒙泉水煮大滩茶,古桂阳州佳饮。第五首讴颂劳动妇女及湘南婚嫁习俗,"萝婢"指大户的女仆或平民的童养媳,"荆妻"即平民的柴荆之妻,采茶、养蚕、煮猪潲主要靠她们。而少女婚姻,亲眷闺蜜、邻居村姑约定,一起出动伴其出嫁,"花筵约伴唱娘娘"是湘南郴桂婚礼习俗坐歌堂、唱伴嫁哭嫁歌,一种以歌带哭的热闹惜别仪式。同治《桂阳直隶州志》载:"州人嫁女之先一夕,招众女伴设酒果数席,钱于中庭,曰:坐花筵;瞧女毕,众女伴齐歌以乱之,曰:唱娘娘。"桂阳涉茶伴嫁歌有10多首,坐歌堂时伴嫁歌舞通宵达旦,全靠茶水提神,茶润歌喉。

### 仙殿丛阴

古殿深丛里,由来可寓仙,婆娑当万树,偃盖几千年。
独爱清凉国,全无暑溽天,劳劳何所及,啜茗暂留边。

(范秉秀)

范秉秀,汝城县人,学者,号苏溪,出自本县大族(范氏宗祠、纪念布政使范辂的绣衣坊均为国家级文物保护单位），清康熙二十四年（1685年）拔贡（清前期6年选拔一次国子监贡生）；秉性高洁，淹留古籍，诗才敏妙，生平善琴，奕工草书；与另一才子举人郭远（文章被朝廷选入全国科考范文）同为本县双子星，重学问轻官场。贵州督学吴自肃赏其奇才，聘为阅卷官；又为云贵总督范成勋所知，招入幕府，予以重用；数载辞归家山，栽花吟诗，有《苏溪诗集》，求其书法者无虚日。此诗述自己喜爱南岭山中的"清凉国"家乡汝城，借寓古殿，暑天读书，不为地位名利奔劳，留在湘粤赣边际山城，品味青茗何其清心惬意。

## 望湘人·题金甸丞祖母夜纺图

忆青镫课子，到老含饴，苦荼还是甘蔗。一样机声，廿年镜影。忘却花晨霜夜。为展楹书，似依慈母，琅琅伊亚。听禁钟、梦醒回思，隐约纺车才罢。

图里慈恩难写。更杯棬永恨，泪珠盈把。只留得遗编，报答春晖未谢。人间淑懿，自然天性，女学何须矜诧。叹我亦、七岁孤孙，祖德诗惭无和。

（清·王闿运）

王闿运（1833—1916年），清末文化大家、经学家、文学家，湘潭人，字壬秋，号湘绮，世称湘绮先生，清咸丰二年（1852年）举人，曾受聘皇朝宗室、协办大学士肃顺的家庭教师，后入曾国藩幕府，清光绪年起，先后主持成都尊经书院、长沙思贤讲舍、衡州船山书院、南昌高等学堂，清光绪三十二年（1906年）授翰林院检讨，清宣统三年（1911年）又加封为翰林院侍读衔；辛亥革命后，1914年受袁世凯聘任国史馆馆长；著《湘绮楼诗集、文集、日记》《湘军志》等，有杨度、夏寿田（桂阳榜眼）、齐白石、戊戌六君子杨锐、刘光第等弟子。他与桂阳州进士陈士杰关系极好，应邀总纂《桂阳直隶州志》，为全国名志。与郴州知州、书画家金蓉镜亦友善，金蓉镜号甸丞，王特为其"祖母夜纺图"撰曲牌《望湘人》。"苦荼还是甘蔗（苦荼曰茶）"，这一句联系自己的身世，道出老辈人的艰辛慈爱心。

## 满江红·送秋舲回鄂

客里怀君，又盼到重逢时节。刚趁著竹窗凉嫩，茶烹雀舌。篛熟气蒸三里雾，藕断风飐千丝雪。美庐陵张宴醉翁亭，都豪绝。

浮萍梗，遗踪别；红豆子，相思结。奈鹿鸣声起，乡心慕切。归棹远踪黄鹄认，交情欲指青山说。证秋香一偈木樨禅，期参阅。

（清·杨恩寿）

杨恩寿，身影留恋义帝陵、苏仙岭、橘井观、三绝碑、北湖，作为戏剧家也到桂阳看湘昆、游春陵江，并撰写大量诗文。其《坦园丛书》中，有戏剧《坦园六种曲》。上海古籍出版社出版的《坦园日记》里的《郴游日记》，是重要的史料与诗词作品集，涉"茶"字诗词数首。这首词《满江红·送秋舲回鄂》在其中，秋舲是杨的青年朋友，在郴州署衙"秋舲与亦欣角唱昆词小曲，迨寝，鸡初鸣矣"。两个青年斗唱昆曲到凌晨，秋舲回返湖北时，杨恩寿"茶烹雀舌"话别。

## 四、古井名泉、古八景组诗

如前所述，郴州古代涉茶组诗较多，有古井名泉的，有文人骚客的，有本土名流的，也有贬谪郴州爱上这一方山乡的官员，和仰慕郴州福地事物的外省人氏。按发生时序，精选部分如下：

### （一）"苏耽橘井"与茶组诗

中华医林著名典故"苏耽橘井"，与生俱来同茶有密切关联。西汉初桂阳郡治所郴县出了一个少年草药郎中苏耽，父早丧，极孝母，凿井种橘，牧牛采药，学医治病；尤其预测瘟疫，以井泉熬橘叶之药茶，与母救民，传承"神农尝百草"的探索精神，是为中华预防医学之开端、抗疫之先。百姓感恩戴德，诞生苏耽因救民而得道升仙的传说，被西汉末光禄大夫、经学家刘向写入《列仙传》、三国吴国左中郎张胜写入《桂阳先贤传》、晋代道教理论家兼医学家葛洪写入《神仙传》、南北朝地理学家兼文学家郦道元写入《水经注》等。

唐代，马岭山（苏仙岭）被道教界列入72福地，诗圣杜甫所撰4首诗中皆有其井名，如"郴州颇凉冷，橘井尚凄清"；大诗人元结专撰七律《橘井》；郴州刺史孙会奉唐玄宗诏令重修苏仙宅、苏仙观时，撰《苏仙碑铭》云"橘井愈疾"；形成名典"苏耽橘井"。

宋真宗御诗写"橘井甘泉透胆香"，宋大中祥符元年（1008年）敕赐苏耽宅为"集灵观"，即橘井观。如是，两宋4朝皇帝敕封苏耽仙医名号，北宋宁宗朝苏仙岭列为"天下第十八福地"（附岭下集灵观、橘井），医林名典"橘井泉香"金声玉振。唐代以降，人们将苏耽、橘井与煎茶紧密相联，诗词多有反映；不独郴州，各地皆如是；此处15首选7。

#### 《郴江百韵》第64韵句

尝茶甘似蘖，皱橘软如棉。

（北宋·张舜民）

北宋诗家张舜民1085年谪郴任监税官，撰《郴江百韵》诗，此第64韵句。"尝茶甘似蘖"，说郴州茶别有滋味，如酒曲一样甜。"皱橘软如棉"，此橘指西汉《列仙传·苏耽传》中少年郎中苏耽家的橘，长在井旁是谓"橘井"之橘。郴州方言叫"皱皮橘""皱皮柑"，又俗称"丑橘""丑柑"，属芸香科植物药橘；冬初采摘可保存到春季，故皱皮包裹的果瓣绵软。既可单独食用，又可煮茶成良药，清甜入腹。西汉文帝年间暴发瘟疫，苏耽和母亲即用此井边橘叶配伍草药，用井泉熬药汤施救百姓。十字短句，平白如话，却是妙联。

## 秀上人饮绿轩

半勺沧浪歌濯缨，一瓢天乳酹灵星。绀云满涨蒲萄瓮，青雨长悬玛瑙瓶。

不向苏耽寻橘酒，却从陆羽校茶经。西江吸尽无穷味，浊世浮沈几醉醒。

（南宋·郑洪）

郑洪，南宋诗人，字季洪，贵溪（江西贵溪市）人。兄弟在宋高宗绍兴年间都考取了功名，而郑洪虽学精业熟，也与高官名流交往，却弃考不仕，专事诗文；留存56篇，此七律为代表作之一，"不向苏耽寻橘酒，却从陆羽校茶经"，与张舜民的作品有异曲同工之妙。

## 风山龙井

瑶峰有神井，龙潜不可测；苔纹石痕深，草映寒泉碧。

讵非太华峰，犹疑苏耽宅；仙人胡不归，空山此灵跡。

（元·卢琦）

卢琦（1306—1362年），号奎峰，福建惠安人，元代诗人；元至正二年进士，历官延平知事、福建永春县尹、闽省盐课司、浙江平阳知州，元末闽中文学四大名士之一，著有《奎峰文集》《诗集》。此诗一二句写风山峰顶有龙井泉，五六句即说风山龙井犹如郴州"太华峰"。太华峰在郴城北郊丹霞山水间，是一座巨型突兀红石山，独耸郴江边，山后为天生石桥，似从天外飞来孤架江边，故称"天飞山"；险峻雄奇如小泰岳、华山，故又名"太华峰"。山顶赭红石面，凹陷一池，白莲盛开，美不胜收，称"白莲池"。传说汉代仙医苏耽修炼于此，又叫"仙台山"。明末郴州名儒、举人喻国人居此山，因称"喻家寨"。山门外石壁，长列"太华峰""白莲池""南国奇游"等名人题词、诗文、书法石刻作品，为省级重点文物保护单位"天飞山摩崖石刻群"。卢琦此诗有"龙井问茶"之意，"龙井"系名茶代名词，风山碧泉好烹龙井茶。而太华峰白莲池，是否像苏耽宅的橘井那样可煎药茶？

## 送蔡良医孟颐致仕桐川

京国交游二十年，邻居犹喜往来便。书灯几乞丹炉火，茶灶频分橘井泉。
正拟悬壶施妙术，那堪解组父归田。一樽送别都门道，后夜相思月满天。

（明·曹义）

除郴州本地，全国各地以天下第十八福地"橘井"写诗入诗的多不胜数。如明代高官、江苏句容县人曹义（1385—1461年），字子宜，号默庵，明永乐十三年（1415年）进士，历官庶吉士、编修、礼部员外郎、吏部郎中、侍郎、南京吏部尚书，天顺初罢官归里。曹义工诗，以唐人为宗，著有《默庵集》。此诗"茶灶频分橘井泉"，系典型的橘井茶诗。

## 龙湖八景·李园檇李

少园丈又以檇李诗见徵，谨成七律三首，再求吟正。

吴越尘争事杳然，尚余硕果话当年。一弯透玉佳人爪，万颗悬珠小暑天。
却好竹田分碧荫，频从橘井汲清泉。鸳湖南去龙湖近，忆昔扁舟访谪仙。
浓华齐放忆春来，银烛高烧夜宴开。我效灵均吟草泽，君如柱史在蓬莱。
他年董氏仙人杏，今日林家处士梅。琼报新茶留一串，为酬先德几栽培。

（清·陆佐宸）

浙江嘉兴府龙湖乡中医李氏，清嘉庆年间李源在龙湖畔开辟檇李园，历子（李树，字檇园）、孙（李培增，字少园）三代，成檇李产地，亦"龙湖八景"之"李园檇李"。李家行医且以檇李馈友赠客，人则回报诗词书画，其中有名流俞樾（俞平伯曾祖）、张廷济、巢勋等。清光绪二十八、二十九年统计作品达134件，遂编为《龙湖檇李题词》集。数首诗指李园"仙根"在"橘井"，借以颂扬李氏良医人品，10首中与"茶"联系的一首。此诗作者在"频从橘井汲清泉"句后，注"君善医学"；"琼报新茶留一串"句，"琼报"指美好的回报，即撰诗人陆佐宸收到医师李少园的檇李及诗后回赠以新摘茶叶与诗作。

## 和沧波居士四律（之四）

沧波居士近耽诗趣，复以甲辰岁暮书感索和，步原韵即成四律，文字游戏，诚著诗魔：

寒到梅边几树花，凭谁拈与法王家。秦灰孔壁搜残简，楚赋蒙园比爱嗟。

饵术养生思橘井，栖神抱朴长芦芽。传闻腊鼓催春峭，画影儿曹又换纱。

三径荒芜故里花，乱离梦境旧时家。华年霜鬓添观想，高卧青山徒自嗟。

觅药寻丹肘后传，赏心沧茗雨前芽。闲来偶读林间录，雪月寒梅影上纱。

（近现代·南怀瑾）

南怀瑾（1918—2012年），国学家、养生学家、诗人、中华传统文化传播者，浙江温州人，生于民国初；历任台湾政治大学、辅仁大学、中国文化大学教授，礼学院院长，曾旅居美国、香港等地，晚年定居苏州太湖大学堂；著作等身，在儒释道学、文化教育、经济诸方面多作贡献；倡导、推动、筹资兴建孙中山先生《建国方略》提及的金（华）温（州）铁路；1992年6月16日，为大陆和台湾两岸密使起草《和平共济协商统一建议书》，力推两岸和谈。他逝后，国务院总理温家宝唁电哀悼。南先生偏爱饮茶养生，此组七律4首和诗，写了5次茶，即"赏心沧茗雨前芽""养黄芽""养春芽""茶饭"。而保健方面说向往古代橘井灵泉，"饵术养生思橘井"，如是郴州橘井与茶一样，在诗中成养生名物。

### （二）天下第十八泉·"陆羽泉"茶组诗

从北宋起，文学家、诗人将唐代茶圣陆羽品鉴的煎茶名水"天下第十八泉"郴州圆泉，当作其大著《茶经》的附着内容，纷纷撰诗写词，将郴州圆泉唱作"陆羽泉"，形成别具一格的陆羽与"天下第十八泉"煎茶名泉专题。继"天下第十八泉"头衔，又别名"陆羽泉"，还以"圆泉香雪"之景名跻身古八景。进而扩展影响各县将本地名水，与陆羽、茶经联系，北宋至清代，多达20首诗词（词一），此处，选8首诗词。

## 郴　州

橘井苏仙宅，茶经陆羽泉。

（北宋·张舜民）

北宋文学家、浮休居士张舜民1085年谪郴任监酒税官，撰《郴江百韵》，此第39韵，一句写下两个天下第十八——道教"天下第十八福地"之橘井和"天下第十八泉"圆泉。道教"天下第十八福地"，系由苏耽采药、修炼的苏仙岭和橘叶熬药救民的橘井两处构成，橘井所在有橘井、集灵观（明清称橘井观）、苏耽宅、苏母墓等道教建筑群。"天下第十八泉"，则是煎茶名水郴州圆泉。张舜民首次将圆泉与《茶经》紧连，冠名"陆羽泉"。此韵前半句，用唐代诗圣杜甫的名句"郴州颇凉冷，橘井尚凄清"中的"橘井"，和著名诗人、道州刺史元结的七绝《橘井》篇名，加"苏仙宅"；后半句，用唐代茶圣陆羽的名著《茶经》书名，并用"陆羽泉"极赞圆泉，使之与"苏仙宅"相对；天衣无缝，可谓神品楹联。

## 圆　泉

清冽渊渊一窦圆，每来携茗试亲煎。又新水鉴全然误，第作人间十八泉。

（北宋·阮阅）

圆泉，其名最早见于南北朝初《荆州记》"桂阳郡圆水"。北魏著名地理学家、散文家郦道元的《水经注》继之："耒水出桂阳郴县南山……黄水（郴江）注之。水出县西黄岑山，山则骑田之峤，五岭之第二岭也……右合除泉水。水出县南湘陂村，村有圆水，广圆可二百步，一边暖，一边冷。冷处极清绿，浅则见石，深则见底。"圆泉水在郴城南湘粤古道旁、灵寿山（东汉光武帝将此山产灵寿杖赐予大臣孔光）下，唐代茶圣陆羽经郴州下岭南，品鉴后，列为全国20处煎茶名水第十八位，乃湖湘唯一入选的名泉水。1123年，北宋朝散大夫阮阅上任郴州知州后，每往郴县南部、宜章县、临武县视事，必经湘粤古道、必饮圆泉茶水，自是私许甚高。如此，他因陆羽品水之文系由状元张又新收录于《煎茶水记》，故对张又新之文提出挑战，认为圆泉第十八位的排序还应提前，诗意真切，语气幽默。

## 六幺令·用陆氏事送玉山令陆德隆侍亲东归吴中

酒群花队，攀得短辕折。谁怜故山归梦，千里莼羹滑。便整松江一棹，点检能言鸭。故人欢接。醉怀双橘，堕地金圆醒时觉。

长喜刘郎马上，肯听诗书说。谁对叔子风流，直把曹刘压？更看君侯事业，不负平生学。离觞愁怯。送君归后，细写《茶经》煮香雪。

（南宋·辛弃疾）

辛弃疾（1140—1207年），南宋抗金名将、豪放词派名家，人称"词中之龙"，与苏轼合称"苏辛"，与李清照并称"济南二安"。1179年他任湖南转运副使、潭州知州、升湖南安抚使，数项政事关联郴州：出桩米赈粜郴州；因郴桂地区瑶汉起义而奏请于郴州宜章县、桂阳军临武县并置县学；弹劾贪占的桂阳知军赵善珏；因郴桂瑶汉起义频发而奏设湖南飞虎军，"平郴寇"；故走马郴州，饮茶圆泉，对陆羽品定十八泉以及张舜民写"陆羽泉"、阮阅议论之事，了解颇深。在离湘去赣，茶酒送别玉山县令时，其姓名陆德隆，恰与东汉怀橘孝母的陆绩、茶圣陆羽同姓。这使辛弃疾联想颇广，词题写"陆氏事"，用陆绩怀橘、陆羽品水两事激励陆德龙。同时郴州井泉已有橘井泉香、香花井，北宋文学家张舜民也已称誉圆泉为"《茶经》陆羽泉"，故他在词尾专吟"细写《茶经》煮香雪",再添一香。如此,陆羽鉴定的天下第十八泉郴州圆泉,又暴得"圆泉香雪"大名,国中独此一家。

## 报恩荷池纳凉呈云心

重入僧窗听雨眠,藕花只在客床前。囊空不欠苏秦舌,口渴频呼陆羽泉。
十里湖光天半席,一阑秋影月初弦。新凉风物无人共,坐听微钟只自怜。

(南宋·萧立之)

萧立之(1203年—?),南宋末江湖诗人,江西宁都县人,宋理宗淳祐十年(1250年)进士,历南城县令、南昌推官、辰州通判与郴州知州,宋亡归隐;有《冰崖公诗拾遗》3卷,内容宏博,格高调卑,悲天悯人,爱国情深,集中藏着近40首咏郴作品,占全集十分之一强,分为苏山组诗、北湖组诗、传说组诗、桂东组诗、友朋酬答组诗、吟仙咏仙组诗,他最先写郴州为"仙城""九仙城"。此七律《报恩荷池纳凉呈云心》,报恩寺在郴城西,岳飞平叛时扎营处,后百姓在此寺供奉岳飞塑像。"云心"系郴州通判阮炎正,字云心。夏夜两人纳凉于报恩寺,聊天聊到口干舌燥,所以都想喝"陆羽泉"圆泉煮的茶。

## 紫井香泉

一脉甘香古道边,清漪漱藓日涓涓。当年陆羽如经过,定拟堪舆最上泉。

(明·李永敷)

李永敷(1465年—?),明代官员,永兴县人,字贻教;明成化十九年乡试第一中举,明弘治九年(1496年)二甲第一进士,兵部主事、郎中;从大学士李东阳游,与理学家王阳明、乡贤何孟春、文学家李梦阳等友善;出使江南,治绩有声,晋奉直大夫,为官清正刚直不阿,遭大太监排挤;返乡纂修第一部《永兴县志》,著《鹤山集》《石屏文稿》。此诗趣致,"当年陆羽如经过,定拟堪舆最上泉",紫井系名井且在湘粤古道边,难道陆羽赴岭南时没经过?非也。那时交通主要靠低成本偏安全的航运,陆羽要"船到郴州止"才上岸,故失之交臂。

## 二 子

刘伶嗜酒先成颂,陆羽耽茶续著经。二子几时优劣定,到头谁醉是谁醒?

(明·何孟春)

何孟春,著有经、史、子、集400卷600多万字,系湖南图书馆藏湘籍古代名人著作最多者之一,其中《余冬叙录》《燕泉文集·诗集》《何文简疏议》《孔子家语注》《易疑初筮告蒙约》《军务集录》等著作，分别收入《明史·艺文志》《四库全书》。此《二子》诗颇有意思，把魏晋"竹林七贤"之一的"醉侯"刘伶，和唐代"茶圣"陆羽相提并论，问于天下酒鬼与茶客，风趣横生。

## 蒙洞泉香

蒙岭天开石窦奇，泷流一线绕东陂。花封古洞香为室，月映澄波玉作池。
羽客枕流频梦鹤，闪人寻味胜茹芝。虽然不及中泠水，采入茶经足补遗。

（清·鹿延瑛）

鹿延瑛，清代山东东牟县人，进士，康熙年间任宜章县知县。"蒙洞"即宜章县著名的三岩（蒙岩、艮岩、谦岩）之首，现为省级文物保护单位（宜章一中校园内）。其得名于北宋周敦颐在郴州为官三任、创新太极图、开理学源头后，南宋数位理学家接踵而至；其中进士吴镒先任宜章县令后升郴州知州，在宜章县城东北、东南，发现两处天然流水岩洞，七窍八玲珑，遂以卦象"蒙""艮"分别命名，蒙洞即蒙岩，艮洞即艮岩（亦省级文物保护单位），开发成宜人景观供游览。蒙岩水极好，故鹿知县云"采入《茶经》足补遗"。

## 游艮岩

我来章江游，两载居蒙洞。洞底泻蒙泉，响咽玻璃瓮。艮岩峙其南，芝云接户栋。
莲花络中龛，斋课伊蒲供。水清悬游鳞，石裂缀溜潼。岩根转急踪，晴天雷雨哄。
飞鼷探幽奇，挈盖拉朋从。茶经咨品评，酒军集放纵。松风弦一挥，梅花笛三弄。
批萝读诗碑，古艳摘屈宋。层冈高振衣，月底飞鸿送。烟翠洒衣襟，坐久凉阴重。
倦就石枕眠，小作游仙梦。洗眼忽临流，照影人心空。长啸开苍云，石壁半摇动。

（许冠英）

许冠英，清代桂阳州人，参加乡试中副榜，分派宜章县做教谕（学官）。其住在蒙洞旁学宫两年，常取蒙岩水煎茶，也常游艮岩及煮茶；故有此五言长诗《游艮岩》，运用大量典故，却平白如话，具唐人风度，似得杜甫、韩愈真传，更有"《茶经》咨品评"句与"酒军集放纵"句，合成"茶酒"之诗话。

### （三）郴州古八景与茶组诗

郴州古八景诗，北宋末阮阅已有迹象，南宋出现规范的作品。但南宋的作品散失殆尽，只存知州王橚的一首《北湖水月》；元代郴州路总管、诗人王都中留存的八景诗剩5首，标题不统一；他们这些八景诗还少有在明清郴州、桂阳州志书中。如"北湖水月"

用的是清代本土诗人的。各区县市古八景诗明清完整,有的嫌八景少了就排出十景,有的还有不同版本或别称。其中的涉茶诗,从明代到清代,目前找出14首,是数量而非全景;6个区县7处景观,每景选一首涉茶诗,为7首。

## 郴阳八景之圆泉香雪

一道澄清古寺边,味甘如蜜更团圆。穿渠入涧终通海,往古来今不记年。

莹色照人同霁雪,清光澈底映苍天。从经陆羽烹尝后,赢得人呼十八泉。

(明·袁均哲)

"圆泉香雪",在郴城南郊湘粤古道边,地属苏仙区坳上镇。袁均哲,明初著名音乐家,江西建昌县进士,撰古琴曲研究本《太音大全集》,还有《群书纂类》等书。明宣德年间任临武县知县,明正统年间(1436—1449年)中升郴州知州。颇具才干,亲民善政,修撰州志,百废俱举。现今只有他的郴州八景诗最全,但不见于郴州、湖南志书,发现于日本藏《嘉靖湖广图经志书·郴州卷》,改革开放后,我国出版界从日本回购,由北京书目文献出版社影印出版。袁诗均为七律,标题规范,内容对位,并含涉茶诗,实属难得。这首《圆泉香雪》,承接了唐代茶圣陆羽对"天下第十八泉"的定位,继续了宋代文学家张舜民对郴州圆泉"《茶经》陆羽泉"的别称,保存了辛弃疾的泉名创新,功莫大焉。

## 桂阳八景之能仁烟雨

潇洒城南寺,阶青雨后苔。涧琴当夜彻,风笛向秋哀。

一带烟如散,三山月正来。远公如坐久,烹茗更传杯。

(清·雷苏亭)

"能仁烟雨",在桂阳县原桂阳州能仁寺旁。桂阳州本属桂阳郡矿物开采冶铸基地,处于郡治郴县西部;《汉书·地理志》记载,全国唯一设置管理矿产的金官,在桂阳郡。唐代在郴州设监管铸钱机构桂阳监,监署在州治郴县城内;北宋初桂阳监移平阳县(今桂阳),别离郴州为特区;南宋桂阳监改设桂阳军,领平阳、临武、蓝山县;元代改桂阳路;明清两代为桂阳州,辖临武、蓝山、嘉禾县;民国桂阳州改桂阳县,与另3县回归郴州,直至今日(蓝山县现属永州)。"能仁烟雨"景诗多首,这首涉茶,作者雷苏亭,清代嘉禾县秀才。此诗由已故郴州师专教师、郴州地志办编辑刘华寿先生于清《桂阳直隶州志》发现。

## 桂阳八景之西寺蒙泉

一角澄泉应碧峦,枧沟流引玉珊珊。汲瓶归去茶烟歇,夜半钟声带月寒。

(李 萼)

"西寺蒙泉",在桂阳州城西寺旁。桂阳州城是郴州地区唯一不傍河流而靠矿山的城市,正体现其矿产开采冶铸特殊基地的特点。用水、饮茶怎么办?全城地下水资源异常丰沛,多时83口井,现存蔡伦井、子龙井等48口古井名泉。"西寺蒙泉"即纪念三国名将赵子龙的,又名八角井。此诗作者李萼,清桂阳州人,咸丰年间岁贡生。诗载清末民初湖湘文化大家王闿运编纂同治《桂阳直隶州志》,原注"水甘宜煮茗"。

## 嘉禾八景之珠泉涌月

非醴非温独喷珠,泉流颗颗水晶盂。汲来活火煮好茶,欲拟琼浆献御厨。

(龙 翔)

"珠泉涌月",排嘉禾县古八景首位。珠泉形如半月,方圆三百尺,泉如珍珠串串昼夜喷弹,带起砂砾翻腾,状似竹筛簸米,又俗称"米筛井"。泉涌出井,流经历史文化老街区珠泉镇入钟水河(舂陵水)。其清澈如镜,可照人心,清道光年间举人达麟来嘉禾县上任知县,以此泉煎茶,头脑清新,撰出一副对联,云:"逢人便说斯泉好,愧我无如此水清。"清道光二十四年(1844年),珠泉亭建成,人们将达麟的对联刻于亭柱,从此外地人尤其官员抵达或经过嘉禾县,必到此一游,鞠水品茶观名联。《湖南名胜古迹联选》选收此联,萧克将军专为本县题写此泉名。《珠泉涌月》这一首涉茶诗的作者龙翔,字云岚,清湖南桃源县举人,奉派嘉禾县训导(学官)。诗中写"非温"一词,其实珠泉属低温温泉,夏凉冬暖,热气蒸腾,浑如祥云吉雾飘绕县城。精彩之语在后两句,"汲来活火煮好茶,欲拟琼浆献御厨"。

## 宜章八景之蒙洞泉香

灵泉迸石发源奇,润物天然非巧为。千亩秧青移稻日,一溪苎白浣纱时。
流觞好博兰亭趣,品味何曾陆羽知,为爱濯缨遗迹古,清兮我欲鉴须眉。

(杨 葴)

这首《蒙洞泉香》,是清宜章县知县杨葴(diǎn)撰《宜章八景次邓司徒韵》中第5首。诗题"邓司徒",指明代宜章县进士、官至都察院副都御使、留都户部尚书的邓庠,因户部尚书一职由汉代三公之一的司徒(主管全国户口、收支、赋役等政事)演化而来,故上尊称。杨葴出身举人,擅诗歌书法,崇敬明代邓庠、何孟春等郴州先贤。由"品味何曾陆羽知"一句,可知他谙熟茶史。

## 永兴十二景之紫井香泉

一勺泉通活水源,香波潋滟润千村。甘分酽绿贮春色,碧湛玻璃印月痕。

酌雪烹茶金鼎澈,迥澜洗砚墨池深。银瓶影泻清如我,底事贪廉白细论。

（黄崇光）

"紫井香泉",是永兴县八景之一,永兴县古景有八景、十景两个版本,紫井在前一版本。作者黄崇光,字谦山,湖南安化县人;清嘉庆十六年（1811年）进士,任宝庆府学教授,入选翰林院庶吉士,为皇帝起草诏书,为皇帝讲解经籍等,属皇帝近臣;归乡后讲席朗江书院;著有《春秋纂要》《毛诗钞略》《续子史辑要》等书。他曾到郴州,品过永兴的紫井水煎茶,撰诗极赞"酌雪烹茶金鼎澈""甘分酽绿贮春色",而"底事贪廉白细论",是联想到郴州贪泉和梁州廉泉有感而发。贪泉,一在广州一在郴州,即骑田岭横流溪（郴江源）,俗传:人喝贪泉就变贪,实际上是郴人警戒自己切勿"贪欲横流"。"银瓶影泻清如我",无怪乎永兴县今成"中国银都",紫井水煎茶银瓶盛,清镜照人抑贪心。

## 安仁八景之泉亭珠涌

民风节俭古陶唐,乐岁相携入醉乡。山覆绿云茶乳熟,瓦敲青雨木皮香。

牛羊在牧情犹恋,雀鼠穿墉隙尽忘。莫怪天钱催逼紧,司农百转是柔肠。

（叶为圭）

"泉亭珠涌"是安仁县八景之一,因泉从地底涌出喷扬如珠,也同嘉禾珠泉同名,使郴州拥有2个珠泉。又,泉上之亭名"洁爱",故也叫洁爱泉。获诗颇多,涉茶似只1首。作者叶为圭,清代桐乡县（现桐乡市）人,在安仁县任知县3年,写《将赴马乘留别宜溪绅士》组诗,4首均七律,第三首写"月潭夜色",第四首写"熊峡红霞",第一、二首写"泉亭珠涌"。此诗为第三首,首句"民风节俭古陶唐",歌咏安仁县属于古帝时期就有的民风淳朴之地。"山覆绿云茶乳熟,瓦敲青雨木皮香",写成佳联,更说明安仁县自古产茶。

## 五、历代名人茶饮组诗选

### （一）浮休居士张舜民涉茶诗

北宋前期著名文学家、吏部侍郎、"浮休居士"张舜民,与苏轼乃好友,1085年被贬谪荆湖南路郴州,屈就区区监酒税官。在这山水旖旎、人文璀璨的南岭重镇,他反而如鱼得水，创作了大量诗文。其中《乡人言》，五言长诗《郴江百韵》中有两韵涉及茶饮和古井名泉，意犹未尽，又撰五律《愈泉》，合成郴州饮茶组诗。前有《郴江百韵》第39韵置于"苏耽橘井与茶组诗"中，此处选《郴江百韵》第64韵，和《愈泉》为一组。

## 《郴江百韵》第64韵·茶橘

尝茶甘似蘖，皱橘软如绵。

张舜民此韵，说在郴州喝茶，甘冽如品酒曲那样，特别醉人。说明郴州茶饮风习，传自唐代，北宋愈加浓郁。

## 愈 泉

有泉出城堙，尾大如车辐。饮之能愈疾，此语闻郴俗。

直疑白药根，浸渍幽岩腹。灵迹浪遐方，神功施比屋。

愈泉，俗名犀牛井，民间传说因神农带犀牛到郴，战恶龙、驱瘟疫，产生此井；人患疾，常饮此水可愈。"白药"，指桂花茶，"白药"通"百药"，即"百药之长"的桂。见《说文解字》释"桂，江南木，百药之长"；唐代《新修本草》、宋初《本草图经》指"桂生桂阳"；也就是说药材桂和桂花树，最早在南岭桂阳郡、古郴县发现，而且这里产桂产桂花也最多。因此《山海经》里也已出现"桂山""桂阳"的地名，战国楚国的苍梧郴县包括了桂林。西汉开国以郴县为治所置桂阳郡，南岭五岭中人文最深厚的骑田岭又叫桂阳岭，而临武县香花岭正名即桂岭，就因桂树和桂花树多。唐宋人煎茶时加桂花，即为桂花茶，香而醇浓。张舜民喝了愈泉水煮桂花茶后，寻思是不是桂树、桂花树的根系深入岩石层，浸渍在泉源深处，所以愈泉才那么灵验，让家家户户都能领略此泉与桂花茶的好处。

### （二）"阮七绝"阮阅《郴江百咏》涉茶诗

北宋末舒城（今属安徽）进士阮阅，1123年以朝散大夫出任郴州知州。公余遍游古迹名胜，每赏玩一处均用七绝吟咏，如《义帝庙》《蔡伦宅》（纸祖蔡伦，东汉桂阳郡人，生于郴县，故存宅第）、《苏仙祠》（西汉草药郎中苏耽之奉祀道观）、《橘井》（医林典故"橘井泉香"出处）、《成仙观》（东汉传播"七夕文化""牛郎织女传说"的成武丁之纪念观堂）、《露仙观》（纪念名医王锡，王仙岭）、《刘相国读书堂》（唐代郴籍宰相读书处）等，且可见苏耽、成武丁、北湖、古井名泉、南岭等组诗。三年任期满，笔下汇成洋洋洒洒一百首七绝，令人目不暇接，遂成集题为《郴江百咏》，流传开后，世人服膺，称其"阮七绝"。《四库全书》收入其书，今将其咏茶组诗6首选2。

## 香 泉

僧舍灵源静不尽，只供斋钵与茶瓯。直应老衲投薰陆，石罅云根久未收。

香泉，在郴州城西南门出城的官道旁（今城内香花路），因泉边长有古香花树而得名，故又名香花水井。香花树，即桂花树（木犀科，药桂树属樟科，亦统称香树），郴州桂阳郡即因产桂和桂花，在西汉立郡桂阳。阮阅此诗"僧舍"，指泉旁边的香花寺；"茶瓯"与"斋钵"，则无偿提供给道经香泉的人们使用，自己烧茶、煮饭，吃了好上路。

## 北 园

一坞春风北苑芽，满川流水武陵花。溪东旧观仙人宅，城内高楼刺史家。

"北苑"，系茶之别称，北宋科技史家沈括的《梦溪补笔谈·故事》记："建茶之美者，号北苑茶。"亦省作"北苑"，贬谪郴州的婉约词宗秦观《满庭芳·咏茶》："北苑研膏，方圭圆璧，万里名动京关。"阮阅此诗中"武陵花"指的是桃花，武陵即桃花源。全诗说的是，自己在郴州州署，观看到州署后面的北园茶圃，春风一越过南岭，园圃中茶叶便新芽整齐，一碧连云，加上护城河两畔桃花粉红似霞，映衬着护城河东的橘井观、苏仙宅和城治内院知州所居檐牙高翘的楼宇，美不胜收。

### （三）明代燕泉先生、赠礼部尚书何孟春涉茶诗

何孟春居郴州城燕泉，人称"燕泉先生"，郴州遂有燕泉路（今有郴州市燕泉学会）。燕泉先生著有经、史、子、集400卷、600多万字，其中《余冬叙录》《燕泉文集·诗集》《何文简疏议》《孔子家语注》《易疑初筮告蒙约》《军务集录》等著作，分别收入《明史·艺文志》《四库全书》，系湖南图书馆藏湘籍古代名人著作最多者之一。《燕泉文集·诗集》中咏茶达9首之多，精彩纷呈，其中风趣的《二子》已前置于"《茶经》陆羽泉'圆泉香雪'"组诗。这里9首选2。

## 忆 家

别母北来三月余，此情郁郁犹别初。菖蒲花谢茶已老，两看来雁家无书。

平安消息凭人语，先珑手植今何如？遥想慈亲念游子，未占乌鹊先依闾。

何孟春此诗写自己春天告别母亲离郴北上（在河南、陕西马政任上），3个月过去，感叹菖蒲的花都谢了，茶树也已老了叶芽，仍然没有收到家书。

## 卜筑何公山（之四）

破屋欹斜瓦不胜，散财谁与更钩绳？一区愿守先人旧，三径聊开此地曾。

流水到门供客饮，护山留路与樵登。图书向我夸日长，茶灶余烟不上灯。

何孟春的七律《卜筑何公山》共4首，牵涉明嘉靖朝政治事件"议大礼"，简言之是何孟春在事件中坚守礼法底线、得罪嘉靖小儿，谪留都南京以观后效，何公拒不低头，触怒嘉靖将其贬为平民。何公遂归郴贫居，筑茅屋守护母亲坟茔一段时间。期间撰《卜筑何公山》组诗，含量丰邃，述志"区区生理何须问，世业从来不厌贫"，有理学之道，有易经之意。甚至联想到远古传说"何公山好世争传"，所以他才"著我茅斋得几椽"。但此"何公"非彼"何公"，而是指何孟春的远祖何侯，原居郴州城东此山（今苏仙区白露塘），舜帝南巡至苍梧住他家，后随舜帝去苍梧之野（今零陵）隐居。此诗为第3首，系何燕泉日常生活写照，"图书向我夸日长，茶灶余烟不上灯"，清茶饱腹，而读书撰书不已。

### （四）清代湖湘教育家、岳麓书院山长欧阳厚均涉茶诗

#### 舟行遇望

湾洄江入四山中，刚向西流复转东。篙似飞晴常点水，帆如轻燕半欹空。
酒杯扑泻鹅儿绿，茶灶倾翻兽炭红。一等人情易反覆，顺风编作打头风。

#### 贺外孙罗生翼庭入泮（即罗超杰）

五色禽飞入梦来，文坛树帜遂登台。周官论秀由乡选，汉代兴贤重茂才。
万里风云欣会合，九霄雨露荣栽培。腾骧直步天衢上，得驾骅骝道路开。
妙龄早赋采芹诗，先泽传留裕后基。和善门庭肯堂构。读书家世衍弓箕。
鸡窗奋志怀珍日。凤客蜚声脱颖时。从此云程欣发轫。会看高折桂林枝。

他著有《易鉴》《岳麓诗文抄》《岳麓课艺》《试苹》《试贴》《坦斋全集》等著作。

前一首写乘船赴长沙，船舱有茶灶。后一首写外孙考取秀才，以"九霄雨露荣栽培"诗句比喻。

### （五）清代湘军将领、浙江、山东巡抚陈士杰涉茶诗

#### 汲冷池水试茶

村北有佳泉，其味甘且旨。池广十余丈，长年清泚泚。
圆似喷骊珠，细似箕筛米。偶向池边立，尘氛净如洗。
山斋苦热蒸，呼僮试汲取。煮茗同客尝，清芬沁牙齿。
我曾过金山，个泉汲江底。又曾走吴越，亲尝惠泉水。
二水负盛名，游者争夸美。胡兹同清冽，名不出乡里。

概惜中林士，湮没多类似。安得鸿渐生，评赏逢知己。

## 端节车中口占三首（其一）

去年佳节竞称觞，儿女纷纷系彩囊。今日匆匆驰道左。一壶香茗度瑞阳。

### 六、涉茶楹联

涉茶楹联亦十分丰富，大臣、文学家、书画家口灿莲花；远溯唐代，诗豪刘禹锡途经临武县所撰《西山兰若试茶歌》，已出现诗联。宋元明清民国皆不乏名人联，宋代张舜民、折彦质、丁逢、徐照，元代宋无、王都中，明代曹义、邓庠、曾朝节，清代刘献廷、达鳞，民国曾熙等。

#### （一）唐代联

悠扬喷鼻宿醒散；清峭彻骨烦襟开。

——西山试茶联，唐·刘禹锡

刘禹锡（772—842年）"悠扬喷鼻宿醒散，清峭彻骨烦襟开"，构成对联。联句早已有之，见南北朝刘勰《文心雕龙》"联句共韵"之说，又如唐代白居易云"秋灯夜写联句诗，春雪朝倾暖寒酒"。

#### （二）宋代联

一眼清泉出岩腹；千家香露净尘心。

——犀牛井联，北宋·张舜民

橘井苏仙宅；茶经陆羽泉。

——《郴江百韵》第39韵联

尝茶甘似蘖；皱橘软如绵。

——《郴江百韵》第64韵联

张舜民，北宋大臣、文学家、画家，诗人陈师道姐夫，与苏轼挚友；1082年贬郴州监酒税官，复出官至吏部侍郎；在郴撰大量诗文，有《郴游录》《郴江百韵》诗集，涉茶数篇首。如《游鱼绛山记》述"汲涧瀹茗"，《愈泉》写桂枝桂花茶。此处第一联即题于愈泉石壁，愈泉俗称"犀牛井"，传神农带犀牛驱恶龙祛瘟秽，遂有此清泉茶露浇人心。第二联，取唐代元结《橘井》诗名和茶圣陆羽《茶经》书名，以及苏耽仙名和陆羽姓名，构成绝对而巧夺天工。第三联异曲同工，说在郴州喝茶，好比品酒曲一样甜，分明是药茶；皱橘即皱皮柑亦药橘，保存期长皮皱固绵，橘井观橘井边历代栽种以继承苏耽驱瘟救民精神（"苏仙传说"系国家级非物质文化遗产），联语随口而出，信手拈得妙品。

石桥步月公居后；橘井烹茶我在先。

——橘井联，两宋·折彦质

折彦质（1080—1160年），两宋之际抗金名将，河西府州（陕西府谷）人，折家名将之一。传统戏剧《杨门女将》佘太君原型，即嫁与名将杨业的折家第二代名将折德扆之女。折彦质为折家将第八代，文武兼备；靖康元年金兵入侵，他率兵勤王，在南关、黄河等地血战；受佞臣诬陷谪永州、海南安置；复出任湖南安抚使兼知潭州，与岳飞、韩世忠等协力抗敌；任工部侍郎、兵部尚书兼参知政事（副丞相），受奸相秦桧等迫害，贬郴州安置十年。此联即撰于郴。

茶瓜暂唤林间客；杖履长输物外人。

——郴州诗联，南宋·丁逢

丁逢（1140年—？），南宋郴州知州，晋陵（治今江苏常州）人。宋乾道二年（1166年）进士，国子监书库官，临安府通判、安丰、盱眙知军，皆有政绩，升郴州知州；"改授川秦茶马司，凡供赈公费悉屏去，人服其廉"，官终宝漠阁待制；走马上任郴州时杨万里等赠诗。他著有诗文《郴江集》前、后、续集，留存数首咏郴诗、联，此楹联在一诗中，为颈联。

采药踏穿松下路；煮茶滤过石边泉。

——题天窗岩联，南宋·傅连签

傅连签，南宋学者，游桂阳军天苍村天窗岩景观，撰七律《题天窗岩》，三四句为颔联"采药踏穿松下路，煮茶滤过石边泉"，刻于天窗岩石壁（今市级文物）。

蕊浮茶鼎沸；色染道衣黄。

——汝城诗联，南宋·徐照

徐照（？—1211年），南宋诗人，永嘉（浙江温州）人，字灵晖，与徐玑（灵渊）、翁卷（灵舒）、赵师秀（灵秀）并为诗坛"永嘉四灵"；有《四灵诗集·徐照集》《芳兰轩集》等，行迹遍湘赣苏川等地；住过郴州、汝城，到过宜章、桂阳郡，有数首诗，甚至挽翁卷的两诗写到郴州、橘井。此联出汝城组诗的五律《菊》，为颔联；因诗中有颈联"天上虚星落，人间寿水香"，寿水在汝城县穿城而过；"蕊浮茶鼎沸，色染道衣黄"说明系菊花茶。

### （三）元代联

不向苏耽寻橘酒；却从陆羽校茶经。

——宋至元橘井茶经联，南宋·郑洪

此联在南宋诗人郑洪诗作中，元代诗人书画家宋无书写为《句》，属神品联。宋无

（1260—1340年），字子虚，苏州人，宋末中秀才，元代自称逸士，善墨梅；曾代父从军东征日本，遇风暴毁战船由高丽退返；谢绝朝官举荐；居家著咏史诗《嗐吒集》《翠寒集》，《岳武穆王》《怀古田舍梅统》等三百余首，为元好问《续夷坚志》作跋；书画大师、魏国公赵孟頫夸他"通吏"。他游郴访友，到苏耽宅橘井，回苏州撰诗《寄郴阳廖有大》。

瀹茗香浮齿；簪梅雪满头。

——会胜寺联，元·王都中

### （四）明代联

书灯几乞丹炉火；茶灶频分橘井泉。

——送蔡良医诗联，明·曹义

曹义（1385—1461年），明代大臣，句容（江苏镇江句容）人，号默庵；明永乐十三年（1415年）进士，授庶吉士，历翰林院编修、礼部员外郎、吏部郎中、右侍郎兼掌光禄寺、吏部左侍郎；瓦剌军犯京师，奉敕提督官军守正阳、崇文二门，半月退敌，升南京吏部尚书，进资德大夫。曹义诗以唐人为宗。《默庵集》中，与苏耽橘井相关的达5首之多。

禅机参妙谛；石鼎喷香茶。

——兴宁县梵安寺联，明·郴人袁玘

和烟沦茗尝泉乳；滴露研朱点易爻。

——东溪草堂联，明·郴人邓庠

归乡筑室曰："东溪草堂"，此联出《东溪草堂五首》中，具哲学思维。

鼎中烹白虎；客里袖青囊。

——赠秦医士联，明·郴人曾朝节

此联乃《赠秦医士·其一》的颔联，"鼎中烹白虎"指煮"白虎银毫茶"为药茶。

### （五）清代联

清代联在时间因素方面，相比较于前代，各类涉茶联保存得完备一点，含茶山、茶亭、茶馆、戏台、大门、厅堂、书房、井泉、生活各类联。

门外鸟啼花落；庵中饭熟茶香。

——宜章县黄箱岭观门联，清·刘献廷

赵州茶一口喫干；台山路两脚走去。

——宜章县黄箱岭望苏亭联，清·刘献廷

刘献廷（1648—1695年），清初地理学、语言学家，直隶大兴县（今北京大兴区）人，别号广阳子，祖上苏州人为明代太医。本人被明末清初思想家顾炎武外甥、康熙朝刑部尚书徐乾学纳入幕府,推荐入明史馆,参编《明史·历志》《大清一统志》;后离开,游历天下;懂拉丁语、梵音、女真国书,著《新韵谱》《明初官制》《续竹书纪年草稿》《纲目纪年》《日知录》等,均佚于战乱;遇吴三桂兵变,滞留湘南衡阳、郴州,著史料笔记《广阳杂记》,颇具价值;记游郴州义帝陵、苏仙岭静思宫(苏仙观)、橘井观、唐宰相刘瞻故居,观湘昆等戏剧,记录郴江祠"祀柳毅。俗传:毅,郴人也";在永兴县游观音岩,在兴宁县(资兴)寻宋代万寿念禅师道场;在骑田岭第二峰宜章县黄箱岭,为道庵、茶亭题联。

一泓江水屋前流,看新妇提瓮汲来,煮就清茶供好客;
几树梅花园内放,命小儿扳枝折下,酿成薄酒宴嘉宾。

——清代婚姻生活联

清末桂东县秀才李家珍撰联,联结地气,画面生动。

四方来客远;满座溢茶香。

——郴州四牌楼茶馆联,清·佚名

甘茗代醪,名论如乐;清声问月,和气在堂。

——宜章县厅堂联,清·佚名

茶娘筵上共徽歌,如此多情,料得有心怜宋玉;
山馆夜分来听雨,相思未艾,便知无梦不襄王。

——临武县镇南茶山村戏台联

逢人便说斯泉好;愧我无如此水清。

——嘉禾县珠泉联,清·达麟

为名忙,为利忙,忙里偷闲,且向茶亭坐坐;
劳力苦,劳心苦,苦中作乐,慢将世事谈谈。

——嘉禾县醉乐亭联,黄云汉

趣言能适意;茶品可清心。

——嘉禾县桐梁桥茶亭壁画回文联

暑雨无忧,征人乐聚;渴时有饮,施主余香。

——嘉禾县石桥乡周家观音亭

客去茶香留舌本;睡余书味在胸中。

——桂东县方至分客厅联

## (六)桂阳州清代楹联

茶料北进蛮女洞;桂阳南入尉佗关。

——流渡峰,清·胡垧

"茶料"，属于明清桂阳州的大地名，该州西北面的几个瑶族乡、瑶汉杂居乡及汉族乡，均处南岭大山区，靠山吃山，大宗茶叶原料由此产出、外输，故名"茶料"。"蛮女"，古老的俗称，指"蛮族女子"，代呼瑶女，含有大汉族主义因素。

> 月露冷星辰，茅亭稍憩；
> 辛勤经苦境，茶味分甘。
>
> ——泗州（乡）封家凹茶亭

> 洗砚鱼吞墨；烹茶鹤避烟。
>
> ——荷叶乡陈圣世房

> 来不招，去不迟，礼仪不拘方便地；
> 烟自奉，茶自酌，悠闲自得大罗天。
>
> ——太和乡九王庙

> 碧水环门，烹茶待客；蓝桥得路，种玉成仙。
>
> ——樟木乡西湖村文亭茶室

> 渤海鱼龙得化雨，能飞霄汉；
> 茶山桃李沐春风，自发英华。
>
> ——光明乡朱树学堂大门联

### （七）民国联

> 子固精神坡老气；茶山衣钵放翁诗。
>
> ——茶山联，清末民国·曾熙

曾熙（1861—1930年），清末民国"三湘名士"、海派书画领军者之一；字农髯，衡永郴桂道衡州人，清光绪二十九年（1903年）进士，兵部主事、提学使、弼德院（宣统年国务参议机构）顾问。主讲衡阳石鼓书院、汉寿龙池书院山长，创湖南南路师范（今茶陵一中），岳麓书院山长、湖南高等学堂（湖大前身）监督、湖南教育会会长；辛亥鼎革后，应书画家、提学使、两江师范（南京大学前身）监督李瑞清之邀，居上海；与吴昌硕等并称"民国四大家"，张大千曾拜师；沪上香祖书画社系郴州画家王兰所开，其《百蝶图》夺得中美日法四国美术对抗赛特等奖，声誉鹊起，得识湘南名贤，奉上郴山之茶，恳请品鉴；曾熙开怀，题联激赏，将苏轼、陆游等宋贤构联。上联"子固"双关语，一夸小同乡作品本有精气，二含唐宋八大家之一曾巩之字；下联"茶山"也两义，一含宋代文学家曾几之号，二以茶字回谢王兰的茶礼。人传为佳话，"茶山联"不胫而走。

## 七、现代诗文

### （一）辞赋散文

#### 九龙白茶赋

神农之耒耜耕耒山，而丰隆濂溪之太极，开理学之农中。九龙戏嘉木兮，荟灵芽之无穷。二程饮三江兮，漱白毛二飞虹读《爱莲》之至文。摇庄苑之烛红，醉予乐之湾月，阅人生之清梦。汝城之翠屏兮，吸玉露于茗风；潇湘之云霞兮，引丹青而华秋。白茶仙子兮，舞霓裳以觑觎；热水流香兮，濯玉肌而玲珑。菁菁家园，郁郁芳丛，归去来兮，腾飞九龙。

（蔡镇楚）

蔡镇楚（1941年—），湖南师范大学文学院教授、文艺学博士导师、享受国务院颁发政府特殊津贴专家，作家，著作等身。除文学、文化学、文献学、诗话学等，也是茶文化专家、湖南省茶业协会茶文化高级顾问，与湖南农业大学茶学博士点长期合作，从事茶文化研究，著有《中国品茶诗话》《中国名家茶诗》《茶祖神农》《茶美学》《茶禅论》等，是中华茶祖神农文化研究的奠基人之一，和提出以谷雨节为"中华茶祖节"的主要确立者。应汝城县邀请，为"汝城白毛尖茶"作赋。

#### 玲珑茶赋

桂东玲珑村，高卧群山之腰，松竹为伴，薄雾为帐，流泉为声，此地产茶，获国际之优质名茶奖。茶余兴起，作《玲珑茶赋》，以赠友人：

玲珑茶者，取其嫩尖，素手採制，其艺之精，其工之巧，名冠远近。所制茶也，条索紧细，状若环钩，奇曲玲珑，锋苗秀丽。细察之，色泽绿润，钟南国之灵秀；纤毫显露，呈北宇之银辉。每冲泡开汤，杯水之中，景态万千：或冲腾而上，若群鹤之舞于中天；或飘逸而下，似玉虾之沉于沧海。稍倾，茶香清高，芳气袭人，何也？飞瀑悬空，出于崇山峻岩之中；流清铺地，遁于青树翠蔓之间。为茶之水，晶莹澄净，清沏淳淳，又茶树为百花衬绿，群芳替清茶添香。烟云离合，雾雨迷蒙，故山青而茶绿，水秀而茶清，花艳而茶香。待清香入口，滋味非凡，馥郁持久，回味无穷。发提神醒脑之力，具清暑祛邪之功。痛饮数杯，则神志随之奋张，沉郁与之云散，烦劳为之顿失。倘高世之才，仁智之士，煮雪烹茶，古趣盎然，每转策回筹，出谋发虑，究研精微，去暗发明，亦赖其功也。

玲珑茶者，其形也奇，其色也秀，其香也馥，其味也醇，东比龙井，北齐君山。高山流水，有识茶者，曰：神品也！

（欧羡如）

# 鲁院七日

昨日晴,今日也是一个大晴天。

上午在五楼会议室举行结业仪式,王彬主持。议程很简单。唐飙、涂玉国、霍爱英等六位同学发表学习感言,言简意切,都说了一个"相逢如歌"的意思。最后,王彬做了一个小结,说话也不多。我领到深蓝色封面的《鲁迅文学院结业证书》,内页标示:"鲁院结字(2603)号。"院长吉狄马加在证书上盖有大印,证明它属一件"真品"。但吉狄马加院长今天没到现场。昨天,他在外地参加国际诗酒文化大会第二届中国酒城·泸州老窖文化艺术周,向立陶宛诗人托马斯·温茨洛瓦颁发了首个"1573国际诗歌奖"金奖。

中午,我坐车去中央美术学院。我钻出的士车门,便看到了一座呈微微扭转的三维曲面体,天然岩板幕墙,配以最现代性的类雕塑建筑。它就是新美术馆。或许它在有意展现中央美院内敛低调的特质吧,这种构筑确与校园内吴良镛先生设计的深灰色彩落式布局的建筑物很协调。它是日本建筑师矶崎新的作品,这位设计师在全球共设计了12座美术馆。

我准备耗上大半天时间来"品尝"馆内"美食"。

不过,两个小时后我便离开了这座美术馆。原因很简单,在馆内竟然没看到我想看到的中国画。在这里,尽是一些西洋画展。我不得不怀疑,中国画是否退隐江湖。学院派的主阵地几乎被西画"霸占"。我并不拒绝油画一类画派。但我接受不了西洋画派"赤裸裸"几乎占据整座美术馆的感受。

进去看展,还要买票。进馆时,我却没留意这事。赏画心切。在楼梯口,我被验票员(看上去就是大一女生)拦下验票。我诧异地问:"还要买票?"这女生看我模样,即问:"您有六十了吧?"该是馆内有规定,老年人可以免票观展。不过,我从未被人询问这个年龄阶段,我当即语塞,不知如何作答。验票员从我的"窘迫"表情中明白怎么一回事,紧接着问:"您是央美的老师吧。"我张张嘴,还没说出话来,验票员即说:"您可以进去观展。"这时,我才明白,验票员有意要"放我一马",便是很乖巧地引导我给出一个"准确答复"。我很感动,谢了她一声。

我进入的第一个展室,正好是"苏珊·斯沃茨个人历程"专题展览。她是一个西方女画家,致力于艺术史永恒的主题:自然与绘画的矛盾关系。出于美国历史风景画的传统,她的作品均以对自然的感知为基础,将这种感知在画作中加以抽象提炼,达成深刻的个人和精神统一。在这里,"到此一游"的我想拍一张照片,便求助旁边一个看展的瘦高个女生帮忙。她旁边还有一个看展的女生。她很乐意接过我的手机,并且很熟练地指挥我怎么摆拍。最后她说:"我给您来一个全镜扫拍吧。"

我承认,艺术熏陶中的人们总是善良,总是热情。

在美术馆里我意外地看到了《耕耘者——戴泽油画艺术展》。前些日子,他与其他七位中央美院老教授一块儿给习近平总书记写过一封信,表达老一代艺术家和艺术教育家对中华民族伟大复兴的坚定决心。习近平总书记特意给他们回了一封信,向他们致以诚挚的问候。戴泽可不简单。1942年,他考入国立中央大学(即台湾中央大学)艺术系后,师从徐悲鸿、傅抱石、谢稚柳、黄显之、秦宣夫、吕斯百、陈之佛等名家大师。这底子打得够厚实吧。毕业之后,徐悲鸿邀他北上于国立北平艺术专科学校任教。1949年,他参与筹建中央美院。展室入口处,他写有四个大字"见素抱朴"。他做人原则,也该是艺术理念吧。

在这里,我还看到了董希文的作品。相比戴泽,恐怕更多的人熟悉董希文,他的油画《开国大典》进村入户数十年,早已家喻户晓、耳熟能详。在《民族精神中国气派——教学沿革:"董希文工作室"时期》专题展室,《开国大典》的巨幅油画作为第一幅展品挂在门口内侧。不过,这幅作品被标明为"临摹版复制件",原件藏于中国国家博物馆内。

即便观展让我发出"厚此薄彼"的感叹,但我还是从中得到了或利于中国画创作的启发。中央美院院长范迪安在为张宝玮画展上写道:"感人心者,莫先乎情,而移情入境,又依托于象。张宝玮先生在自己的画作中,对传统物象进行剥离,将其从有形的桎梏化解出来,利用纸的揉搓、笔的皴擦、墨的铺陈、彩的晕染,制造出起伏的肌理质感,或以黑白破立,或凭色韵贯通,时时变幻,不为一定之形,营造出一种境生于象外的气息。"还称"此通于彼,彼通于此","在心、物、眼、手的有机交叠中达到了格高意远、透彻纯净的艺术新境"。此话带回去反刍,或可受益多多。

吃过晚饭,便受邀与七八位学友一块喝茶。喝茶的地点很特别——鲁院院内大门左侧的小亭。亭内及廊道铺垫有瘦长形的木地板,周围长有不少小树,山楂茶居多,已经到了硕果累累的季节,红润润的果实非常诱人胃口。谁也没伸手采摘山楂。这个时候,更引诱我们的是茶。

我是临时回宿舍取茶的。刚才,俩学友带来的茶并没赢得喝彩,还遭来了"微词",我便起身说道:"我有'郴州福茶',取来一泡,看能不能泡出学友们的兴趣!"学友中间有不少喝茶"高手",我猜不到"郴州福茶"能否让他们接受,但我不忘忑。何况,我很喜欢学友们从茶中喝出来的氛围。学友们仅仅喝了第一杯"郴州福茶",就给予了我欣喜。他们大声赞赏:"好茶!这才是好茶!"一胖学友笑道:"以前只知郴州有古华,没想到郴州还有如此美茶!"以"美"喻茶,莫非这胖学友是个"情种"?一问,他果真有一嗜好——喜欢写爱情题材的小说。我当即一笑:"郴州不仅有美茶,有美人,古时还有无量寿佛。"众学友一边品着"郴州福茶",一边听我讲述无量寿佛的故事。无量寿佛,俗姓周,名宝,出生在资兴周源山,纯属一个地地道道的郴州人。这足以证明,仙佛和好茶都产自凡间。唐天宝二年(743年),他在郴州城西以北开元寺落发受戒,得法名释全真。修行时,他兼负寺中茶事。唐天宝三年,他随身携带家乡茶叶,来到浙江余杭径山寺参拜道钦禅师,亦承担理茶之事。唐肃宗年间,陆羽抵达浙江,寻茶天目山,往来径山禅寺,与道钦禅师谈茶论道,释全真在一侧伺候,有幸倾听,受益颇多。据传,道钦禅师曾让释全真把其家乡茶叶泡上一壶,陆羽喝下一口,即赞:"妙品!"足见那时候的郴州茶已经口碑不凡。李白当年曾透露:玉泉寺真公采而饮之,年八十余,脸色如桃花。说的是湖北玉泉旁长有茶树,受山泉乳水滋润,其茶有还童振枯、扶人寿之功。如果李白获知寿佛家乡茶叶之效,或会有更多感叹。释全真活至138岁,缘于修行得道,更与其终身煮饮家乡茶水有直接关系。据称,释全真行事说话异乎常人,尤其喜好喝茶,日饮十数碗。凭着与无量寿佛所结渊缘,郴州茶很早便被称为"寿福茶"。"寿福"与"寿佛"互为谐音,道出了佛与茶的无尽渊源。

有学友半信半疑地问:"你这般了解无量寿佛?"我笑道:"郴州有一重建的寿佛寺,香火极旺。我有幸担任重建寿佛寺的第一任指挥长,选址和动工时,都与友人一块去喝了一顿寿福茶。如今,寿佛寺后山种满了茶树,算成一景。"有一女学友称:"西有如来佛,东有无量佛,足见释全真在佛界与人间享有很高的声誉。"这话当然没错。释全真两次晋谒唐代皇帝,后又受到唐僖宗、宋代五位皇帝和清代康熙敕封,被称为"慈佑寂照妙应普惠大法师无量寿佛"。我还说,煮茶须好水。接着,我便讲述了"苏耽与橘井泉香"的故事;又言,陆羽品鉴煎茶名水时,欣然将郴州圆泉列入天下二十处名水之"郴州圆泉水第十八"。在元代诗词中,更有"不向苏耽寻橘酒,却从陆羽校《茶经》"的诗句。说的也是郴州一井。这些典故与诗词均印证了"有好茶必有好水"的说法。郴州也因此得幸,自古即获"天下第十八福地"的美称。由此及彼,世人如今更喜欢将郴州所产茶叶称为"福茶"。一学友说:"福地福茶,自然天成。"这"评语"确是恰当。郴州一直就是一座在国内享有盛誉的大茶园。这里地处湘南,南岭山脉与罗霄山脉交错,为湘江、珠江和赣江的发源地,故称"三江之源"。又属亚热带季风湿润气候区,山高云雾多,酸性黄壤土,土层深厚又肥沃,由此种出来的茶叶当属上品。仅以茶多酚含量一项指标为例,郴州茶叶就高出湖南茶叶平均值10%以上。"郴州福茶"其味浓厚，回味甘醇，有使人灵魂开窍之功。如今，"郴州福茶"已经成为郴州一个区域性的公用品牌，涵盖优质绿茶、红茶、白茶和青茶，并已成为当地的一项支柱产业。近年来，临武东山发现了一种非常地道的野生茶，被茶友唤为"岩里茶"，吟念："茶生岩里，无问西东。"是呀，只需得以生存，毫不择地，这便是茶树秉性。近几年，"郴州福茶"获得了众多奖项，实至名归。

我的话又引发了学友们一番热烈的交流。

这时，我才向学友们揭开一个秘密：据《汉书·地理志》记载，桂阳郡郡治郴县，"郴，耒山耒水所出"，与先秦《世本》称"神农作耒"的定论匹配，即中华民族最早的农耕部族首领神农氏，远古时期就在郴州一带带领先民生活、生产。依据"神农尝茶"之说，可以证明神农氏是在郴州一带试尝百草过程中发现茶叶的。

我所带的"郴州福茶"泡了一壶又一壶，斟了一杯又一杯。这时，真有了一番"松花酿酒，春水煎茶"的感受。其实，喝茶无四季之分，也没有昼夜之别。

时至午夜，才与众学友歇茶。

几位学友托我回郴州后帮他们寄几盒"郴州福茶"，我欣然答应。我向他们一一发出邀请，如有机会，可去郴州观光，一定陪他们坐进苏仙岭下的"郴州福茶"茶馆中，用新近发现的金仙山泉水煮茶，悠哉品享。或许那个时候，我会念起元稹所写的《一七令·茶》：

茶，香叶，嫩芽。慕诗客，爱僧家。碾雕白玉，罗织红纱。铫煎黄蕊色，婉转曲尘花。

夜后邀陪明月，晨前独对朝霞。洗尽古今人不倦，将知醉后岂堪夸……

（2017年10月18日　王琼华）

王琼华，中国作家协会会员、湖南省作家协会理事、郴州市文学艺术界联合会兼郴州市作家协会主席，小小说获全国各类大奖，短篇、长篇、散文、评论、绘画等均有建树。小小说《最后一碗黄豆》被选为辽宁省高考阅读题。其赴京进修于全国作协鲁迅文学院，散文《鲁院七日》入编《2018郴州文艺作品年选》，由广西师范大学出版社2019年出版。本书摘录《鲁院七日》10月18日一章节，言及郴州茶事、福茶、天下第十八泉圆泉、临武野茶与"神农尝茶"、苏耽、陆羽、寿佛等茶人，如数家珍，华彩迭呈。

## （二）诗词散句

### 《题汝白》组诗

玉液流香青草绵，汝城白毛醉茶仙。爱莲居士风神在，吾道宗源济尧天。

秋日秋阳绿意浓，茶园掩映丛林中；白云深处三江口，嘉木神奇飞九龙。

（蔡镇楚）

## 题汝城白毛茶

九龙戏嘉木，汝城一叶香四海；八恺汹白茶，周子二程饮三江。

（蔡镇楚）

## 龙华春毫

龙华春毫，名茶新秀。香高味爽，得天独厚。

（朱先明）

## 嵌字"龙华春毫"诗

龙腾虎跃居地利，华衣美食得天时。春风化雨催茗发，毫茶香飘四海知。

（朱先明）

## 赞"郴州茶叶多瑰宝"

湘楚文化誉中华，陆羽文化传万家。郴州茶叶多瑰宝，茗中新秀四海夸。

（朱先明）

## 嵌字"桂东茶叶"诗

桂瑰光芒照天涯，东风浩荡裕万家。茶香味厚扬四海，叶茂根深誉中华。

（朱先明）

### （三）"玲珑王杯"全国诗词大赛获奖作品选粹

桂东县于2019年，举办"歌唱祖国，礼赞桂东"庆祝中华人民共和国成立七十周年"玲珑王杯"全国诗词大赛，以下列选一些获奖作品。

#### 1. 一等奖作品

## 玲珑王茶题咏

高山苍翠气，灵动入田家。柔叶垂银露，微风吐玉芽。
烹来云岭雪，绽出水莲花。品得春滋味，澄明映远霞。

（江苏溧阳丁欣）

2. 二等奖作品

## 万洋山采茶女

登峰离日近，望断白云闲。彩袖飘芽上，清香留指间。

颊红堪缀绿，鸟唱不知还。忽觉闺房小，春畦万仞山。

（湖南湘潭唐格安）

## 临江仙·咏玲珑王茶

雨润青山催绿梦，和风唤醒春华。萌生雀舌满枝丫。叶尖凝玉露，燕尾剪朝霞。

火焙玉钩身似雪，香羞篱外桃花，一杯琥珀韵无涯。幽篁三弄曲，淡月一壶茶。

（河南郑州文秋成）

## 谢友寄桂东名茶

何须数斗嚼梅花？胸次玲珑藉此茶。雪碗冰瓯应恰好，明珠仙露不为奢。

回头绿叶水初沸，入梦白云山尽遮。遥忆故人千里外，相思一夜绕天涯。

（湖南浏阳李声满）

## 桂东玲珑茶王

玉动壶中别样娇，青烟起处望罗霄。谁家竹篓盛朝露，背过春风第几桥？

（湖南长沙胡晖）

## 浣溪沙·玲珑茶故事

妹送哥哥一袋茶，山遥水远莫思家，一声军号月儿斜。

茶是红军亲手种，玲珑老树茁新芽，春风早已遍天涯。

（湖南祁阳冯国喜）

3. 三等奖作品

## 朋友送茶

一盏玲珑万里香，千金难买两情长。轻轻端起那山水，且把春光慢品尝。

（河北廊坊曾继全）

### 思佳客·题玲珑王茶

天下名茶数桂东，清茶沦出玉玲珑。香飘陆羽三篇外，道在卢仝七碗中。

斟液月，啜春风，人生有味是涵容。何当尽把千家梦，种遍湘南八百峰。

（广东高州裴进才）

### 西江月·梦忆玲珑王

梦起魂飞南国，梦回鸟语西窗。满壶春色煮成香。缘是玲珑荡漾。

窗外几根修竹，杯中一道新汤。浅斟禅意品绵长。不再诗心惆怅。

（陕西延安程良宝）

### 赞桂东玲珑茶

采撷精华煮紫壶，玲珑满盏逸神舒。红尘洗却苦中味，留得清心不忘初。

（安徽六安解明珍）

## 第三节　艺术作品

郴州古代与近代的涉茶艺术作品有民歌、瑶族畲族茶歌、戏曲唱词、书法，展现出南岭族群智慧与文化心理、精神追求、娱乐方式，且不乏名人佳作。

### 一、民　歌

郴州各县（市区）民歌包括瑶族、畲族民歌，都有涉茶歌谣，择例选录于下。

#### （一）嘉禾伴嫁歌

嘉禾县系"湖南民歌之乡"，古代即有罗四姐与广西刘三姐对歌的传说，记入县志。民歌中"嘉禾伴嫁歌"逾千首名传遐迩，《嘉禾县图志·礼俗篇》载嫁女前夕："女伴相聚首，谓之：伴嫁。""姻族女亲咸集，夜歌达旦。"伴嫁，嘉禾、临武叫"坐歌堂"；桂阳叫"坐花筵"，郴县叫"坐花园"。形式为伴嫁歌、哭嫁歌加伴嫁舞，嘉禾、临武叫伴嫁歌，桂阳叫唱娘娘，汝城叫哭喂喂，是湖湘闻名的婚俗文化、民间女性文艺；尤以嘉禾伴嫁歌最经典。20世纪60年代中国音乐家协会主席吕骥在长沙观看了郴州地区歌舞团以嘉禾伴嫁歌支撑的歌舞剧《红烛怨歌》，高度评价："北有兰花花，南有伴嫁歌。"中国音乐界、音乐学院将其作为研究对象；《中国民间歌谣集成·湖南卷》对嘉禾伴嫁歌予以单列，并入选《中国民歌集》。嘉禾籍作家古华获茅盾文学奖的长篇小说《芙蓉镇》描写了伴嫁歌场景，谢晋导演的同名电影引用了伴嫁音乐并有坐歌堂情节。1993年湖南省文化厅（现湖南省文化和旅游厅）授牌嘉禾县为"民歌之乡"，"嘉禾伴嫁歌"列入湖南省第一批非物质文化遗产名录。其中涉茶歌曲多首，精选5曲：

### 井水泡茶慢慢浓

送姐送姐堂屋中，留姐不到喊伯公。伯公伯婆你做主，保佑龙天下大雨。

下大雨，下大雪，留到我姐这里歇。井水泡茶慢慢浓，耐烦十天半个月。

（李沥青1963年采录于广发公社，陈世珍讲唱）

### 一个茶杯团团圆

一个茶杯团团圆，我娘生女没商量。没商没量养出我，没有穿过好衣裳。

一个茶杯团团圆，你娘养女有商量。有商有量养出你，绫罗绸缎穿不完。

（李沥青1963年采录于广发公社，陈世珍、李玉莲讲唱）

### 唱歌唱得难又难

唱歌唱得难又难，唱起喉咙冒火烟。你家有茶喝一碗，唱歌唱到大天光。

（李沥青1963年采录于行廊乡，胡乾云讲唱）

采录、搜集人李沥青，嘉禾县人，现年101岁，文化、文学艺术、文史专家，20世纪50年代嘉禾县人民政府文教科长、副县长，1958—1962年郴州师专讲师，1962年师专下马转任郴州地区艺术剧院副院长兼湘昆剧团副团长，改革开放后落实知识分子政策，先后任郴州市（今北湖区）人大常委会副主任、郴州地区文联顾问，1985年离休；湖南省政协委员、湖南省文学艺术联合会委员、湖南省民间文艺家协会顾问；20世纪50年代发现、抢救湘昆，并搜集整理昆曲剧本、嘉禾民歌、伴嫁哭嫁歌，1980—1982年首撰《郴州史话》，1983—1984年担任《三湘旅游丛书·南国郴州》第一撰稿者，1986—1990年担任《中国民间歌谣集成·湖南卷》编辑、《中国民间文学（三套）集成郴州地区卷》编委会主编、《湖南省民间歌曲集·郴州分册》编辑领导小组组长、郴州诗词协会顾问、郴州楹联学会顾问；主撰《湘南起义史稿》，出版《湘昆往事》、长篇小说《湘南起义》《嘉禾伴嫁歌》、民间故事集《小气鬼》《绿漫楼诗词》等，对郴州的文史、戏剧、民间文学、民间歌谣、诗词、楹联等文化、文史、文艺事业，功莫大焉。

## 多谢茶

多谢茶来多谢茶,多谢大姐好浓茶。一杯浓茶当得酒,一杯酒来当芙蓉。
起身起身真起身,不要留我打转身。有心留我真心留,不要口留心不留。

(郭求知20世纪50年代记谱于城关镇,李智英唱)

## 四月茶亭寒又寒

四月茶亭寒又寒哎,爬山过岭就茉莉花里开呀,十七十八为哪行哎。
爬山过岭为姊妹哎,学生读书就茉莉花里开呀,十七十八为哪行哎。
李家茶屋起得高哎,十个出来就茉莉花里开呀,十七十八为哪行哎。
男人出来会写字哎,女人出来就茉莉花里开呀,十七十八为哪行哎。
字对字来花对花哎,朝庭养女就茉莉花里开呀,十七十八为哪行哎。

(郭求知20世纪50年代记谱于城关镇,李菲影唱)

20世纪50年代嘉禾县文化馆女干部、湘潭韶山人郭求知在县域采风,以工尺谱方式记录了嘉禾民歌、嘉禾伴嫁歌词、音乐,发掘整理出精品《半升绿豆》(1959年湖南省民间音乐歌舞戏剧会演一等奖)《娘喊女回》《铜钱歌》《蛾眉豆》(1956年湖南农村群众艺术观摩会演一等奖)《日头出来晒杨家》等;1956年参加湖南全省群众艺术观摩会演,1959年参加全省民间音乐舞蹈戏剧会演,均引起轰动,贡献可贵;1957年陪同中央音乐研究所所长杨荫浏、音乐家徐伯阳(徐悲鸿之子)在嘉禾县采风,1958年出版《伴嫁舞》一册;"文革"初被开除,后落实政策回馆;参加1978年湖南省文化厅举办的"嘉禾民歌演唱会",后调回湘潭市任岳塘区文化馆馆长,加入中国音乐家协会;2004年与李沥青共同参加中央电视台海外频道录制《走遍中国·郴州·嘉禾伴嫁歌》。

### (二)桂阳县民歌

桂阳县古为桂阳州,辖本县、临武、嘉禾、蓝山县,民歌、伴嫁歌丰富,其中的涉茶歌也有不少。例如桂阳县2017年成功申报"湖南省级历史文化名城",与该县历年发掘整理的《桂阳民歌》在内的一批历史、文化、文物、非物质文化遗产的历史文献,并予以公开出版,不无关系。《桂阳民歌》中有一批涉茶歌谣,选录4首:

## 茶罐泡茶茶叶香

茶罐泡茶茶叶香,茶叶里头放子姜。三杯浓茶当杯酒,难为大嫂尝一尝。

(中国文史出版社出版《桂阳民歌》,2017:102,王朝秀唱,傅光盛记谱)

## 日头出山晒高楼

日头出山晒高楼，高楼脚下姐梳头。拿起大梳梳一梳，拿起镜子照一照。
东一照，西一照，照见对门姐来了。姐呀姐呀坐一坐，妹妹慢慢把茶倒。
头杯茶，透心凉，二杯茶，放子姜；三杯茶，放黄豆；四杯茶，放砂糖。
我问姐姐甜不甜？我问姐姐香不香？心也甜，口也香，姐姐妹妹情意长。

（中国文史出版社出版《桂阳民歌》，2017：39，王朝秀唱，傅光盛记谱）

## 桂阳伴嫁歌

上席坐起姑姑子，下席坐起婶婶子；两边坐起众姐妹，中间歌头派头高。
四角坐起筛茶佬，筛茶送果要周到。

（中国文史出版社出版《桂阳民歌》，2017：191，龚声荣唱，傅光盛记谱）

## 谢亲歌

妈妈娘呀谢谢您呀，嫁妆齐全全靠您！老婶娘呀谢谢您呀，招待宾客全靠您！
好嫂嫂呀谢谢你，蒸酒泡茶全靠你！好妹妹呀谢谢你，歌堂上下全靠你。

（中国文史出版社出版《桂阳民歌》，2017：266，陈宣妮唱，傅光盛记谱）

## 二、茶 歌

### （一）郴县（苏仙区）瑶族采茶歌

采茶芽，采茶芽，到了春天摘细茶。风吹茶叶香千里，茶叶香过茉莉花。
三月里来正采茶，三月茶叶正发芽。采茶采到茶花开，满山茶花一片白。
蜜蜂见了忘了窝，神仙品茶下凡来。采茶姐妹茶山走，四月溪水到处流。
一层白云一层天，茶歌赛过白云头。满山茶叶亲手摘，遍地茶叶绿油油。
满山茶叶亲手摘，辛苦换来幸福甜。

此歌2018年8月采自苏仙区良田镇向阳瑶族村94岁瑶族歌手盘乙香口述，其外甥女盘元爱整理。

### （二）桂东县采茶调

#### 三月三采茶歌

三月鹧鸪满山游，四月江水到处流。采茶姑娘茶山走，茶歌飞上白云头。
草中野兔窜过坡，树头画眉离了窝。江水鲤鱼跳出水，要听姐妹采茶歌。

采茶姐妹上茶山，一层白云一层天。满山茶树亲手种，辛苦换得茶满园。

春天采茶抽茶芽，快趁时光摘细茶。风吹茶树香千里，盖过园中茉莉花。

采茶姑娘时时忙，早起采茶晚插秧。早起采茶顶露水，晚插秧苗伴月亮。

桂东县客家采茶调，始于明末清初，保留于产茶的清泉、寨前镇畲族村，有九腔十八调，茶腔为最。

### （三）莽山瑶族茶歌（瑶族赵桥妹收集、创作）

"南岭无山不有瑶"，郴州各县市区都居住瑶族，共有13个瑶族乡镇、8万多瑶族人口。靠山吃山，采野茶、栽培茶、交易茶，是瑶族同胞的一大经济生产，随着这经济生活，自然产生出"茶歌"。宜章、桂阳、资兴、汝城、临武几县瑶族有专门的茶歌。宜章县莽山系原始次生林区，与广东乳源瑶族自治县、乐昌市梅花瑶族乡等接壤，方圆300km² 多，是过山瑶的家园，数百年来瑶族同胞创作了专门的茶歌，且在姻缘歌、月花歌中也有涉茶歌，此处选录3首。

## 茶 歌

妹茶青，比像青山木叶青；青山木叶泡淡茶，不好交把贵凤娘。

难为龙仙托茶到，右手接起金杯茶；金杯装茶不舍喝，回转贵妹金杯茶。

## 姻缘歌——茶歌

一朵好花在树上，心想摘花上树难；得郎有缘摘一朵，四方云雾散开阳。

歌声飞出茶花开，茶树花开朵朵齐；有心不怕茫茫雾，散开云雾双对双。

## 月花歌（12月）

女：先问仔，问仔茶花哪月谢？哪月花开哪月谢，谢落哪边成哪苔？

男：不着问，本是茶花十二月开；十二月开花十二月谢，谢落地中成地苔。

这几首茶歌和涉茶歌，都来自莽山瑶族乡。该乡有个"瑶家的刘三姐"赵桥妹，1948年农历二月出身于塘坊村矮岗岭组瑶家，天生一副金嗓子。她只读了两年初小，跟老一辈瑶家歌手学唱瑶歌，尽量用文字记录，不会写的字则用符号画，几十年中书写了20几个歌本、上千首瑶歌，自己也有创作。其中，茶歌8首、姻缘歌涉茶歌2首、月花歌（每个月一首）涉茶歌1首；由本族退休居郴干部、原新田县政协副主席盘金胜协助整理成完整文字稿。

## 背刀进山砍平地

背刀进山（欧）砍平地（哟欧），砍出平地种（哟）茶秧（欧）；

种得茶秧（依哟）共同摘（欧），哥妹摘茶心连心（哟欧依）。

（赵桥妹演唱，姚石林记谱）

宜章县莽山瑶族乡妇女赵桥妹自创《背刀进山砍平地》茶歌："砍出平地种茶秧；种得茶秧共同摘，哥妹摘茶心连心。"反映了瑶族同胞的茶叶经济（摘选自郴州市瑶族文化协会2013年编印《郴州瑶歌集》第一集·莽山瑶歌）。

### （四）汝城畲族茶歌

畲族，有少数族人古代移居南岭郴州汝城县，居于热水乡。这里有温泉，冬暖夏凉；还有茶树，四季常青，见证畲族同胞的爱情。

## 茶籽打花白盈盈

茶籽打花白盈盈，茶树头下好交情；茶树千年无落叶，同妹万年无断情。

茶籽打花白盈盈，茶树头下好交情；今年开花明年摘，同哥交情万万年。

（兰秋莲等讲唱，何媛搜集、记谱）

## 茶籽打花白盈盈

茶籽打花白盈盈，茶树头下（哟）好交情；茶树千年无落叶，同妹万年无断情。

茶籽打花白盈盈（哎），茶树头下（哩）好交情；今年开花明年摘，同哥交情万万年。

（兰秋莲等5人讲唱，何媛搜集、记谱）

汝城县热水镇畲族妇女的茶歌《茶籽打花白盈盈》，揭示茶园中畲族青年的爱情（汝城县文官、非遗保护中心2015年编印《汝城山歌选》）。

### （五）节会茶歌

## 八面山美，玲珑茶香

男声独唱：

八面山美哎，玲珑茶香哟，八面山美哎，玲珑茶香哟。

八面山美，玲珑茶香，桂是个好地方，山路弯弯云里走，白雾圣水哺茶乡；

人间仙境风水好哟，神奇传说源远而流长，

当年红军进了山哟，玲珑茶香伴英雄打胜仗哎咳！

啊！神山神水出神兵嘞，不老的歌谣代代唱；

啊！神山神水出神兵，不老的歌谣代代唱代代唱。

八面山美，玲珑茶香，桂东是个好地方，山山水水惹人醉，留连忘返是茶乡；

瑶家待客火辣辣哟，化作情歌你我来对唱，

如今山区大变样哟，茶乡生活一天更比一天强哎咳！

啊！好山好水出好茶嘞，幸福的歌谣天天唱；

啊！好山好水出好茶，幸福的歌谣天天唱天天唱。

八面山美哎，玲珑茶香嘞，八面山美哎，玲珑茶香嘞！

（黄金庆、邓东源、郭有提、郭名远词，邓东源曲）

## 东山之恋①

（主题歌）　　　　　周坚轫词
女声独唱　　　　　　李国全曲

中速稍慢　抒情亲切地

①湖南东山云雾茶业有限公司提供。

## 茶香汝城

邀一轮明月煮一壶春秋冬夏,满一杯上古饮一口便是当下。

邀一轮明月煮一壶春秋冬夏,满一杯上古饮一口便是当下。

群山彩云间薄雾中几处人家霞光探头时,撩开了神秘面纱。

汝城香茶,千年文化,药食之精草木草木之华。

白毫银针,芳香惟嘉,茶韵茶心心追心追造化。

茶韵茶心心追心追造化。情满天涯。

采一把新茶赏几处天地芳华,听一曲茶歌续一段人间佳话。

采一把新茶赏几处天地芳华,听一曲茶歌续一段人间佳话。

茶山来入梦红雨玉树正萌芽四野发幽香,此时有谁在牵挂。

茶香汝城,万户千家,以茶为媒金桥横架金桥横架。

茶中乐趣,杯中风雅,香留齿间情满情满天涯。香留齿间情满情满天涯。

(何君明词,岳瑾曲)

### 三、传统戏剧涉茶唱词——湘昆、湘剧、祁剧

明代嘉靖年间代吏部尚书、郴人何孟春,1527年遭贬还乡时,带回昆曲戏班,至明万历年整个郴州署衙官员、仆人都能唱昆腔。明末清代至民国,桂阳州(桂阳、临武、蓝山、嘉禾县)拥有多个昆班,最著名的集秀班行迹湘粤桂,数百年形成独具"辣味"的湘南昆曲特点。民国时期郴州城也有业余昆曲社。20世纪50年代中期,在国歌词作者、中国戏剧家协会主席田汉抢救昆曲行动中,在周恩来总理的关怀下,华南西南区域唯一保存的郴桂昆曲与苏昆、浙昆、北昆、上海京昆等一同获得新生,由著名京剧大师梅兰芳命名"湘昆",改革开放后湖南戏剧是唯一入选联合国非物质文化遗产保护名录的单位。

湘剧是湖南唯一拥有剧种,桂阳县湘剧属衡州湘剧一路,跻身国家级非物质文化遗产保护名录。清代按上下游关系,起班于郴州的湘剧团体叫上头班子,起班于衡州的叫下头班子。

祁剧也是湖南唯一拥有,《辞海》记述:"祁剧,也叫'祁阳戏',戏曲剧种。流行于湖南祁阳、邵阳、零陵、郴县、黔阳一带,有四百余年历史。以唱高腔和南北路(皮黄)为主,兼唱昆腔,音调高亢……"郴州即祁剧流行地,现临武县祁剧为省级非物质文化遗产保护项目。永兴县、安仁县花鼓戏为省级非物质文化遗产保护项目。这些戏剧的传

统剧目、折子戏有涉茶唱词、快板、道白，选录几段。

## 桂阳土昆《坠马》

小生唱〔太和佛〕：

持杯自觉心先痛。纵有香醪欲饮，难下我喉咙。他寂寞高堂茶水谁供奉？俺这里传杯喧哄。休得要，对此欢娱意忡忡。

## 湘昆《琵琶记》

谢小娥（旦）唱〔乌夜啼〕：

酒肴次第安排下，待他回拭嘴磨牙。你平常吃惯人油鲊，今日逢咱，当场报答。迷魂已备孟婆茶，埋尸那要刘童锸。横吞呷，狂欢恰，你做了游鱼吞饵，我焉能纵虎归崖。

## 湘昆《醉打山门》

鲁智深（净）唱〔油葫芦〕：

俺笑着那戒酒除荤闲嗑牙，做尽了真话靶。他只道草根木叶味偏佳，全不想那济颠僧他的酒肉可也全不怕，弥勒佛米汁贪杯诈。咱囊头有钱，现买你的不须赊，哪里管西堂首座可也迎头骂，可知道解渴这是酒当茶。

## 桂阳湘剧《水浒记·借茶》

人物：阎婆惜（旦）、张文远（丑）

阎婆惜唱〔一封书〕：

临风半掩扉，悄含情暂依……

张文远唱〔前腔〕：

茗借茗借怜崖护，消渴消渴甚相如，琼浆一饮自蹰躇。

## 京剧《药茶计》（图10-1）

清光绪十八年（1892年）开台，翌年正月十四头天演京剧正本《药茶记》（见右起第3行，湘剧则名《苦茶记》）。

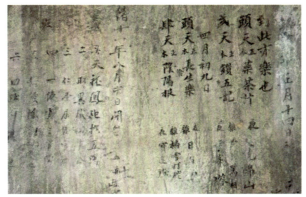

图10-1 桂阳县李氏宗祠戏台题壁

## 四、书法作品

### 1. 清代何维朴作品（图10-2）

何维朴（1842—1922年），清末民初著名书画家，字诗孙，湘南道县名门之后，祖父系大书法家、诗人学政、国史馆总纂何绍基，曾祖系书法家、户部尚书何凌汉。本人清同治六年（1867年）乡试中副贡，历官江南道员、内阁中书、协办侍读、江苏候补知府。因任上海浚浦局总办，晚年寓居沪上卖文鬻画自给。画作笔底醇厚骏发，意境清远高妙；书法得祖辈神韵。这幅作品，内容出自南宋诗家郑洪的七律《秀上人饮绿轩》，第5、6句"不向苏耽寻橘酒，却从陆羽校茶经"是为颈联，被元代诗人书画家宋无首先摘句书写。而何维朴视"苏耽橘井""陆羽泉茶"为家乡事物，续选此诗句精心书写，文气充盈，古风盎然。如此，历三家，凸显茶酒诗书联之神工天巧。

### 2. 清末民国"三湘名士"曾熙作品（图10-3）

图10-2 清末书法家何维朴书茶联

图10-3 清末民国书法大家曾熙题赠郴州画家王兰茶山联

### 3. 清代"茶香天下"书法匾（图10-4）

此匾于清同治十年（1871年）木刻，书法美观，入木三分。

图10-4 清代"茶香天下"书法匾

### 4. 现代书法、题词（图10-5至图10-15）

图10-5 齐白石弟子、金石书法家李立题玲珑茶名

李立（1925—2014年），齐白石大师入室弟子、著名金石书法家。原籍湘潭县小花石（今株洲县堂市乡）人，湖南高等轻工业专科学校教授、中南工业大学和株洲工学院客座教授、政协长沙市委常委、中国民主同盟湖南省委文教委员会副主任、西泠印社成员、湖南省工艺美术书画研究会会长、湖南省书法家协会顾问、湖南省文史馆馆员、中国书法家协会理事等。其作品为世界文化名流收藏，由国家领导人出访时赠送友邦政要。亦为郴州桂东县产全国名品"玲珑茶"篆书。

图10-6 湖南农业大学教授施兆鹏题词"郴州福茶、橘井泉香"

图10-7 全国政协副主席毛致用题词桂东"玲珑王"茶

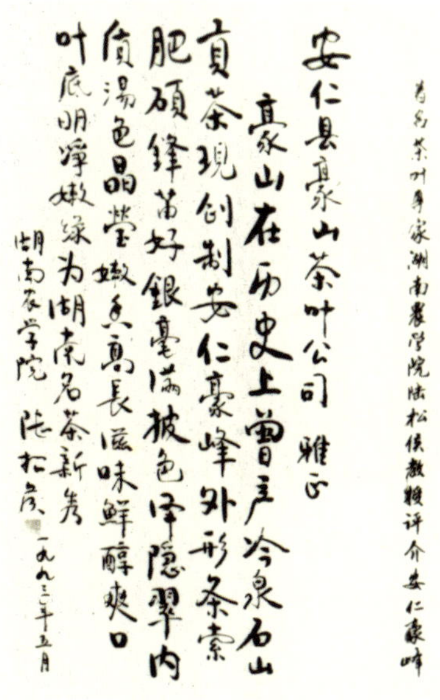

图10-8 湖南农业大学教授陆松候为安仁县豪峰茶题词

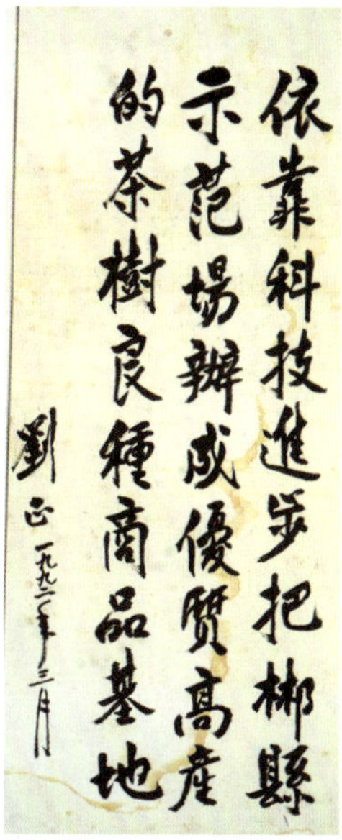

图10-9 湖南省原省长、省政协主席刘正视察郴县茶树良种繁殖示范场题词

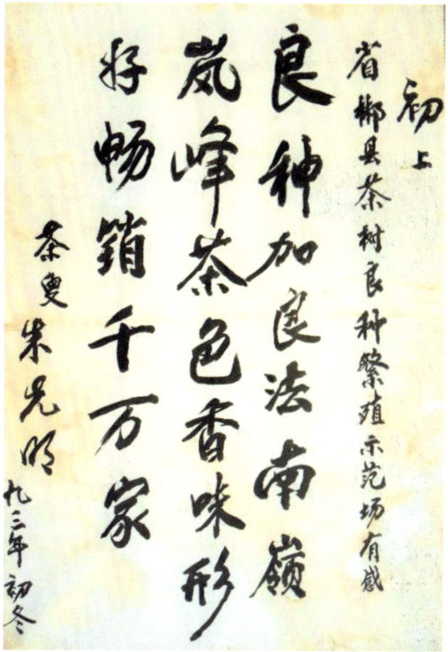

图10-10 著名制茶专家,茶学教育家、湖南农业大学茶学学科和湖南省茶叶学会的主要创始人朱先明教授1993年为郴县茶树良种繁殖示范场题词

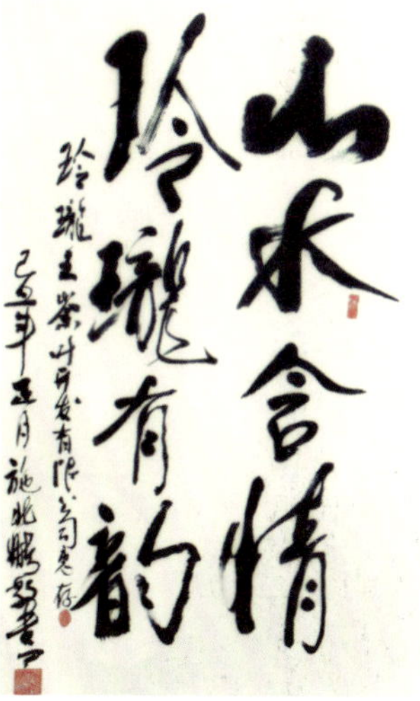

图10-11 湖南农业大学教授施兆鹏为玲珑茶题词

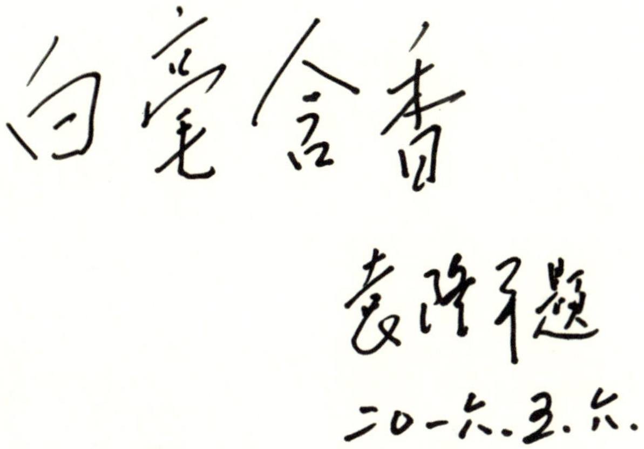

图10-12 袁隆平院士为汝城县白毛茶题词"白毫含香"

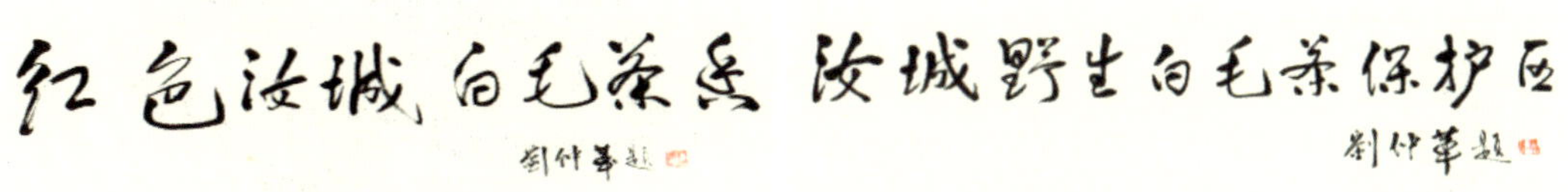

图10-13 刘仲华院士为汝城白毛茶题字

图10-14 第八届全国人大常委会委员、湖南省委书记、省长熊清泉为汝城白茶题词

图10-15 郴州市书画院副院长、书法家协会原副主席张国才为王仙岭题写楹联

## 五、美术作品

### 1. 品茗纳福图（图10-16）

贺丹晨，湘人，四川音乐学院城市与环境艺术研究院院长、教授，美术学院学术委员会主任，受邀参加人民大会堂《民族欢歌》巨幅中国画创作；肖文飞，郴州人，中国书法家协会会员、中国艺术研究院中国书法院学术部主任、中央美术学院美术学博士，

图10-16 美术教授贺丹晨品茗纳福图、书法家肖文飞题字

图10-17 画家黄元强入编《中国版画世界专集》作品《湘南早茶》

清华美院书画高研班书法工作室导师,中国人民大学画院特聘教授。

### 2. 湘南早茶（图10-17）

黄元强,郴州桂阳县人,中国美术家协会、中国版画家协会会员,湖南美术家协会理事、湖南省美术家协会版画艺术委员会、湖南省花鸟画家协会、郴州市美术家协会主席。郴州市书画院创始人,原郴州市政协委员、湘南学院客座教授。《湘南早茶》,描绘改革开放后恢复了油茶的美好生活。

## 六、石刻、铜雕、泥塑、铸铁作品

### 1. 郴州五岭广场茶祖神农炎帝铜雕塑（图10-18）

郴州市城标·五岭广场"神农作耒"铜雕（2001年采纳本书主编研究成果及议案兴建）。《汉书》载"郴,耒山耒水所出",《四库》藏《衡湘稽古》考述神农炎帝创造田器农具,率助手"作耒耜于郴州之耒山"且尝茶于南岭郴州,是为茶祖。

### 2. 北湖区"神农殿"石刻（图10-19）

古神农殿,石刻额名"神农殿",在郴江源头、北湖区白石岭海拔1057m峰顶;本书主编依清光绪《郴州直隶州乡土志》线索发现,带中央电视台海外频道《走遍中国·郴州》摄制组拍摄,定为市级文物。殿下方海拔900m处,生长野生茶群落。

图10-18 郴州城市标志性雕塑五岭广场神农炎帝青铜塑像

图10-19 古代石刻书法"神农殿",在郴江源头北湖区白石岭顶

### 3. 安仁县炎帝广场神农药王石雕像（图10-20）

安仁县与炎陵、茶陵山水相连;2000年郴州市政协编写旅游书籍《天下第十八福地郴州》,副主编张式成考据安仁县清代以前建有神农殿（在"文革"破坏的旧址找到"神农殿"刻字砖）,不但历代与炎陵、茶陵共祭神

图10-20 安仁县炎帝广场药王神农石雕像

炎帝，并拥有别县没有的千年"赶分社、祭药王"习俗，遂建议该县复建神农殿。安仁县上下非常重视，全县动员，连小学生也捐献早餐钱，于2004年复建神农殿，并配套建起宏伟的药王炎帝广场，树神农石像。

**4. 安仁县神农药王泥塑像（图10-21）**

安仁籍当代陶艺名家、陶艺教育家、中国美术家协会理事、中国工艺美术大师评委、中国工艺美术学会雕塑专业委员会顾问、景德镇陶瓷大学资深教授周国桢，为家乡神农殿设计。

**5. 嘉禾县茶祖神农炎帝石塑像（图10-22）**

明末清初《嘉禾县学记》述："嘉禾，故禾仓也。炎帝之世，天降嘉种，神农拾之，以教耕作，于其地为禾仓，后以置县，徇其实曰嘉禾县。"说明嘉禾县是《周书》言"神农之时天雨粟"之地，即旋风将野生稻带上天再掉落湿地长出的现象，被神农发现始创开水田农耕。2000年郴州市政协学习文史委与嘉禾县政协座谈编书事宜时，建议嘉禾县塑神农炎帝石像，嘉禾县迅速行动，建成"天降嘉禾"神农石像，请原中顾委常委、全国政协副主席、嘉禾籍前辈萧克将军题名。

图10-21 安仁县"药王神农"泥塑像　　　　图10-22 嘉禾县石雕神农炎帝像

**6. 资兴市汤市茶祖神农炎帝像（图10-23）**

资兴市与炎陵县山水相连，汤市等乡距离鹿原陂炎帝陵很近。传说神农炎帝尝百草时，经常到汤市食茶叶泡温泉洗茶浴，疗伤治肤。汤市原有古汤庙祭炎帝，2004年郴州市政协文史研究员带央视第五频道《走遍中国·郴州》节目组到此，指导资兴市文化部门、汤市乡、温泉公司重塑神农炎帝"洗汤"像。

### 7. 汝城县炎帝宫铁铸钟（图10-24）

耒山耒水源于郴州汝城县南湘粤交界大山，县境古有天马山神农庙、龙虎洞炎帝宫，1921年重修炎帝宫时，重铸一口铁钟，刻阳文"炎帝宫大成殿"等。2009年被县公安局陈一凡发现，定为县级文物。

图10-23 资兴市汤市镇群众在古汤庙原址塑茶祖神农炎帝石像

图10-24 汝城县古炎帝宫铸铁钟

## 第四节 茶道茶艺

### 一、寿佛煎茶道

资兴市湖南寿福茶业有限公司研发团队在陆羽《茶经》"三沸"泡茶法的基础上，融入《无量寿佛茶事仪轨》，研发一套"寿佛茶煎茶道"，用于佛茶的体验与推广。佛茶讲求"禅茶一味"，寿佛茶煎茶道传承"松""散""通""空"煎茶内功心法和手法，煎茶中"太和之气"，得茶之"神、韵"之妙，体验养生、养德、养性之道，所谓"艺极通道"，茶可载道，吃茶得道，一茶品千年。

#### （一）茶道用料器具

①寿佛茶；②炭炉；③铁壶；④茶具；⑤茶洗；⑥佛像；⑦香炉；⑧香；⑨木鱼；⑩磬；⑪茶桌；⑫佛乐；⑬茶服。

#### （二）茶道程序

寿佛茶煎茶道，20道程序，均源自佛典，启迪佛心，昭示佛理（图10-25）。适合修身养性，使人放下世俗的烦恼，抛弃

图10-25 寿佛煎茶道杯里注水

功利之心，以平和虚静之态，领略"禅茶一味"的真谛。

① 礼佛（焚香合掌）：播放佛曲，让幽雅庄严、平和的佛乐声，像一只温柔的手，把人的精神牵引到虚无缥缈的境界，使其烦躁不宁的心平静下来。

② 调息（达摩面壁）：面壁时，助手随着佛乐有节奏的敲打木鱼和磬，进一步营造祥和肃穆的气氛；主泡者指导客人随着佛乐静坐调息，静坐姿势以佛门七支坐为最好，在佛乐中保持静坐姿势10~15min。静坐时应配有坐垫，坐垫厚约两三寸。如果配有椅子，亦可正襟危坐。

③ 生火（丹霞烧佛）：调息静坐的过程中，一名助手开始生火烧水，称之为丹霞烧佛。要注意观察火相，从燃烧的火焰中去感悟人生的短促以及生命的辉煌。

④ 煮水（法海潮音）：佛教认为"一粒粟中藏世界，半升铛内煮山川"。从小中可以见大，从煮水候汤听水的初沸，人会有"法海潮音，随机普应"的感悟。

⑤ 初沸（鱼目微声）：水煮至欲沸而未沸时为初沸，初沸时冒出如鱼目一样大小的气泡，稍有微声，此为一沸。

⑥ 取水（鱼目微声）：初沸水如初生人，充满希望与朝气，取初沸之水入公道杯待用。

⑦ 赏茶（佛祖拈花）：借助"佛祖拈花"这道程序，向客人展示茶叶。

⑧ 二沸（涌泉连珠）：水煮至刚刚沸腾之时，沿着茶壶底边缘像涌泉那样连珠不断往上冒出气泡，为二沸。

⑨ 投茶（菩萨入狱）：二沸之时投茶入壶，如菩萨入狱赴汤蹈火，泡出的茶水可振人精神，如菩萨救度众生，茶性在这里与佛理是相通的。

⑩ 重入（万流归宗）：用取出的初沸水重新注入茶水中再次烧开，称之"万流归宗"，归的是般若之门。般若是梵语音译词，即无量智能，禅道认为具此智能便可成佛。

⑪ 三沸（腾波鼓浪）：水烧至最后，壶中水面整个沸腾起来，如波浪翻滚，为三沸。再煮过火，汤已失性，不能饮用。

⑫ 静置（五气归元）：水至三沸之时，提壶离火，静置平处，五气归元。

⑬ 出汤（漫天法雨）：佛法无边，润泽众生，泡茶冲水如漫天法雨普降，使人如"醍醐灌顶"，由迷达悟。壶中升起的热气如慈云氤氲，使人如沐浴春风，心萌善念。

⑭ 分茶（偃溪水声）：佛茶茶艺讲究：壶中烬是三千功德水，分茶细听偃溪水声。斟茶之声亦如偃溪水声，可启人心智，警醒心性，助人悟道。

⑮ 敬茶（普度众生）：敬茶意在以茶为媒介，使客人从茶的苦涩中品出人生百味，达到大彻大悟，得到大智大慧，故称之为"普渡众生"。

⑯ 闻香（五气朝元）："三花聚顶，五气朝元"，是佛教修身养性的最高境界，五

气朝元即深呼吸,尽量多吸入茶的香气,并使茶香直达颅门,反复数次,有益于健康。

⑰ 观色(曹溪观水):观赏茶汤色泽称之为"曹溪观水",暗喻从深层次去看是色是空;同时也提示"曹溪一滴,源深流长"。

⑱ 品茶(随波逐浪):即随缘接物,自由自在地体悟茶中百味,对苦涩不厌憎,对甘爽不偏爱。只有这样,品茶才能心性闲适,旷达洒脱,才能从中平悟出禅机。

⑲ 回味(圆通妙觉):品茶后,对前边的十八道程序,再细细回味,便会:"有感即通,千杯茶映千杯月;圆通妙觉,万里云托万里天。"即是品佛茶的绝妙感受。佛法佛理就在日常最平凡的生活琐事中,佛性真如就在人们自身的心底。

⑳ 谢茶(再吃茶去):饮罢茶要谢茶,谢茶是为了相约再品茶。

如此,方达"茶禅一味"境界。总之,茶常饮,禅常参,性常养,身常修。

## 二、宋代点茶

点茶,是唐、宋的一种煮茶、沏茶方法,也常用于斗茶。在两人或两人以上进行,也可独个自煎(水)、自点(茶)、自品,以带来身心享受,唤起无穷回味。点茶与点汤成为待客之礼,多见于宋人笔记,如北宋文学家、吏部侍郎张舜民的《画墁录》。1083年张舜民贬谪郴州任监酒茶税官,居郴三年,将此前搜集掌故、各类考据、路途见闻和郴州经历,撰成《画墁集》,其中第七卷《郴行录》,属古代日记体游记的奠基之作。《画墁集》与《郴行录》的诗文均涉茶,《画墁集》第一卷涉茶内容,从唐代陆羽、北宋贡茶考证起,提到北宋前期接待宾朋"待客,则先汤后茶"。此处所言的"汤"为凉茶,"茶"为茗粥,北宋政和二年(1112年)徽州进士罗汝楫任郴州教授,作《谒苏仙观》诗,"檀烟曳云白,茗粥浮新浓"句,写苏仙观道士待客礼节,凉茶过后上茗粥即烧煮浓茶叶,这是北宋的茶道。

南宋则反转过来,两宋之际秀才朱彧的《萍洲可谈》记述:"送客汤取药材甘香者为之,或温或凉,未有不用甘草者,此俗遍天下。"此处"汤"仍凉茶一类,但已经是送客汤了,"客来点茶,客罢点汤,此常礼也",也就是先茶后汤的南宋茶道。

如此,传下"点茶"的茶道。现,汉风宋韵文化传播有限公司承国粹,展风韵,以艺传道,涵养人生,演艺仿宋点茶(图10-26)。

图10-26 宋代点茶茶艺

第一道：焚香静心

焚点檀香，陶冶心静，诗人黄庭坚在《香之十德》一文中称赞香能除去污秽，清静心。

第二道：文烹龙团

用文火烘考饼茶，龙团是宋代御用重要贡茶。

第三道：臼碎圆月

用茶臼捶碎饼茶，茶臼是宋代捶碎饼茶的专用工具。饼茶呈圆形，古人雅称圆月。

第四道：石来运转

用茶磨将茶碾成细粉，茶磨又称石运转，多以青石制成。

第五道：从事拂茶

用茶帚扫集末茶，茶帚又称宗从事，是扫茶的专用工具。

第六道：枢密罗茶

用茶罗筛取末茶，茶罗为又称罗枢密，是筛茶的专用工具。

第七道：曲尘入宫

将筛好的末茶装入茶盒，末茶呈粉状，古人又称曲尘。

第八道：临泉听涛

即煮水，宋人煮水靠声音辨水温，二沸至三沸最为适宜。

第九道：茶筅沐淋

沸水冲淋茶筅，茶筅又称竹筅，是点茶的专用工具。

第十道：兔瓯出浴

沸水烫淋茶盏，宋人点茶推崇使用闽北建窑兔毫盏，也称兔瓯。

第十一道：曲尘出宫

取末茶加入茶盏。

第十二道：茶瓶点冲

用茶瓶冲点末茶。茶瓶又称汤瓶、水注，是点茶的专用工具。

第十三道：融胶初结

将末茶调成膏状，古人称融胶。

第十四道：周回一线

环盏周注水，势不欲猛，勿使侵茶。

第十五道：茶筅击拂

用竹筅击拂茶盏，手轻筅重，指绕腕转。

**第十六道：持瓯献茶**

将茶盏放入茶托奉于宾客。

## 三、喜茶茶艺

福地福茶馆采用喜茶茶艺为新婚夫妇服务，有道是：

浓施淡抹巧梳妆，红衣一袭怜娇香。天公酬得佳人意，甜茶一壶献君郎。

品茗用具，盖碗。盖碗又称三才杯，杯盖代表天、杯托代表地、杯身代表人，寓意天地人和三才合一。公道杯，用来均匀茶汤。红瓷白底品茗杯，小巧玲珑内有白色釉层用来衬托茶色，杯碗均红色。

婚嫁茶俗现场布置、新娘描眉。

**甘泉沐手**：往尽凡尘，以示尊敬和圣洁之意。

**冰清玉洁**：用这清清泉水，洗净世俗的凡尘和心中的烦恼，让躁动的心变得祥和而宁静。

**佳人入宫**："戏作小诗君一笑，从来佳茗似佳人"，佳人入宫即是将红茶投入盖碗中。

**润泽香茗**：温润使叶底充分舒展，茶汁才能浸出。

**再注清泉**：茶叶一经温润泡后，茶汁呼之欲出，热水从壶中直泄而下，充分激荡茶底。

**点水留香**：将公道杯中的茶汤均匀分入品茗杯中，使杯中之茶的色、香、味一致。斟茶斟到七分满，留下三分是情意（图10-27）。

图10-27 喜茶茶艺点水留香

**香茗酬宾（奉茶）**：坐酌淋淋水，看间瑟瑟尘；吾由持一杯，敬由爱茶人。茶香悠然催人醉，敬奉香茗请君评。

**收杯谢客**：愿所有的爱茶人都像这红茶一样，相互交融，相得益彰，祝愿天下的有情人终成眷属，甜美安康！（加一分钟音乐）

## 四、瑶王贡盖碗茶艺

桂阳瑶王贡生态茶业有限公司表演流程及解说。

## （一）流　程

入场—焚香—静手—赏茶具—赏茶—洗杯—投茶—润茶—冲泡—分茶—奉茶—品茶—谢茶。

## （二）解　说

尊敬的各位来宾，瑶王贡生态茶业有限公司向大家问好。瑶王贡茶产于桂阳县光明乡扶苍山原生态茶园。扶苍山位于郴州市桂阳县西北华泉乡与光明乡交界处，海拔1300m。清朝浙鲁巡抚、桂阳人陈士杰在《重修扶苍山寺碑记》中写道："俯眺四周，独此山昂首睺天，而诸峰如子孙环拥老母，山名扶苍，盖出于此。"山顶植被葱绿，山腰松树高大，山上怪石嶙峋，山际常年云雾缭绕，气候凉爽，是天然茶园，不施化肥不喷农药，高山、生态、健康。今天品鉴的，就是其中最具魅力的来自扶苍山的极品绿茶——黄金茶。我们桂阳瑶王贡茶业的茶艺师，用茶艺方式向大家介绍扶苍山黄金茶的品饮方法（图10-28）。

图10-28 瑶王贡盖碗茶艺表演

**焚香静气，饮茶思源**。焚香以示对茶的尊重，对茶圣的恭敬与感念，也但愿您的心情会伴随这悠悠袅袅的香气，升华到平静而高远的境界。

**孔雀开屏，茶具鉴赏**。孔雀开屏是向同伴展示自己美丽的羽毛，我们也借这道程序向大家介绍今天泡茶所用的精美茶具。茶具是茶文化的重要组成部分，好茶要有妙器配，精美的茶具不仅能更好地发挥茶性，更能增添品茗时的乐趣。

**叶嘉酬宾，赏茶**。此茶素有"一两黄金一两茶"之美誉，叶片翠绿有毫，汤色黄绿明亮，香气高长，滋味鲜爽。茶氨基酸、水浸出物、叶绿素含量高，茶多酚含量适中，香、爽、绿、醇，被誉为中国最具魅力的极品绿茶之一。

**涤净尘缘，洗杯**。茶是至清至洁、天涵地育之灵物，茶道器皿也必须至清至洁。用沸水将茶杯烫洗一遍，使茶杯冰清玉洁，更显透亮，洗杯同时也是温杯，温杯能进一步促进茶叶中香气的发挥。

**佳人入宫，投茶**。苏东坡诗云"戏作小诗君勿笑，从来佳茗似佳人"，将黄金茶缓缓投入杯中，视杯形大小、个人口味而定。所谓浓淡总相宜，浓有浓情，淡有淡意。

**芳草回春，润茶**。用回旋注水法向杯中注入少许热水，润泽茶叶。温润泡的目的是使茶叶舒展，以便冲泡时促使茶叶内含物质迅速释出。

**祥龙行雨，天人合一**。盖碗又名三才碗，杯盖代表天，杯托代表地，而中间的杯身则代表人，只有三才合一，才能共同化育出茶中之精华。黄金茶茶芽细嫩，用沸水直接冲泡，会破坏茶中维生素并造成烫熟失味，所以冲泡水温应降至80℃左右，这样的水温泡出来的绿茶才不温不火，恰到好处。

**敬奉香茗**。"寒夜客来茶当酒，竹炉汤沸火初红。"客来敬茶是中华民族的传统美德，现在我们将这一杯芬芳馥郁的香茗献给嘉宾，在此借茶献福，祝各位福多寿多，常饮常乐。品茶注重一看二闻三品味，看其汤色，闻其茶香，品其滋味。

**举杯谢茶**。愿我们以茶结缘，以茶为友，真诚地邀请各位宾朋到瑶王贡茶展厅赏茶品茶。

# 第十一章

## 茶旅篇·南岭之旅

郴州旅游资源非常丰富，茶旅融合已经迈开步子，促进茶产业发展和旅游资源开发，交相辉映、相得益彰的靓丽画卷正在形成，"美好生活旅游目的地"的蝴蝶效应在神州大地熠熠生辉。

## 第一节　南岭郴州风光美

郴州11个县市区均为革命老区，湘南起义策源地、"第一军规"颁布地、"半条被子"等红色故事发生地，人文旅游品牌资源丰赡多姿。旅游资源遍布全市。

中国优秀旅游城市：郴州市、资兴市。

省级历史文化名城：市城区、汝城县、桂阳县。

国家级风景名胜区：苏仙岭·万华岩、东江湖。

国家自然保护区：宜章县莽山、桂东县八面山。

国家森林公园：宜章莽山、资兴天鹅山、汝城九龙江、临武西瑶绿谷、安仁熊峰山、永兴丹霞地貌、桂东齐云峰、嘉禾南岭（图11-1）。

国家湿地公园：东江湖、春陵江、西河及源头仰天湖保育区、永乐江、钟水河。

图11-1　南岭山中湘粤古道

国家地质公园：宝山、飞天山、万华岩、莽山。

国际旅游洞穴协会成员：万华岩。

国家级文物保护单位：义帝陵（图11-2）、湘南年关暴动指挥部旧址、湘南起义旧址群（图11-3）、苏仙岭摩崖石刻群、永兴县侍郎坦摩崖石刻群、汝城县古祠堂群、绣衣坊、宜章县邓中夏故居、桂阳县桐木岭矿冶遗址、临武县渡头古城遗址、永兴县板梁村古建筑群、桂阳县湘昆古戏台、"中国核工业第一功勋矿"711、中央红军长征突破第三道封锁线指挥部旧址、红四军前委扩大会议旧址。

图11-2　北湖区文化路义帝陵

图11-3　湘南起义纪念公园

国家级非物质文化遗产：湘昆、苏仙传说、汝城香火龙、桂阳衡阳湘剧、抬阁·夜故事、临武傩戏、安仁赶分社、嘉禾伴嫁歌、瑶族还盘王愿、陈氏神农蜂疗。

世界非物质文化遗产：湘昆、二十四节气之春分赶分社。

世界有色金属博物馆、中国银都、中国微晶石墨之乡、中国观赏石矿物晶体之都带您走进矿物大观园。

## 第二节  茶旅融合展新姿

### 一、北湖区

北湖区，原计划单列郴州市，1995年改区。旅游资源有市级文物白石岭神农殿，城市中心广场五岭广场及城市标志性雕塑"神农作耒"，国家级文物保护单位楚义帝陵；国家级风景名胜区、国家地质公园、国际旅游洞穴协会成员、大型地下河溶洞群万华岩（含中国农耕文化第一碑"坦山岩劝农记"）（图11-4），国家湿地公园西河（桂水，与苏仙区、桂阳、永兴县共有）及源头仰天湖山顶草原保育区（图11-5）；郴州古八景之北湖水月（唐代韩愈、柳宗元、宋代秦观、周必大等名家歌咏）、龙泉烟雾、南塔钟声，柳毅传书地之龙女温泉；世界最大石山自然人头像金仙寨（与临武县共有，高300m、宽200m）；伏羲庙女娲祠、省级文物"坦山岩劝农记"碑、湘南起义军、邓华将军故居等自然、人文旅游景观。湖南昆剧团址在北湖公园上方，联合国教科文组织所列世界非物质文化遗产代表作名录中国昆曲，湘昆即在其中，亦评选入郴州十大文化符号。神农蜂疗列为国家级非物质文化遗产，神农传说、柳毅龙女传说等列为省、市级非物遗产。

国家排球湖南郴州体育训练基地在北湖畔，系中国女排1979年所建集训基地，首夺亚洲、世界冠军、奥运金牌及荣获"五连冠"，在此磨砺腾飞；新千年女排新军建队于此，又重夺世界冠军和奥运金牌。中央领导题词郴州基地为"排球之家"，"中国女排腾飞之地"列为郴州十大文化符号（图11-6）。女排视郴州为"娘家"，爱喝娘家茶、爱吃韶花。2019年9月30日习近平主席接见第十次夺冠的中国女排，还向郎平教练提及郴州集训基地。

北湖区旅游交通发达，区内有北湖机场、武广高铁郴州西站、京广铁道、京广高速、厦蓉高速、107国道、岳汝高速等。湘粤古道中路通过区内。

区内生态良好，西南郊郴江源头、海拔1057m的白石岭顶保存有古神农殿、神农母亲祠墓遗址，以及天然野生茶树，神农殿内间嵌名联为"神化同天地，农功迈古今"。清代茶山在城区西南郊华塘，民国建茶场；20世纪90年代为全国十大茶树良种繁殖示范场郴州茶树良种繁殖示范场（图11-7），今为古岩香茶业有限公司。旅游北湖（图11-8），可参观现代红茶、武夷山岩茶、白茶的加工工艺技术，体验手工采茶制茶，品尝北湖乌龙茶的乐趣。

图11-4 国家级风景名胜区万华岩地下河溶洞漂流

图11-5 国家湿地公园西河源头仰天湖山顶草原保育区

图11-6 北湖公园中国女排"拼搏"雕塑

图11-7 郴州茶树良种繁殖示范场

图11-8 郴州母亲湖——北湖

## 二、苏仙区

苏仙区，前身为郴县。有神农带水牛上天讨谷种传说，是南岭、湖湘最早设置的古老行政单位，战国时已成楚苍梧郡重镇，湘西龙山县里耶秦简14—177号残简记载"苍梧郴县"。公元前206年秦楚之际，楚义帝建都郴县。汉至南北朝为桂阳郡治，南朝梁及隋唐郴州治所、唐至清郴州治所。1995年随着地区改市，以湘南胜地苏仙岭为名由，改为苏仙区。旅游资源有：道教"洞天福地"中的"天下第十八福地"苏仙岭，为国家级风景名胜区，古八景苏岭云松（望母云松）；茶圣陆羽品鉴的煎茶名水"天下第十八泉"圆泉，又名"陆羽泉"，古八景圆泉香雪；八景的橘井灵源、相山瀑布、鱼绛飞雷、东山一览。国家地质公园飞天山丹霞风景区（图11-9），国家湿地公园西河，国家级文物保护单位苏仙岭摩崖石刻群（秦观词、苏轼语、米芾书组成之三绝碑等，图11-10）、湘南起义旧址群（陈家大屋等）。现有湘南起义纪念塔（邓小平题）、湘南起义纪念馆（胡耀邦题）、国家级非物质文化遗产"苏仙传说（含医林名典'橘井泉香'）"。苏仙桥畔出土西晋简牍，确证乡贤蔡伦发明造纸术。天下第十八泉石刻、苏仙观张学良囚室、湘粤古道中路、南塔、良田水星楼、飞天山石窟、柿竹园矿冶遗址、清台湾台东直隶州知州张继铎、中越边境养利州知州张衍祺、台湾大甲溪巡检张衍洪、工运领袖黄静源、湘南起义军曾玉等故居，徐霞客曾游览苏仙岭。

境内有中国（湖南）自由贸易试验区郴州片区，国家高新技术产业开发区；为中国第一颗原子弹提供原料的国家级文保单位核工业711功勋铀矿旧址；誉称"世界有色金属博物馆"的柿竹园大型多金属共生矿（图11-11），中国女排体能调养点天堂温泉（图11-12）、体能训练点苏仙岭；国际会展中心承担定点的"中国（湖南）国际矿物宝石博览会"。

图11-9 苏仙区国家地质公园飞天山丹霞风景区

图11-10 国家级风景名胜区苏仙岭"三绝碑"亭

图11-11 坐落在湖南自贸区郴州片区的世界有色金属博物馆

图11-12 中国女排体能调养恢复之处天堂温泉

明代贡茶产地五盖山，为省级森林公园、国际狩猎场（图11-13）。主峰碧云峰海拔1620m（支山狮子口海拔1914m），早在唐宋即以一年四季"霜雪云雾露"出名，古人以此出下联"霜雪云雾露盖山头"，征求上联。北宋诗人知州阮阅撰《郴江百咏·五盖山》："五峰如盖色苍苍……郴人预说岁丰穰。"述说气候预测的民谣：

图11-13 冬天的五盖山米茶茶园仍生机盎然

"五盖雪普，米贱如土；雪若不匀，米贵如银。"而山上无论野生茶和栽培茶，采茶人都加工成如米粒一般紧实的云雾茶，一筒茶竟重如一筒米，如此成就了"五盖山米茶"的贡茶品牌。五盖山米茶在1982年湖南省名优茶审评会上，被评为全省20个优质名茶之首，誉为湖南名茶中的一颗明珠。

## 三、资兴市

资兴市系郴州第二个中国优秀旅游城市、国家园林城市、湖南全域旅游先锋县，地处骑田岭东北与罗霄山南交汇处的郴州东部，北面接壤炎陵县，传说神农炎帝"洗汤"的汤溪镇距炎帝陵仅30km，可经炎陵县速抵井冈山。资兴东汉永和元年（136年）建县，时有废、置，名称不一，宋朝重置，分布瑶族。炎帝传说、茶坪瑶族节会为省级非物质文化遗产；湘南起义旧址群的彭公庙和中央军委公布的首批33个军事家之一的曾中生故居系国家级文物保护单位，曹里怀故居等为省级文物保护单位。

图11-14 闻名遐迩的"雾漫小东江"，雾气滋润了青山植被与茶山

国家级风景名胜区东江湖，为郴州十大文化符号之一（图11-14）。湖区面积160km²，库容量81亿m³，誉称"南洞庭"。因处南岭中水质极好，使资兴成了湖南重点水产市，"东江鱼""东江湖茶"为国家地理标志保护产品。蜜橘、枇杷、杨梅、李子、水蜜桃、猕猴桃等水果飘香。它也是重点产茶县，全国绿色食品（茶叶）原料基地县，形成东江湖、狗脑山、回龙山三大茶旅一体化示范区。

### （一）东江湖茶旅区

东江湖茶旅区，以国家级风景名胜区东江湖、雾漫小东江、寿佛寺为主要景观，融合寿佛茶文化、东江湖茶公共品牌、东江库区果茶研究所、东江名寨、毛冲头茶叶专业合作社等美丽生态茶园（图11-15），以及清江镇上堡瑶族村大峡谷野生大茶树群落，达到茶乡体验游、茶文化观光游的目的。"雾漫小东江"，因东江库区大坝百多米底部流出的低温江水与峡谷气温时差变化共同作用，形成10km多雾罩烟笼不

图11-15 东江湖畔茶园

见山、渔船出入空蒙间的美轮美奂，从而闻名全国摄影界和旅游界。湖中兜率岛上兜率岩，钟乳景观炫目，岩顶曾有炎帝庙，嵌名门联为"神明首出烝民乃粒，农事初兴惠我无疆"。龙景峡谷，18条飞瀑，26个碧潭。东江漂流，在湖的上游，全程26km、108个险滩均在天然森林河流中。2002年中国女排全体队员和教练体验了东江漂流，回味无穷。

### （二）狗脑山茶旅区

狗脑山茶旅区（图11-16），以茶祖神农在汤市狗脑山发现茶叶、在汤市泡温泉疗伤、在汤河战旱魃的传说（炎帝在汤市的传说2016年列为湖南省非物质文化遗产）为文旅基础。因神农发现茶叶造福天下百姓，当地百姓有将茶叶叫福茶的。据传宋代为谢皇恩，进献狗脑山茶叶，从此人们就将狗脑山茶叫狗脑贡。20世纪90年

图11-16 汤市狗脑山茶园

代以来，狗脑贡茶多次荣获湖南省名茶奖和国内外茶叶大赛金奖，2014年获湖南省名牌产品和中国驰名商标。湖南资兴东江狗脑贡茶业有限公司新开发上市的茶食品、茶糕点、茶饮料，深受市场青睐。狗脑山茶旅区拥有美丽高山生态茶园2000hm²余，核心区以汤溪、州门司、炎帝温泉、中华第一汤，以及狗脑山自然天成的狗脑石和天碑、玉狗冢、茶亭、茶廊、茶自动化加工生产线、茶手工制作体验区等，构成了一幅美丽的茶乡旅游图画。茶乡还组建了业余器乐文艺表演队，曲调优美的洣水茶歌、茶艺和乡土曲艺，给观赏者留下难忘而有趣的回忆。尤其每年三月举办的温泉之乡采茶节，隆重喜庆，节目丰富多彩。

### （三）回龙山茶旅区

回龙山茶旅区，位于回龙山瑶族自治乡，为国家3A级风景区（图11-17、图11-

18）。称古南岳，海拔1480m，山顶回龙庙，传说是神农祭天祀雨的地方。也曾是南岳宗教文化的发源地，融千年宗教历史文化及古朴的瑶族风情文化于一体；集巍峨壮美、灵秀神奇于一山。景区四季，春观杜鹃花海，夏避暑休闲，秋赏云海奇观，冬品雾凇雪景。回龙望日、百年杜鹃、千年古道、峡谷深壑、高山仙境、云山奇观、原始植被、野生茶林以及古朴完整的瑶民风土人情等吸引了无数游客慕名前来。回龙山茶区，野生茶树分布广泛，高山生态茶园1000hm$^2$余，其七里金茶叶专业合作社茶园通过了欧盟有机茶认证，产茶品质优异。其中七里金翠绿、七里金青茶、瑶岭红和回龙秀峰先后夺得郴州市茶王赛绿茶王、青茶王和红茶王奖。茶园中设茶亭、观光长廊、茶叶加工体验区。茶乡生态文化游、茶园观光体验游，包括野生藤茶，受到游客们追捧。

图11-17 资兴市天鹅山国家森林公园

图11-18 资兴市瑶岭茶园

## 四、桂阳县

桂阳县，省级历史文化名城，原为苍梧郴县、汉桂阳郡坑冶基地，西汉全国唯一设金官即在桂阳郡，管理采矿冶炼、铸造银锭铜钱诸事，后又设铁官。东晋大兴三年（320年）荆州刺史陶侃，析桂阳郡治郴县西部，置平阳郡及平阳县，是今桂阳县的母体。唐朝至清朝先后为桂阳监（北宋桂阳监领临武、蓝山县）、桂阳军、桂阳路、桂阳州；1913年改桂阳县，使用"桂阳"政区名称最多，与郴州并称"郴桂"。境内有国家矿山公园宝山铜银矿（图11-19）、黄沙坪铅锌矿等著名国企，舂陵江流域为国家湿地公园（图11-20）。

图11-19 桂阳县国家矿山公园宝山铜银矿遗址

图11-20 桂阳县舂陵江国家湿地公园

桂阳县在郴州市面积最大，舂陵江与耒水同属湘江一级支流，历史上是内地通往岭南沿海的一途，很多名人经过和在此做官、寓居。城内有48口井泉，世界非物质文化遗产湘昆发源于桂阳，桂阳"衡阳湘剧"属国家级非物质文化遗产。湘昆古戏台（图11-21）、桐木岭矿冶遗址、湘南起义旧址群之县苏维埃政府旧址，属国家级文物保护单位。辛亥护国将军徐连胜、李木庵和抗战中国远征军解救盟军的刘放吾团长等故居，东塔、温溪亭、鉴湖书院、扶苍山庙、陈士杰故居等属省、市级文物保护单位。桂阳古戏台宗祠群200余座，庙下、阳山等村落获评中国传统古村落。湘南起义旧址群为郴州十大文化符号组成部分。

20世纪与雷锋齐名的爱民英模欧阳海即桂阳人，欧阳海灌区、水库以其姓名命名，滋润两岸茶山。21世纪桂阳子弟学习女排，涌现了伦敦奥运首金得主、女子射击冠军易思玲，女子举重世界冠军李萍、侯智慧、张旺丽，奥运男子双人10m跳台金牌得主曹缘、残奥会女子田径冠军史逸凡等世界体育名将。

桂阳物产丰富，烤烟、油茶、太和贡椒、坛子肉、魔芋豆腐、银河鱼、血鸭、米粉鹅、饺粑、瑶族藤茶、银杏茶、瑶王贡生态茶业有限公司黄金茶，辉山雾茶业公司辉山雾茶。金仙农业开发公司金仙天尊牌绿茶、红茶均产自高山生态茶园，香高味醇，为茶旅的好去处（图11-22至图11-24）。

图11-21 大溪乡骆氏宗祠湘昆古戏台

图11-22 桂阳县西北为瑶族乡，自古为"茶料"之地

图11-23 桂阳瑶王贡茶园

图11-24 桂阳县茶场银杏林，银杏叶与茶叶配制银杏茶颇受饮者青睐

## 五、宜章县

宜章县地处郴州市南部,毗邻广东,系湖南南大门的门户,传说神农开田于宜章一带,故产生骑田岭地名。宜章设县于隋朝大业十三年(617年),全县位于南岭五岭中人文最厚重的骑田岭主峰南面,在湘粤边界上,南部东面与粤北韶关乐昌市交错接壤。

宜章直接承载中原内陆与岭南沿海的物资、文化交流;古代赴岭南上任或遭贬谪迁往海南、交趾等远郡边州的官员,中原与沿海通商贸易的商旅等,主要经"楚粤之孔道",产生了丰富的人文资源。例如唐代流传的"柳毅传书"故事,北宋史料显示柳毅实有其人,即宜章县人。明代著名的"土木堡"事件中的兵部尚书邝埜,也是宜章进士。运输茶盐油米的湘粤古道等为省级文物。"宜章夜故事"评为国家级非物质文化遗产。国家级文物保护单位有"五四运动"先驱邓中夏故居(图11-25),湘南年关暴动指挥部旧址,湘南起义旧址群碛石暴动旧址(彭氏宗祠、中共宜章县委旧址承启学校、玉公祠)、圣公坛革命旧址(工农革命军后方医院旧址、后坛岩兵工厂旧址)和中央红军长征突破第三道封锁线指挥部旧址白石渡镇清白堂等。胡少海、张际春、陈光、曾日三、曾志、欧阳毅、萧新槐、吴仲廉、彭儒等故居为省、市、县级文物。湘南起义旧址群为郴州十大文化符号组成部分。

### (一)南岭五岭之骑田岭

南岭,由横亘于湘、粤、赣、桂边际的大庾、骑田、都庞、萌渚、越城五大岭系组成,人文最深厚的骑田岭(秦名阳山,汉名桂阳岭,徐霞客专游此岭)居中。宜章县全县既在骑田岭主峰南面,又在南岭山区中,是中国大陆冬季雪线最南端地区之一(图11-26);全省最大的温泉群,也在该县;骑田岭山区自古出好茶,据传千年前,宜章县已开始人工栽培茶树。

图11-25 国家级文物保护单位·中国工运领袖邓中夏故居

图11-26 南岭五大岭之南北气候交会点上的骑田岭

### (二)骑田岭支山莽山

国家级自然保护区、国家森林公园莽山,属于骑田岭南支,与莽山瑶族乡共处一地,海拔600m以上，面积近280km²，1000m以上山峰150余座，主峰猛坑石海拔1902m，现为湘粤界点（宋代以降广东拥有莽山东南部）。距郴州市、粤北韶关市各130km，距长沙460km，距广州320km。莽山是湖南最大的自然保护区及森林公园，也是省内最大的地质公园（图11-27）。国家4A级景区，素有"第二西双版纳"和"南国天然树木园"之美誉，山奇、石怪、林幽、水清、气爽、温泉暖，动植物资源尤其植物资源非常丰富。列入世界野生动物保护红皮书、中国独有的大型毒蛇"莽山烙铁头"，即发现于此。国家一二级保护动物10多种，如黄腹角雉、云豹、藏酋猴、白鹇、水鹿等。高等植物2649种，国家二三级保护植物20种。野生茶散布于山间，而茶园独居优良环境中。香港健康卫视《茶缘天下》、中央电视台《中国地理》《舌尖上的中国》先后到莽山拍摄专题，介绍深山云雾茶。

宜章县2019年被评为"全国产茶百强县"，是郴州市重点产茶县，湖南红茶重点产区，莽山红茶为县域茶叶公共品牌，莽山云雾梯级茶园、莽山茶王谷（图11-28）、湖南老一队茶业公司200hm²莽山红茶观光园，为茶旅融合提供了一道靓丽的风景（图11-29、图11-30）。

图11-27 莽山国家自然保护区、国家森林公园

图11-28 宜章县莽山国家级自然保护区茶王谷发现的野生茶树

图11-29 莽山瑶族乡天一波茶场

图11-30 莽山瑶族同胞采摘茶叶

## 六、永兴县

永兴县，中国银都，地处郴州市北部，传说神农藏谷、茶、水果、蔬菜种子于该县金宝仙山。永兴上古为苍梧郴县北"鄙"即边邑，系战国时期楚国耒水、郴水上的水关之一；楚国"鄂君启舟节"上"内耒庚鄙"，即指楚怀王之弟熊启的商船队进入湘水上游耒水，经过耒、鄙两个水关，一般物资可免税通行。汉初，随着桂阳郡的设立析郴县北部置便县，以便水为名，是桂阳郡继耒阳、临武之后的第三个县。也是早期的采银之地，汉代的"三翁银井"传说，奠定了今日"中国银都"的历史基础。国家级文物保护单位有便江畔"侍郎窾"摩崖石刻群（南北朝—清代）、湘南起义旧址群（板梁暴动旧址）、板梁村古建筑群。省级文物保护单位有将军黄克诚大将故居、湘南起义工农兵代表大会旧址、观音岩寺、仙水马氏官厅等（图11-31）。永兴也是西汉草药郎中苏耽母亲潘氏的家乡，苏耽预防瘟疫，潘氏用井泉熬橘叶救治民众，被国人千秋万代所铭记，古十景有潘园仙韭。还有东汉孝妇冢、安陵书院、文庙遗址、红楠村组、全银铸造的两层银楼等（图11-32）。中国历史文化名村"板梁古村"，为郴州十大文化符号之一。三侯祠庙会、花鼓戏、永兴大布江拼布绣等为省级非物遗产。

永兴县丹霞地貌宽阔，沿耒水形成百里丹霞山水，沿注江形成另一条丹霞山水，湖南永兴丹霞国家级森林公园就在这里（图11-33）。丹霞窾洞中明清建有龙华寺、大明寺、国宁寺等寺庙、尼姑庵，还有老百姓的民居。明末清初思想家王夫之，就曾避于永兴友人家里和这些汉人瑶民的窾洞房屋，进行其哲学著作的撰写。

永兴享有"中国油茶之乡"美誉，碧水丹山中，山茶籽树、冰糖橙、竹园、四黄鸡处处可见。茶园全县均有分布（图11-34），历史上黄竹白毫茶曾为贡品；"龙华春豪"1994年被评为湖南省名茶，1999年获第三届爱因斯坦世界发明博览会国际金奖。2005年在上海国际茶文化节上获中国名茶金奖，选入《中国名茶志》。永兴银器茶具琳琅满目。安陵茶社景幽茶香，为郴州市十佳茶楼。逛银都山水，品龙华春毫，别有一番情趣。

图11-31 纪念军事家黄克诚大将的永兴廉政文化公园

图11-32 永兴县的中国第一银楼

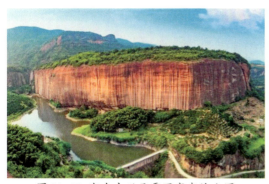
图11-33 湖南永兴丹霞国家森林公园

图11-34 龙华茶场

## 七、嘉禾县

嘉禾县，地处郴州西南，是传说神农氏族发现野生稻教耕于民之处（图11-35）。史书记载公元前221年秦王朝为统一岭南沿海，在原楚国苍梧郡郴县西南置"禾仓堡"屯集粮草，供应开凿新道的兵马。明崇祯十二年（1639年）为治理南岭山一带，析临武县禾仓堡、桂阳州西部置县。清《衡湘稽古录》《南岳志》均记："炎帝之世，天降嘉禾，神农拾之，以教耕作，于其地为禾仓，后以置县。"《周书》记载"天雨粟"现象：野生稻被旋风卷上天，又落下湿地长出禾苗；系由神农氏在此发现，于是捡拾稻谷、教民耕种、兴建禾仓。数千年来民间传说"天降嘉禾"，明王朝因此命名嘉禾县，为全国唯一因水稻命名的县（图11-36）。

嘉禾城边丙穴洞，传说是炎帝栖居驯养动物之处；九老峰，传说神农氏族9个长老搭棚居住，各事农活；醒狮村，传说神农尝百草时狮子狗救了神农而名。嘉禾县国家级文物保护单位有湘南起义旧址群的嘉禾南区农民协会旧址、萧克将军故居。省、市级文物保护单位有丙穴摩崖石刻、珠泉亭、风宪牌坊、尹子韶墓、红六军团西征广发墟临时法庭旧址，抗战英烈李必藩故居、李必藩墓，辛亥革命志士李国柱故居、民国将领李云杰公馆、古八景"禹迹龙门"天生石桥等（图11-37）。这里也是桂阳土昆的发现地，京

图11-35 嘉禾县九老峰下"神农教耕"稻田图　　图11-36 袁隆平院士为嘉禾富硒水稻题字

剧大师梅兰芳定名为"湘昆","嘉禾湘昆学员训练班"1960年调郴州地区艺术剧院,在国歌词作者、中国戏剧家协会主席田汉扶持下成为湖南昆剧团,现为国家级非物质文化遗产,与苏、浙、北昆、上海京昆共享联合国教科文组织"人类口述与非物质遗产代表作"的荣耀。"嘉禾伴嫁哭嫁歌"为全国汉族礼仪风俗民歌的典型之一,系女性专属婚姻文化艺术的活化石,系国家级非物质文化遗产(图11-38)。神农传说、花灯戏、嘉禾民歌、神狮等为省、市、县级非物质文化遗产。

嘉禾县先后荣获湖南民歌之乡、铸造之乡、全国体育先进县、国家级卫生县城、中国铸造产业集群试点县、全国一百个重点产煤县等荣誉称号。拥有国家森林公园南岭山(原南岭林场),主峰尖峰岭海拔913m,与九老峰组成城郊型森林公园(图11-39);国家湿地公园钟水河流域。有千家湖、仙姑岩洞、桐梁潜渡、石燕桥等胜景。特产烟草、三味椒、油茶、苎麻、湘嘉鱼、倒缸酒、酥油茶、霉豆腐、蕨根糍粑等特色优质农产品,享誉在外。行廊茶曾享盛誉,岐峰茶滋味醇厚(图11-40)。

图11-37 神农广场图腾柱

图11-38 国家非物质文化遗产"嘉禾伴嫁歌"迎亲场景

图11-39 嘉禾县南岭山国家森林公园

图11-40 石桥镇岐峰村茶场

## 八、临武县

临武县,地处郴州西南,西汉初设县。传说神农的大臣赤漤氏在此引泉水灌田,古有漤市乡即今汾市。舜帝(图11-41)南巡狩猎在此吟奏韶乐《南风操》,留下韶石、舜峰山、舜峰寨，古八景之"舜峰晚眺"。《山海经》载有"临武"地名，《战国策》载有临武君其人。临武属战国楚苍梧郡郴县南边邑——临武邑（北边邑耒阳邑），作为楚国前出岭南百越的军事基地。郴州三条湘粤古道中的西线又称西京古道，在州内即由接壤广东的临武县北上。《后汉书》记载，岭南荔枝龙眼由西京古道上贡，邮

图 11-41 临武县舜帝塑像

驿传役由百姓负担，（杜甫诗纪"忆昔南海使，奔腾献荔枝。百马死山谷，到今耆旧悲"），临武长唐羌毅然上书，乡贤蔡伦转呈和帝才停止劳民伤财之特供，产生著名典故"唐羌罢贡"。东汉临武"牛郎织女传说"流传甚广，临武人、桂阳郡主簿成武丁指"七夕牛郎织女相会鹊桥"；南朝《齐谐记》、明《万历郴州志》、清《临武县志》都有记述，于是他成了"七夕文化"的传播者。

临武傩戏属于国家级非物质文化遗产，祁剧、牛郎织女传说等为省、市、县级非物质文化遗产。渡头古城遗址属国家级文物保护单位。东林庵、至圣祠、龙洞所在石门村明代建筑群等为省、市级文物保护单位。香花岭锡矿发现国宝"香花石"，桂岭主峰通天庙海拔1594m。通天玉、香花玉、舜珑玉产于临武。通天玉列入郴州十大文化符号之一，产品有玉茶壶。临武县城在骑田岭西支桂岭（香花岭）南面，发源于西山的武水，流经宜章、粤北乐昌，成为珠江北源北江（即南桂水）之源。世界最大自然石山人头像金仙寨，坐落在与北湖区交界处。临武龙文化异常发达，龙的事物名称遍布全县，花塘乡石门村龙洞自古闻名（图11-42），为古八景之"龙洞烟云"，《徐霞客游记》对之评价甚高。龙须草席参展莱比锡国际博览会，获银质奖，被誉为"世界独有的手工艺"；宋庆龄曾专门写信感谢送她的龙须草席。跳龙等民间龙活动被评为省、市、县级非物质文化遗产。

中国八大名鸭"临武鸭"具有野生特有基因，是中国地理标志产品，成为高铁航空食品（图11-43）。油茶、香芋、大冲辣椒、骡溪芹菜、蜜枣、红心桃、蜜柚、乌梅、脐

图 11-42 临武县龙洞游龙吞珠

图 11-43 国家地理标志产品临武鸭名扬天下

橙、葡萄、李子等特色优质农产品，令人垂涎。

据考证，唐代诗豪刘禹锡《西山试茶歌》出自临武西山，为中国茶炒青的原发地。该县野生茶分布面积，在湘南、粤北最大最广，达6667hm²以上。如国家森林公园西瑶绿谷在西山瑶族乡一带，主峰天头岭海拔1712m（图11-44）；东山林场茶园地处海拔1011m，均常年吞云吐雾，茶质优异（图11-45）。"东山云雾茶"1982年被评为湖南省优质名茶，近年开发的舜源野生岩里茶花香浓郁甜绵、品质优异。名播全国的通天玉、香花玉玉石茶具，精美雅致，深受市场和游客们青睐。

图11-44 临武县西瑶绿谷国家森林公园

图11-45 临武县东山茶场采茶女采摘明前茶

## 九、汝城县

汝城县，处郴州东南，省级历史文化名城、列全国百个"千年古县"。传"神农作耒"的耒山在县南，耒水流出。东晋升平二年（358年）置县，北宋太平兴国元年（976年）改名桂阳县，理学鼻祖周敦颐在此做过县令；1913年改回汝城县，作"桂阳"县达989年。地处全省东南顶角部位，与广东、江西两省接壤，故有"毗连三省，水注三江"（湘江、珠江、赣江）之美誉。境内四季分明，温暖湿润，雨量充沛，光照充足，无霜期长，利于茶叶生长。文物古迹保存好，国家级文保单位有汝城县古祠堂群、明代绣衣坊、湘南起义旧址群（汝城会议旧址、汝城县苏维埃政府旧址——黄氏总祠、朱德、范石生谈判合作旧址、湘南C.P驻汝城特别工作委员旧址）。红军长征突破第二道封锁线旧址群、"半条被子"故事生发地文明瑶族乡沙洲村、濂溪书院（图11-46）、文塔、八角楼、太保第、仙人桥、蜗牛塔以及朱良才、李涛、宋裕和故居等为省、市级文物保护单位。汝城香火龙为国家级非物质文化遗产，瑶族畲族风情浓郁。

图11-46 纪念理学鼻祖周敦颐的濂溪书院

2016年10月21日，习近平总书记在纪念红军长征胜利80周年大会深情讲述了"半条被子"的故事，2020年9月16日专程到汝城县文明瑶族乡沙洲瑶族村，参观"半条被子的温暖"专题陈列馆。

汝城县生态资源丰富，蔬菜、水果湘粤赣闻名，地热资源尤其瞩目，热水温泉列为郴州市十大文化符号（图11-47），闻名湘粤赣。热水镇河滩上的泉眼温度最高达98℃，镇上人们直接将鸡鸭蛋置于各泉眼口煮熟。热水河因温泉口出水量大，半边河都淌着热流，郴州地区地热研究所即设于镇上。杂交水稻之父袁隆平多次到此制种，且对汝城的白毛茶情有独钟。

三江口瑶族镇与国家4A级景区九龙江国家森林公园（图11-48）、热水温泉景区相连，紧靠广东仁化丹霞山。湘粤古道东路、106国道和平（江）汝（城）高速贯穿其间，离县城半个小时车程，交通便利，地理位置优越。因位于湘、粤、赣三省边，九龙江、东岭江、兰田水三江汇合，三江口镇由此得名，"鸡鸣三省，水注三江"即指此地。境内有山、泉、溪等美景，又有古树林海、珍禽异兽、奇花异草等奇观；既有民族宗教、古战场等历史文化古迹，又有民风、民俗、民情等独具地方特色的风情风貌，还有独特的茶树品种汝城白毛茶。经过近几年的建设，瑶族镇已成功融入"丹霞山—汝城温泉—东江湖"粤北湘南旅游经济圈。

图11-47 华南地区最大温泉——汝城热水温泉，袁隆平院士曾在此利用地热资源制种

图11-48 汝城县九龙江国家森林公园

图11-49 泉水镇早塘瑶族村高山生态硒茶园（海拔700~900m）

图11-50 九龙白茶庄园为湖南五星级乡村旅游点、农业休闲庄园

汝城县2015年被评为全国十大产茶生态县，为郴州市重点产茶县，茶园面积3400hm²；汝城县泉水镇旱塘村2016年被评为湖南省十大最美茶叶村（园），三江口白茶庄园被评为湖南省五星级农庄（图11-49、图11-50）。探寻湖湘三大野生茶资源之一的汝城野生白毛茶，是极佳的茶旅活动。

## 十、桂东县

桂东县在郴州东面，古有神农观和神农传说，处于湘赣边界、井冈山下方，北与炎陵县接壤，东邻赣南上犹、遂川县，南面是汝城县。南宋黑风洞瑶汉起义震动湘赣粤，朝廷故在八面山、齐云山一带设县以便治理，因处原郴州桂阳郡东部，故名桂东。境内大小山峰571座，国家自然保护区八面山，主峰2042m；国家森林公园齐云山，主峰2061.3m，湘南第一高峰（图11-51）。古代民谣云："八面山，离天三尺三，人过要低头，马过要下鞍。"县城海拔高度在820m以上，是全国负氧离子含量最高的县，"养生天堂、避暑胜地"，人呼"华南夏都"，列为全国生态示范区建设试点地区（图11-52）。也是亚洲大陆鸟禽南北迁徙通道，山林中动植物资源丰富，黄菌干、溪水鱼、香菇木耳、花豆、薏米、玉兰片、黄糍粑很有特色。自然风光旖旎，龙溪瀑布，四都溶洞，长38.6m的天生石桥相思仙缘桥成功申报"上海大世界吉尼斯之最"纪录，有牛郎织女七夕鹊桥相会的传说。

图11-51 桂东县国家森林公园齐云山，主峰为湘南第一高峰

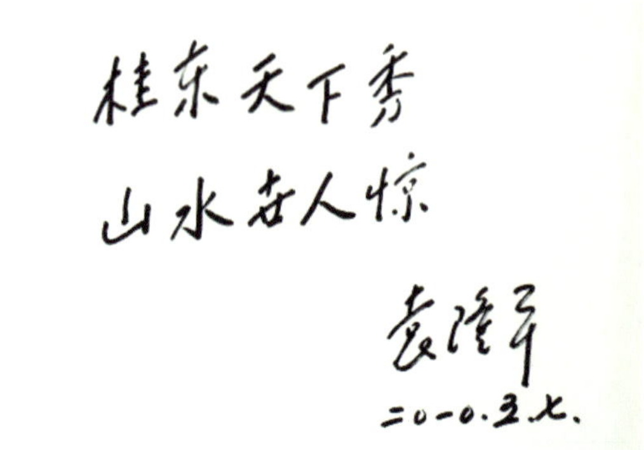

图11-52 现代神农、杂交水稻之父、中国工程院院士袁隆平先生题词赞美桂东生态环境

1928年毛泽东率秋收起义军由井冈山到桂东参加湘南起义，在沙田墟颁布"三大纪律六项注意"，"第一军规"广场为郴州十大文化符号之一（图11-53）。1934年8月任弼时、萧克、王震在桂东寨前乡主持红六军团成立，并拉开红军长征序幕。国家级文物保护单位有"三大纪律六项注意"颁布点、红四军前委扩大会议旧址。万寿宫、红四军普乐东水旧址、土陶窑址、沙田同益店、文峰塔、邓力群、湘南起义军陈奇故居等为省、市级

图 11-53 桂东县沙田镇，1928年4月湘南起义期间，毛泽东在此颁布军规

图 11-54 齐云山区天生石桥·仙缘桥是牛郎织女传说的载体

文物。"桂东玲珑茶传统制作工艺""桂东采茶调""六月六禾苗节"，列入省级非物质文化遗产名录。"竹器编制技艺""陶瓷烧制技艺""仙缘桥的传说"（图11-54）"请月光姐姐""手工造纸"等为市、县级遗产。

玲珑茶系国家地理标志产品，获得亚太地区国际贸易博览会金奖，2002年

图 11-55 桂东玲珑茶万亩观光茶园

获瑞士有机茶认证，2019年获湖南省十大名茶。万亩观光园位于湘赣边境、井冈山南麓的清泉镇和桥头乡，距桂东县城38km，距井冈山70km，省道S352线贯穿全境连通井冈山，交通便利（图11-55）。园区核心面积667hm$^2$，是一个集生态、观光、旅游、体验、文化、民俗于一体的茶旅观光休闲景区。设有游步道、观光亭、茶具雕塑、《玲珑茶赋》石刻碑文及相关指示牌等设施。郁郁葱葱的茶树与点植的红叶石楠、杜鹃、樱花等植物交相辉映。桥头乡甘坑村至清泉镇庄川村的茶叶观光走廊已然形成，两乡镇茶园已突破6667hm$^2$，吸引着大量来自全国各地的游客。在玲珑王国际大酒店可品尝富硒茶熏鸡、玲珑茶香鸭、玲珑茶皇虾和桂东黄菌干、黄糍粑等地方美食（图11-56、图11-57）。

图 11-56 玲珑茶香鸭

图 11-57 玲珑茶皇虾

## 十一、安仁县

安仁县地处郴州东北部,传说神农发现茶的地方之一。汉初与茶陵、衡山等地同为桂阳郡(治所郴县)阴山县,唐代置安仁镇,五代后唐清泰二年(935年)改为安仁场,作稻米、谷种、药材(包括茶)交易场。农历春分,为纪念祭祀田祖"神农炎帝",结合春耕前的农事,包括养生,在香草坪(今县城,古代将绿色植物的叶片泛称"香草")举行春分春社赶墟场的农耕节日,即"赶分社"的民俗,代代传承(图11-58)。北宋乾德三年(965年)安仁场升县。

它东界茶陵、炎陵,南连资兴、永兴,西邻耒阳、衡阳,北接衡东、攸县,素称"八县通衢"。万洋山脉蜿蜒于县东南部,五峰仙屹立于西边,茶安岭从东北斜贯县中部,醴(陵)攸(县)盆地从北向南、茶(陵)永(兴)盆地从东向西南横跨,形成"三山夹两盆"和丹霞丘陵居中(图11-59),周围花岗岩山耸立的地貌格局,永乐江贯穿全境。拥有黑白钨、石膏,红柱石储量占全国四分之一。富硒贡米、烤烟、蔬菜、龙海脐橙、豪山茶、捣砵辣椒、红心红薯干、坪上食用菌等特色优质农产品,受人青睐。在2007年11月中国食用菌博览会上,安仁获评中国食用菌之乡。神农谷,神农殿、炎帝广场、神农文塔、稻田公园(图11-60)等景点,充分展示农耕文化特色。

安仁拥有世界非物质文化遗产"中国二十四节气"之"安仁赶分社(春分节)"(图11-61);元宵米塑、龙灯会、花鼓戏、豪峰茶制作技艺、土陶制作、端午划龙船、药膳

图11-58 安仁县神农殿与神农广场

图11-59 安仁丹霞丘岗的油菜花

图11-60 "现代神农"袁隆平为安仁县题写"稻田公园"

图11-61 国家级非物质文化遗产"安仁赶分社"

草药黑豆炖猪脚、捣砵辣椒、皮影戏、神农传说等分别为省、市、县级非物遗产。国家级文物保护单位轿顶屋（清代县署）会议旧址，唐天际故居、清代湖湘教育家岳麓书院山长欧阳厚均墓等为省、市级文物保护单位。

熊峰山国家森林公园，层峦叠嶂，葱郁苍翠，湖潭水碧，飞瀑流泉（图11-62）。安仁古八景中的熊峡红霞、凤岗紫气、溪洞蛟腾、月潭夜色即在此山，药王庙、药王腾茶谷、百草汤药膳庄园、仙人居养生度假村、袁隆平院士工作站等组成神农文化传承基地。

安仁豪峰茶产地豪山，海拔800~1400m，距炎帝陵仅15km，百里峰峦，山溪滋润，主峰金紫仙海拔1433m，常年云遮雾罩，香火堂、大平、九龙庵等处茶树遍布山野（图11-63）。豪峰茶又名冷泉石山茶，传说神农带着9个随从在此发现茶，遂有九龙庵、香火堂遗迹。宋代豪峰茶列为贡品，可一叶泡九杯。多次获评"湖南名茶"，先后荣获国内外金奖20多次，有系列产品。湖南省茶叶学会原理事长朱先明教授曾评价豪峰茶场宜茶生态环境居全省前茅，题诗"天地灵秀豪峰茶，曾几何时神农夸，南宋天子定贡品，今日开发誉中华。"安仁豪峰茶2000年入选《中国名茶志》。

图11-62 安仁县熊峰山国家森林公园

图11-63 豪峰茶茶园

## 第三节 "中国温泉之乡"茶浴

郴州为授牌的中国温泉之乡，因处南岭成矿地带，温泉数量居全省之冠，闻名全国。拥有多类型温泉，主要为中温泉、高温泉，少数低温泉，温泉茶浴有益于养生祛疾。

### 一、汤市温泉

汤市温泉为市级文物保护单位，在资兴市，初名"汤泉"（图11-64）。传说神农尝百草找茶，翻山越岭钻簕窝，身上经常被荆棘枸刺划伤，于是到这里进行"洗汤"、泡茶浴，身上的伤能很快愈合。清《兴宁县志》记："汤泉，在东路下堡。因附村房，故村名：汤边。凡二穴，相去十余丈，里人砌石为二池，各覆以亭，乡民早晚就浴，可以愈疮。

冬月入亭如袜纩，旧志称'热水'。"从古至近代，郴州地区民众去炎陵县炎帝陵祭祀神农炎帝，都要先在此温泉洗净全身与茶浴，俗称"洗汤"，表示净心虔诚、崇拜炎帝的圣洁之情。

图11-64 资兴市汤市温泉

## 二、热水温泉

热水温泉为省级文物保护单位，氡型温泉，在汝城县，传说神农最早在耒水源头耒山创制农具耒，累了就到热水温泉进行茶浴（图11-65）。宋代地理志《舆地纪胜》记："热水，在桂阳县东一百里，夹益江水作两泉眼，一出石穴一出沙土，其沸如汤，不可跣涉。"不可跣，意即下脚都下不了，从河中走过去也走不了，因为

图11-65 华南最大温泉汝城县热水温泉

此两个泉眼温度即达98℃，另有多个小泉眼，出水量之大，半边河水皆高温，故名"热水"。热水镇居民自古享用这地热资源，煮鸡蛋苞谷、褪猪鸭鸡毛、洗被褥，直接挑水回去泡茶浴。现代"神农"袁隆平先生曾在此利用地热制杂交稻种。汝城还有暖水、罗泉大汤、田庄等温泉。

## 三、龙女温泉

龙女温泉在北湖区陷池塘（图11-66），系市级非物质文化遗产"柳毅与龙女"传说原点。北宋《太平广记·柳毅传》记载："柳毅，郴州人也。"传说陷池塘牧羊女乃洞庭龙王小女，因触犯天条，贬嫁郴州万姓员外家受虐待，遂托赴京赶考的宜章县试子柳毅传书洞庭龙宫；柳毅大义诚信，救出龙女。温泉，系寿佛同情龙女雪中牧羊而造。经中山大学医学院检验，属碳酸氢钙型的淡天型矿泉，可饮可茶浴。泉口水温40℃左右，泳池水温37℃左右，对神经系统、运动系统、皮肤疾病等有一定的理疗作用。中国女排早期集训郴州期间，曾到此进行体能恢复。

图11-66 北湖区龙女温泉

北湖区游泳馆建于此处，曾承担第八届亚洲跳水锦标赛。

## 四、天堂温泉

天堂温泉在苏仙区天堂村，中高温温泉（图11-67），设置茶水浴、SPA等养生健体、休闲疗养的中西温泉浴。中国女排2001—2009年集训郴州期间，经常到此进行体能调养和身体恢复（图11-68）。

图11-67 苏仙区天堂温泉

图11-68 中国女排队员在天堂温泉通过泡茶浴等调养身体

## 五、宜章温泉群

全省最大温泉群在宜章县，邓中夏家乡太平里有两江温泉、甬口温泉、法官坦洞中温泉等（图11-69）；一六镇温泉群以汤湖里、温汤水、观音寺三村为主，30多眼高温泉（两处80℃以上）散布于6km²；国家级自然保护区莽山有森林温泉、瑶族铜鼓温泉，水温55℃；都能进行茶水浴。

图11-69 莽山森林温泉

## 六、各区县、矿山温泉

华湘社区即"中国核工业第一功勋矿"711矿，温泉岩层与铀矿床不接触，富含钙镁锶偏硅酸，经化验属优质可饮矿泉，水温52℃，中国女排曾到此恢复体能。永兴悦来温泉达55℃，含氡氯钠钙镁等矿物质；安仁龙海、军山温泉42℃，含钾钠镁钙等矿物质；临武县金江温泉38~42℃，含硫锶偏硅酸等矿化物；嘉禾钟水温泉38.8~53℃，含锶硒偏硅酸；桂阳宝山国家矿山公园等温泉；桂东普乐温泉；均可茶浴，对各类慢性病、心血管、关节炎、风湿症等有明显疗效。

# 第十二章 茶组织·椰茶行业

# 第一节 科教组织

## 一、郴州市农业科学研究所茶叶研究室

郴州市农业科学研究所，成立于1956年3月，以开展农业科学研究和服务"三农"为办所宗旨，促进农业科技和农村经济发展为主要工作，是郴州市唯一的综合类农业科研事业单位，郴州市茶叶协会副会长单位，2017年开始从事茶叶研究，2019年成立茶叶研究室。

由茶学硕士研究生4名、本科生1名组建一支高素质人才的科研团队。在北湖区华塘镇建设100亩茶叶科研试验基地，其中茶树种质资源圃20亩，收集和保存省内外茶树品种资源200余份；茶树良种示范基地40余亩，开展新品种、新技术、新成果的示范推广应用；茶树良种苗木繁育基地20亩，开展苗木快速繁育技术。建成100m²的茶叶加工实验室，配有六大茶类加工设备。

设有茶树品种引育种、栽培植保、生化加工、经济推广等四大科研课题组。开展种质资源收集保存、鉴定与评价，挖掘优异基因、高效利用和推广应用；茶园高效管培及茶树病虫害绿色防控技术研究；茶叶初加工、深加工、新产品研发等研究。

现有"两站两中心"；即湖南茶叶产业技术体系湘南（郴州）试验站、张曙光专家工作站、郴州地方茶资源保护与利用技术研发中心、郴州市福茶红茶加工技术研发中心。承担《郴州福茶提质增效及产业升级关键技术研究集成与示范》《汝城白毛茶特色资源利用关键技术创新与示范》《郴州福茶红茶加工技术规程》等国家、省、市茶叶科研项目的实施。通过所企合作，建立了汝城县九龙江森林公园汝城白毛茶原产地保护基地，汝城县三江口镇南洞村现代化设施苗木繁育示范基地，宜章县天塘镇高标准示范基地1000余亩，桂阳荷叶镇有机生态示范茶园600余亩。

在《茶叶通讯》《湖南农业科学》《现代园艺》等重点期刊发表茶学学术论文5篇，获国家实用新型专利2项。被湖南省茶业协会、湖南省茶叶学会、湖南省大湘西茶产业发展促进会、湖南省红茶产业发展促进会四家单位联合授予"2020年度湖南千亿茶产业建设先进单位"。

## 二、心境茶艺

心境茶艺始创于2008年，致力于培养湘南地区茶行业人才（图12-1）。多年来，为郴州地区培训大量茶艺师和评茶员。在茶学课程上对学员年龄、性别、起点不设限制，

随到随学。授课内容按照国家人社部门茶艺师职业资格标准设置，采用国家职业技能鉴定的培训教程。理论、实操和品饮相结合。内容全面，无论是个人爱好还是从事茶行业或投资开店，都能学以致用。修完课程的学员可参加人社部门统一组织的职业技能资格考试（本机构为考点之一），理论考试和职业技能考核成绩合格者，颁发湖南省人力资源和社会保障厅的国家茶艺师、评茶师资格等级证书（全国通用）。

迄今心境茶艺培养持证职业茶艺师120余名，持证职业评茶员60余名。涉外单位委培和县级职业培训学校持证职业茶艺师500余名，持证评茶员200余名。

法人邓景骞为中国茶艺师联盟郴州分会秘书长、国家茶艺技师、高级评茶技师。2016年入选湖南省十佳茶艺师，2018年获湖南卫视"全国电视大赛茗声大震"全国第四名。

图12-1 心境茶艺技术培训

## 第二节　行业组织

### 一、郴州市茶叶学会

郴州地区（1995年地改市）茶叶学会经地区科协、民政局批准，于1994年6月23日成立。

1996年9月学会期刊《郴州茶叶》首次发行，成为省、市茶界重要的学术交流平台。学会多次组织省、市名优茶评比活动和技术交流活动，有力地推动了郴州市茶产业的发展。2004年郴州市茶叶学会并入郴州市农学会。

### 二、郴州市茶叶（业）协会

郴州市茶业协会经郴州市民政局批准于2014年3月5日成立，挂靠在郴州市供销社。

2017年11月，郴州市茶业协会更名为"郴州市茶叶协会"，挂靠郴州市农业委员会，有团体会员75个、个人会员130人，是郴州市茶叶生产、加工、流通、科教等多方面参与的公益性行业组织。

郴州市茶叶（业）协会成立以来，根据《郴州市人民政府关于加快茶叶产业发展的意见》和全市茶叶工作会议的要求，围绕实施本市百亿茶产业目标，做了大量工作，成为具有较大凝聚力、影响力的社会团体组织。

### 1. 狠抓品牌建设，取得可喜成绩

协会有效组织会员积极参加争创名优品牌。成立以来共获得中国驰名商标2个，中国农产品地理标志产品3个，"中茶杯""国饮杯"特等奖3个和一等奖7个，有机茶认证面积667hm² 余，国家有机茶认证产品80多个。资兴七里金茶叶专业合作社"七里金茶"获得欧盟有机茶认证，茶类由原来的绿茶、红茶两大类增加到绿茶、红茶、白茶、乌龙茶、黑茶等多茶类发展。

### 2. 打造"郴州福茶"公共品牌，制订郴州福茶标准

于2019年12月被国家知识产权局正式批准"郴州福茶"为中国地理标志证明商标。及时制订了生产加工9个团体标准为"郴州福茶"标准化、规范化生产提供了技术规范。为了强化商标管理，制订商标使用管理规则，授权符合要求的28家茶企和专业合作社为"郴州福茶"中国地理标志证明商标使用单位。

### 3. 深入调查研究，当好政府参谋

针对郴州市茶叶生产、加工、科研、市场等方面情况，广泛开展调查研究，多次向郴州市委、市人大、市政府及相关部门汇报，就国内外茶产业发展形势及市场情况以及湖南省岳阳、益阳、常德市以及安化县发展茶业产业的经验与做法，形成调查报告和政策建议为市政府出台《郴州市人民政府关于加快茶叶产业发展的意见》（郴政发〔2014〕3号）文件和2014年3月召开的全市茶叶工作会议，提供了科学决策和依据。2015年，协会为汝城县政府提供"汝城白毛茶开发方案"，促进了汝城白毛茶的保护与开发。协会积极联络省内外行业协会、学会、茶叶研究所等茶叶方面专家，为全市茶产业发展出谋献策，指明了郴州茶产业的发展方向。

### 4. 组织参加节会，开拓茶企视野

茶叶协会积极组织茶企参加湖南省茶博会、杭州国际茶博会、深圳茶博会、广州茶博会、台湾国际茶博会、武夷山海峡两岸茶博会、香港国际茶叶展览会及澳门湖南茶叶推介会，有力地推动了茶企在国内外的知名度和影响力。

## 5. 进行学术交流,开展技术培训

协会充分发挥技术、人才、信息的专业作用,利用每年的年会和参加各类大赛的机会,聘请刘仲华院士等多名专家对茶企、专业合作社技术人员进行培训和技术交流。通过这些活动,本市大部分茶企、茶农和专业合作社与专家们保持长期的联系和互动,碰到难题直接请教。协会先后举办和协办有机茶栽培及绿茶、红茶、白茶加工技术,茶叶营销、茶艺师、评茶师培训等培训班十余期,参加培训800余人次。2015年,郴州市茶叶协会配合郴州市人社局等部门开展第五届"郴州杯"旅游服务职业技能竞赛,组织茶艺师竞赛的预决赛。通过一系列的活动,茶叶品种、品质、品牌有了显著变化,使全市茶产业生产水平大大提升。

## 6. 认真编写《中国茶全书·湖南郴州卷》

《中国茶全书》系中国茶史上的第一部全书。受郴州市农业农村局委托,协会自2017年开始,全力组织《中国茶全书·湖南郴州卷》编写,成稿30万字余,图片350余张。

# 参考文献

[1] 徐中舒.甲骨文字典[M].成都：四川辞书出版社，2005：667.

[2] 张式成.郴州古代之人文地舆考识[J].长沙：中南大学学报，2013，(4)：237-240.

[3] 汉·许慎，清·段玉裁.说文解字注[M].上海：上海古籍出版社，2000.

[4] 汉·班固.汉书[M].宋嘉定十七年白鹭洲书院刻本.北京：国家图书馆藏.

[5] 汉·宋衷注，清·秦嘉谟辑.世本八种[M].陈其荣增订.上海：商务印书馆，1957：3.

[6] 清·王万澍.湖南阳秋[M].长沙：岳麓书社，2012.

[7] 日本藏中国罕见地方志·嘉靖湖广图经志书（下）[M].北京：书目文献出版社，1991：1001.

[8] 唐·陆羽，清·陆廷灿.茶经[M].北京：中国工人出版社，2003.

[9] 张春龙.里耶秦简祠先农校券[C].武汉大学《简帛》第2辑.上海：上海古籍出版社，2007：393.

[10] 南朝·范晔.后汉书[M].郑州：中州古籍出版社，1996：820.

[11] 李雅.古人咏郴州[M].广州：花城出版社，2009.

[12] 清·王先谦.湖南全省掌故备考[M].长沙：岳麓书社，2009.

[13] 清·王闿运.桂阳直隶州志[M].香港：天马出版有限公司，2004.

[14] 王世舜，王翠叶.尚书：中华经典名著全本注译丛书[M].北京：中华书局，2014：68-71.

[15] 清·陶澍.陶澍集·诗文[M].长沙：岳麓书社，1998：348.

[16] 金东辰，孙朝宗.医林典故[M].天津：百花文艺出版社，2009：42-44.

[17] 唐·杨晔.膳夫经手录[M].续修四库全书.长沙：湖南图书馆古籍部.

[18] 南国郴州[M].长沙：湖南美术出版社，1984：38.

[19] 旧唐书·卷十八下[M].北京：中华书局，2010.

[20] 湘山志[M].《四库全书》本.长沙：湖南图书馆古籍部：331.

[21] 明·薛刚纂修，吴廷举续修.〔嘉靖〕湖广图经志书[M].北京：书目文献出版社，1991.

[22] 郴州市地方志办公室.万历郴州志校注[M].郑州：中州古籍出版社，2017：231.

[23] 资兴市政协文史委员会，资兴市佛教协会.寿佛释全真[M].郴新出准字（2009）第020号.

[24] 清·朱偓，陈昭谋修纂.〔嘉庆〕郴州总志[M].湖湘文库编辑出版委员会.长沙：岳麓书社，2010.

[25] 清·彭定求，等.全唐诗[M].湘南学院图书馆.北京：中华书局，1999.

[26] 李雅编.郴州古韵[M].海口：南方出版社，2016.

[27] 尹友波辑录.典籍史料看桂阳[M].桂阳：桂阳历史文化研究中心，2018.

[28] 谢永芳编.辛弃疾诗词全集[M].武汉：长江出版传媒·崇文书局，2016：168.

[29] 郴州地区志[M].北京：中国社会出版社，1996.

[30] 南国郴州[M].长沙：湖南美术出版社，1984：38.

[31] 广东乐昌市黄圃镇《李氏族谱》[M].乐昌：[出版者不详].

[32] 清·王闿运.桂阳直隶州志[M].香港：天马出版有限公司，2004：343.

[33] 宋·陈传良.止斋集[M].长春：吉林出版集团有限责任公司，2005.

[34] 符少辉，刘纯阳.湖南农业史[M].长沙：湖南人民出版社，2012.

[35] 天下第十八福地郴州[M].香港：天马图书公司，2001.

[36] 清·王先谦.湖南全省掌故备考[M].长沙：岳麓书社：2009.

[37] 郴县志编纂委员会.郴县志[M].北京：中国社会出版社，1995.

[38] 傅角今.湖南地理志[M].长沙：湖南教育出版社，2008.

[39] 查庆绥.郴州直隶州乡土志校注[M].陈礼恒校注.郴州：郴州瀚天云静文化发展有限公司，2020.

[40] 郴州市商业物资行业管理办公室.郴州市商业志[M].北京：方志出版社，2009.

[41] 清·刘献廷.广阳杂记[M].北京：中华书局，2007.

[42] 谭延闿.谭延闿日记[M].北京：中华书局，2019.

# 郴茶大事记

**1986年10月7—9日**，全国茶树病虫综合防治学术研讨会在郴州召开。会议由湖南省茶叶学会、湖南省植物保护学会主办，郴州地区农业局、地区供销社承办。会议重点介绍了湖南省农学院在郴州开展的科研成果"茶角胸叶甲的发生规律与防治研究"。形成了《加强茶园植保搞好综合防治——湖南省茶树病虫害防治学术交流会纪要》。来自全国各地院校茶叶专家教授代表80余人参会，并收到学术论文20余篇。

**1989年3月20—21日**，郴县茶树良种繁殖示范场总体设计审查会在郴州召开。会议由湖南省农业厅经作局主持，对中南林业勘察设计院左阳生等人提交的《郴县茶树良种繁殖示范场总体设计》进行审查鉴定。经省市专家们审定通过。该项目为农业部、湖南省农业厅、郴州地区行署、郴县人民政府联合投资建设的全国十大茶树良种繁殖示范场之一。

**1993年12月9—12日**，湖南省名优茶生产与良种繁育推广学术研讨会在郴州召开。会议地点在郴县茶树良种繁殖示范场。来自湖南农业大学的专家教授和参会代表42人，收到论文21篇，评选优秀论文15篇。与会代表参观了郴县茶树良种繁殖示范场和资兴东江库区果茶研究所，有效地促进了全区茶树良种繁育推广工作。

**1994年6月23—24日**，郴州地区茶叶学会成立暨东江库区名优茶开发鉴定会在资兴召开。会议由郴州地区科委主办，选出了郴州地区茶叶学会组成人员，地区农业局高级农艺师刘贵芳当选为理事长。湖南省茶叶学会、湖南省茶叶研究所派出领导专家出席。郴州地区科委主任彭传义、资兴市委书记张万才、资兴市市长黄诚出席并致辞表示祝贺。

**1995年3月15—21日**，湖南省名优茶培训班在郴州茶树良种繁殖示范场举办。培训班由湖南省茶叶学会和郴州市茶叶学会联合主办。培训班共有学员60人，其中郴州35人，其他地州市25人。湖南农业大学朱先明、王融初教授等采用理论讲课和实际操作相结合的方法，使学员基本掌握了银针形、直条形、卷曲形、扁形、花朵形5种名茶制作工艺，提升了学员名优茶加工技术水平。

**1995年5月4日**，首届安仁豪峰茶叶节在郴州举办。活动由安仁县委、县政府及郴州市农业局联合主办，邀请了湖南省茶叶学会和湖南农业大学的专家教授参加。就安仁豪山茶叶绿色食品开发等技术要点提出了权威性意见。5月26日晚，湖南电视台《乡村发现》播出了"安仁，绿色的事业"专题片，反响良好。

**1997年10月29日至11月1日，湖南省茶叶生产工作会议在郴州召开。**会议由湖南省农业厅主办，郴州市人民政府承办。湖南省农业厅厅长于来山主持，湖南省人大常委会副主任罗海藩出席会议并作讲话。湖南农业大学教授施兆鹏、谭济才，湖南省茶叶研究所所长黄仲先，中国茶叶进出口总公司湖南分公司总经理陈晓阳，湖南省茶叶总公司副总经理谢宜宙等出席，郴州各市州县农业局局长、经作站站长及国营农（茶）场场长等100多人参加了会议。郴州市人民政府市长龙定鼎、副市长瞿龙彬参加会议并介绍郴州发展茶叶生产的情况与经验。会议研究和部署了全省茶叶生产工作，重点推广实施品牌茶工程。

**2000年8月20—22日，全省茶叶流通及进入WTO后茶叶发展趋势研讨会在郴州召开。**会议由湖南省茶叶学会主办、郴州市农业局承办，湖南省茶叶学会、湖南农业大学等茶叶专家学者和有关部门领导40多人参加了会议。郴州市委副书记张万才、市人大副主任瞿龙彬等领导致辞并作讲话。会议共收到学术论文19篇。

**2001年9月24—27日，湖南省茶叶生产工作会议在郴州召开。**会议由湖南省人民政府主办，湖南省农业厅和郴州市人民政府承办，省直相关厅局、各市州分管领导及农业局局长、经作站站长、特邀专家、嘉宾250多人参加了会议。湖南省农业厅副厅长甘霖全面回顾总结了全省茶叶生产情况，存在的问题，提出了应对策略，对湖南茶业产业发展工作进行了安排部署。庞道沐副省长作了讲话。湖南农业大学、湖南省茶叶研究所等专家作了学术报告。湖南省供销社、郴州市、岳阳市、湖南省茶叶总公司、茶叶进出口公司、资兴市、长沙县各派代表分别做了典型交流发言。湖南昆剧团、湖南农业大学还进行了昆剧和茶艺表演。

**2014年3月5日，郴州市茶业协会成立。**会议选出并审议通过了第一届郴州市茶业协会组织机构，表决通过了协会章程和各项议程，选出了理事会理事、常务理事、副会长、会长和监事会组成人员。郴州市人民政府原常务副市长黄孝健当选会长，刘贵芳推广研究员任副会长兼秘书长，彭真文任监事长。

**2014年3月5日，郴州市政府下发《郴州市人民政府关于加快茶叶产业发展的意见》（郴政发）〔2014〕3号）文件。**强调"积极支持行业协会建设，创新工作推进机制"工作要求，明确了行业协会在产业发展中的地位和作用。

**2014年3月6日，郴州市茶叶工作会议召开。**各县（市、区）分管农业的副县（市、区）长、农业局局长、分管副局长、经作站（股）站长、供销社主任、市直有关单位100余人参加了会议。郴州市人大副主任李上德、郴州市政协副主席吴章钧、郴州市茶业协会会长黄孝健等出席，湖南省茶业协会会长曹文成应邀出席。会议由郴州市人民政府副秘书长陈荣寿主持，郴州市政府副市长雷晓达作了讲话。

**2014年6月21日，郴州市首届"汝白金杯"茶王赛暨湘茶大赛郴州分赛举行。**活动由郴州市农村工作部、市农业局、市供销社、市新闻广播电视局主办，郴州市茶业协会承办。活动由汝城县松溪茶叶有限公司冠名。郴州市人大副主任李上德、郴州市政府副市长雷晓达、郴州市政协副主席陈方敏、郴州市茶业协会会长黄孝健、湖南省茶业协会会长曹文成、湖南省茶叶学会副理事长兼秘书长肖力争、湖南省茶叶研究所所长包小村、湖南省茶叶研究所党总支书记谭正初等以及郴州市直有关部门等100余人参加了活动。经专家评委和大众评审综合打分，桂东县玲珑王茶叶开发有限公司选送的桂东玲珑茶夺得绿茶王，汝城县松溪茶叶有限公司选送的汝白金红茶夺得红茶王。

**2015年6月13—17日，第五届"郴州杯"职业技能竞赛"茶艺师大赛"举行。**活动由郴州市人力资源和社会保障局等5个部门联合主办，其中茶艺师大赛初赛、复赛、决赛由郴州市茶业协会、郴州市真诚职业技能培训学校承办。17日进入茶艺师决赛，八马茶业彭理霞夺得职业组第一名，李蝉第二名，玉熹茶楼李水芝第三名，她们同时获得"郴州市技术能手""郴州市青年岗位能手""郴州市巾帼建设标兵"荣誉称号，彭理霞同时获得"郴州市五一劳动奖章"殊荣。

**2015年8月11日，全市茶叶产业发展工作座谈会召开。**会议邀请了湖南省茶业协会会长曹文成、湖南省茶叶研究所所长包小村、湖南茶业集团董事长周重旺、中粮集团湖南茶叶分公司董事长熊嘉、中华茶祖神农基金会秘书长彭外斌等参会。郴州市政府副市长雷晓达作了讲话。资兴、桂东、汝城、宜章、安仁等5个重点产茶县市领导、龙头企业负责人及市直有关部门、行业协会共27人参加了会议。

**2016年6月22日，郴州市第二届"古岩香杯"茶王赛举行。**活动由郴州市农委、市供销社、市新闻广电局主办，郴州市茶业协会承办，郴州古岩香茶业有限公司冠名。郴州市人大副主任李上德、郴州市政府副市长雷晓达、郴州市政协副主席陈方敏、郴州市茶业协会会长黄孝健、湖南省茶业协会会长曹文成、湖南省茶叶学会理事长肖力争、湖南省茶叶研究所所长包小村、湖南省茶叶研究所党总支书记谭正初等领导以及郴州市直有关部门等100余人参加了活动。资兴市金井茶场的翠绿夺得绿茶王，资兴市瑶岭茶厂的瑶岭红夺得红茶王，汝城县鼎湘茶业有限公司的汝白金白茶夺得白茶王，郴州古岩香茶业有限公司的古岩香乌龙茶夺得青茶王。大赛还评出绿、红、白、青茶金奖数个。湖南省茶叶学会理事长肖力争综合点评了参赛茶样，郴州市副市长雷晓达、郴州市茶业协会会长黄孝健、郴州市农委主任肖正科、郴州市供销社主任雷树平和湖南省茶业协会会长曹文成等向获奖单位颁奖。

**2017年5月10—11日，第七届"郴州杯"职业技能竞赛暨"郴州福茶加工技能竞赛"举行。活动由郴州市总工会主办，郴州市茶业协会承办，活动地点在桂东县。活动聘请湖南农业大学教授尚本清、湖南省茶叶研究所研究员包小村、郴州市农委推广研究员刘贵芳等为专家评委，46名参赛选手经理论考试和现场手工绿茶操作比赛，资兴市瑶岭茶厂肖文波获得冠军并同时荣获"郴州市五一劳动奖章"，宜章县莽山仙峰有机茶业有限公司张意雄获得亚军，宜章县云上行农业有限公司曾庆军获得季军。

**2017年11月28日，郴州市茶叶协会第一届会员代表大会召开。**更名后的郴州市茶叶协会共有会员单位79个，会议选举并审议通过了第一届郴州市茶叶协会组织机构，表决通过了协会章程和各项决议，选出了郴州市茶叶协会秘书长、监事长、副会长和会长，聘请郴州市人民政府原常务副市长、郴州市茶业协会创会会长黄孝健为名誉会长；选举郴州市人大原副主任黄诚为会长，刘贵芳为副会长、罗亚非为副会长兼秘书长。郴州市农委副主任刘爱廷出席会议并讲话。

**2018年6月23日，郴州市第三届"郴州福茶·玲珑王杯"茶王赛举行。**活动由郴州市茶叶协会主办，桂东玲珑王茶叶开发有限公司为活动冠名。郴州市人大副主任李庭、郴州市政协副主席吴建辉、郴州市茶叶协会名誉会长黄孝健、郴州市茶叶协会会长黄诚、湖南省茶业协会名誉会长曹文成、湖南省茶叶学会理事长肖力争、湖南省茶叶研究所党总支书记谭正初等领导和专家出席。宜章县莽山仙峰有机茶业有限公司的莽仙沁绿茶获绿茶王，郴州木草人有限公司的南岭赤霞获红茶王、白毫银针获白茶王，资兴市七里金茶叶专业合作社的七里青茶获青茶王。

**2019年4月30日，"郴州福茶"9个团体标准审查通过。**"郴州福茶"9个团体标准由郴州市茶叶协会主持修订，经过多次讨论修改形成审评稿。2018年7月13日，郴州市质量技术监督局邀请了省、市相关专家，现中国工程院院士、湖南农业大学茶学系教授刘仲华担任专家组组长，湖南省卫生健康委员会教授侯震担任副组长，经专家组认真审议修改后"郴州福茶"9个团体标准获得一致通过。随后上报国家标准委员会，2019年4月30日国家标准委员会批准了"郴州福茶"9个团体标准并在全国团体标准信息平台发布。

**2019年12月28日，"郴州福茶"成功注册中国地理标志证明商标。**2017年11月，郴州市人民政府授权郴州市茶叶协会为"郴州福茶"商标注册单位。2017年12月和2018年12月，郴州市农委副主任刘爱廷两次带领郴州市茶叶协会刘贵芳、罗亚非、罗克等人到国家工商行政管理总局商标局和国家市场监督管理总局知识产权局申请汇报。通过积极努力争取，全国第一个以地方特色文化为重要内容的地市级茶叶区域公用品牌——"郴州福茶"于2019年12月被国家知识产权局批准为中国地理标志证明商标。

**2020年6月，《郴州市茶产业发展规划（2020—2025年）》专家评审通过。**2018年郴州市农业委员会委托湖南省茶叶研究所编制郴州市茶产业发展规划。由湖南省茶叶研究所研究员、湖南省茶叶岗位首席专家包小村担任主任的郴州市茶产业发展规划编制委员会，经过两年多的调查研究，拟定了《郴州市茶产业发展规划（2020—2025年）》审评稿。分别于2020年6月1日和6月13日在郴州和长沙召开了省市有关专家、教授为评委的评审会。经认真审议修改后获得评审会专家一致通过。

**2020年7月15日，郴州市第四届"郴州福茶·东江湖茶杯"茶王赛举办。** 活动由郴州市茶叶协会主办，资兴市茶叶协会为这次活动冠名。郴州市人大常委会副主任李庭，郴州市茶叶协会名誉会长黄孝健、会长黄诚，湖南省茶业协会名誉会长曹文成，湖南省红茶产业发展促进会以及郴州市人大、市政协、市农业农村局、市供销社、市农科所等部门领导参加了活动。活动聘请湖南农业大学著名茶叶审评专家黄建安教授和湖南省茶叶首席专家、湖南省茶叶研究所包小村研究员等6人组成专家审评组，按国标《茶叶感官审评方法》，对20家茶企（包括专业合作社）的31个茶样进行审评打分。资兴市瑶岭茶厂"回龙秀峰"获得绿茶王，湖南老一队茶业有限公司"莽山红茶"获得红茶王，汝城县九龙白毛茶农业发展有限公司"白毫银针"获得白茶王，郴州古岩香茶叶有限公司"北湖乌龙"获得青茶王。与会领导和专家为获奖茶企和郴州市"十佳茶馆"颁奖。

**2020年9月4日，2020第十二届湖南茶叶博览会暨郴州福茶品牌推介会新闻发布会在长沙湖南宾馆举行。** 中央、省、市50多家新闻媒体和湖南省有关部门，郴州市和资兴（县级市）、宜章、汝城、桂东县人民政府及有关部门、行业组织等100多人参加了发布会。由湖南省供销社副主任吴开明作主题新闻发布，郴州市人民政府副市长陈荣伟介绍郴州茶产业发展及"郴州福茶"品牌建设情况，郴州市农业农村局局长李建军介绍本届茶博会"郴州福茶"品牌推介筹备工作情况。记者分别就茶博会筹备情况、"郴州福茶"品牌建设和推介情况、郴州市人民政府发展茶产业的政策措施和远景规划等内容，进行提问和专题采访。9月4日下午，湖南卫视茶频道《倩倩直播间》邀请郴州市人民政府副市长陈荣伟、郴州市茶叶协会会长黄诚、郴州市农业农村局局长李建军，就"郴州福茶"品牌发展之路进行了100min专题采访直播。

**2020年9月11—14日，2020第十二届湖南茶叶博览会暨郴州福茶品牌推介会在长沙湖南国际会展中心（芒果馆）举行。** 本届茶博会由湖南省农业农村厅、湖南省供销社等省直有关部门和郴州市人民政府联合主办，湖南省茶业协会、郴州市农业农村局、郴州市茶叶协会等部门联合承办。湖南省内外领导、专家、教授、知名茶企、行业领袖、新闻媒体等800多人出席开幕式。开幕式第一篇章为《洞天福地·郴州福茶》；充分展示了瑶族歌舞《我在莽山等你来》、湘昆剧《茶文化昆曲》、茶艺《我的郴州我的家》等郴州特色茶文化。展会搭建了400m²的"郴州福茶"展馆，25家品牌授权企业展出了207个茶叶单品，四天时间共销售茶叶2334kg，销售额46.7万元，订单60万元，网红带货额80万元。

# 《中国茶全书·湖南郴州卷》审定会议召开

历时近5年的《中国茶全书·湖南郴州卷》在郴州市政府原常务副市长、郴州市茶叶协会名誉会长、本书顾问、编审黄孝健的直接关心指导下,由郴州职业技术学院原党委书记、中国廉政法制研究会湖南研究中心高级研究员、本书顾问、编审罗海运和郴州市农业科学研究所所长、本书总策划刘爱廷两人逐字逐句编审,与郴州市茶叶协会工作人员一道,经过半个多月的努力,完成了本书编审工作,终于定稿。

(2021年)11月18日,在郴州市茶叶协会办公地点(郴州市住房保障服务中心办公楼4楼)会议室召开了《中国茶全书·湖南郴州卷》审定会,参加会议的有编委会顾问、编审黄孝健、罗海运,编委会副主任刘爱廷、谷新鸣、邓南国、邓勇男,编委会委员刘贵芳、王明喜、张国才、罗亚非、肖雪峰。会议经过认真讨论通过了本书审定稿,并研究了出版发行的相关工作。

会议由顾问、编审黄孝健主持。编委副主任、总策划刘爱廷首先介绍了本书编审过程,总结了这本书编纂具有时间长、参编人员多、搜集资料广、整理修改任务大的要求和特点。通过大家半个多月努力,取得了可喜成绩,收到了显著效果。本书在原稿基础上,精减了6万多字,纠错3000多处,按照尊重历史、有根有据、坚持原则、尊重科学、合理布局的审编原则,进行了一些较大的调整修改,使本书近乎完美,内容充分展示了郴州茶历史、茶文化、茶产业的精彩,体现了集体智慧的结晶。

顾问、编审罗海运发表了热情洋溢的讲话,全面总结了前段的编审工作,畅谈了编审感悟,也指出了存在的不足,提出了后续工作建议。

罗海运指出,编审工作始终坚持了3条基本原则,即"高标准、严要求"的原则、"大局至上、质量第一"的原则、"科学、严谨、规范、细致"的原则。对整个书稿前后集中审阅审改了3遍,即逐章逐节逐页和逐句逐字全面审阅审改一遍;全面校对校正并部分审改一遍;再次通阅校正并部分小改一遍。突出了4个方面的审改重点,即重点审改了有明显重复的内容及图片,有明显差错的内容、文字及标点,有明显不规范的有关表述,有明显不合要求的内容;重点审改了与现代茶产业、茶企业、茶文化、茶旅游等直接相关的章节与内容;重点审改了部分篇章结构和编排顺序;重点增写了部分章节偏单薄的有关内容。最终达到了4个"最大限度"之目的,即最大限度减少了存有重复的内容和图片;最大限度减少了存有差错的内容和标点;最大限度提高了文字表述和体例编排的规范化程度；最大限度提高了书稿的整体质量。总之，编审工作是认真负责的，达到了预期目的和效果，较好地完成了工作任务。

罗海运指出，通过编审本书，深刻感受到了郴州市委、市政府对编纂本书的高度重视，农业主管部门组建了高规格的编纂委员会，安排专项经费；受郴州市农业农村局委托，郴州市茶叶协会具体组织、部分茶企积极参与支持，编委会及编写人员精心编纂本书，以实际行动成功编纂出了郴州历史上第一部茶全书。通过艰苦细致的编纂和审改工作，使本书形成了五大特点：一是内容搜集广泛；二是史料发掘真实；三是茶产业、茶企业、茶品牌、茶文化特色鲜明；四是篇章结构合理；五是有较强的可读性和实用性。当然也还存有不足，比如出于考虑资料搜集的不易，尽量保留了原稿的一些内容，离精雕细琢、精益求精的要求存有差矩，且差错遗漏也在所难免。

罗海运最后指出，我们编纂工作的最终目的，不仅仅是出成果，更要运用好成果，充分发挥本书在助推郴茶产业、茶科技、茶文化高质量发展中的重要作用。一是要启动本书的成果应用和宣传工作；二是要切实把出版印刷工作做好，确保质量；三是要做好本书的发行工作，确保实效。要重视把本市的首发式活动组织开展好，以扩大本书的影响力。

与会编委们围绕本书编纂和发行展开了热烈讨论。大家充分肯定了编纂人员和编审人员的辛勤劳动和取得的成绩，特别对编审人员的敬业精神给予了高度赞扬，对本书编审后的质量表示一致认可。就后续工作中的封面设计、版面编排、具体印刷发行等提出了意见及建议。

郴州市农业农村局党组成员、副局长、编委会副主任谷新鸣受郴州市农业农村局党组书记、局长、编委会主任李建军委托代表本书项目单位讲话，他表示了对各位编审、编纂人员的感激之情，感谢大家通过几年努力，编出了郴州历史上的第一部茶全书，充分展示了郴州几千年以来的茶历史、茶文化，展现了现代茶产业的风采，为郴州茶产业发展、品牌建设、百亿茶产业目标的实现、巩固脱贫成果、助推乡村振兴作出了很大贡献；并提出后续本书的装帧设计、宣传应用等方面的工作应努力做好。关于书本印刷费用缺口问题，会向局党组汇报，争取最大支持。

郴州市茶叶协会名誉会长、本书顾问、编审黄孝健最后发表了总结讲话，他对这次参加编审工作的全体同志表示感谢，并就后续工作做了安排。最后对这本书的编纂编审工作用"五个大"进行表述，即任务大、难度大、决心大、成果大、意义大。他对该书未来前景非常看好，相信《中国茶全书·湖南郴州卷》的出版发行将长期为郴州茶文化、茶产业、茶科技发展起到承前启后的重大作用！

（载2021-11-24《郴州市茶叶协会》；作者罗亚非系郴州市茶叶协会副会长兼秘书长）

# 附录二

# 郴州茶文摘

## 桂东县茶资源综合利用的调查与思考（摘要）

2022年春茶采摘上市之际，笔者对桂东县茶资源综合利用进行了专题调研，以解剖麻雀的方式分析了玲珑王茶叶开发有限公司（以下简称玲珑王公司）茶资源综合利用的经验和做法，为探索茶产业高质量发展的新路子提供了有益启示。

### 一、"老企业焕发新活力"，茶资源综合利用有成效

玲珑王公司现有茶园基地1万多亩，建有2座现代化茶叶加工厂和1座茶酒加工厂，年加工干茶2400余吨；自办合作社1个、专业协会1个、联营合作社3个，发展各类营销实体200余家；先后通过了ISO9001:2008认证、HACCP认证、QS认证等权威认证，取得了地理标志保护产品认证，拥有发明专利1项、实用新型专利31项、注册商标100个；是湖南省农业产业化龙头企业、高新技术企业和中国质量信用AAA级企业。近年来，该公司在茶资源综合利用方面做了大量探索，取得了显著成效。

——细化产品布局，茶品变爆品。一是由过去绿茶为主转向红茶、绿茶竞相发展，多品开花赢得客户；二是由过去低端产品为主转向大力拓展中高端市场，打造出"军规红""蓝色妖姬"等高端品牌；三是由过去单一生产茶叶为主转向多元开发茶艺、茶点、茶饮等多种茶制品，受到了广大消费者的欢迎。特别是"军规红""蓝色妖姬"系列，上市后供不应求，成为网红"爆品"，全年产量一般在两三个月就销售一空。玲珑茶被评为湖南十大名茶之一。

——优化产业格局，茶园变游园。玲珑王公司充分利用桂东冬无严寒、夏无酷暑，空气负氧离子含量高的天然优势，将茶景观、茶生产、茶文化一体综合开发，探索"茶业+文旅业"的生态观光茶园模式，科学规划赏茶、采茶、制茶、品茶等"一条龙"项目，被评为"中国最美30座茶园""全国生态茶叶示范基地"，闯出了茶文旅融合发展路子。在万亩茶园里，游客可以赏茶、采茶；在茶叶加工基地，设有手工制茶设备，供游

客体验玲珑茶非遗制作技艺；此外，公司还设有品茶室，由专业人员展示茶艺、讲解茶文化，指导游客泡茶、品茶。近年来，每年参观体验的游客达1万人次以上。2022年，可同时接待600名学生开展研学活动的研学实践基地获批通过，正式投入使用后，预计年接待游客可达4万人次以上。

——破解产能困局，茶叶变茶酒。长期以来，玲珑王公司茶叶加工以春茶为主，夏秋茶利用率只有10%左右，茶叶浪费严重，成本居高不下。为打破这一困局，玲珑王公司与国内茶叶专家和酒厂技术人员合作，加大科技投入，推动技术攻关，2021年成功研发出了新产品——玲珑王茶酒，2022年计划上6条生产线，预计年产茶酒800多吨，产值约6亿元。不同于国内其他茶叶酒的制作工艺，玲珑王茶酒既不是把茶叶浸泡在酒中，也不是用茶叶和粮食发酵，而是以纯茶为主，适当添加蜂蜜、酵母、水等酿造而成。这种工艺特点鲜明、优势突出。第一，玲珑王茶酒的主原料是茶叶，4斤干茶可酿成1斤茶酒，以年产800吨茶酒计算，每年可消化3200吨干茶（相当于12800吨鲜叶原料，而且夏秋茶都可以利用），相比于粮食酿酒工艺一般可节约粮食3000余吨，有利于维护粮食安全和解决茶叶产能过剩、夏秋茶浪费严重的问题。第二，玲珑王茶酒既有酒的风味，又有茶的营养。经权威检测，玲珑王茶酒酒精度数为52.1度，茶多酚含量为44.2mg/L，具有一定的健胃提神、养生保健等作用，大大提升了茶产品的附加值，实现了茶产品由低端向中高端转型。第三，毛茶生产不带来税收，但制成茶酒后销售需缴纳13%的增值税、10%的消费税。如果玲珑王茶酒年产值达到6亿元，每年可增加税收1.38亿元。同时，茶酒还可以增加夏秋茶的用工，带动当地老百姓就业，真正实现企业增效、财政增税、农民增收的多重效益。

## 二、"小叶片蕴藏大乾坤"，茶资源综合利用有启示

### （一）解放思想是法宝

思路一宽天地阔。长期以来，茶叶市场供大于求，产能过剩、同质化竞争激烈的现象十分突出，特别是近两年受到新冠疫情持续影响，一些茶企陷入发展困境。玲珑王公司以思路求出路，不断与时俱进，在推动企业产品从绿茶向红茶、从低端向高端、从单一向多元、从一产向三产发展的基础上，积极研发生产茶酒，做深茶资源综合利用文章，奋力探索茶产业高质量发展新路子。这表明，广大茶企要突出重围，必须打破传统观念的束缚，跳出惯性思维的局限，善于研究新情况、探索新领域，以解放思想打开新局面。

### （二）科技赋能是支撑

茶资源的综合利用必须以技术进步为支撑。有新技术才能创造新产品，有新产品才

能催生新业态，有新业态才能引领新发展。据检测，茶中含有机化学成分达450多种，无机矿物元素40多种，可以说浑身都是宝，除了用茶叶直接泡茶饮用之外，茶树、茶花、茶果等都有用处，茶资源综合利用的空间和潜力巨大。据了解，目前在茶资源综合利用技术研发上主要有两大方向：一种是通过对茶多酚、茶氨酸、茶皂素等天然活性成分的提取，应用于食品、药品、保健品、化工品等领域。如以茶黄素为原料开发防治心血管疾病、美容抗衰老等功能产品；以茶氨酸为原料开发调节免疫、镇静安神、动物抗应激等功能产品；以茶皂素为原料开发洗发水、洗涤剂、香皂等日化产品以及植物农药、乳化剂、除草剂等农产品，等等。也有报道指出，茶叶中的EGCG和茶黄素对各种病毒感染具有抗毒活性，EGCG和茶黄素对新冠肺炎病毒的治疗和预防作用已投入研究。另一种是对茶花、茶籽、茶根、茶梗及茶渣等茶叶生产过程中的副产物进行开发利用。比如玲珑王茶酒在酿造过程中就有效利用了茶梗这一副产品；再如茶叶籽可以压榨成食用油，而且其功能性成分含量远高于菜籽油、花生油和豆油等传统食用油，可以与橄榄油媲美。据统计，每公顷茶园一般可以采摘约0.75吨茶叶籽，一斤茶叶籽可以榨油0.25斤左右，万亩茶园可采摘约500吨茶叶籽，可榨油约125吨。这充分说明，茶资源综合利用大有可为，是一座可以不断挖掘的"富矿"。广大茶企要保持耐心、舍得投入、敢于创新，强化对关键技术、核心工艺的攻关，用科技赋能茶产业。

### （三）文化铸魂是根本

中国茶文化源远流长。习近平总书记高度重视茶文化的传承，曾提出"'茶'字拆开，就是'人在草木间'"等独到而深刻的重要论述。玲珑王公司注重把茶文化与企业文化、历史文化、地方文化融合，提升品牌文化内涵。该公司专门制作了一首《玲珑茶赋》，详细介绍了玲珑茶的厚重历史和产品特色；主动争取将玲珑茶制作工艺成功列入了《湖南省非物质文化遗产》；对最新研制的茶酒，更是引进品牌策划公司，精心策划讲好茶酒文化故事，塑造茶文化同酒文化交融的品牌形象。这充分说明，文化是品牌的灵魂，品牌是企业的生命。广大茶企要找准文化与产品的结合点，将文化之"魂"融入产品之"体"，挖掘特色文化，塑造文化品牌。

### （四）政策支持是保障

茶资源综合利用，是企业利用各类茶资源，开发满足市场需求的新产品，本质上是一种市场行为，必须牢牢坚持以市场需求为方向、以市场认可为标准、以市场主体为主力，走产业化、市场化道路。但也要认识到，茶产业本身是一个较为脆弱的产业，资金投入大、回报周期长、风险因素多，除了企业自身努力之外，政府要始终保持特别的关注关爱，发挥支持保障作用。目前制约茶资源综合利用主要有两大因素：一是技术研发，需要长期大量的资金投入和人才支撑，很多茶企没有相应的实力和定力；二是市场销售，茶酒等新产品的市场定位不好把握，前期品牌打造、营销推广的难度很大。近年来，郴州市委、市政府认真贯彻中央和省委、省政府决策部署，将茶产业列为"四大百亿产业"，出台了一系列发展规划和支持政策，从茶叶基地建设、技术创新、市场营销、茶文旅融合、打造区域公用品牌等方面，对玲珑王等茶企进行倾力帮扶，桂东县每年整合资金1000万元用于扶持茶产业发展。针对当前玲珑王茶酒面临的困难，市、县两级主动作为，积极帮助企业引进技术、营销方面专业团队，争取各项惠企助企政策，协调解决用人、用地、用钱等方面的困难。这充分说明，做好茶资源综合利用，要正确处理政府与市场的关系，把政府有为和市场有效结合起来，不断优化营商环境，强化政策保障，形成政企合力。

## 三、"弱产业需要强引擎"，茶资源综合利用有发展

湖南是全国产茶大省。2021年，全省茶园面积达到338万亩，茶产业综合产值首次超千亿，茶产品结构不断优化，品牌效益明显提升，茶业集群加速形成。但也面临不少困难和问题，特别是在茶资源综合利用方面还存在明显短板，比如茶叶多以春茶为主，大多数夏秋茶被弃采，利用率不高；产品以散形茶为主，茶食品、茶饮料、茶保健品、茶化工品还不多。如何推动湘茶这一传统产业做大做强，实现高质量发展，是必须解答好的一个现实课题。建议借鉴桂东县的经验做法，坚定不移做好茶资源综合利用这篇重要文章，助力茶产业高质量发展。

### （一）保持定力，始终坚持从战略高度谋划推进茶产业高质量发展

茶资源综合利用必须牢牢建立在茶产业的根基之上。茶产业是一个劳动密集型产业，用工数量多，联农带农能力强，是真正的"小中见大"的富民产业、生态产业、文化产业、健康产业。湖南自然条件优良、茶树种质资源好，种茶历史悠久、文化底蕴深，茶企茶农众多、产业基础实，茶产业历来在全省产业格局特别是县域经济中有着举足轻重、难以替代的地位。同时，玲珑王公司的实践经验也表明，茶产业还有很大发展潜力与成长空间，茶叶这片"绿叶子"完全可以成为助力现代农业、推进乡村振兴、实现共同富裕的"金叶子"。要始终保持抓产业、强产业的战略定力，进一步凝聚思想共识，持之以恒把茶产业作为重点产业、支柱产业来谋划推进。

在战略思路上，要紧紧围绕省委、省政府确定的"建设茶叶强省，打造千亿产业"战略目标，按照省第十二次党代会和省委一号文件的战略部署，持续推动茶产业战略重组、市场重构、产业重塑，做大做强做优各地特色优质茶产业，从整体上提高湘茶品牌

影响力、产品竞争力和产业可持续发展能力。

在发展理念上，要贯彻新发展理念，坚持现代农业理念，强化政策引导、龙头引领、品牌发展，突出科技文化"双轮驱动"、政产学研协同推进，做深做实茶资源综合利用，推动茶产业高质量发展闯出新路子。

在推进方法上，要凝聚全省之力，集聚各方资源，建立政府主导、市场主体、部门联动、社会参与的推进机制。各级政府要加强组织领导和规划引领，做好顶层设计和政策保障，为茶产业发展创造良好环境。各级农业农村部门要会同市场监管、供销合作等部门，建立协调推进机制，加强业务指导、政策扶持、市场监管、示范带动和宣传推介等工作。各级茶叶行业协会要发挥桥梁纽带的作用，在品牌打造、平台搭建、产业调研、技术指导、技术培训以及营销对接等方面发挥积极作用。广大茶叶企业要在提升产品品质、开展品牌创建、依法诚信经营以及做好茶资源综合利用上下功夫，共同发力做实做强茶产业。

## （二）增强动力，全面构建支撑茶资源综合利用的科技创新服务体系

一是加紧科技攻关。引导支持龙头茶叶企业，联合高校、科研院所、社会组织等组成创新联盟，围绕茶叶活性成分的高效提取、茶产品精深加工、夏秋茶和茶副产物利用、茶与健康等方面，开展创新研究和技术攻关，向医药、食品、化工、保健等综合利用领域深度发展，不断推出新技术、新品种、新成果，拓展增值空间，提高综合效益。

二是加强技术服务。创建一批"茶资源综合利用创新基地"，为茶企开展茶产品创新研发及营销推广等搭建制度化、智能化服务平台。实施茶企人才素质提升工程、职业技能提升工程、茶产品从业人员培训工程，引进茶叶种植、加工、营销高层次人才，强化人才技术支撑。建立完善省、市、县、乡四级茶叶科技服务体系。在茶叶集中产区，县、乡两级配备茶叶专业技术推广人员，提高茶叶科技入户率和到园率。

三是加大茶树良种繁育和种质资源保护。在全省布局建设无性系茶树良种繁育基地，重点挖掘汝城白毛茶、云台山大叶、江华苦茶、城步峒茶、黄金茶等湖南特色珍稀优异种质资源，选育及引进优良品种，为湘茶奠定品牌基因。推广郴州市农业科学研究所将"二段法"和"穴盘育苗"技术应用于茶苗快速繁育的做法，加快良种推广进程。鼓励引导龙头企业整合零散茶园，推进茶园标准化、有机化、生态化建设，打造一批标准园、示范园、精品园，规范茶树品种，提高茶树产量品质，做优茶产业生产体系。

## （三）彰显魅力，紧紧依托茶文化推进茶资源综合利用

一是加强茶文化的挖掘、传承和发展。站在传承中华民族优秀传统文化的高度，加强对我省茶文化的系统研究，深度搜集整理湖南茶史、茶俗、茶艺、茶歌和我省历史文

化名人的茶事逸闻等茶文化素材，讲好"湘茶故事"。支持引导各地各界力量建设茶文化博物馆、展览馆，展示湘茶的历史、植法、制法、饮法、品法，开展以茶为元素的民间艺术创作，开发群众喜闻乐见的文艺作品，丰富湘茶文化内涵。持续办好有湖南特色的中华茶祖节、茶祖文化论坛、采茶节、品茗会等节庆活动，扩大对外交流传播，提升湘茶文化影响力，打造茶文化高地。

二是提升茶品牌的文化内涵。着眼全省，整合各地主要品牌，构建"公用品牌＋核心区域特色品牌＋企业品牌＋产品品牌"的品牌矩阵，精心开展品牌文化策划包装，做好产品定位和品牌营销，积极举办以茶为主题的博览会、展销会以及产地直播、网上带货等线上新型营销活动，提升品牌知名度。大力支持郴州以"福文化"为牵引，整合桂东"玲珑茶"、资兴"东江湖茶"、汝城"白毛茶"、宜章"莽山红"等特色品牌，全力打造"郴州福茶"区域公共品牌。

三是推进茶产业与文化旅游产业的深度融合。茶文旅融合是茶产业发展的大势所趋。湖南茶叶产区都在青山绿水之间、风景优美之地，许多茶区本身就是自然景区，推动茶文旅融合发展具有得天独厚的优势。要以茶产业为根基，以茶文化为主线，以旅游业为龙头，打造茶文旅融合新业态、新品牌。要支持龙头茶企、大型茶园牵头，依托当地茶园风光、历史文化、乡土风情等资源，打造茶旅精品线路、茶旅精品园区和茶文旅特色小镇、特色村，建设以茶文化为特色的民宿、避暑休闲、养生养老基地，开设亲子式茶旅、游学式茶旅、探险式茶旅，开发以茶为原料或主题的文旅消费品，将茶园景观、茶品购物、茶食餐饮、茶会娱乐、茶旅住宿等串联起来，真正把茶园变成公园、把茶区变成景区、把绿水青山变成金山银山。

### （四）激发活力，不断加大茶资源综合利用保障力度

一是加强政策支持。全面落实落细《湖南省千亿茶叶产业高质量发展规划（2020—2025年）》确立的各项政策措施，同时根据各地实际情况，针对茶企存在的实际困难，制定出台实用管用的支持政策。

二是加大资金保障。整合利用涉农资金，加大财政投入，重点支持茶树良种补贴、基础设施配套、标准茶园创建和龙头企业品牌培育、茶产品研发与推广、技术改造、市场开拓等。安排专项资金，通过以奖代补的形式，支持龙头企业开展茶资源综合利用。建立茶叶产业投资基金，健全多元化投融资机制，撬动社会资本投资茶产业。积极引导涉农金融机构，创新金融产品，探索开展茶园土地承包经营权、农民住房财产权、大中型农业机具、专利权和商标权等抵押贷款试点，加大对茶企信贷支持力度。

三是做好市场监管。成立湖南省茶叶质量监督委员会，由湖南省农业农村厅、省茶

叶办、省茶业协会牵头，环保、市场监管、卫健等部门参与，建立健全茶叶质量监督监控体系和茶叶产品全程质量追溯体系，加强全省茶叶产品质量安全监管和茶叶品牌管理。全力打击假冒伪劣和侵犯知识产权行为，净化茶叶市场环境。

注：此文载中央农办、农业农村部《乡村振兴文稿》2022年第7期；作者系郴州市委副书记、政法委书记黄进良。

## 全力打造魅力"郴州福茶"推进郴茶产业高质量发展（摘要）

### 一、深度挖掘文化内涵，铺就魅力"郴州福茶"底色

郴州拥有悠久的茶历史和深厚的茶文化。茶源始三湘，茶祖在湖南，郴州更是炎帝神农开创农耕文明和发现茶叶的地方。相传神农在郴州的汝城耒山制耒耜、在北湖开石田、在嘉禾置禾仓、在安仁尝百草、在资兴汤溪发现茶叶，并带领乡民种茶。而郴州又为二帝（炎帝、义帝）、二佛（无量寿佛周全真、朱佛朱道广）、二神（洞庭湖神柳毅、北湖惠泽龙王曹大飞）、九仙（西汉苏耽，东汉成武广，唐代刘瞻、刘替、刘且三兄弟及唐代廖汉正、洪伯慈、唐道可、王锡）故事发生地。其中苏仙岭是西汉苏耽升仙的地方，又因"橘井泉香"的故事广为流传，被道家列为"天下第十八福地"，其苏仙岭的苏仙观多次受到唐朝和宋朝四位皇帝敕封，门额有汉白玉石盘龙御碑，是南宋景定五年（1264年）宋理宗皇帝所赐，上御书"敕封苏仙昭德真君"。宋真宗留有御词"橘井甘泉透胆香"名句，两宋抗金名将、参知政事（副宰相）折彦质留下了"橘井烹茶""石桥岁月公居后，橘井烹茶我在先"的名篇。清代书画家何维朴并书写了南宋词人宋无名句"不向苏耽寻橘井，却从陆羽校茶经"。唐贞元三年（787年）唐代茶圣陆羽经郴州过南岭赴广州节度使李复幕做给事，在郴州亲自品鉴了郴州"圆泉"，水质甘洌，将其列为"天下第十八泉"。北宋文学家张舜民留有名诗："橘井苏仙宅，《茶经》陆羽泉。"还有北宋朝散大夫、郴州知州阮阅写有："清洌渊渊一窦圆，每来携茗试茶煎。又新水鉴全然误，带作人间十八泉。"认为圆泉还应排前。唐代高僧无量寿佛释全真，德懋寿高，享年138岁，在佛教界享誉很高，有"西有如来佛，东有无量佛"之声誉。释全真二次晋谒唐代皇帝，并受唐僖宗、唐宣宗和宋代四位皇帝及清代康熙皇帝敕封"慈佑寂照妙应普惠大法师无量寿佛"。无量寿沸释全真为资兴市程水镇周源山人，其名叫周全真，俗名周宝。他一生与茶结缘，喜茶、爱茶、做茶，开创了禅茶文化先河。后人说他寿高与喜茶有关。

上述故事充分说明，郴州山水有仙气、有灵气、有福（佛）气，郴州茶也同样沾上了仙气、灵气、福（佛）气，因而聚集了一代代文人墨客来郴州饮泉泡茶，引经据典。

特别是作为郴州人的无量寿佛周全真的故事,更加证明了郴茶的仙、灵和强身健体、延年益寿的魅力所在。"寿佛故里、禅茶宗源"加上神农带领乡民种茶、陆羽用"圆泉"泡茶等,郴茶历史文化更有特点,就形成了"神农种、寿佛做、陆羽饮"的丰富历史文化底蕴。因此,这更激发了我们对郴茶产业发展的信心和决心。作为全市现代农业"四大百亿"产业之一的茶产业,而"郴州福茶"区域公用品牌又已定位为茶文化品牌,这为打造魅力"郴州福茶、推进郴茶产业高质量发展打下了坚实基础。接下来我们应更进一步深入挖掘和丰富郴茶历史文化内涵,广泛开展宣传推介活动,充分运用好《中国茶全书·湖南郴州卷》编纂成果,发挥本书在助推郴茶文化、茶产业、茶科技高质量发展中的重要作用。同时,还应利用郴茶丰厚的历史文化底蕴,茶产业发展的优势条件,结合郴州美丽山水,做好文创茶旅融合这篇大文章,延伸茶产业链。随着经济社会发展,茶产业需要与康养、文化等相互融合,互促互进。当前,越来越多的人饮茶不仅仅是简单的生津止渴,而是因为喝茶健康而爱上它,健康已经成为茶叶消费的第一动力,这也恰恰说明了健康已与茶产业深度融合。茶为国饮,品茶即品文化,要深挖"郴州福茶"品牌历史文化资源,大力弘扬传承资兴寿佛茶、禅茶、狗脑贡茶、冷泉石山茶、五盖山米茶、桂东玲珑茶、东山云雾、汝白银针、莽山银毫、莽山红等历史名茶文化及传统制作技艺,大力支持举办茶文化交流等节会活动,擦亮历史文化名片、放大传统技艺名片、打造新的品牌名片,讲好郴州茶文化故事,以文化消费带动产品消费,以产品消费带动产业发展。总之,要通过文化赋能,丰厚魅力"郴州福茶"底色,推动郴州百亿茶产业的高质量发展。

## 二、全力实施品牌战略,造就魅力"郴州福茶"亮色

品牌建设如何抓?从全市来讲,就是集中所有人力、物力和财力,全力打造魅力"郴州福茶"区域公用品牌。 既然市委、市政府早已决定打造"郴州福茶"区域公用品牌,而该品牌又已注册成功,那就更应聚焦这个品牌,以"郴州福茶"品牌为引领,助推郴茶百亿产业高质量发展。这项工作将是全市茶产业链建设中最重要的工作,其他各项工作都将围绕品牌展开。一是要明确品牌发展的路径。"郴州福茶"品牌是由政府倡导的,所以要由政府、行业、企业、茶农共同精准发力,政研学产商联动,集聚所有资源来合力打造。二是要造声势、造氛围,高层次决策和持续宣传推介。利用现代媒体,多平台、多载体、多途径开展品牌宣传活动,通过举办博览会、展销会、推介会等展示品牌魅力和知名度,让品牌走出区域,提升品牌在产业发展中的核心竞争力。三是形成品牌发展的内在有效机制。改变我市现在品牌存在的多、小、散、弱,品牌经营体系不强,

抵御市场风险能力不够，互相竞争、内耗严重的现状。要走品牌联盟或集团化之路，实现企业品牌和区域公用品牌有效结合。四是在强力打造区域公用品牌的过程中，要着重培养一批有市场带动力的龙头企业集群。通过政府输血到企业造血，进行营销模式和营销渠道的突破，从而体现品牌价值，舞动龙头，占有市场。五是严格实行标准化管理，把品质打造作为品牌管理核心。区域公用品牌的亮点，品质是核心。生产过程中的标准化管理、品牌标准、源头控制、质量监测、安全监管、产品追溯等各环节要在完全可控范围。六是建立品牌建设管理政策支持的长效机制。政府倡导打造区域公用品牌，产业发展需要区域公用品牌，企业产品争市场需要区域公用品牌，所以区域公用品牌在引领产业发展中的作用可见一斑。全市各级都应提高认识，形成共识，加强综合协调，加大政策扶持、资金投入和要素保障。重点要突出品牌建设、茶企发展、平台打造等方面支持。拿出近远期品牌发展规划，明确部门职责，齐抓共管。总之要建立并完善以品牌为主导的政策扶持和工作机制，进一步加大对品牌建设的激励力度、强化品牌保护机制和加强品牌宣传推介，力争通过3~5年的努力，打造在国内"叫得响、立得住、过得硬、传得开"的"郴州福茶"品牌。

## 三、致力推进科技创新，成就魅力"郴州福茶"特色

针对我市科技兴茶中存在的短板和不足，必须着力推进科技创新，做实茶产业科技体系，突破郴茶产业发展的瓶颈问题，支撑郴茶百亿产业和"郴州福茶"品牌的高质量发展。一是要坚持科技引领郴茶产业高质量的发展的新理念。郴茶要依托悠久的生产历史，深厚的文化底蕴，创新生产、加工工艺，打造郴茶产业全产业链，探索茶系列产品的生产技术工艺，提高附加值，充分利用资源，走出一条郴茶产业高质量发展的新路。二是要大力开展科技创新，把郴茶品质做好。品质是产品的灵魂，是品牌的基石。茶是饮品，好喝是硬道理，郴州茶到底好不好喝，是个什么味，还要靠科技创新，提高品质。要从技术创新、产品创新、业态创新等方面，推动郴茶产业转型升级。要依靠科技创新，加快生态茶园建设，要从标准化、优质化入手，严格执行"扶质不扶量"的政策导向，统筹使用各类资金重点实施现有茶园的有机化、生态化升级改造，构建从茶园到茶杯全程质量追溯体系，进一步调整优化茶叶区域布局和品种结构，着力建成一批高标准优质、高效生态茶园。提升茶叶品质，改善自然生态环境。要依靠科技创新，加快茶叶加工标准化、连续化生产线的使用，提高生产加工效率，提升质量卫生安全，保证茶产品品质的稳定。要依靠科技创新，集中力量突破制约产业发展的技术性瓶颈问题，着力开发适应消费者需求的新产品，抢占市场制高点。三是要以数字化科技创新引领营销模式和营销机制的创

新。当今,数字经济对经济社会的引领带动作用日益凸现,在创新驱动发展战略引领下,数字产业快速壮大。数字科技促推消费市场发展规模改变了传统消费市场格局,庞大的网民规模、电子商务、网络零售市场快速增长。我市茶业行业对于数字化应用还处于一个初级阶段,目前茶行业在生产、加工、仓储、销售等各环节还是比较传统,这是个滞后的痛点,必须提高茶叶经营者的素质。所以,数字化转型营销模式要作为一个突破点,一场商业模式的深度变革重构,找准技术支点,进行全面改革。茶行业协会要在这方面发力,聘请专家来郴组织培训,找准互联网企业加强联盟,全面拓宽线上营销模式,加速电商平台建设,改变目前茶产品滞销现状,实现郴茶品牌"走得远"、交易"跑得快",拥抱全时全域全链的生意增长。同时要通过加强营销创新、品牌创新、科技文化创新等,积极推进市级茶叶交易中心、区域性茶叶交易专业市场、电商交易平台等的建设和运营,重点支持北湖区加快"郴州福茶国际文化城"项目建设。要构建"线上线下融合、国内国外并进"的多元营销格局,积极拓展营销渠道,健全市场销售体系。四是加大良种繁育和种质资源保护。种苗是茶叶生产源头,良种培育离不开丰富的种质资源。繁育优质茶树品种,必须要建种苗繁殖基地。建好苗圃,才能保证品种纯正,稳价保供应。据了解,我市目前基本没有规模良种繁育基地(苗圃),国家农业部(现农业农村部)扶持的"郴州茶树良种繁殖示范场"也因各种原因而停止了良种繁育工作,郴州茶树苗源基本靠外地采购。所以要争取恢复这一良种繁殖示范场,得到国家、省里支持。市农科所要主动承担我市茶树良种繁育工作,为茶企茶农提供优质种苗。五是科技创新,人才是关键。要通过多种途径着力培养茶产业链专家和技术人才,涵盖种植、加工、销售、品牌建设等多个领域,充分发挥专家在茶产业链建设中的作用,走科技兴茶之路。要探索选派专家到产茶大县任职或挂职等方式,加强对茶产业链建设的指导。要强化科研联合攻关和技术推广。加强郴茶产业科研体系建设,与高等院校、科研院所开展产学研结合。抓住刘仲华院士团队支持我市茶产业高质量发展的机遇,推动聘请刘仲华院士团队"郴州茶产业创新研发中心""刘仲华院士工作站"早日挂牌,促进我市百亿茶产业的科技创新。

## 四、健全完善合力机制,绘就魅力"郴州福茶"景色

一要健全落实责任机制。市政府将制定出台《关于推进郴茶产业高质量发展的意见》,健全落实系列保障机制。工作责任制是关键,要建立"一名领导主抓、一个部门牵头、一个专班负责、一批专家指导、一笔资金扶持、一张蓝图管到底"的"六个一"工作机制。同时要在工作专班的基础上,成立专项工作组,把工作做得更细致、更深入。各级各有关部门要高度负责,坚持以问题为导向,统筹各方资源,聚合各方力量,构建

政府引导、市场主导、上下联动、多方协同的推进机制，合力推进郴茶产业的高质量发展。二要健全落实政策扶持机制。各级各有关部门要统筹各类项目资金，合力推进茶产业发展。财政部门要加大产业引导资金的投入力度，并通过补贴、贴息等方式，撬动金融资本、社会资本进入茶产业，形成多元化、多层次的投入机制。金融机构要创新"茶叶贷""茶叶担""茶叶保"等金融产品，为符合条件的茶企优先给予必要的信贷保险支持。自然资源部门要按照保障和规范农村一二三产业融合发展用地政策要求，优先满足茶叶企业项目建设和加工园区用地需求。工会组织要优先将我市茶叶产品纳入部门年度工会福利采购物资。同时，积极推动出台采购市内茶叶产品作为办公用茶的政策，支持国家重点脱贫摘帽县茶产品优先纳入巩固脱贫成果和推进乡村振兴平台，进一步扩大茶叶帮扶消费。三要健全落实政策督办机制。市县农业农村主管部门要建立健全抓落实的工作机制，相关部门要加强协调配合，对任务进行分解，列出工作清单，明确责任主体，加强督促检查。深入开展调查研究，及时了解茶产业链建设推进情况，研究解决工作中存在的突出问题，切实加强对相关县市区和职能部门的工作指导。加强与茶叶协会联系沟通，积极搭建协商平台，邀请茶农、茶企、茶商、茶客分析协商我市茶产业发展存在的问题，提出意见建议，凝聚发展共识。四要健全行业引导机制。市茶叶协会是加快郴茶产业发展的重要资源和力量。面对郴茶百亿产业高质量发展的新形势新任务，市茶叶协会应进一步发挥技术、人才、信息等方面的优势，在品牌打造、茶类结构调整、资源整合、平台搭建、技术指导、交流合作、调查研究、当好参谋、节会组织、技术培训、文化挖掘、品质提升等方面，为郴茶百亿产业和"郴州福茶"品牌高质量发展开展更加卓有成效的工作。市直有关部门要采取相关政策措施，创造必要条件，加大支持市茶叶协会工作，切实帮助解决协会工作中遇到的困难，使协会更好地提供更为有效的服务。支持茶叶协会建立区域公用品牌标准化体系和茶叶产品追溯体系，实现茶叶产品的全程监管、阳光消费。协会要积极引导会员单位自觉履行社会主体责任，树立"质量第一、安全第一"的意识，诚实守信经营。五要健全宣传长效机制。充分运用报、网、微、端、屏等传统媒体和新媒体，推动茶产品进学校、学生进茶园的"双进行动"，推动茶产品走进社区、进入千家万户，引导茶叶的健康、理性消费。推动每年举办的茶产品交易和茶文化交流会。提倡各级领导干部尤其是茶主产区的干部要带头学茶、懂茶和护茶，自觉做郴茶品牌的宣传员和推销员，让更多的人知道郴茶、爱喝郴茶。要利用多种形式宣传茶产业发展成效，选树优秀茶企、先进个人和典型事例进行正面宣传，并建立表彰奖励机制，引导形成郴茶产业健康可持续发展的良好氛围。

注：此文载2022-2-13《湖南茶业》；作者系郴州市人民政府副市长彭生智。

# 乡村振兴战略背景下加快推进"郴茶产业高质量发展"的深度研究与思考(摘要)

## 一、高点定位,切实把郴茶产业纳入乡村振兴的主导产业

### (一)从历史文化层面看,郴茶产业是历史文化底蕴深厚的传统产业

郴州自古被誉为"天下第十八福地""九仙二佛之地",是道教、佛教发展之福地,故郴州又别称为"福城"。郴州是茶祖神农发现茶叶、肇始农耕文明的故土。郴茶文化历史悠久,源远流长,故事溢彩。神农在资兴的汤溪狗脑山发现茶叶和指导百姓种茶,郴州百姓将茶叶叫为"福茶",释全真无量寿佛一世茶缘活到138岁,"苏仙橘井泉香",陆羽品鉴"天下第十八泉——圆泉",中国茶出内陆下南洋的"湘粤古道"等系列故事,有记载,有传说,有遗址,极大地丰富了郴茶历史文化的内涵。郴州茶文化高度融合了郴州特有的神农文化、福地文化和寿福文化。"郴州福茶"历史文化在全国都是独特的。

### (二)从自然环境层面看,郴茶产业是地域优势明显的绿色产业

"郴"字,意为林中之邑,故郴州别称为"林城"。郴州地处湖南南部的山区、丘陵地带,南岭山脉和罗霄山脉交汇点,山水奇秀,生态良好,全市森林覆盖率达67.94%。茶产区主要分布在南岭山脉和罗霄山脉,两大山脉山林高密、溪流纵横,常年云雾缭绕,为茶树生长提供了得天独厚的自然条件和生态环境,生产的茶叶以其优异的品质,独特的风味,深受饮茶人的喜爱。在茶叶悠久的历史发展中,前期出现过宋代贡品"狗脑贡""冷泉石山茶",明代贡品"五盖山米茶",清代"玲珑茶""东山云雾"等历史名茶。之后,五盖山米茶、桂东玲珑王、汝白银针、安仁豪峰、郴州碧云、南岭岚峰、龙华春毫、莽山翠峰、莽山沁、莽山瑶山红、东江云雾、回龙秀峰等一批名优茶多次获国家、省级奖项。郴茶品质特征明显,最突出的品质特征是香气清悠高长,滋味浓醇甘爽。其中绿茶具有香气清高持久,滋味浓厚甘爽的品质特点;红茶具有花蜜香悠长,滋味浓醇甘爽的品质特点;白茶具有花毫香,味甘醇的品质特点;青茶具有花香悠扬,韵味醇厚的品质特点。郴茶系列品牌中富含硒元素,茶多酚含量高出我省平均值10%。这些特点和优势都是其他地区无可比拟的。

### (三)从现有基础层面看,郴茶产业是"一片叶子富裕一方百姓"的富民产业

近年来,在市委、市政府的正确领导下,各级政府和部门、茶行业组织、全市茶企、茶农紧紧围绕市委、市政府"打造百亿茶产业,抓好品牌发展、产业扶贫、乡村振兴"这个中心工作,在品牌建设、市场营销、基地提质改造、茶文化挖掘、茶文旅融合、

茶类拓展和品质提升等方面狠下功夫，郴茶的影响力得到了有效提高，茶产业扶贫攻坚取得明显成效，茶企、茶农的品牌意识和质量意识得到了加强，茶农收入和企业效益逐年增长，以茶为媒的茶文旅一体化有了一定程度的融合，茶产业综合效益不断增加。据2020年底统计，全市有茶叶生产经营主体277个，其中茶企98个（规模茶企31个），专业合作社200个，有茶馆500余家，茶业从业人员20余万人。全市茶园面积达到2.77万公顷，绿色防控面积1.77万公顷，野生茶面积1.07万公顷，干毛茶总产量1.4万吨，生产产值37亿元，综合产值达62.9亿元，茶旅产值3.7亿元，支付贫困户采茶及各项工资1.2亿元，实现税收0.37亿元，出口产品300吨，创汇2000万美元。实践证明，发展茶产业不仅是精准脱贫致富达小康的支柱产业，更是乡村振兴和实现农业现代化的支柱产业。正如习近平总书记所说"一片叶子，成就了一个产业，富裕了一方百姓"，茶产业已经成为民生大产业、百姓致富宝。

**（四）从发展潜力层面看，郴茶产业是市场前景十分广阔的优势产业**

郴茶产业在全省同行业中已具有一定的地位和优势。一是茶园面积排全省第三位，仅次于湘西和益阳。二是品质优良。因独特的山地条件和气候特征，郴茶品质在全省也是屈指可数，汝城的白毛茶、桂东的玲珑茶、资兴的狗脑贡、宜章的莽山茶在全省乃至全国都有一定名气。全市茶树良种化提高到85%。三是茶企规模不断扩大和硬件条件大为改观。郴州茶企现有一家国家级龙头企业，十家省级龙头企业，年产值超亿企业有四家，五千万至一个亿的企业有十家。我市资兴狗脑贡茶叶有限公司和桂东玲珑王茶叶开发有限公司的厂房设备规模在全省一流。四是品类众多，茶类结构优化，且各具特色。郴州历史上产茶均以绿茶为主，随着市场需求和生产技术的引进，我市现在绿茶、红茶、白茶、青茶、黑茶等多茶类发展，还引进了黄金芽、乌龙茶等品种和加工工艺，现有几家企业还与高校合作开发出了保健茶系列，以满足市场需求。五是品牌建设不断推进，成功创立了区域公用品牌——"郴州福茶"并正在不断提升影响力。资兴狗脑贡茶、桂东玲珑茶先后获得中国驰名商标，桂东玲珑茶2019年评为湖南省十大名茶，全市已有50余个品牌荣获省级、国家级茶叶评比会、农博会、茶博会金奖、中茶杯特等奖和一等奖。郴州作为"天下第十八福地"，福地产福茶，将郴州茶公用品牌命名"郴州福茶"地理标志注册商标于2019年12月28日经国家知识产权局正式注册，"郴州福茶"9个团体标准2019年4月30日经国家标准委员会主管的全国团体标准信息平台审查公布。"郴州福茶"区域公用品牌在2020第十二届湖南茶业博览会上冠名推介，标志着郴茶产业开始走上了品牌发展之路。"郴州福茶"将打造成为科技创新的第一品牌，成为高品质的生态茶、健康茶、幸福茶。全市茶企将在"郴州福茶"

公用品牌的引领下，团结一致，抱团发展，更加筑牢郴茶地位和发挥郴茶优势，为早日实现郴州"百亿茶产业"目标而聚力。

## 二、高位推进，积极探索郴茶产业高质量发展的新路子

通过调查研究，我们认为郴茶产业发展中存在以下"八大瓶颈"制约：一是绿色生态茶园建设规模化、标准化、有机化程度相对较低，发展方式比较粗放；二是龙头企业带动力不强，经营主体存在"多小散弱"；三是品牌体系不强，品牌影响力不大；四是科技转化率低，没形成茶产业科技支撑体系；五是营销方式滞后，营销体系不完善；六是产业链条不完整，三产融合不紧密；七是专业市场建设滞后，市场平台及机制不健全；八是茶产业发展的长效保障机制不健全、不落地。针对以上瓶颈和问题，应采取精准有力措施切实加以解决，从而有效推动郴茶产业的高质量发展。

站在历史新征程上，未来五年和今后一个时期郴茶产业高质量发展总的指导思想，应坚持"市场主导、政府推动，问题导向、提质升级，因地制宜、绿色发展，全面协同、统筹推进"的基本原则，按照"转方式、强品牌、增效益"的发展思路，创新思维，科技兴茶，文化促茶，以市场需求和品质提升为导向，以全产业链高质量发展为重点，以助农增收和乡村振兴为目标，不断推动郴茶产业生态优质发展，优化茶类产量比例，做大做强龙头企业，积极打造郴州特色品牌，做实茶产业科技体系，推动茶业一二三产业融合和综合发展，从而实现"四个提高"即提高郴茶品牌影响力、提高郴茶产业竞争力、提高郴茶产业持续发展能力、提高郴茶产业的综合效益的目标。按照《郴州市茶产业发展规划（2020—2025）》，到2025年，把"郴州福茶"打造成为全国有影响力的区域公用品牌；建设5个十亿元级主产县，10个亿元级茶乡小镇或专业村，培育5个亿元级龙头企业，10个五千万元以上龙头企业，50个千万元级茶庄园，100个百万元级茶馆茶店，10万个销售网点，茶旅游每年1000万人次以上。全市茶园面积达到50万亩，年产茶3万t以上，茶业综合产值100亿元以上。使郴茶产业真正成为乡村振兴的主导产业。

### （一）致力绿色增效，推动郴茶产业生态优质发展

针对我市绿色生态茶园基地建设中存在的短板和不足，应全面抓好绿色生态茶园规模化、标准化、有机化建设，把我市打造成国内外有影响力的绿色生态茶产地。一是大力推进绿色生态茶园规模化。茶园生态化建设模式，涵盖茶叶品种、栽培、土壤、生物、植保、肥料等领域。各县市区应扩建茶叶基地，稳步有序地将分散经营的茶园集中管理，推行茶园承包经营权流转，鼓励有资金、懂技术、善经营、会管理的龙头企业、合作社和大户等进行土地流转，实现土地、资金、技术、劳动力等生产要素的有效配置，提高

规模化水平,夯实茶叶产业发展基础。二是大力推进茶园标准化。实践证明,茶叶标准示范园在吸引资金、技术、人才等要素,辐射和带动区域茶叶产业发展方面具有不可替代的作用。应坚持科学规划,夯实从茶园到茶品的高质量发展基础。大力推进茶叶标准园、示范园、精品园建设,尤其应重点支持千亩茶叶标准示范园、万亩茶叶标准示范园建设工作。三是大力推进茶园有机化。茶园有机化是提升茶园经济效益的需要,也是茶叶产业发展的趋势。应持续以推进有机茶园为抓手,大力推进"有机产品认证示范地区"创建工作,积极推行茶叶"三品一标"品牌认证、种植基地 GAP(良好操作规范)认证、产品 SC(生产许可)认证和加工企业 HACCP(危害分析和关键控制点)认证,完善质量安全管理体系,建立茶叶产品溯源机制和市场监管体系,确保企业推进和规范无公害、绿色和有机茶叶生产,力争五年内绿色食品认证茶叶基地达 60% 以上,把茶叶产业建成健康、绿色、环保产业。

## (二)致力强企创牌,推动郴茶产业强势高效发展

### 1. 强龙头,做大郴茶产业经营体系

一是壮大新型经营主体。坚持"扶优、扶强、扶大"的原则,以园区包抓帮扶、龙头企业培育、产业联合体创建为重点,推进郴茶产业经营主体提档升级。大力推行"公司+合作社+基地+农户"发展模式,把现有茶产业龙头企业做大做强。按照龙头引领、联盟联合、集群发展的思路,着力创建国家级龙头企业、省级龙头企业,培育一批新型社会化服务组织,提高产加销组织化程度。探索跨区域整合资源组建大型产销集团,形成资源集中、生产集群、营销集约格局,促进资源共享、链条共建、品牌共创。支持潜力大、前景好的中小企业发展,形成大、中、小相结合的茶叶企业群体,带动全市茶叶产业发展。各级有关部门应深入开展包抓帮扶茶产业现代农业园区工作,不断提升园区的生产、加工、营销水平,提升园区示范带动能力。二是推进精深加工。充分发挥郴茶产业品质优势,坚持春夏秋茶并重,高中低档搭配,绿茶与红茶并举,初、精、深加工兼顾,科工贸联合,大力推进茶叶新产品开发和精深加工。按照茶叶标准化技术规程和清洁化生产要求,积极引进新技术、新设备和新工艺,注重发展高端茶产品,扩大生产袋泡茶及茶多酚、茶多糖和茶色素,丰富茶叶花色品种。三是完善市场营销体系。用好线上线下两种资源,立足省内市场,做大国内市场,扩大国际出口,制定鼓励茶企扩大出口的支持政策,支持授权茶企在省内外建立销售窗口。建设郴茶交易中心和产地原料市场;建议市规划、商务、人社、文化等部门积极支持由北湖区政府正在规划实施的原市区万华机电市场升级改造为"郴州福茶国际文化城"建设项目,并配套建设"郴州福茶"博物馆和"郴州福茶"文化广场,改变郴州目前有茶无市现状,打造丰富多彩的郴

州茶历史、茶文化、茶产业、茶科技宣传窗口。支持电商、物流、商贸、金融等企业参与茶叶电子商务发展，培育网络营销、直播带货等新业态，促进传统经营方式向现代营销模式转变。

**2. 创品牌，做强郴茶产业品牌体系**

一是提升"郴州福茶"区域公用品牌。坚持以"郴州福茶"品牌为引领，把郴州茶产业优势转化为品牌优势。围绕实施品牌战略目标，走真正集团化之路，充分发挥"郴州福茶"的引领作用，持续推进郴茶品牌整合，稳步推进郴茶地理标志证明商标授权使用，推动品牌、包装、质量、标准、宣传、监管"六统一"，同步建立品牌管理、市场管理等制度体系。进一步提升"郴州福茶"区域公用品牌的影响力。建议市委、市政府积极支持市城市建设投资发展集团有限公司注册牵头组建"郴州福茶集团有限公司"，聚力我市茶企、茶品牌抱团发展，集团成员企业之间要在研发、采购、加工、销售、管理等环节紧密联系在一起，协同运作，通过数字化转型和信息化管理新的商业模式，拓展市场，做大做强郴茶产业，做响"郴州福茶"品牌，并积极创造条件，通过资本运作，助推"郴州福茶"上市。二是壮大茶企品牌。支持茶叶生产企业开展SC认证、企业商标注册，鼓励企业作为品牌经营主体打造区域公用品牌下的企业品牌，形成"区域公用品牌+企业品牌+产品品牌"的品牌体系。支持茶叶生产经营企业优化包装设计，提升产品档次，培育企业文化，塑造品牌核心价值，支持品牌授权茶企参与各类品牌评选活动，持续提升郴茶品牌知名度和产品竞争力。三是加强品牌宣传推介。多平台、多载体、多途径开展郴茶品牌和茶文化宣传推介活动。通过举办博览会、展销会、推介会等加大营销力度，提升品牌知名度。各产茶县市区要结合实际制定相关政策措施，大力支持品牌授权茶企走出去。开展茶文化系列宣传活动，形成一部宣传片、一个形象口号、一个LOGO、一个宣传折页、一个包装、一首歌（或诗赋）、一部微电影，为郴茶品牌注入更深厚的文化内核。

**（三）致力科技创新，推动郴茶产业持续振兴发展**

一是加大良种繁育和种质资源保护。根据郴茶产业自然条件和适制茶类，加大优良品种推广力度，做到适区适种、适区适制，充分发挥品种特性，持续提升茶叶产量和品质。鼓励科研机构和茶企开展新资源引进、新品种选育和茶树良种繁育体系建设工作，确保每个产茶县市区至少建设一个市级和一个县级繁育圃或品种保护示范园，实现优质良种茶苗自给有余。建议市农业农村部门和科技部门积极支持恢复"郴州茶树良种繁殖示范场"，争取这一国家级示范场能得到国家、省的支持。同时，重视加强种质资源保护，系统调查、收集、保存、鉴定评价郴茶树种质资源，对全市现有茶树种质资源尤其濒危种质资源做到应保尽保。二是强化科研联合攻关和技术推广。加强茶产业科研体系建设，与高等院校、科研院所开展产学研结合。建议市农业农村部门和科技部门积极支持建立"郴州市茶产业创新研究中心"，抓住刘仲华院士团队支持我市茶产业发展的机遇，促进我市茶产业科技创新。整合农业、科技等部门力量，抓好绿色无公害茶和有机茶生产技术、精深加工技术、贮藏保质技术、安全性评价技术、新产品开发及加工工艺创新和新机械研发等重点项目的科技攻关。加快形成郴茶产业全产业链科技支撑体系。健全完善"生产经营主体+科研院所+推广机构"的科研机制，围绕郴茶保健功能、名优茶机械化采摘、茶叶精深加工等重大技术开展创新协作攻关和关键技术推广，研发应用高效率的夏秋茶加工技术，提高单产和质量，提升资源利用率。充分发挥市农业科学技术研究所茶业研究室作用，给予该所在品种选育、产品研发、加工标准、生化分析、技术传播等方面的大力支持，使茶企、茶农在科技指导下少走弯路，减少损失，规避风险。充分发挥农业技术推广部门、茶行业协会、茶经营企业、茶专业合作社等茶叶生产主体和组织的作用，建立市、县、乡、村相互配套、服务形式多样、利益共享、风险共担的技术推广服务体系。三是加快农机农艺融合。深入开展化肥、农药使用量零增长行动，大力推广"畜沼茶"循环模式及有机肥替代、肥水一体化、生物防治等关键技术，建立茶园投入品负面清单。围绕茶园整地、茶树修剪、病虫防治、大宗茶机采等环节引进推广机具及配套技术，推广农机农艺融合、生态环保高效的技术模式。

**（四）致力延链增值，推动郴茶产业深度融合发展**

郴州茶产业已由传统的农业产业，向生态、旅游、健康、休闲、生物产业等方向发展，正在形成多产业融合的发展态势。郴州是湖南省由脱贫攻坚迈入全面乡村振兴的主战场，又是中国优秀旅游城市、全国文明城市、首批省级历史文化名城，促进产业融合发展，推进"茶叶+旅游"、"茶叶+脱贫·振兴""茶叶+文化"深度融合，既具发展优势，又有发展潜力，必将效益倍增。一是促进三产融合发展。适应市场需求，根据不同条件、不同季节，充分利用鲜叶资源，生产各品类茶。在开发名优绿茶、品牌红茶的同时，生产白茶、黑茶、青茶。既要有名茶好茶，也要开发大众茶。茶叶的消费需求和格局正在由传统的泡饮方式向优质、新型、方便和保健的方式转变，茶企应加快科技创新、产品创新、加工工艺创新，开发方便、经济的茶叶新产品，开发茶饮料、茶食品、茶药品、茶保健品、茶用品等茶叶精深加工产品，延伸茶叶产业链，提高附加值。形成种植、加工、销售和服务三产紧密融合的完整产业链，并建设茶产业、茶旅游、茶文化三位一体的产业链。二是推进茶旅深度结合。茶旅一体化是茶业与旅游业及相关配套服务业一体化发展的新模式，茶旅结合成为拉动茶叶消费的新卖点。我市茶园皆处在青山绿水之间、风景优美之地，为茶文化旅游的发展提供了无限空间。要以旅游为龙头，以茶文化为主线，开发采茶、做茶、品茶、购茶及观茶艺、学茶艺为一体的生态休闲游，形成以茶促旅、以旅兴茶的发展格局。打造茶旅融合品牌，支持茶叶主产县市区打造茶旅精品线路、茶旅精品园区，建设茶文旅特色乡（镇）、村，打造民宿、避暑休闲、养生养老基地，开设亲子式茶旅、游学式茶旅、探险式茶旅，结合宗教文化开展修行茶旅，推动景区茶区、茶旅品牌、茶旅文化、茶旅康养一体化发展，实现茶旅深度融合。加强与旅行社的合作，积极推销茶叶采摘旅游路线，开展一日游等活动，开发茶为原料或主题的旅游消费品。举办与茶文化旅游有关的大型咨询活动，让市民和游客积极参与。建立郴州茶旅电商网络大平台，为企业、茶人、茶旅爱好者提供优质服务。三是推进茶文深度融合。充分发挥郴州历史名茶多、茶文化底蕴深厚的优势，将茶产业发展与区域特色文化结合起来，加强对我市茶文化的系统研究；继续搜集整理茶史、茶俗、茶艺、茶歌和我市历史文化名人的茶事逸闻等茶文化素材，丰富茶文化内涵；开展茶文化系列宣传活动，通过举办茶艺表演、斗茶会、春茶品鉴会等节庆活动，努力提高茶文化的吸引力和感染力。扩大茶文化对外交流传播，提升郴茶文化影响力，着力打造茶文化高地。支持出版系列茶文化书籍或专著，讲好郴茶故事。

## 三、高效落实，为郴茶产业高质量发展提供长效机制保障

### （一）强化落实组织领导和协调机制

市县两级应把茶产业高质量发展工作放在全局和战略的位置，建立主要领导亲自抓，分管领导具体抓，相关部门协调配合的责任体系。一是成立领导小组。建议市委、市政府成立郴州市百亿茶产业暨"郴州福茶"发展领导小组，负责研究和协调解决郴茶产业发展面临的重大问题。领导小组由市领导挂帅，明确牵头部门，产业主抓部门和配合协调部门，各司其职、共同推进全市茶产业发展。县市区党委、政府应成立相应的领导小组，将茶产业作为一项重要的主导产业和富民产业来抓。二是出台专门文件。建议市委、市政府出台《关于加快推进郴州百亿茶产业发展的意见》指导性文件，强化对郴茶产业高质量发展的领导和指导。同时拿出具体的工作实施方案，细化县市区任务，落实部门责任，指导推动全市茶产业高质量发展。三是建立市级茶产业发展联席会议制度，合力协调推动茶产业健康发展。同时充分调动县市区层层抓茶产业振兴发展的积极性，形成齐抓共管、上下联动的工作格局，确保各项行动有力推进、取得实效。

### （二）强化落实政策扶持和要素保障机制

一是加大政策扶持。在投入产业发展引导资金方面，参照湘西、益阳、长沙、株洲、

怀化、衡阳、邵阳、岳阳、常德的做法，建议我市财政安排茶产业发展引导资金和品牌宣传推广资金每年增加到2000万元。县市区财政相应逐年加大专项资金投入力度。同时各级政府及有关部门应为茶企、茶农产品销售开辟绿色通道，解决茶企、茶农办证难，质量安全监管不到位等问题，以巩固郴茶产业发展基础。二是加大要素保障。加大茶产业发展用地、项目资金、金融保险等要素支持力度。加大上级茶产业发展项目争取力度，统筹整合各类产业发展资金，撬动社会资本投入茶产业发展，形成稳定投入机制。市县财政每年安排专项资金，重点支持良种繁育基地、茶树良种补贴、基础配套设施、标准茶园创建和龙头企业品牌培育、科研推广和技术改造、市场开拓等环节。持续改善生产条件，夯实产业发展基础。探索金融保险支持茶产业发展新方式，创新金融产品，稳步扩大茶叶气象指数保险覆盖范围，完善信贷投放机制和融资担保机制。各县市区同时应加大资金投入力度，引导生产要素向茶产业聚集配置，鼓励有实力的茶叶合作组织在农民自愿的基础上，通过租赁、承包、土地入股等土地流转方式，实现茶叶规模化开发，促进茶产业转型升级。

### （三）强化落实社会化服务机制

在全面加强服务体系建设的基础上，应重点发挥茶行业协会作用和加强茶产业专业人才队伍建设。一是充分发挥茶行业协会的作用。郴州市茶叶协会于2014年成立以来，在郴茶产业发展中作出了很大贡献。为加快推进郴茶产业的高质量发展，市茶协应继续发挥技术、人才、信息等方面的优势，在品牌打造、茶类结构调整、技术指导、调查研究、节会组织、技术培训、文化挖掘、品质提升等方面为郴州茶产业发展进一步开展卓有成效的工作。但目前协会工作因体制不顺，经费无来源，面临极度困难状态。建议市委、市政府采取相关政策措施，支持协会工作，将市茶叶协会开展工作经费采取承接政府产业服务项目、通过政府购买服务形式给予解决，使协会更好地为发展郴州百亿茶产业提供有效服务。二是加强茶产业专业人才队伍建设。持续深化院地、校地合作，通过在职深造、人才交流、工作实践等形式，培养一批在市内发挥领军作用、在省内居于领先水平、能够跟踪国内外科技发展前沿的茶行业专家。大力实施茶企人才素质提升工程、职业技能提升工程、茶叶从业人员培训工程，强化行政管理、经营管理、技术人才三大队伍的培训培养，尤其要培养一批种茶科技户、炒茶制茶能手。积极开展茶艺师、茶叶加工技师、评茶员（师）的培训认证工作，大力引进茶叶种植、加工、营销高层次人才，为茶叶产业发展提供人才支撑。拓展创新创业阵地，建议市人社部门积极支持市茶协组织创建"创新创业孵化基地"，为小微企业创业者搭建制度化、智能化服务平台并提供政策支持。市县茶协应通过开展丰富多彩的郴茶品牌产品质量评比、加工技能创新、制茶工匠竞赛、评茶茶艺培训等活动,服务培养更多的创新创业专业人才。

### (四)强化落实市场监管和行业监管机制

一是加强茶产业综合执法。广泛开展法制宣传教育,全面劝阻农药进茶园,对违法违规销售化学农药一律予以没收。加强企业生产法律约束,对掺杂使假、以次充好、以假充真、短斤少两等各种违法行为从重处罚。加大茶叶原产地产品保护力度,宣传好、使用好、管理好、保护好地理标志证明商标,严厉打击侵犯地理标志证明商标和原产地保护标记使用权的行为,切实保护广大生产者和消费者的权益。二是加强行业监管。市县两级农业农村部门建立健全茶叶质量监督监控体系和茶叶产品全程质量追溯体系,实现产品可追溯;规范和引导土地流转,完善巩固茶企与农户的利益联结机制。市场监管等职能部门加强监管,加大对郴茶产品的保护力度,净化市场环境,打击假冒伪劣,维护郴茶产业发展的正常秩序。建立健全茶叶检测中心,确保茶叶质量安全。市县两级茶业协会应加强对公共品牌的使用和管理。

### (五)强化落实督促考核和跟踪考评机制

一是建立完善茶产业高质量发展年度目标管理考核机制。市县两级建立健全季统计、督查和年底考核制度,将茶产业高质量发展工作纳入区市县和市直部门推进乡村振兴实绩考核的重要内容,建立科学的考核评价体系,严格考核评估,强力推进郴茶全产业链高质量发展各项任务落实落地。建议市委、市政府督查室将郴茶产业高质量发展作为重点产业项目进行督查调度,考核评估。市农业农村局切实发挥牵头抓总作用,加强统筹协调、检查指导和考核通报;各相关部门各负其责,通力协作,密切配合,合力抓好任务落实。县市区也应建立健全茶产业高质量发展考核机制,确保各项工作任务全面完成。二是建立完善茶产业高质量发展奖惩激励机制。建议市委、市政府对当年茶产业产值、增速在省市靠前,茶叶品牌影响力显著提升的县市区给予重点支持;按照国家及省有关规定,适时对为郴茶产业振兴作出突出贡献的集体和个人给予表彰奖励。尤其对带动当地经济发展和农民就业、增收贡献突出的茶企业、茶馆(楼)、合作社、专业大户、家庭农场等应给予表彰奖励。

(黄孝健,罗海运)

注:此文载 2021-11-18《湖南茶业》、2021-11-19《湖南廉政法制网》,获 2021 湖南茶业科技创新论坛论文二等奖。作者黄孝健系郴州市人民政府原常务副市长、中共郴州市委原正厅级巡视员、郴州市茶业协会创会会长、湖南省茶产业高质量发展指导专家。作者罗海运系郴州职业技术学院原党委书记、郴州市茶叶协会会长、中国廉政法制研究会湖南研究中心原高级研究员。

# 关于推进郴州百亿茶产业高质量发展暨 2022年春茶生产情况的调研报告（摘要）

## 一、喜的一面——调整升级，稳中有升，稳中求进

**喜之一：各级党委、政府进一步提升了茶产业发展的地位，茶企茶农发展百亿茶产业信心倍增**

在调研中我们高兴地看到，汝城、桂东、资兴、宜章、安仁、临武、桂阳、北湖等地党委、政府，为贯彻落实市委、市政府的决策部署，进一步把茶叶产业当作发展现代农业和巩固脱贫攻坚成果、助推乡村振兴的支柱产业来抓，按照"高点定位、高位推动、高效落实"和"调整升级、稳中有升、稳中求进"的思路要求，切实采取有效措施推动茶产业的高质量发展。如汝城县委、县政府对开发汝城白毛茶特种资源非常重视。县里成立了以县委书记黄四平任顾问、县长周小阳任组长、相关部门及白毛茶生产乡镇为成员的"汝城白毛茶产业发展工作领导小组"，设立了以县人大常委会主任何浩光为指挥长的汝城白毛茶产业发展工作指挥部。邀请了中国工程院院士、湖南农业大学教授刘仲华实地考察指导，并与刘仲华院士团队签订了战略合作协议。县委、县政府出台了编制汝城白毛茶产业发展五年规划，支持选育建立100亩汝城白毛茶育苗基地，建设18000亩高标准茶园基地，扶持培育3~5家龙头企业等一系列措施。安仁县制定了《全县茶叶产业建设实施方案》和《茶产业发展奖励扶持办法》，明确了新茶园基地建设、老茶园改造以及茶叶加工、品牌建设等目标任务和重点建设内容，制定了具体的保障措施。

资兴市汤溪镇进一步发挥国家级农业产业化龙头企业湖南资兴东江狗脑贡茶业有限公司在区域内的引领作用，积极申报建设全省茶叶特色产业镇，采取措施推动"三茶"特别是茶文旅深度融合发展，并计划今年下半年举办汤溪镇茶产业文化节活动。

**喜之二：地方政府扶持茶产业发展力度逐渐加大，部分龙头企业投入的积极性也相应提升**

汝城县"十四五"期间，规划发展汝城白毛茶2万亩，县政府每年统筹安排1000万元支持汝城白毛茶产业的发展。去冬今春已在三江口瑶族镇岭头村建立了500亩高标准白毛茶茶旅融合示范园。

省级龙头企业桂东玲珑王茶叶开发有限公司立足于升级做强，在桂东县委、县政府的支持下，在清泉镇投资1亿元，新建成标准化加工厂房4层3.3万$m^2$，将新增8条清洁化、智能化、自动化生产线。并投资1000万元，开发了新产品茶酒——玲珑王酒，延伸了茶产业链。该公司正在积极申报创建国家级龙头企业。

国家级龙头企业湖南资兴东江狗脑贡茶业有限公司投资1.2亿元，在汤溪镇新建成了1万余平方米的现代化的茶叶加工厂和科技文化楼，投资8000万元，在资兴罗围工业区建成了茶食品加工厂房3000$m^2$，已成功开发茶糕点、茶饼干、茶面包、茶饮料等产品。

湖南豪峰茶业有限公司计划投资5000万元，正在新建5000$m^2$的钢架结构的现代化茶叶加工厂和两条清洁化、智能化、自动化茶叶生产线，以推动重铸"安仁豪峰茶"的辉煌。

**喜之三：全市科技兴茶取得新成果，茶产业发展的科技支撑力提升**

郴州市农科所茶叶研究室以及湖南省茶叶产业技术体系湘南（郴州）试验站不断加强科技研发人才团队建设，配置了高素质茶叶专业技术人才5人，其中4人为硕士研究生毕业。开展了"郴州特色茶资源开发与利用"课题研究，在北湖区华塘镇建立了100亩茶叶试验基地，现已引进栽培市内外优质品种资源200余份。并与市茶叶协会合作，制定了湖南省地方标准《郴州福茶红茶加工技术规程》。同时重视加强野生茶资源开发利用。全市野生茶面积16万亩，其中临武西山和东山经GPS定位测算达10余万亩，湖南东山云雾茶业有限公司和湖南舜源野生茶业有限公司进行了保护性开发利用，加工的野生绿茶、红茶、白茶，其品质高雅，十分受市场欢迎。汝城县对九龙江野生白毛茶建立了保护区。郴州木草人茶业有限公司与湖南农业大学协作，在三江口瑶族镇兰洞村建立了汝城白毛茶育苗基地，去冬今春已出圃汝城白毛茶营养钵苗40万株。

**喜之四：全市今年春茶生产呈现"稳中有升""稳中求进"的趋好势头**

今年全市春茶生产形势总的特点是：茶树良种面积扩大、春茶产量稳定、总体品质提高、茶类结构调整优化、茶叶加工提质升级且产业综合利用起步，但部分茶企销售额和价格有所降低而采摘人工及原料成本普遍有所上升。

从面积及产量来看，据对27家茶企调查统计，全市去冬今春新扩良种茶园面积6179亩。茶园面积达62285亩，比去年增加5137亩；今年生产加工春茶555.95t，比去年同期增加1.66t，增加0.3%。部分茶企由于天气异常和疫情影响而减产，但部分茶企因新增茶园投产和管理水平提高及加工产能提升而增产。如汝城县鼎湘茶业有限公司今年产春茶80t，比去年同期增加33%；湖南老一队茶业有限公司今年产春茶15t，产量增加了两倍。

从品质方面来看，今年春茶普遍在茶叶香气和滋味等方面比去年趋好。

从茶类结构调整来看，我市今年春茶仍以绿茶生产加工为主，而高档绿茶减少，红茶、白茶、青茶发展加快，尤以汝城、临武白茶加工比去年同期成倍增加。据调查，今年春茶加工绿茶596.37t，占66.26%；红茶223.14t，占24.79%；白茶60.74t，占6.75%；其他茶（青茶、保健茶）17.56t，占1.95%。

从茶叶加工及综合利用来看，桂东玲珑王茶叶开发有限公司、湖南资兴东江狗脑贡茶业有限公司、湖南豪峰茶业有限公司等一批龙头企业茶叶加工升级及综合利用起步。

从茶叶产值及销售价格方面来看，因受到疫情及市场营销大环境影响，部分茶企今年春茶销量及价格下降。据统计，今年春茶总产值30856.22万元，已销售额21124.8万元，比去年同期销售额减少9.23%；平均价格550.02元/kg，比去年同期均价降低38.09元/kg。总体上销售平稳，春茶无明显积压现象。

从春茶采摘人工及原料成本来看，据调查，茶叶生产资料如肥料、农药、燃油基本与去年持平，但劳动力成本、鲜叶价格提高。今年茶企支付春茶鲜叶款共计20103.9万元，比去年同期增加了12.65%。茶叶每公斤生产成本为253.6元，比去年同期增加18.4元。

**喜之五：推进全市百亿茶产业高质量发展的大格局正在逐步形成**

一是市委、市政府确立了"稳面积、提品质、优品种、创品牌"的郴茶百亿产业高质量发展的基本思路。二是全市正在形成"院士举旗、品牌兴业、科技引领、政策保障"的郴茶百亿产业高质量发展模式。三是全市各级正在加快推进构建郴茶百亿产业高质量发展的五大支撑体系，即产品支撑体系、品牌支撑体系、平台支撑体系、政策支撑体系、文化支撑体系。四是全市各级正在加大力度推进实施郴茶百亿产业高质量发展七大重点工程，即茶树良种化繁育工程、标准化园区及示范园创建工程、茶产业龙头企业培育工程、名优品牌打造工程、郴茶文化发掘工程、茶产业三产融合工程和茶产业助力乡村振兴工程。通过推进七大重点工程的实施，全市百亿茶产业高质量发展的大格局可望逐步形成。

## 二、忧的一面——根基欠牢，短板明显，瓶颈突出

**瓶颈之一：产业发展的多元投入机制不健全，主要表现在地方政府投入偏少，企业自身投入偏小以及金融支持滞后等**

在调研座谈中，大家普遍反映，当前茶产业发展最急迫解决的一个问题是各级财政资金投入明显不足。一是市级财政相比其他地市，投入太小。我市茶园面积已达43万亩的规模，但市本级财政每年实际投入茶产业专项资金不到200万元。而长沙市茶园面积23.96万亩，每年安排茶产业专项资金达到5000万元；桑植白茶茶园面积7.95万亩，每年财政资金投入超2000万元；安化黑茶每年财政资金投入2000万元以上；衡阳市茶园面积不到20万亩，但从2019年开始，近三年市级财政安排茶叶产业发展专项资金每年分别达

1000万元、1000万元、900万元；岳阳市茶园面积31万亩，市本级财政每年投入茶产业专项资金也达600万元。二是向省级以上有关部门争资立项工作滞后，争取项目资金支持太少。尤其是我省发改委支持的"大湘西茶产业发展"专项5年4.3亿元，我市有桂东、汝城、宜章3县本属此范围，但实际未享受到此专项政策的支持；省农业农村厅支持的"湖南红茶"专项，我市也没得到享受支持。三是总体看茶企内生动力不足，多数茶企自身投资偏小。部分茶企近几年无新增投入，"吃老本"，有的对政策性扶持依赖较大，个别茶企经营效益差甚至主要依赖政策性支持维持生存。四是金融创新支持未跟上。导致全市多数茶企普遍存在新工艺设备、新产品开发、新包装和品牌宣传投入不足等瓶颈问题，直接制约了我市茶产业的做优做强和高质量发展。

针对省级财政资金支持郴州茶产业发展明显太少的问题，省政协委员、郴州市茶叶协会副会长、宜章莽山木森森茶业有限公司总经理谭凤英等六位委员，在今年省政协第十二届五次会议上提交了《关于加大对郴州茶产业的资金支持力度，推动"十四五"郴州茶产业高质量发展的提案》，得到了全市茶业界的一致认同和强烈呼应。

**瓶颈之二：产业及品牌发展基础薄弱，主要表现在经营体系和营销体系不强等**

（1）经营体系不强。在调研座谈中，县市及茶企的有关负责人一致认为，目前我市茶叶品牌发展的经营体系不强的突出表现是茶园基地等产业基础不牢，加工龙头企业不强。一是从茶园基地来看，全市40多万亩茶叶面积中，集中连片的茶园少且规模小，标准化示范园更少。且不少地方的茶场普遍存在种植投入低、良种比例低、老茶园改造率低、采茶机械化程度低、资源利用率尤其夏秋茶利用率低，以及经济比较效益低等"六低"问题。二是从龙头企业来看，全市270多家茶叶生产经营主体中现有茶企98家，规模茶企31家，而国家级龙头企业仅有1家，省级龙头企业10家，但全市年产值超亿元的茶企仅4家。且不平衡，资兴、桂东、汝城、宜章等地部分乡镇，茶叶加工企业看似数量较多，但大多规模小，加工设备落后，加工工艺亟待提高，精深加工欠缺，新产品开发不够，茶叶产品形式单一，附加值低，生产效率低，生产成本增加，有的产品品质下降，企业效益不佳，抵御市场风险能力不强等。

（2）营销体系不强。茶企普遍存在营销模式单一、营销方式落后、营销理念需要创新、产品品牌亟待整合、共享平台急需拓展等问题。目前我市茶叶产品销售主要靠企业自身单打独斗，各显神通，多数茶企缺乏专业销售人才，缺少相对稳定的营销渠道和市场交易平台，部分茶企则以零散实体店销售为主，电子商务、直销、配送、邮购、微营销、网红、抖音等新型营销业态尚未普遍发展起来，不少茶企虽然开展了电商平台销售，但影响力微弱。同时全市缺乏区域性相对集中统一的茶叶专业批发市场和共享平台。在系列品牌宣传方面，报纸、电视、户外广告等传统媒体与直播、"短视频"等新媒体运用不够；在大中型城市设立"郴州福茶"系列品牌展销窗口、专营店（柜）极少，品牌宣传声势和影响力小，品牌的知名度和市场占有率低。

**瓶颈之三：品牌支撑体系不健全，主要表现在系列优质品牌体系及管理运行机制尚未有效形成等**

在调研座谈中，县市区及有关部门和茶企负责人深深感到，强化品牌建设与管理至关重要、势在必行。当前全市品牌建设管理面临的主要问题有二：一是尚未形成全市系列优质品牌标准体系；二是尚未形成品牌管理的有效运行机制。从总体上看，全市茶品牌标准体系建设管理滞后，未建立市县两级区域公共品牌的发展、推介、保护和利用的运行机制，未严格实施品牌商标、标识、域名的监管和保护机制，未完善区域公共品牌标准体系，未对品牌企业的生产、加工、销售和企业管理实行全方位标准化。致使市公用品牌即"郴州福茶"与县市公用品牌即"资兴东江湖茶""桂东玲珑茶""汝城白毛茶""宜章莽山红茶"以及企业系列产品品牌之间，没有有效形成融合体系与机制，难以在品牌建设方面形成合力，导致企业产品品牌之间恶性竞争严重，影响品牌形象。进而直接影响到我市产业企业集群的带动力、公用品牌的引领力和品牌体系的市场认可度及影响力。

**瓶颈之四：科技支撑体系不强健，主要表现在科技创新力和要素支持力不强等**

科技兴茶、科技赋能是广大茶企茶农关心关注的热点问题，也是我们这次调研座谈的重点内容之一。大家一致认为，从选种育种、品种品质、茶叶采摘，到茶叶加工以及产业链的延伸，到茶产业品牌的打造等整个过程，都离不开科技支撑体系。大家反映当前我市科技兴茶方面存在的主要问题是：对种质资源的保护工作不够到位，茶树品种多而乱，不利于茶叶品质优势的发挥；科技创新研发联合攻关和技术推广的动力机制未有效形成；在选种育苗、品种品质、茶叶采收、企业赋能等方面的科技创新力不强，对科技研发、优良品种和技术推广的力度小；对新品种、新产品研发以及要素支持力度不大；部分龙头企业加工设备工艺落后，生产管理和专业技术人才缺乏；多数茶企深加工产品及高附加值茶制品开发能力不足。

针对上述问题，我们在与县市区有关负责人及茶企茶农座谈研讨的基础上，专程到市农科所茶业研究室考察调研，着重研讨了科技创新研发、良种繁育、技术推广和种质资源保护，以及"郴州福茶""汝城白毛茶"等市县区域公用品牌打造等关键性问题。

**瓶颈之五：产业融合缺乏深度，主要表现在三产链条不长、茶文旅深度融合不够等**

总体来看，目前我市除资兴东江狗脑贡茶业有限公司、桂东玲珑王茶叶开发有限公司新开发了茶叶精深加工产品，延伸了茶产业链，其他多数茶企为初制厂，其他相关茶叶产品生产尚无新的突破，对茶叶、茶衍生产品及副产品的综合开发利用和深加工不足，未形成完整产业链，附加值和综合经济效益低。同时，茶文旅深度融合不紧密，茶叶基地、龙头企业与具有优势的文旅产业结合不紧密，整体综合效益低。在调研座谈中大家对此深有同感，认为三产及茶文旅深度融合确实是一篇大文章，迫切需要我们以全新的思维理念和创新的方式方法深度做好这篇文章。

**瓶颈之六：茶行业协会作用发挥不够，主要表现在县市区茶行业组织不够健全、服务产业发展的作用不够充分等**

市茶叶协会自2014年成立以来，在郴茶产业发展中发挥了积极作用，同时有宜章、汝城、资兴三县市先后成立了县级茶叶协会，而其他产茶县区均未成立茶行业协会。从总体上看，茶行业组织尤其是县级茶行业协会的作用发挥得不够充分。其原因主要有二：一是已成立协会的地方因人员力量及基本工作经费尚未得到保障，在一定程度上影响了其正常工作活动的开展；二是尚未建立协会的县区则因缺失了行业组织的正常协调管理与行业自律，从而在一定程度上影响了茶产业的发展。大家认为，这种情况应引起各级领导的重视并切实加以解决。

## 三、对策建议——筑牢根基，扬长避短，创新突破

**对策建议之一：从推动健全政策保障体系尤其是多元投入机制上突破**

（1）强化政策资金支持。一是加强争资立项工作。我们认为，市县两级首先要真正高度重视、协调指导龙头茶企积极做好向市、省、国家三级的争资立项工作，使更多的龙头茶企能积极争取国家、省农业农村、乡村振兴、发改、科技、人社、教育、市场监管、商务、金融等部门的涉农政策和项目资金支持，补齐我市长期以来争资立项工作存在的短板，让茶企茶农享受到更多的政策资金支持。二是建立完善郴茶产业产供销的一揽子政策支撑体系。重点奖励扶持茶企和茶叶专业合作社按绿色标准新扩、低改、品改茶园；扶持龙头企业加快清洁化、智能化生产线扩容提质，提升产销能力；鼓励高新技术产品研发，发展茶树良种繁育规模，研发新型茶叶设备，开展茶叶精深加工研究与应用，给予科技新产品、流量新产品研发奖励，以提升茶叶附加值；拓展茶叶产业链延伸，扶持龙头企业或社会资本参与建设乡村茶旅融合和"郴州福茶"品牌推广项目，扶持茶叶企业开设"郴州福茶"专卖店或设立"郴州福茶"专柜等。自然资源部门还应按照保障和规范农村一二三产业融合发展用地政策要求，优先满足茶叶企业项目建设和加工园区用地需求。借鉴外地做法，工会组织要优先将"郴州福茶"系列品牌产品纳入部门年

度工会福利采购物资。同时，积极推动出台采购市内茶叶产品作为办公用茶的政策，支持国家重点脱贫摘帽县茶产品优先纳入巩固脱贫成果和推进乡村振兴平台，进一步扩大茶叶帮扶消费。各县市区人民政府要根据各自茶叶产业发展基础和条件，整合利用好各项涉农优惠政策，支持本地茶企发展。

（2）健全多元投入机制。应采取政府投入，企业投融资，个人、集体投资和银行信贷等多元化投资方式，积极拓宽引资融资渠道。鉴于多年来我市财政资金投入茶产业发展过小的状况，建议学习借鉴长沙、桑值、安化、衡阳、岳阳等地做法，市级财政每年安排茶产业发展引导资金不少于2000万元。市农业农村局已经明确，自2022年起，从农口产业专项资金中每年预算安排30万元以政府购买服务形式，委托市茶叶协会打造管理"郴州福茶"区域公共品牌；安排80万元用于支持茶企设立"郴州福茶"品牌茶销售连锁店、专营店、加盟店，或在门店内设置"郴州福茶"专柜，以及支持"郴州福茶"授权企业用标销售。并统筹安排"郴州福茶"品牌广告宣传和重要展会参展推介相关经费。为了加快推进郴茶产业和"郴州福茶"品牌的高质量发展，建议第二项资金从明年起由市财政列入预算并由每年80万元提高到300万元以上，以更好地做好"郴州福茶"公用品牌的打造管理，加快提升"郴州福茶"的引领力和影响力。资兴、宜章、桂东、汝城等4个重点产茶县市人民政府都要安排茶叶产业发展专项资金，重点支持良种繁育基地、茶树良种补贴、基础设施配套、标准茶园创建和龙头企业品牌培育、技术改造、技术培训、市场开拓、专项考核奖励等环节。临武、桂阳、安仁、北湖、苏仙等县区也要根据本区域茶产业发展情况参照落实有关资金等扶持政策。市、县两级发改、财政、科技、农业农村、乡村振兴、市场监督等部门要积极争取国家、省茶叶产业发展相关项目资金，集中投入到全市茶叶产业中来。要加大招商引资力度，鼓励支持社会资本参与茶叶产业发展，逐步建立和完善产业发展扶持资金和金融资本投入全市茶叶产业的长效机制。

**对策建议之二：从推动做强经营体系尤其是茶园基地和加工龙头企业上突破**

（1）做强茶园基地这一产业基础。应按照"生态化、良种化、规范化、标准化"的要求，坚持集中连片、合理规划、规模发展，着力打造标准化茶园，进一步夯实产业基础，提升产业综合竞争力。要重视加强园区基础配套设施建设，实施标准化生产管理。建议在资兴、宜章、汝城、桂东4个重点产茶县各创建1个集中连片面积达1000亩以上的国家级标准茶园。大力推广无性系良种栽培、茶叶测土配方施肥、茶园病虫绿色防控、茶叶机械化采摘等标准化生产技术。同时加快推进"二品一标"认证，扩大绿色食品茶、有机茶和地理标志产品基地规模，在此基础上建设优质茶叶出口基地，加快出口茶叶示范区建设，不断提升全市茶叶质量安全水平。

（2）加大茶产业龙头企业培育力度。重点扶持市场带动力强、规模大的龙头企业，探索组建"郴州福茶"集团有限公司。积极招商引资，鼓励引进大型深加工龙头企业。探索担保、贷款、上市等模式，加快培育上市企业和国内、国际品牌龙头企业。加大对专业合作社的扶持，促进茶农向专业化发展，实现茶叶生产由分散经营向规模经营转变。扶持有实力的企业开发南岭、罗霄山片区茶叶产业，采取"公司+合作社+基地+农户"的产业化组织模式，与基地及茶农建立利益联结机制，打造从"种植–加工–终端市场"的茶叶产业链，增强辐射带动能力。按照郴州市"十四五"茶产业发展规划，到2025年，培育市级以上茶叶龙头企业50家以上，其中，国家级龙头企业2家，省级龙头企业13家以上，极大地发挥龙头企业和产业企业集群的带动作用。

**对策建议之三：从推动做强营销体系尤其是创新宣传营销模式上突破**

针对建立统一开放市场和信息化新时代下的新情况，如何创新宣传营销模式、拓展打造营销平台？主要应抓好三条：一是支持推动政府综合打捆宣传推介平台的拓展与打造。支持举办大型博览会、展销会、推介会等茶事活动，加大品牌宣传，提升品牌形象，积极拓展市场。今年要精心组织茶企积极参加"郴州福茶"系列品牌推介重要茶事活动，即农业农村部举办的"2022第五届中国国际茶业博览会"；省农业农村厅等部门举办的"2022第十四届湖南茶业博览会"；在北京、广州、深圳三地选定一个城市举办一次"郴州福茶"品牌推介活动；举办第一届"郴州福茶斗茶大赛"暨《中国茶全书·湖南郴州卷》首发式。二是支持推动专业市场建设等共享平台的拓展与打造。重点依托北湖区原万华机电市场转型升级为"郴州福茶国际文化城"，支持建设"郴州福茶"专业批发市场，以及"郴州福茶博物馆""郴州福茶文化广场"，与配套建设的"郴州工艺美术文创体验街区"融为一体，为郴茶文化注入"工艺""文创"血液，推动工艺茶具、茶艺文化与茶叶产业的深度融合。三是积极搭建郴州茶叶品牌其他多种宣传营销平台。充分利用报纸、电视、户外广告等传统媒体与直播、"短视频"等新媒体传播途径，鼓励支持"郴州福茶"品牌开展宣传推介。通过参加大型展销会、推介会、冠名高铁、机场、城市广告等多种形式宣传推广"郴州福茶"品牌。鼓励支持茶企在本市和北京、上海、长沙、广州、深圳等大中型城市设立"郴州福茶"区域公用品牌及企业品牌、产品品牌的展销窗口、专营店、专营柜，扩大品牌宣传声势和影响力。在拓展实体店经营的同时，发展电子商务、直销、配送、邮购、微营销、网红、抖音等新型营销业态。建设郴州福茶馆，支持开展"郴州福茶"系列产品进机关、进学校、进酒店、进茶楼、进社区的活动，打通消费宣传最后一公里；提倡主产区领导、单位负责人带头喝"郴州福茶"，带动当地茶叶消费。拓展品牌茶出口市场，提升出口茶效益。

**对策建议之四：从推动做强品牌支撑体系尤其是打造系列名优品牌及运行机制上突破**

（1）支持打造"郴州福茶"系列优质品牌体系。品牌建设应坚持"政府引导、市场主导、协会平台、企业主体"的原则，以"郴州福茶"区域公用品牌为引领，充分发掘郴州"福地""福城""福茶"以及"寿佛故里、禅茶宗源"的"福"字独特内涵，突出展现郴茶"福"字文化与福茶品牌的高度融合；以茶企品牌为基础，以今年省级"郴州福茶地理标志保护示范项目"的立项建设工作为抓手，围绕优势特色、品种品质、区域特点、品牌内涵，进一步打造"郴州福茶"系列品牌，推动"资兴东江湖茶""桂东玲珑茶""宜章莽山红茶""汝城白毛茶"等四大县域公用品牌；进一步支持打造"狗脑贡""玲珑王""蓝老爹""鼎湘""瑶山红""莽仙沁""瑶益春""莽山红""天一波""木草人""九龙白毛""古岩香""王居仙""龙鹰岩""东山云雾""舜源野生""瑶王贡""回龙仙""东江名寨""东江春""仙坳""云上行""金仙""旱塘硒山""汝莲""安仁毫峰""寿福""五盖山米茶""渌水江雾"等优势企业系列品牌的发展，着力构建郴州福茶品牌体系，形成"郴州福茶公用品牌+县级区域品牌、企业品牌"的"1+2"的茶叶品牌体系。

（2）加快构建"郴州福茶"区域公共品牌的发展、推介、保护和利用的运行机制。通过政府引导扶持、龙头企业带动、中小企业和茶场广泛参与，加快茶叶品牌整合，在自然条件相近的区域内实现茶树品种、产品标准、产品品牌"三统一"，制定"郴州福茶"视觉和终端识别系统（VIS设计），真正形成规模优势和品牌效应。严格品牌商标、标识、域名的监管和保护，完善"郴州福茶"区域公共品牌标准体系，对品牌企业的生产、加工、销售和企业管理实行标准化，做到品牌有标准、程序有规范、销售有标识、市场有监督，严厉打击假冒、侵权行为。

**对策建议之五：从推动做强科技支撑服务体系尤其是依靠科技提升茶产业核心竞争力上突破**

科技兴茶既要抓服务体系，更要抓关键重点。一是支持抓好特色种质资源的选育，推动实施茶树良种繁育工程。加快推动农业部（现农业农村部）"郴州茶树良种繁殖示范场"的恢复重建与发展，重点支持建设郴州茶树良种示范基地和"汝城白毛茶"良种繁育推广示范基地，经过三年的努力，依托"郴州茶树良种繁殖示范场"建设1个面积300亩，年出圃2000万株的良种示范基地，确保全市茶树品种更新换代。同时，加大地方特色茶树良种资源保护力度，在汝城县规划建设1个面积150亩，年出圃1000万株的"汝城白毛茶"良种繁育推广示范基地。支持建立以临武10万亩野生茶基地为主的全市16万亩野生茶保护示范区，以保护野生茶资源，拓展野生种群的挖掘利用。二是支持搭建郴茶产业科技创新研发平台。依托郴州市农科所，联合刘仲华院士团队建立"郴州福茶创新研发中心"并早日挂牌实施，积极开展创新研究和技术攻关。三是引导建立科技共享、优势互补机制，推动茶产业关键技术的研发与推广。重点加强茶树良种选育、茶苗快速繁育、茶园机械化管理和采摘、特定品质加工技术、精深开发以及茶叶清洁、标准化、自动化与智能化设备加工、茶叶现代化生产管理模式等关键技术研究与开发，不断提升我市茶叶科技创新能力；支持龙头企业工程技术中心建设，不断提升茶叶科技含量、附加值与产业综合效益；支持营销和管理的创新与推广。四是加强茶叶生产、技术、管理、营销、文化等方面专业人才的培养和培训，为产业发展提供人才支撑。

**对策建议之六：从推动产业融合尤其是三产及茶文旅深度融合上突破**

一是支持推动三产融合，主动适应茶叶的新消费需求和格局变化。加快产品加工工艺创新，开发方便、经济的茶叶新产品，开发茶饮料、茶食品、茶药品、茶保健品、茶用品等茶叶精深加工产品，延伸产业链，提高附加值，进而形成种植、加工、销售和服务三产紧密融合的完整产业链。重点支持桂东玲珑王茶叶开发有限公司新产品茶酒——玲珑王酒的研发、资兴东江狗脑贡茶业有限公司茶食品加工厂等一批省级以上龙头企业的茶叶精深开发。

二是支持推动茶文融合，实施郴茶文化发掘工程。充分运用好《中国茶全书·湖南郴州卷》编纂成果，发挥本书在助推郴茶文化、茶产业、茶科技高质量发展中的重要作用。利用郴茶丰厚的历史文化底蕴，深挖"郴州福茶"品牌历史文化资源，大力弘扬传承"资兴寿佛茶""禅茶""狗脑贡茶""冷泉石山茶""五盖山米茶""桂东玲珑茶""东山云雾""汝白银针""莽山银毫"等历史名茶文化及传统制作技艺，组织开展郴茶特色文化活动，结合郴州美丽山水，每年定期举办"郴州福茶"文化节，提升郴茶文化品牌，促进郴茶文化消费。

三是支持推动茶旅深度融合，建立茶产业、茶旅游、茶文化三位一体的产业链。发挥郴州旅游大市的生态文化资源特色优势，重点推动"郴州福茶"系列品牌的茶文旅+康养的深度融合，依托苏仙岭、五盖山、飞天山、东江湖、八面山、九龙江、莽山等大旅游景区及系列红色文化景点景区，以茶基地、茶加工厂为载体，建设一批茶旅景观，拓展茶旅路线，打造茶旅产品，引导茶生态旅游，推动茶产业、茶文化、休闲观光、特色旅游、民俗风情、健康疗养等三产深度融合及茶文旅康养综合体发展。

**对策建议之七：从加强茶行业组织建设尤其是发挥基层行业协会作用上突破**

茶行业组织是党委政府连接产业和茶企茶农的桥梁与纽带，是政府指导产业发展的参谋助手。在新的时代条件和发展形势下，行业组织建设已上升到"国之大者"，各级领导必须充分认识这一点。全市产茶县市区，都应按照章程成立茶叶协会，并重视发挥其在推进郴茶百亿产业高质量发展中的服务功能与作用。政府及其主管部门应每年召开茶行业发展工作会议，专门听取茶行业组织关于茶产业发展情况的汇报，全力支持行业组织开展各类茶事活动和加强品牌建设管理。市县两级茶叶协会要积极主动作为，主动当好党委政府的参谋助手，主动为茶企茶农及会员单位搞好服务，主动加强自身建设、加强行业自律和监管，确保全市茶产业的持续健康和高质量发展。

（2022年6月，郴州市农业农村局、郴州市茶叶协会）

注：调研团队成员有①黄孝健，郴州市人民政府原常务副市长、市委原正厅级巡视员、郴州市茶叶协会名誉会长；②罗海运，郴州职业技术学院原党委书记、郴州市茶叶协会会长；③周炳华，市农业农村局乡村产业发展科正科级干部；④刘贵芳，市茶叶协会副会长；⑤罗亚非，市茶叶协会副会长兼秘书长；⑥肖雪峰，市茶叶协会副秘书长。

## 提升郴茶产业品质做强"郴州福茶"品牌

郴州茶资源禀赋优越，茶产业历史悠久，茶文化底蕴厚重，发展茶叶产业具有独特的优势、坚实的基础、广阔的前景。但放眼全国来看，我市茶产业发展还存在不少短板和问题：一是茶产业层次不高。茶叶品种结构较单一、良种比例低，标准化生态优质茶园基地数量少、规模小、效益低，茶叶企业"多小散弱"，加工工艺落后，企业竞争力带动力不强。二是茶产值规模不大。2020年，全市茶园总面积2.77万公顷，茶叶总产量达1.4万吨，茶叶综合产值62.9亿元，离"百亿产业"还有一定差距。三是茶品牌影响力不强。据统计，郴州市茶叶公司与合作社共有277家，每个企业拥有1个或几个企业品牌，更有多个产品品牌。茶叶品牌多、乱、杂，难以给消费者留下深刻印象。四是茶文化挖掘展示不深。郴州茶文化作品不多，挖掘不够，茶旅、茶文结合不深，也没有相关的博物馆、科技馆、文化街等有效载体来展示郴茶历史、郴茶文化、郴茶产业。

市第六次党代会着眼于未来五年发展，把茶叶列入发展现代农业"四大百亿"产业之一，把"郴州福茶"列入提升"四大区域公用品牌"影响力之中进行部署，充分体现了市委、市政府发展茶叶产业的决心，也为茶叶产业高质量发展明确了方向、提振了信心。郴茶产业要立足严格生产加工工艺和茶科技前沿，扬优势，补短板，着力打造高品质的生态茶、健康茶、幸福茶、文化茶，提升郴茶产业品质，做强"郴州福茶"品牌，将地域优势转化为文化优势、产业优势、经济优势，实现高质量发展。

一、高标准建设生态茶园，种植高品质的生态茶。郴州位于北纬24°54′~26°51′之间，是全球优质茶产业带，更有罗霄山脉和南岭山脉独特的生态环境，所辖的桂东县负氧离子平均含量4.6万个/cm³（最高瞬时值15万个/cm³），高出世界组织规定的30倍之多，是享誉全球的"世界氧吧"。优良的生态环境，为郴州优质生态茶的生长赋予了天然优势。我们要抓住生态优势，突出生态品质，坚定不移种植高品质的生态茶。但要种植生态茶，不能只满足于天然优势，更应顺势而为，建立高标准的生态茶园，实现产业生产的标准化、生态化。重点是编制好"郴州福茶"《生态茶园建设指南》《生态茶园评价技术规范》，加快集成创新生态茶园模式建设，综合运用复合生态系统构建、病虫害绿色防控、有机肥替代化肥、资源生态化利用等关键技术，形成国际认可的标准体系。目前，桂阳金仙生态农业开发有限公司规划建设了600亩有机生态茶园，通过合理耕作改良土壤、科学标准施肥方式、绿色防控技术等措施，于2020年7月获得有机转换认证证书，成功建成了有机生态茶园。为推动"郴州福茶"生态茶园建设树立了典范。

二、高要求建立技术标准，加工高品质的健康茶。高品质的茶，既需要天然的优势、绿色的种植，更需要加工工艺的技术严谨。虽然绿色、有机化种植能够保证茶叶的营养成分和第一道关口的质量安全，但没有优良的加工条件与技术标准，仍然不能确保茶叶的安全性和质量的稳定性。要加快相关技术标准的建立和实施。从鲜叶的采收与运输标准化，工厂环境与设备标准化、清洁化，加工技术与管理标准化，产品分级及实物质量标准要求，标志标签和茶叶装运标准化等方面，建立自成体系的标准化控制模板，形成"郴州福茶"标准体系，注重内质、风味、外形、包装和卫生安全等每个细节的把控，严格按照标准实施，全面提高"郴州福茶"茶产品的质量。现有《郴州福茶绿茶加工技术规程》《郴州福茶红茶加工技术规程》《郴州福茶白茶加工技术规程》《郴州福茶青茶加工技术规程》等9大团体标准经刘仲华院士为专家组组长的评审后，国家标准化委员会已正式发布。由郴州市农科所茶叶科研团队牵头制定《郴州福茶红茶加工技术规程》地方标准已经湖南省市场监督管理局批准立项，正在加紧制定。接下来，要推动其他标准体系要加快制定，确保"郴州福茶"安全健康。

三、高档次开发优质产品，形成高品质的幸福茶。"郴州福茶"要重视市场开发，认真研究、及时对接变化了的市场需求，不断推出更多令消费者满意的优质产品。我们将以郴州市农业科学研究所茶叶研究室的团队为主力军，借助湖南省农科院和湖南农业大学等茶学科研团队的力量，对"郴州福茶"开展长期科研攻关，对茶叶资源进行多元化研发，如研制速溶茶、茶果冻、罐装茶水、茶酒、茶菜、茶枕头等；针对郴州茶叶茶多酚含量高等特征，开展分离提取，挖掘茶叶活性更多的新功能；以茶叶副产品为原料，开发茶香皂、茶牙膏、茶面膜等精深加工产品，为消费者提供更多的茶产品。同时，深入挖掘展示厚重的茶文化，推动茶文旅和茶宴会融合，以丰富的茶产品，增进消费者的幸福感。

四、高水平推进品牌建设，打造高品质的文化茶。作为炎帝神农氏尝百草、发现茶叶、肇始茶饮之地和中医学界誉为中医最著名的典故"橘井泉香"故事发源之地，"郴州福茶"品牌价值巨大、文化内涵丰厚，必须进一步加大力度，用心开发，切实做强品牌价值、提升文化内涵。要加强"郴州福茶"品牌管理。目前，已授权25家茶企为品牌使用单位，但由于监督管理的机制比较落后，品牌标准难以严格执行，品牌的品质和形象难以保证。建议尽快组建"郴州福茶"集团公司，由一个公司对品牌使用单位的生产、加工和开发产品进行把关，茶科技创新走在最前列、茶的品质在行业树立标杆，确保"郴州福茶"的品质和良好形象。同时，高起点建设"郴州福茶"展示平台，将华塘茶场建成"郴州福茶"博览园、郴州福茶展览馆、世界茶叶博物馆和世界茶祖广场等重大平台。采取系列组合拳持续推介"郴州福茶"品牌，每年定期举办"郴州福茶"博览会，与国际国内重要媒体广泛合作宣传，组织参加国际国内重大茶事活动，推动郴州成为全国重要的茶叶中心。

（2021年11月，作者系郴州市农业科学研究所党委副书记、所长刘爱廷）

## 五盖山米茶

五盖山米茶，产于湖南郴州的五盖山，茶芽重实似米，故谓之"五盖山米茶"。

五盖山属南岭山脉，位于郴州东南30余里，有五个山峰如盖，最高峰——碧云峰海拔1620m，素有"郴阳第一峰"之称，常年又有"云、雾、霜、露、雪"等五盖著称，山势雄伟，峰峦叠嶂，绿林苍翠，涧流潺潺。由于土质肥沃，雨量充沛，夏无酷暑，冬不严寒，确为种茶之佳境。清嘉庆《郴县县志》记载："山顶有平地一坞，宽数亩，常有云雾蒸覆，茶味清冽……"栽培茶树一般分布在海拔600~1000m，最高者达1400m，所以茶树翠绿，叶质柔软，持嫩性强且易于造型。米茶尽采早春未开苞的嫩芽制成，产品倒于盘中，笃笃作呼，相传历史上的米茶，有"一升茶有一升米重"之说。冲泡时，香气馥郁，芽尖朝上，悬于水中亦见几起几落，饮后颊齿留芳，甚至有"体弱未惯饮者，但可半盅，多则汗出涔涔"（见清《郴县县志》）的趣闻。相传明朝曾列为贡茶。因产于深山老林，处地偏僻，其制作技术已经失传。为了恢复和发掘这一历史名茶，郴州地区正组织五盖山茶农进行试制，试制产品外形芽头紧秀重实，茸毫多而贴身，色泽银光隐翠；内质香气清鲜高雅，滋味清甜毫味重，汤色微绿明净，叶底翠绿匀齐。经湖南农学院和湖南省茶科所等化学测定，其茶多酚为23.9%，氨基酸为3.24%，叶绿素为0.124%，水浸出物为37.6%。

五盖山米茶的采制方法甚为严格，清明前后采摘未展叶的嫩芽，长约1.8cm，采回后经拣剔、摊青、炒茶、清风、烘干等几道工序制成。其中以炒茶技艺独特，运用翻、按、扬等手法，适当渗出茶汁，使茸毛紧贴茶身，从而保持一定容重。此外，火功适当，使茶色毫光隐翠，而汤色微备。

（施兆鹏，刘贵芳）

注：此文载《中国茶叶》1980年6期，改革开放后最早被国家级刊物采用。施兆鹏为湖南农业大学教授。

## 汝城大叶白毛茶野生资源的调查

汝城大叶白毛茶原产于湖南省郴州汝城的九龙山区，是湖南近年发掘的一个叶大多毛的野生茶树品种。湖南茶叶研究所、郴州地区农业局曾先后组织有关人员对汝城大叶白毛茶进行了考察，结果如下。

### 一、产地自然条件和资源分布状况

汝城大叶白毛茶原产地位于湘南的南岭山区，属南亚热带向中亚热带过渡的季风湿润气候区。年平均气温16.5℃，平均降水量1543.8mm，平均相对湿度82.2%，平均日照时数1730.3h，无霜期平均273天。历史最高气温36.2℃，绝对最低气温-9.8℃，年≥10℃积温为5105.9℃。

大叶白毛茶主要分布于汝城县国营大坪林场、大坪公社、东岭公社的九龙山区。九龙山为一原始次生混交林区，林地面积40余万亩。这里林木参天密布，溪流纵横，九龙江终年不涸，气候温暖湿润，土壤为花岗岩母质发育的灰色砂壤土。0~40cm土地的有机质含量3.9%，pH值（盐浸法）为3.8，含速效氮114ppm，速效磷13.5ppm，速效钾48.9ppm，全氮为0.12%，全磷0.07%，全钾3.73%。

大叶白毛茶茶树分布面积约10000亩，沿九龙江两岸分布较为集中，面积约为1000亩，并垂直分布于海拔为260~760m的地带。目前主要为野生自然分布，但当地社员也零星移植栽培，年产量仅有1000余斤。

### 二、植株主要性状与制茶品质

大叶白毛茶为灌木型，丛生，但每个骨干树直立，主轴明显，分枝稀，角度较小，树最高为5.5m。叶片特大，叶尾尖，叶片最长为27.8cm，最宽为11.1cm，叶形多椭圆形和长椭圆形，质厚，较硬，叶缘稍外卷，老嫩叶背面均有茸毛。开花期较晚，花量少，花蕾腋生或顶端单生，花瓣一般6片，花萼可见3~5片，萼片厚而有毛，结实少。

大叶白毛茶为早生种，3月中旬便可开始采制。芽叶肥壮，茸毛特多，一芽三叶平均长11.1cm，百芽重116g，新梢生长力特强。芽叶分紫芽、绿芽两类。紫芽型的新梢4~5叶仍为紫红色，而绿芽型芽叶在萌发初期即为浅绿色。

大叶白毛茶内含物丰富，春茶蒸青样据湖南省茶科所测定，一芽二叶水浸出物44.8%，咖啡碱4.3%，氨基酸1.49%，茶多酚41.65%，儿茶素总量为233.52mg/g，适制红茶。由白毛茶加工的红碎茶外形颗粒重实、金毫多，内质具有天然花香。

## 三、几点看法

（1）汝城大叶白毛茶自然分布具有明显地域性。这里受第四纪冰川影响小，林业资源很丰富，并保留有水杉、银杏等古老树种和大量山茶科树种，具有大叶白毛茶形成和演变的独特生态环境和条件，并且大叶白毛茶与小乔木型苦茶形成自然隔离区域分布，很值得进一步研究。

（2）大叶白毛茶是一个独具特点的珍贵的野生茶树品种，具有较丰富变异类型，尤其是叶大毛特多，内含物丰富，特别是茶多酚，简单儿茶素含量特高，这在茶树野生品种中较为少见。

（3）大叶白毛茶适制红茶和特种名茶，制红碎茶品质特好。

（4）大叶白毛茶当前处于野生状态，但因具有较高的饮用、药用价值，竞相强采，致使茶树资源日趋衰败，而现在还没有成片栽培。鉴于此，建议采取措施，保护这个茶树资源，同时进行栽培研究，使这一珍贵资源尽快得到充分的利用。

（此文载《中国茶叶》1983年第2期，刘贵芳）

## 茶白星病对茶鲜叶主要化学成分的影响

茶白星病（Phyllosticta theaefolia Hara）是山区茶园一种为害嫩梢芽叶的重要病害。茶树感染后，新梢生长不良，节间短，芽重减轻，叶片易脱落。发病茶园减产10%左右，病重茶园减产50%以上，甚至片叶无收。感病芽叶制成的干茶，冲泡后叶底布满星点小斑，茶汤滋味极其苦涩，汤色浑暗，破碎率较高，香味低，饮用后肠胃有不适感，对成茶品质影响较大。有关茶白星病对茶叶品质影响的相关研究报道较少。笔者对不同感病程度的茶白星病鲜叶主要化学成分进行了测定，旨在为进一步研究茶白星病对茶叶品质的影响提供科学依据。

# 1 材料与方法

## 1.1 材料

于2007年5月采摘湖南衡山南岳区杉湾乡杉湾村茶场感染茶白星病的一芽二、三叶病叶,以健叶为对照。

## 1.2 方法

### 1.2.1 茶白星病感病程度的确定及计算

茶树感染茶白星病的程度根据病情指数来确定。从茶园多点随机采摘的鲜茶样中取样,计数300个以上一芽二、三叶新梢或相当于此嫩度芽叶的发病情况进行分级并计算病情指数。病情指数分级标准为:0级,芽梢无病斑;1级,芽梢上病斑为1~20个;2级,芽梢上病斑为21~40个;3级,芽梢上病斑为41~70个,芽叶生长受到明显影响,部分叶片扭曲;4级,芽梢上病斑为71个以上或芽头萎缩或枯焦。病情指数的计算参照文献。病情指数为0即健叶;病情指数17.6视为发病轻微;病情指数27.5视为发病中等;病情指数64.5视为发病严重。

### 1.2.2 鲜叶化学成分的测定

对4类鲜叶样分别进行化学成分的测定。茶多酚采用酒石酸铁比色法,咖啡碱采用紫外分光光度法,氨基酸采用茚三酮比色法,水浸出物采用全量法测定。

# 2 结果与分析

## 2.1 不同感病程度茶鲜叶茶多酚含量的变化

茶多酚约占茶鲜叶干物质的20%~30%,其含量高低对成茶品质影响很大。茶多酚及其氧化产物直接影响茶叶品质的色、香、味,其含量尤其与红茶品质的优劣呈高度正相关,二者相关指数高达0.945。表1显示,健叶的茶多酚含量最高为19.78%,随着病情指数的升高,茶多酚含量下降,分别为19.42%,18.26%,17.53%。

表1 茶鲜叶中化学成分测定结果

Table 1 The analysis to measurement results of various chemical composition in tea fresh leaves(%)

| 病情指数 | 茶多酚含量 | | 咖啡碱含量 | | 水浸出物含量 | | 氨基酸含量 | |
|---|---|---|---|---|---|---|---|---|
| | 测定值 | 增减率 | 测定值 | 增减率 | 测定值 | 增减率 | 测定值 | 增减率 |
| 0.0 | 19.78 | | 3.52 | | 39.30 | | 1.46 | |
| 17.6 | 19.42 | -1.8 | 3.39 | -3.7 | 36.27 | -7.7 | 2.42 | +65.8 |
| 27.5 | 18.26 | -7.7 | 3.00 | -15.3 | 35.60 | -9.4 | 3.02 | +106.8 |
| 64.5 | 17.53 | -11.4 | 2.58 | -26.7 | 33.63 | -14,4 | 3.15 | +115.7 |

## 2.2 不同感病程度茶鲜叶咖啡碱含量的变化

咖啡碱是茶叶中最主要的嘌呤碱，对茶汤滋味有较大影响，相关系数为0.859。从表1可知，健叶的咖啡碱含量在各感病程度中最高为3.52%，随着病情指数的升高，咖啡碱含量下降，分别为3.39%，3.00%，2.58%。

## 2.3 不同感病程度茶鲜叶水浸出物含量的变化

水浸出物含量的增加能提高茶汤浓度，增进茶色和滋味。表1表明，水浸出物含量的变化与茶多酚、咖啡碱的变化呈相同趋势，健叶的水浸出物含量最高为39.30%，随着病情指数的升高，水浸出物含量下降，分别为36.27%，35.60%，33.63%。

## 2.4 不同感病程度茶鲜叶氨基酸含量的变化

不少氨基酸如茶氨酸、谷氨酸、天冬氨酸等都有一定的香气和鲜味，与滋味评价之间的复相关系数达0.984。香气同时又可作为鲜叶适制性的指标之一。由表1可见，健叶中氨基酸的含量最低为1.46%，随着病情指数的升高，氨基酸含量反而上升，分别为2.42%，3.02%，3.15%。分析其结果认为，在病菌侵染发病初期，病体内蛋白质稳定，氨基酸含量正常，而在发病后病组织内蛋白水解酶活性提高，蛋白质降解，游离氨基酸的含量明显增高据有关报道，茶红锈藻病原侵染茶树叶片后引起游离氨基酸升高，其升高后又刺激病原的生长，因而使得发病越来越严重。

综合以上测定结果可知，病情指数为17.6即发病轻微的样品与健叶相比较，主要化学成分含量相差较小，仅水浸出物含量下降了3.03%，说明轻微茶白星病对茶叶品质已产生一定的负面影响；病情指数为27.5即中等感病叶与健叶比较，各项化学成分的含量差异急增，茶多酚、咖啡碱、水浸出物的下降率分别为7.7%，15.3%，9.4%，氨基酸含量增加106.8%；病情指数为64.5即重感病叶与健叶比较，茶多酚下降11.4%，咖啡碱下降26.7%，水浸出物下降14.4%，游离氨基酸含量增长115.7%。

# 3 讨 论

成茶的质量主要取决于鲜叶内含化学成分的数量和组成。本试验以感染茶白星病鲜叶中的主要化学成分（茶多酚、咖啡碱、氨基酸、水浸出物）含量变化来探讨其对茶叶品质的影响，结果表明，感染茶白星病后，随着病情指数的升高，鲜叶中茶多酚、咖啡碱、水浸出物的含量都随之下降，说明感病对茶叶品质有不利影响，同时也证实了游离氨基酸在病菌侵染后期，由于病组织内蛋白水解酶活性提高，蛋白质降解，其含量有所升高。据已有研究分析，游离氨基酸含量越多，茶叶品质不一定就越好，而是主要取决于氨基酸的类型以及与其他成分的协调与否。所以，茶白星病对茶叶品质的影响，有待于将不同感病程度的叶片制成成茶进行感官评审与内含物分析来综合评定。

此外，关于田间病害发生程度对鲜叶品质的影响，叶冬梅曾报道茶白星病叶发病率为10%时，对鲜叶品质有影响。本试验结果也表明，病情指数为17.6发病轻微叶对鲜叶品质已造成不利影响，因而推断在病情指数17.6以下时，成茶品质将不会受到比较大的影响，但这还需对成茶品质做进一步分析才能验证。

注：此文发表于《湖南农业大学学报（自然科学版）》2007年第6期，周玲红，邓欣，邓克尼。

## 掀起神农尝茶南岭之神秘盖头（节选）

一片绿叶，香播大千世界。然要厘清茶饮之源，却是难如登天之事。皆因秦始皇"非《秦记》皆烧之""禁文书""焚百家之言，以愚黔首"（均《史记》），焚毁的是民族史传、文化典籍，使得远古很多事物的出处顿失依凭。诸如茶的发现、茶饮的肇始，是否神农？从古迄今的专家学者，给出的回应仍不够清晰准确。不过，吾国底蕴深厚，历史根脉难以斩断，文化印痕不易消弭，从浩如烟海的文献、斑斑残存的文物里，还是能发掘出像茶之叶片中那般纤细却劲韧的筋络。

### 神农氏族创农耕尝百草于南岭

茶圣陆羽言"茶之为饮，发乎神农氏"，揭示茶的发现与食用在农耕初期。早在周代、春秋，对农耕的研究，已明确指向农耕氏族的杰出代表神农炎帝，而"南方炎天，其帝炎帝"。因为农业起源于南方湿地稻作牛耕，浙江杭州湾河姆渡距今7千年的古栽培稻遗存，湘北澧县9千年的稻壳和6千多年的大面积稻田，均揭示出这点。最集中反映则在南岭地域，湘东茶陵县独岭坳古栽培稻遗址及湖里湿地野生稻自然保护区，湘南桂阳县千家坪7千年的村落与白陶，道县国家级文物保护单位玉蟾岩1.4万~1.8万年的人工驯化稻谷。

### 农耕文明发祥于南岭古郴

数代神农炎帝，远古就在南岭地域，带领先民生活生产，适应与改良自然。《汉书·地理志》记桂阳郡治所郴县（今湖南郴州）"郴，耒山耒水所出"，对上了战国《世本》的研究成果"神农作耒"，即发明世上最早的开田工具，产生了"耒"的地名。清代湖南史学家王万澍的史著《衡湘稽古》，对应《汉书》，考证出神农炎帝发明农具并命工匠"作耒耜于郴州之耒山"，"郴禾作扶耒之乐，以荐犁耒"，即神农的助手郴禾推广农具与农耕。

《周书》记载"神农之时天雨粟"，即旋风将野生稻卷上天，落到湿地再长出来的现象，被神农发现。这个地点在何处？明崇祯年于南岭置嘉禾县，思想家王船山的朋友王应章任县训导，其《嘉禾县学记》考证："嘉禾，故禾仓也。炎帝之世，天降嘉种，神农拾之，以教耕作，于其地为禾仓，后以置县，循其实曰：嘉禾县。"即说，郴州嘉禾县系《周书》记载"神农之时天雨粟"之处，神农氏族在此开创湿地耕田、驯化野稻、造禾仓存种。

春秋《管子》又述："神农作，树五谷淇山之阳，九州之民乃知谷食，而天下化之。"意即神农掌政，在淇山南面种植稻米五谷，天下黎民才懂得吃、栽谷物，从而归化为一体。《衡湘稽古》解释"淇"字："淇田即骑田岭也，音同而字偶异。"这是因繁体"骑"字笔划多，后人以"淇"通假使用，且表示山中有水。骑田岭属南岭山脉第二大岭系，南岭之所以别名五岭，深层基因来自神农"树五谷淇山之阳"。故骑田岭周边各县区有良田、麻田、梅田、田庄、沙田、田心、马田、荫田、余田等乡镇及新田县。

如是，神农炎帝在南岭古郴一带拉开农耕文明序幕；远古药食同源，茶的秘史藏于农耕幕后。

**南岭古郴属百草之地、禹贡之区**

骑田岭主峰就在郴州城南，文豪韩愈指出"郴之为州，在岭之上"，即郴州桂阳郡踞于南岭正位。南岭山脉间隔长江流域与珠江流域，处我国冰雪线最南端，属中亚热带季风湿润气候，四季分明偏暖，雨水集中。郴州纵跨南岭中部，偏北麓，当要冲。神奇之处是酸雨在其东南西北都有下，唯郴州未见，形成特殊的包括茶在内的植物基因库。

"郴"的字原，即甲骨文"𣏾"，森林的"林"，按史学家、古文字学家徐中舒先生释义"一．地名；二．方国名；三．人名"。历史地理学奠基人谭其骧先生在《中国历史地图集》中，将"方林"标示于南岭郴州。"林"，也得名于传说的神农助手郴夭发现第一种可食可药的青蒿"蘖"，即"莪蒿，亦曰蘖蒿"，"莪、莃一物也"，通假使用为"莃"，可做蒿茶；即今诺贝尔医学奖获得者、药学家屠呦呦等提炼青蒿素的原料。战国楚国吞并此方国，将"莃"的义符"艹"置为声符"林"的偏旁成"𣏾"，《说文解字》释义"从邑，林声""邑，国也"；即林中之邑，是先民最早发现与利用植物资源的古方国、百草之地。

《尚书·禹贡》记九州山川方位、物产分布、贡品及贡道等："荆及衡阳惟荆州……三邦厎贡厥名，包匦菁茅，厥篚玄纁玑组，九江纳锡大龟。"古人以山南水北为阳，古郴在衡山南面（时无"衡阳"区划）。全书仅荆州篇出现一个"名"字，"厥"为代词"其"；故此处应断句为"三邦厎贡，厥名、包匦菁茅"。清代史学家、两江总督陶澍诗纪："我闻虞夏时，三邦列荆境；包匦旅菁茅，厥贡名即茗。"认为"名"通"茗"，符合逻辑。

因"茗"后的"菁茅",也是植物贡品、祭祀药材,晋《三都赋》注《尚书·禹贡》曰:"包匦菁茅,菁茅生桂阳"。这样,全文可译为:由荆山到衡山南面,属荆州境域,3个方国的贡物出名。其一国产植物贡品茗、竹匣包装菁茅,一国产编织物贡品竹筐装黑红绢帛、矿物贡品玉石珠串,长江中游之国献给动物贡品巨龟(斑鳖)。

又,《逸周书》记贡品药材"自深,桂",即药桂从郴桂深水(舂陵江)运出上贡商、周王朝。故从植物科学角度剖析,南岭古郴乃"禹贡"药材之地。这当然包括了茶,茶陵、炎陵和苏仙、桂东、汝城、宜章、桂阳等区县,迄今仍存野生茶树;2017年临武县新发现的野生茶群落面积即超过万亩。

药食同源,神农氏族在发明农具"耒",用"耒耜"开田的同时,还"帝亲尝百草""以救人命";《淮南子》曰:"神农尝百草,一日而七十毒……衡湘深山产药之地,所在传神农采药捣药之迹,茶陵有尝药之亭。"这些典籍指出,南岭地域既产药材,又留存神农采药制药的遗址。按《神农本草经》所言:"神农尝百草,日遇七十二毒,得茶而解之。"那么,神农尝百草的过程中于茶陵尝药,顾名思义即"神农尝茶",是"神农尝百草"传说唯一可认定的。

### 神农尝茶处在方林苍梧郴县

南岭方林古郴传说,神农尝百草发现的这种植物,具有果腹和药用双重价值;因他经常攀岩钻林划破皮肤,将此叶片吃剩下的渣渣涂于擦伤的皮肤上有治疗伤痛效果,故呼其为"荼"。这样发现地就记为"荼",茶祖神农炎帝逝后筑陵于此,故名"茶陵"。《茶经》引《茶陵图经》言:"茶陵者,所谓陵谷生茶茗焉。"茶陵,是全国最早且唯一以"茶"命名的行政区划。

其建置,按《汉书·地理志》记录,属长沙国。那么,划属长沙国之前,它是什么状况?

### 茶陵原为苍梧郴县"茶乡"

茶陵置县前叫"茶乡",自神农炎帝时期直至西汉的漫长历史,均辖于以林、林邑、郴县为治所的方林国、苍梧国、苍梧郡、桂阳郡,发掘于湘西龙山县的战国秦简14-177号残简,有"苍梧郴县"的政区名可证。《战国策》记:"楚,天下之强国也……南有洞庭、苍梧。"《史记·吴起列传》记楚悼王拜军事家吴起为相(公元前385—前381年),"南平百越";《后汉书·南蛮西南夷列传》记"及吴起相悼王,南并蛮越,遂有洞庭、苍梧。"那么,战国末以前湖湘地域是以衡山为界,山北面洞庭郡,山南面苍梧郡;茶乡自属于苍梧首县郴县。因为其北面的攸县、庞(衡阳)也属南岭首郡苍梧郡辖,苍梧郴县的茶乡当然不可能越过攸县、庞、衡山去归洞庭郡。清嘉庆《茶陵州志》之《郡谱·沿革表》记"秦置守令,汉袭余风",即说苍梧郡治郴县置有茶乡及乡守。

西汉开国,将原楚洞庭郡改设长沙国;楚苍梧郡因桂山桂岭产桂、桂水运出桂而改设桂阳郡,仍以南岭首县郴县为治所;衡山、攸县、茶乡、安仁地合为桂阳郡阴山县,即《汉书·地理志》记"阴山,侯国"。因桂阳郡系汉朝封建制中的宗室王子侯食邑封地,汉武帝分封刘姓各亲王之子,桂阳郡"茶乡"升置"茶陵县"。此见于《汉书·王子侯表》载:汉景帝庶子长沙国定王刘发之子刘䜣,获封"茶陵节侯";封地,"《本表》曰:桂阳",延续到"玄孙—桂阳"。侯分为亭侯、乡侯、县侯,刘䜣获封县侯,朝廷即将茶乡从阴山县析出置县,"茶陵节侯"因是亲王庶子,故属于桂阳郡节制的县侯。

明代茶陵诗派领袖、朝政首辅李东阳在《怀郴州为何郎中孟春作》诗,吟"吾祖昔闻生此州,吾家近住茶溪头",即说茶陵往昔在古郴州。

清乾隆年史学家、为皇帝讲解经籍的翰林院庶吉士全祖望,在《史记索隐》查找到茶陵县的隶属变化,是"志属长沙,盖移隶也"。同治年为皇帝讲学论史的翰林侍讲、最高学府掌官国子监祭酒、史学家王先谦根据古本《汉书》,考述:"《王子侯表》注云:桂阳盖汉制王子侯食邑,例别属汉郡,表从当时之制书之。"他们认为,在刘䜣的玄孙"无嗣"之后,茶陵由桂阳郡"移隶"长沙国,故《(汉书)地理志》言"长沙国有茶陵县,非表之误也"。清末湖湘文化大家、清史馆馆长王闿运在《桂阳直隶州志·匡谬篇》指:"元朔三年,立长沙定王发子䜣为茶陵侯,下列其地在桂阳。桂阳之地广矣,由今永兴至茶陵、攸县皆郡地。"

茶陵县设县两千多年,是唯一以"茶"命名的县级行政区划,它奠定了茶祖"神农尝茶"坐标式的源发地点。

(此文载《茶博览》2019年第3期,张式成)

## "斯须炒成满室香"香出何方

英玮绝世的唐诗,不仅集文学艺术之丽象大成,而且是7—10世纪中国的百科全书。即如茶饮"盛于国朝",于是"茶"诗就呈爆发状态,馨香弥漫处,佳作连连出。其中哲学家"诗豪"刘禹锡的一首名篇,今人公认:为绿茶技艺最早的文字,是茶史的重要文献。笔者2018年受邀为《中国茶全书·湖南郴州卷》执行主编,因要解秘相关议题,重新琢磨刘禹锡此诗。觉得研究心得不吐不快,应向"茶粉"们分析一下刘禹锡的贡献,和这首诗的独特价值及其具体出处。

首先肯定,诗豪刘禹锡积极洞察现实,认真摹写世情,思接千载,联想万里,七言古诗《西山兰若试茶歌》,就是这样的名作。既真实反映了当时的社会生活方式、茶桑农业生产、僧侣待客之道、官民饮茗习惯，又揭示了茶叶的加工技艺。这是他作为朝廷命官在遭受谪迁的长途跋涉中，毫不颓丧，坚守文学家之初心，对后世认识唐人社会所作出的宝贵贡献。再，此诗属于中国茶叶炒青的首显史料，因那时尚无红茶等；诗中牵涉的"炒青"既指绿茶加工技艺，又是整个茶叶制作的重磅科技创新。

此技艺新花究竟开在何方？有人说诗中有"便酌砌下金沙水"句，应在今浙江长兴县顾渚山，那里有金沙泉。可刘禹锡并未游历或任职长兴县，他是借陆羽喝过的金沙水煎茶，来比喻自己喝的西山"鹰觜"茶。很多人说在他做过官的朗州（今湖南常德），或在连州（今广东连州），但据笔者考证，结论相左。这并非狭隘的"沽名争地"，而是要理性地捋清其空间时间、来龙去脉，避免肤浅解读贻误后人，大家都坚持实事求是的精神，中国茶叶学科方能共同建构得更好。

如是，笔者姑且抛出这块"茶砖"，求证于方家同好。请看刘禹锡原作《西山兰若试茶歌》，全诗为：

山僧后檐茶数丛，春来映竹抽新茸。宛然为客振衣起，自傍芳丛摘鹰觜。
斯须炒成满室香，便酌砌下金沙水。骤雨松声入鼎来，白云满碗花徘徊。
悠扬喷鼻宿酲散，清峭彻骨烦襟开。阳崖阴岭各殊气，未若竹下莓苔地。
炎帝虽尝未解煎，桐君有箓那知味。新芽连拳半未舒，自摘至煎俄顷馀。
木兰沾露香微似，瑶草临波色不如。僧言灵味宜幽寂，采采翘英为嘉客。
不辞缄封寄郡斋，砖井铜炉损标格。何况蒙山顾渚春，白泥赤印走风尘。
欲知花乳清泠味，须是眠云跂石人。

音像逼真，妙境横陈。标题中"兰若"的"若"，读音rě，兰若即僧庐。"西山"，笔者认为是湘南郴州临武县西山，为什么？是因为《临武县志》记载"茶，产西山"吗？不全是，因为哪里都可以说"在我们西山"。此话怎讲？这，首先取决于刘禹锡所处时代背景。唐永贞元年（805年）德宗逝世，太子李诵继位为顺宗，重用太子侍读王叔文为起居舍人、书法老师王伾为散骑常侍，均拜翰林学士，主持朝政改革；麾下得力者，监察御史刘禹锡升尚书员外郎、郎中陈谏（郴州蓝山县人）、监察御史柳宗元升礼部员外郎等多名官员，加上宰相韦执谊协助，针对宦官弄权和藩镇割据，采取一些改革措施，颁布一系列明赏罚、停苛征、除弊害的政令，即民心认可的"永贞革新"，是中国古代十几次影响较大的改革之一，明末清初思想家王夫之评价"革德宗末年之乱政，以快人心，清国纪，亦云善矣"。

但这善政只进行了146天便彗星般光灭，随着多病的顺宗逊位，太子李纯即位为唐宪宗。旧官僚及宦官们汹汹反扑，将革新派统统谪迁远州，史称"二王八司马"事件。

王叔文被贬为渝州（今重庆）司户，次年赐死。王伾贬为开州（今重庆开县）司马，病亡。刘禹锡先谪任湖南观察使管连州之刺史，半道改降朗州司马；柳宗元也由谪任邵州刺史改降永州司马，打击反而加码；陈谏贬为台州（今浙江台州）司马，程异贬郴州司马，韩泰贬虔州（今江西赣州）司马，韩晔贬饶州（今江西上饶）司马，凌准贬连州司马，等；更有甚者，堂堂宰相韦执谊竟贬谪崖州（今海南琼山一带）司马，屈居海角天涯。

司马是什么官呢？州刺史的佐官，级别从六品下，比正四品上的刺史低好几级，其前面还有负责一定政务的别驾、长史，司马属于安置性闲冗官职，故安排刘禹锡等受贬者。

那么看贬官刘禹锡这6句诗："不辞缄封寄郡斋，砖井铜炉损标格。何况蒙山顾渚春，白泥赤印走风尘。欲知花乳清泠味，须是眠云跂石人。"这，是他喝了西山茶后，专门写信附上炒过的茶叶，寄郡斋——州署刺史起居处，笑言：我喝了西山茶所以书此信一告，你郡斋里铜炉和砖井水烧的茶，有损风味呀，包括朱印泥封的蒙山顾渚贡茶转输千里原味衰减，怎比得春雨眷顾的西山之茗呢？要知道，必须是住山居行野外者，才能品尝到就地采摘嫩叶煎煮的水花呐。

故这6句表述的含意，决定了此诗不可能写于朗州。因作为贬官，又是当朝权贵警惕的人物，刘禹锡寄人篱下一呆十年，"积岁在湘、澧间，郁悒不怡"，"无可与言者"。怎会无事生非招惹上司？更别说官大一级压死人。是显示才华？当然不能，就是太有才干了，才逐出京城。想求得郡守的好感么？更荒唐，身在朗州，又非急难事，同地寄信如同亵玩。只不过尝了一次茶，还要专门写诗刺激，说上司郡斋井水煎茶不好喝，贡茶不如普通山茶，不是自找没趣么？而且此诗前面还有两句"炎帝虽尝未解煎，桐君有箓那知味"，也极易引起刺史的猜忌"你小子莫不是隐喻当今皇帝！"一纸证据在他人手中，刘禹锡将百口莫辩。

那么，是不是刘禹锡在连州试茶西山并信寄郡斋？那就来看看：刘禹锡先贬朗州，"一曲南音此地闻，长安北望三千里"，是他久别亲老的苦叹。苦甘共尝患难相伴的妻子也在第8年病逝，第9年他拿西汉贾谊屈于长沙来比对自己，作《谪九年赋》。终于小心地熬到第10个年头，814年底才召回京城。却未复原职，惆怅难消，一不留神，咏出"紫陌红尘拂面来，无人不道看花回。玄都观里桃千树，尽是刘郎去后栽！"一首名篇就此诞生。

随之而来的，是此诗传开，掌政者的恼火无处发泄：好你个刘梦得（刘禹锡之字），还敢来影射！权贵有的是对策，于是唐元和十一年（816年）过年后，三月初七诏令一册，美其名升播州（今贵州遵义）刺史，实则左迁山险水凶的古夜郎国地界。"官虽进而地更远"，慈母又年迈八旬。同时谪任柳州刺史的柳宗元，怜悯好友，通过御史中丞裴度上奏唐宪宗："其母老，必以此子为死别。"说柳宗元愿与刘禹锡换一州，以免刘母衰齿焚心。

如此，改授刘禹锡为湖南观察使管连州刺史，西京古道过城，家书好寄高堂。刘禹锡跪谢："恭承睿旨，跪奉诏书。皇恩重于邱山，圣泽深于雨露。"随即宽慰老母，便与柳宗元结伴上路。

行色匆匆道经东都洛阳，一班朋友置酒相送，见无外人，他吟句答谢："谪在三湘最远州，边鸿不到水南流。如今暂寄樽前笑，明日辞君步步愁。"

沐风栉雨日晒气蒸，南行一月半，到潇湘衡州，刘柳分手。柳宗元往西南经永州去柳州，刘禹锡南下经郴州去连州。在郴州遇上好友杨於陵。杨也是外放刺史，但跟刘禹锡不一样：东汉与发明造纸术的桂阳郡人蔡伦一同被安帝谗害的丞相杨震，是其先祖；因杨震拒收千金的"天知地知我知你知"乃著名典故，后裔杨於陵一家均贵为冠族。杨於陵本任兵部侍郎兼御史大夫判度支，位高权重，但被小人告"供军有缺"，先一步外放郴州。郴州原为南岭首郡楚苍梧郡，汉代湘中第一郡桂阳郡（治所均郴县），南朝隋唐为郴州桂阳郡，辖郴、义章、义昌、平阳、资兴、高亭、临武、蓝山8县。连州原是汉代桂阳郡设置的桂阳县，刘禹锡《连州刺史厅壁记》一文记"宋高祖世（南朝）始析郴之桂阳为小桂郡，后以州统县，更名如今"；连州仅辖桂阳、阳山、连山3县，属于下等州。

千年古郡的郴州属于中等州，条件好一些，杨於陵热心地迎来送往。刘禹锡此前虽未到过郴州桂阳，但与郴籍郎中陈谏同为一党，在长安还与来自湘中的郴州学子刘景友善，刘景考取进士，他即赋诗《赠刘景擢第》："湘中才子是刘郎，望在长沙住桂阳。昨日鸿都新上第，五陵年少让清光。"刘禹锡和杨於陵关系更铁，杨於陵走马郴州之前，他以诗赠别，即《和南海马大夫闻杨侍郎出守郴州因有寄上之作》。

怎料到，刘禹锡自己刚到，杨之尘接踵而至。他乡遇故知，两人喜出望外。其时杨於陵正撰《郴州青史王碑记》，叙述郴州壮士曹代飞为民伏"龙"平息北湖水患，获封"青史王"神仙号之趣；又告诉好友，西汉郴县郎中苏耽预测瘟疫、橘叶井泉熬药救民，其出生采药之山获建"仙人祠"之事；并陪刘禹锡登游苏仙山，散心北湖畔。

带着苏仙岭山花之芬和北湖氤氲之气，刘禹锡踏上湘粤古道，往相邻的连州进发。出城后，却行不得也，他在山路上全身发抖忽冷忽热，只好打道回府。原来，郴州地当南岭要冲，虽是中原与沿海的主通道，但湘江主支流耒水上溯郴江再无航道，崇山峻岭连绵，数百里原始次生林蚊子毒虫滋生，秋冬换季，春夏之交，气温时低时高，瘴气蛮烟，蚊叮虫咬，人马跋涉其间极易患疾，产生出中国古代流放史最著名的民谣"船到郴州止，马到郴州死，人到郴州打摆子"。"打摆子"，也就是疟疾，人体温时冷时烧，身子抖摆如潮。刘禹锡三千里舟车辛劳，再加上南岭时冷时热的天气"变脸"，抵抗力下降委实可以料到。杨於陵安置他一间平房，请名医把病看，叮嘱他既染疾则安居"陋室"调养。

那时哪来诺贝尔医学奖得主屠呦呦教授提取的"青霉素",但有晋代道医葛洪《肘后方》的"青蒿一握,以水二升渍,绞取汁"的良方,而郴州的"郴"原始义正是最早发现具有药力的青蒿之一"菻"蒿。治疗期间,肉体固受折磨,作为哲学家的刘禹锡,思维总超然于物外,置身杨郡守慷慨提供的"陋室",他有感于郴州苏仙山、北湖水的仙人传说之精神底蕴,遂撰下《陋室铭》。"山不在高,有仙则名;水不在深,有龙则灵",意散理深,蔚然千秋美文。

最拿手的诗歌自然也少不了,主要是在杨於陵郡斋互相酬唱,杨於陵撰《郡斋有紫薇双本……予嘉其美而能久因诗纪述》。他便《和杨侍郎初至郴州纪事书情题郡斋八韵》,《和郴州杨侍郎玩郡斋紫薇花十四韵》。然而,"一朝被蛇咬,十年怕井绳",仕途不容闪失,他得赶紧到那个"小桂郡"郡斋去履职。故大病初愈,未辞别千金之子杨於陵,即跋涉南岭,作《度桂岭歌》:"桂阳岭,下下复高高。人稀鸟兽骇,地远草木豪。寄言迁金子,知余歌者劳。"郴郡的桂阳岭有两座,大的即南岭五岭之一的骑田岭,小的是临武县产桂的桂岭,俗名香花岭,他翻越大小桂阳岭,取直线,经临武西山走小路过湘粤界。

进得岭南连州城,不敢耽搁片刻,马上提笔向唐宪宗奏报《连州刺史谢上表》。照例是对此次任命感恩涕零:"伏荷陛下,孝理宏深,皇明照烛。哀臣老母羸疾,闵臣一身零丁,特降新恩,移臣善郡。光荣广被,母子再生。"而后叙述途中延宕缘故,"非臣殒越,所能上报。伏以南方疠疾,多在夏中。自发郴州,便染瘴疟。扶策在道,不敢停留。即以今月十一日到州上讫。"今月乃是唐元和十一年(816年)五月。回到前面那一问,《西山兰若试茶歌》是写的连州西山么?

当然不可能,刘禹锡本人是连州刺史,"不辞缄封寄郡斋",自己写信寄给自己,岂不是像粗话所言"脱了裤子放屁"么。况且人在西山未抵州城,如何晓得郡斋有无砖井与铜炉呢?

此西山,在郴州临武县,该县东山、西山皆产茶,东山云雾茶曾获德国莱比锡国际博览会银奖,西山乃瑶乡现为国家森林公园,拥有数万亩野生茶和衍生久远的天然茶林。当年,刘禹锡因病困于郴州误了数日时辰,"扶策在道,不敢停留",故翻越桂岭,走便道。经花塘(徐霞客游访的龙洞在该乡),避雨西山佛舍。僧人采阴岭面的茶炒制奉客,他饱饮茶乳,全身清澈,一州之长已非当年,赋诗托僧人寄往两百里外的郴州桂阳郡郡斋;再经茶林塘,由杉树脚出临武县入连州。

其诗写的正是在临武"西山试茶"。清代《临武县志》记载:"茶,产西山,味颇苦性凉,食之解毒。"《西山兰若试茶歌》还有诗句可以旁证,"炎帝虽尝未解煎"。神农炎帝氏族尝百草,于南岭地域尝出了茶的食用药疗效果,故有苍梧郡、桂阳郡郴县"茶乡"

的地名，与唯一以"茶"命名的"茶陵"县。南岭腹地、北麓流传大量的神农炎帝氏族传说，如神农"乃命邘天，作扶耒之乐，制丰年之咏，以荐犁耒"；传古临武地系炎帝的臣子"赤冀氏"家乡，"其赤冀氏，掌田之粪事"，就是说赤冀氏最早在此运用肥料水灌溉农田；故有"濆市"之乡，后人嫌字形不雅改作"汾市"。

风雨兼程如穿行于农耕文化走廊，刘禹锡在大桂阳岭骑田岭、小桂岭香花岭和临武西山，都听闻了神农炎帝传说，故在《连州刺史厅壁记》记述"郴之桂阳为小桂郡"连州的州情时，也不忘添上一笔，此处属"炎裔之凉地也"。

行文至此，笔者认为，"斯须炒成满室香"的具体地点，也已水落石出，即湘南郴州市临武县西山。《西山兰若试茶歌》连同《度桂岭歌》，一并寄郴州郡斋。这并非地理方位的小题大做，是从人文科研中可以求证"炒青"工艺在唐代的产生时间、覆盖范围和发展程度。这科技制作至迟开创于唐代之初。若不然，不会连远州的南岭深山都已出现，而且在那么遥迢的湘粤边际，僧人手艺娴熟，充分揭示了"茶禅一味""茶道"的源头，不会晚在唐咸通年间（860—874年）。它不仅早于诗豪刘禹锡、八大家之柳宗元的唐元和年间（806—820年），也早于茶圣陆羽和诗僧皎然的年代，当发达于治世有方、国泰民安的盛唐，其大千气象中，"斯须炒成满室香"的袅袅清香，早已随风潜入万户寻常百姓家。

注：此文载中国国际茶文化研究会会刊《茶博览》2019年第12期，张式成。

# 附录三

## 郴州茶企业、茶叶合作社、名优茶获奖名录

表1 郴州茶企名录

| 企业名称 | 成立时间 | 负责人 | 联系电话 | 备注 |
| --- | --- | --- | --- | --- |
| 湖南资兴东江狗脑贡茶业有限公司 | 1993 | 雷翔友 | 13807357897 | 国家级农业产业化龙头企业 |
| 桂东县玲珑王茶叶开发有限公司 | 2007-9 | 黄鹤林 | 18973544888 | 省级农业产业化龙头企业 |
| 汝城县九龙白毛茶农业发展有限公司 | 2013 | 欧圣先 | 18670559009 | 省级农业产业化龙头企业 |
| 汝城县鼎湘茶业有限公司 | 2010 | 王关标 | 13905787036 | 省级农业产业化龙头企业 |
| 汝城金润茶业有限公司 | 2013-8 | 周娟秀 | 13873586521 | 省级农业产业化龙头企业 |
| 宜章县瑶益春茶业有限公司 | 2013 | 周标明 | 13973517202 | 省级农业产业化龙头企业 |
| 湖南老一队茶业有限公司 | 2014 | 杨佑建 | 13602884555 | 省级农业产业化龙头企业 |
| 宜章县莽山仙峰有机茶业有限公司 | 2015 | 谭明贵 | 13975774748 | 省级农业产业化龙头企业 |
| 宜章县木森森茶业有限公司 | 2014 | 谭凤英 | 13975791623 | 省级农业产业化龙头企业 |
| 湖南东山云雾茶业有限公司 | 2015-4 | 胡武品 | 18670503323 | 省级农业产业化龙头企业 |
| 湖南舜源野生茶业有限公司 | 2016-5 | 曹旭日 | 18975515959 | 省级农业产业化龙头企业 |
| 湖南木草人茶业股份有限公司（更名） | 2022-10 | 李志国 | 15211710686 | 省级农业产业化龙头企业 |
| 资兴市瑶岭茶厂 | 2012 | 肖文波 | 13337351593 | 省级农业产业化龙头企业 |
| 郴州古岩香茶业有限公司 | 2015 | 陈志达 | 13823168038 | 市级农业产业化龙头企业 |

续表

| 企业名称 | 成立时间 | 负责人 | 联系电话 | 备注 |
| --- | --- | --- | --- | --- |
| 桂阳县瑶王贡生态茶业有限公司 | 2010 | 付明伟 | 13707355037 | 市级农业产业化龙头企业 |
| 汝城县汝莲茶业有限责任公司 | 2013 | 黄秀芬 | 13622336333 | 市级农业产业化龙头企业 |
| 桂东县蓝老爹茶业开发有限公司 | 2013-11 | 蓝凯明 | 13487854678 | 市级农业产业化龙头企业 |
| 湖南豪峰茶业有限公司 | 2006 | 何建平 | 15973572836 | 市级农业产业化龙头企业 |
| 郴州福茶茶产业发展有限公司 | 2017-4-6 | 李沐芸 | 18670555888 | |
| 宜章县和宜茶业有限公司 | 1994-8 | 刘东亮 | 18153868333 | |
| 宜章县天一波茶业有限公司 | 2006-11 | 李志彪 | 13975556638 | |
| 宜章县莽峰生态农业科技有限公司 | 2017-4 | 范喜霜 | 18390478168 | |
| 宜章县沪宜茶业有限公司 | 2015 | 陈迟雄 | 17773508385 | |
| 宜章县云上行农业有限公司 | 2016-3 | 曾庆军 | 18973532324 | |
| 宜章县茶王谷茶业有限公司 | 2014-6 | 左建军 | 1378655888 | |
| 汝城县硒香茶业有限公司 | 2017-7 | 袁攸生 | 15973530840 | |
| 汝城县美源农产品责任有限公司 | 2016-4 | 朱思源 | 13762515289（胡） | |
| 汝城硒峰清茶业开发有限公司 | 2017-10 | 何雄伟 | 13539028101 | |
| 汝城县绿江南茶业开发有限公司 | 2013 | 朱小华 | 17773532903 | |
| 汝城县绿金香生态农业发展有限公司 | 2012-3 | 范育雄 | 13707358579 | |
| 桂东县清桥茶果开发有限公司 | 2010-6 | 陈祥山 | 15173550309 | |
| 桂东县绿山田生态农业科技有限公司 | 2016-12 | 胡建平 | | |
| 老桂崇高山食品有限责任公司 | 2002-4 | 张光军 | | |
| 桂东县江师傅生态茶叶有限公司 | 2014 | 江秋桂 | 13787769082 | |
| 郴州市天利茶业发展有限公司 | 2016-8 | 胡聂乐 | 13272390218 | |
| 资兴市十龙潭生态茶叶有限公司 | 2016-10 | 胡建荣 | 13037357799 | |
| 湖南寿福茶业有限公司 | 2011 | 李清凡 | 13975579868 | |
| 资兴市钟形山茶厂 | 2010-6 | 黄勇 | 18373536888 | |
| 资兴市天和茶业有限公司 | 2014-8 | 王正寅 | 13975504220 | |

续表

| 企业名称 | 成立时间 | 负责人 | 联系电话 | 备注 |
|---|---|---|---|---|
| 郴州丽天茶业有限公司 | 2017-4 | 叶勇 | 13975730183 | |
| 资兴市柒福茶业有限公司 | 2020-3 | 陈立成 | 15243580060 | |
| 资兴市神农制茶厂 | 2003-3 | 陈志 | 15575656183 | |
| 桂阳县辉山云雾茶业有限公司 | 2017-4 | 朱咸荣 | 13975750770 | |
| 桂阳县金仙生态农业开发有限公司 | 2012-4 | 欧阳占义 | 13549524375 | |
| 永兴县荒里冲生态农业有限公司 | 2013 | 李智<br>李世光 | 18397268555<br>18684629828 | |
| 永兴县板冲生态农业有限公司 | 2017-6 | 邝海兵 | 13107053879 | |
| 永兴县天兴茶庄 | 2004 | 吴金辉 | 13397351611 | |
| 永兴县八闽茶都贸易有限公司 | 2016-4 | 陈元意 | 13332550114 | |
| 临武县天缘农业科技有限公司 | 2012-3 | 黄兵 | | |
| 郴州市桂堂花茶有限公司 | 2016-7-5 | 杨春莲 | 18807350021 | |
| 湖南五合雅道茶香文化有限公司 | 2016-5-30 | 钱冬林 | 17775120569 | |
| 湖南梅子家茶文化有限责任公司 | 2016-5-3 | 雷珍梅 | 18975576655 | |
| 郴州市苏仙区绿缘野生藤茶有限公司 | 2010-7-29 | 雷晓红 | 0735—2532156 | |
| 郴州市吉生茶叶养生有限公司 | 2016-5-6 | 张江华 | 13507353700 | |
| 郴州正北茶叶有限公司 | 2014-9-29 | 程长春 | 18907304222 | |
| 湖南正北茶业有限公司郴州茶叶研究所 | 2014-5-4 | 徐程 | 18974959166 | |
| 湖南贞吉茶叶贸易有限公司 | 2015-3-25 | 张旭 | 15707351770 | |
| 郴州心境茶业科技有限公司 | 2017-7 | 邓景骞 | 18175507666 | |

表2 郴州茶叶合作社名录

| 合作社名称 | 工商登记年月 | 理事长 | 联系电话 | 省级示范社 | 市级示范社 |
|---|---|---|---|---|---|
| 郴州文旭金花茶种植专业合作社 | 2017-5-22 | 沈文 | 18175761723 | | |
| 郴州市北湖区万华岩镇礼家洞村云雾茶农民专业合作社 | 2011-11-23 | 陈荣桥 | 13875550835 | | |
| 郴州市仙灵茶叶农民专业合作社 | 2011-12-2 | 李满兰 | 13549560380 | | |
| 郴州市北湖区芙蓉乡安源茶叶农民专业合作社 | 2011-12-15 | 肖新明 | 15807359533 | | |

续表

| 合作社名称 | 工商登记年月 | 理事长 | 联系电话 | 省级示范社 | 市级示范社 |
|---|---|---|---|---|---|
| 郴州市苏仙区向阳茶叶种植专业合作社 | 2015-9-9 | 钟凯华 | 13141598486 | | |
| 资兴市彭市茶叶专业合作社 | 2007-12-21 | 李跃南 | 3110366 | | |
| 资兴市源丰茶叶专业合作社 | 2010-9-3 | 金泽源 | 13135159818 | | |
| 资兴市仙坳生态种植专业合作社 | 2010-11-24 | 刘兴城 | 15364298889 | ★ | ★ |
| 资兴市兰市乡仁春茶叶专业合作社 | 2012-9-27 | 薛仁春 | 13467823629 | | |
| 资兴市彭公庙茶叶专业合作社 | 2013-6-19 | 周建国 | 15886517615 | | |
| 资兴市大龙绿茶专业合作社 | 2011-10-28 | 樊小平 | 15973534493 | | |
| 资兴市瑞园春茶叶专业合作社 | 2014-5-19 | 匡剑锋 | 13975592098 | | |
| 资兴清然生态茶种植农民专业合作社 | 2016-4-5 | 樊军 | 13487531122 | | |
| 资兴市松岭头茶叶专业合作社 | 2016-5-24 | 杨正忠 | 13549555586 | | |
| 资兴市茶坪瑶族茶叶专业合作社 | 2014-9-25 | 盘范辉 | 3332899 | | |
| 资兴市罗仙瑶庄茶叶专业合作社 | 2015-8-14 | 王小文 | 13272381088 | | |
| 资兴市汤市茶叶专业合作社 | 2007-12-21 | 金仁义 | 3101118 | | |
| 资兴市东江云雾茶叶专业合作社 | 2011-7-20 | 许华平 | 15886517776 | | |
| 资兴市帝神茶叶专业合作社 | 2013-5-21 | 邓昌明 | 15074153955 | | |
| 资兴汤溪羊角岭果茶专业合作社 | 2014-4-10 | 胡五星 | 13647359269 | | |
| 资兴市涧韵茶叶专业合作社 | 2014-6-13 | 袁志英 | 13574569005 | | |
| 资兴市羊脑仙茶叶专业合作社 | 2015-5-26 | 胡小仁 | 13973547857 | | |
| 资兴市碧云香雪茶叶专业合作社 | 2010-6-10 | 曹超 | 13467822888 | | |
| 资兴市瑶茗香茶叶专业合作社 | 2010-12-7 | 肖文波 | 13647356546 | | |
| 资兴市七里山茶叶专业合作社 | 2011-10-18 | 熊任坤 | 18684636877 | | |
| 资兴市七里金茶专业合作社 | 2013-12-4 | 胡小刚 | 18684636877 | | |
| 资兴市千山绿茶叶专业合作社 | 2012-8-10 | 吴志华 | 13549526726 | | |
| 资兴市东坪乡雷公仙云雾茶种植专业合作社 | 2013-4-28 | 廖邓胜 | 18975727529 | | |
| 资兴市东江春茶叶专业合作社 | 2015-4-21 | 贺庆 | 13332558725 | | |
| 资兴市黄草镇俏美藤茶种植专业合作社 | 2015-5-11 | 王剑 | 3272998 | | |
| 资兴市滁尖茶叶专业合作社 | 2011-11-1 | 唐金士 | 13170361476 | | |

续表

| 合作社名称 | 工商登记年月 | 理事长 | 联系电话 | 省级示范社 | 市级示范社 |
|---|---|---|---|---|---|
| 资兴市毛冲头茶叶专业合作社 | 2012-6-21 | 骆从文 | 13975548023 | | ★ |
| 资兴市心怡茶叶专业合作社 | 2013-4-19 | 朱日平 | | | |
| 资兴市东江名寨茶叶专业合作社 | 2013-11-8 | 唐社善 | 18907353596 | | ★ |
| 资兴市滁口镇羊古脑茶叶专业合作社 | 2014-1-24 | 黄山文 | 13975708365 | | |
| 资兴市青腰镇春尧茶叶开发专业合作社 | 2013-9-18 | 李志华 | 13707351909 | | |
| 资兴市瑶乡野生茶专业合作社 | 2014-5-22 | 冷可可 | 18507350416 | | |
| 桂阳县期胜云雾茶叶专业合作社 | 2016-5-5 | 唐七胜 | 15096150923 | | |
| 桂阳县光明乡招瑶山云雾茶专业合作社 | 2012-11-29 | 付明伟 | 13707355137 | | |
| 永兴县飞石岩野生茶种植专业合作社 | 2014-5-6 | 曾小武 | 13467856001 | | |
| 永兴县龙华茶叶专业合作社 | 2009-4-14 | 唐仕胜 | 13975725856 | | |
| 宜章县莽山瑶族乡高仙茶叶种植专业合作社 | 2009-1-7 | 张国金 | 13517358353 | | |
| 宜章县莽山瑶族乡标明茶叶种植专业合作社 | 2009-1-9 | 周标明 | 13973517202 | | |
| 宜章县莽山南门庄茶叶种植专业合作社 | 2010-12-15 | 李志标 | 13975556638 | | |
| 宜章瑶山红茶叶种植专业合作社 | 2012-9-6 | 赵永 | 13975791623 | | |
| 宜章莽山益民茶叶种植专业合作社 | 2013-3-22 | 张益民 | 13549515118 | | |
| 宜章县满园茶叶种植专业合作社 | 2013-12-10 | 刘郴平 | 15115513988 | | |
| 宜章莽山顺华茶叶种植专业合作社 | 2013-12-18 | 邓顺华 | 13907356519 | | |
| 宜章莽山飞天龙茶叶种植专业合作社 | 2014-3-17 | 谭飞龙 | | | |
| 宜章县莽山玉山香茶叶种植专业合作社 | 2014-3-20 | 李文 | 13975578958 | | |
| 宜章县塘坊茶叶种植专业合作社 | 2014-3-25 | 邓开风 | 13975772217 | | |
| 宜章县林瑞茶叶种植专业合作社 | 2014-4-25 | 赵邓秀 | 13975556717 | | |
| 宜章县莽山乡礼志茶叶种植专业合作社 | 2014-5-20 | 邓礼志 | 13873517448 | | |
| 宜章县莽山山里人茶叶种植专业合作社 | 2014-10-11 | 邱道红 | | | |

续表

| 合作社名称 | 工商登记年月 | 理事长 | 联系电话 | 省级示范社 | 市级示范社 |
| --- | --- | --- | --- | --- | --- |
| 宜章县龙平茶叶种植专业合作社 | 2014-10-20 | 谭建平 | | | |
| 宜章县莽山云桥茶叶种植专业合作社 | 2014-11-4 | 廖忠泽 | 13808442239 | | |
| 宜章县莽山山峭茶叶种植专业合作社 | 2014-11-27 | 刘喜英 | 15869832845 | | |
| 宜章县新华凌华茶叶种植专业合作社 | 2014-11-28 | 谷林华 | 13875532523 | | |
| 宜章县莽山冠怡茶叶种植专业合作社 | 2014-12-4 | 黄冠怡 | 13975726317 | | |
| 宜章县平和茶叶种植专业合作社 | 2015-1-27 | 杨豪 | 13487878688 | | |
| 宜章县莽山乡钟家洞峰茶叶种植专业合作社 | 2015-3-9 | 谭华刚 | 13873548307 | | |
| 宜章香玉岭茶叶种植专业合作社 | 2015-6-24 | 温利军 | | | |
| 宜章县道洞茶叶种植专业合作社 | 2015-10-27 | 赵湘辉 | 13467859438 | | |
| 宜章县顺鞍茶叶种植专业合作社 | 2015-11-2 | 唐万发 | 13975769190 | | |
| 宜章县莽山庙坑尾茶叶种植专业合作社 | 2015-11-5 | 黄国民 | 13397542593 | | |
| 宜章县黄岑翠香森茶叶种植专业合作社 | 2016-4-22 | 彭景国 | 15367254646 | | |
| 嘉禾县岐峰思源硒茶种植专业合作社 | 2015-5-15 | 刘水平 | 13873545999 | | |
| 嘉禾蜜之光佛手罗汉果种植专业合作社 | 2016-4-21 | 李峰 | 18024185188 | | |
| 嘉禾县硒源茶叶种植专业合作社 | 2016-11-4 | 雷柏生 | 15197535898 | | |
| 临武县湘珠源高山茶种植专业合作社 | 2014-8-15 | 盘光金 | 15096172940 | | |
| 临武县兴胜茶叶种植专业合作社 | 2016-8-22 | 龙兴胜 | 13975586333 | | |
| 汝城县附城乡磨刀村长饮茶叶专业合作社 | 2012-7-13 | 朱爽生 | 15115575365 | | |
| 汝城县卢阳镇东岗茶叶专业合作社 | 2013-4-19 | 欧阳翔鹏 | 186705559009 | | |
| 汝城县绿金香茶叶专业合作社 | 2013-3-22 | 范育雄 | 8223021 | | |
| 汝城县仙门茶叶专业合作社 | 2015-6-10 | 范春平 | 13469219198 | | |
| 汝城县耒水生态种植养殖专业合作社 | 2016-4-6 | 廖宇清 | 13467831066 | | |

续表

| 合作社名称 | 工商登记年月 | 理事长 | 联系电话 | 省级示范社 | 市级示范社 |
|---|---|---|---|---|---|
| 汝城县大坪镇富民茶叶农民专业合作社 | 2013-11-14 | 谭永祥 | 13549540828 | | |
| 汝城县唐相家茗茶叶专业合作社 | 2014-10-11 | 朱志高 | 13469218788 | | |
| 汝城县汝莲种苗种子专业合作社 | 2014-10-11 | 黄秀芬 | 1322336333 | | |
| 汝城县绿源农产品专业合作社 | 2015-6-26 | 宋明 | 15073538512 | | |
| 汝城县祥龙茶叶专业合作社 | 2016-11-4 | 朱良洪 | 13469214486 | | |
| 汝城县三星镇旱塘茶叶专业合作社 | 2009-7-2 | 何培生 | 13469213299 | ★ | ★ |
| 汝城县三星镇岭头村果园专业合作社 | 2011-10-8 | 何良平 | 8493601 | | |
| 汝城县旱塘会友茶叶专业合作社 | 2017-1-13 | 袁凯怀 | 15207350919 | | |
| 汝城县龙虎茶叶种植专业合作社 | 2015-4-29 | 范扬军 | 13637358991 | | |
| 汝城县鑫圣茶叶种植专业合作社 | 2015-4-8 | 刘敏 | 0735—8312977 | | |
| 汝城县文文茶业专业合作社 | 2016-7-14 | 陈文波 | 13574531059 | | |
| 汝城县天泓茶树种苗专业合作社 | 2014-10-10 | 孙木梧 | 15243522012 | | |
| 汝城县九龙白毛茶专业合作社 | 2016-3-23 | 欧阳艳霞 | 13975719899 | | |
| 汝城县三江口瑶族镇绿和老东岭种养专业合作社 | 2016-7-22 | 钟华英 | 13762558228 | | |
| 汝城县热水镇永瑞茶叶专业合作社 | 2014-4-8 | 肖芬飞 | 15573588366 | | |
| 汝城县水口种养殖专业合作社 | 2014-4-8 | 何曦初 | 13973518601 | | |
| 汝城县暖水镇龙溪茶叶专业合作社 | 2011-10-20 | 何造林 | 8483106 | | |
| 汝城县暖水镇白溪茶叶专业合作社 | 2013-10-9 | 何志文 | 13787763332 | | |
| 汝城县松溪茶叶产业农民专业合作社 | 2013-12-27 | 谢炳武 | 15873551388 | | |
| 汝城县大雾山茶叶专业合作社 | 2013-8-18 | 曹耀春 | 13973502301 | | |
| 汝城县百宝园种植专业合作社 | 2014-3-13 | 黄高志 | 13786581722 | | |
| 汝城县江背山种养殖农民专业合作社联合社 | 2014-12-25 | 陈伟翔 | 15869849777 | | |
| 汝城县润茗茶叶专业合作社 | 2014-4-30 | 邝丞才 | 18975735255 | | |
| 汝城县新升种植农民专业合作社 | 2014-8-15 | 陈伟翔 | 15869849777 | | |
| 汝城县鸡嘴洞种养殖农民专业合作社 | 2015-12-14 | 黄进林 | 17773561888 | | |

续表

| 合作社名称 | 工商登记年月 | 理事长 | 联系电话 | 省级示范社 | 市级示范社 |
|---|---|---|---|---|---|
| 汝城县鑫望种养殖农民专业合作社 | 2015-12-15 | 陈胜权 | 13786553823 | | |
| 汝城县田庄乡木草人茶叶种植农民专业合作社 | 2015-7-13 | 李志国 | 15211710686 | | |
| 汝城县淇岭村星光种植养殖农民专业合作社 | 2016-1-4 | 罗孟良 | 13469209623 | | |
| 汝城县湘韵茶叶专业合作社 | 2013-12-26 | 朱海龙 | 13975562272 | | |
| 汝城县外沙瑞祥种养殖专业合作社 | 2016-12-27 | 刘敏 | 13487527927 | | |
| 汝城县延寿乡富强茶叶种植专业合作社 | 2012-8-22 | 朱发生 | 13875535651 | | |
| 汝城县小贱茶叶专业合作社 | 2016-6-6 | 张第露 | 13873571558 | | |
| 汝城县小垣镇大塘村白云仙茶叶专业合作社 | 2011-10-8 | 钟满贱 | 8392481 | | |
| 汝城县百丈岭茶场专业合作社 | 2016-6-13 | 朱和林 | 18684632250 | | |
| 汝城县樟溪鑫茗鼎茶叶专业合作社 | 2016-6-21 | 范小平 | 13975737870 | | |
| 桂东县清泉六井脑茶叶专业合作社 | 2008-6-25 | 罗艳雄 | 13549558326 | | |
| 桂东县桥头乡泉江茶叶专业合作社 | 2009-9-14 | 郭三才 | 13873571246 | | |
| 桂东县清泉镇大地茶叶专业合作社 | 2009-12-1 | 何建和 | 13975527989 | | |
| 桂东县玲珑茶专业合作社 | 2010-11-22 | 罗德方 | 15115521845 | ★ | ★ |
| 桂东县顺义茶叶专业合作社 | 2011-2-14 | 张钦宁 | 13975795831 | | |
| 桂东县同心茶叶专业合作社 | 2011-9-7 | 罗永林 | 13975575086 | | |
| 桂东县清泉镇圆明生态茶叶专业合作社 | 2011-12-22 | 何荣中 | 13975527869 | | ★ |
| 桂东县铜玲茶叶专业合作社 | 2012-7-5 | 李应和 | 15886542184 | | |
| 桂东县桥头旭光茶叶专业合作社 | 2012-9-21 | 郭旭光 | 13975575193 | | |
| 桂东县云海生态茶叶专业合作社 | 2013-3-26 | 黄智敏 | 15173550001 | | ★ |
| 桂东县清泉茶花垅茶叶专业合作社 | 2013-5-30 | 方绪伟 | 13762532769 | | |
| 桂东县清泉镇里地茶叶专业合作社 | 2013-7-10 | 温茂浩 | 13549537115 | | |
| 桂东县宝宏云雾茶专业合作社 | 2013-11-1 | 李本宏 | 18075533889 | | |
| 桂东县秋坪茶叶专业合作社 | 2010-10-9 | 梅满香 | 13786569668 | | |
| 桂东县逸香生态茶叶专业合作社 | 2014-2-18 | 李一帆 | 13975565261 | | |
| 桂东县高山云雾茶叶专业合作社 | 2014-3-25 | 李香林 | 13469218242 | | |

续表

| 合作社名称 | 工商登记年月 | 理事长 | 联系电话 | 省级示范社 | 市级示范社 |
|---|---|---|---|---|---|
| 桂东县清泉四时彤现代农业发展专业合作社 | 2014-4-1 | 肖平 | 13786569621 | ★ | |
| 桂东县庆安鸿运农业发展专业合作社 | 2014-7-29 | 郭庆安 | 18670290709 | | |
| 桂东县君臣红茶专业合作社 | 2014-9-22 | 何君臣 | 13873530889 | | |
| 桂东县山水茶叶专业合作社 | 2014-9-9 | 赖淼 | 15273538388 | | |
| 桂东县新坊乡泥塘村农村土地股份合作社 | 2014-11-6 | 李少兵 | 13487523968 | | |
| 桂东县湘仁茶业专业合作社 | 2015-4-1 | 李逢春 | 18390461862 | | |
| 桂东县思农茶叶专业合作 | 2015-5-5 | 蓝凯明 | 13487854678 | | |
| 桂东县清泉镇下丹村农村土地股份合作社 | 2015-5-22 | 罗秋桂 | 13907355329 | | |
| 桂东县晟成茶叶专业合作社 | 2015-6-1 | 李小成 | 13548540471 | | |
| 桂东县伍家红茶叶专业合作社 | 2015-6-11 | 伍建南 | 13873518237 | | |
| 桂东县桥头乡红桥村农村土地股份合作社 | 2015-6-30 | 陈子规 | 13549532029 | | |
| 桂东县桥头乡横店村农村土地股份合作社 | 2015-7-2 | 谢兴凡 | 13875564314 | | |
| 桂东县高峰仙茶叶专业合作社 | 2015-7-14 | 郭名田 | 18673587358 | | |
| 桂东县百兴茶叶专业合作社 | 2015-12-8 | 郭旭兵 | 13378505899 | | |
| 桂东县冠发茶叶专业合作社 | 2016-1-4 | 杨聪发 | 18229357134 | | |
| 桂东县桥头乡顺义村照面组土地股份合作社 | 2016-1-12 | 谢真 | 15211789879 | | |
| 桂东县玉梅寨茶叶专业合作社 | 2016-1-18 | 李颂秋 | 13787769004 | | |
| 桂东县群顺茶叶专业合作社 | 2016-2-24 | 杨顺西 | 13487850704 | | |
| 桂东县长义茶叶种植专业合作社 | 2016-1-20 | 李久才 | 13873500818 | | |
| 桂东县桂星桥园春茶叶专业合作社 | 2016-1-11 | 陈观华 | 18608422900 | | |
| 桂东县泉溪郁豪茶叶专业合作社 | 2016-2-15 | 邓齐斌 | 13487523988 | | |
| 桂东县顺开茶叶农民专业合作社 | 2016-3-16 | 张钦开 | 13786540485 | | |
| 桂东县围官乾茶叶专业合作社 | 2016-3-16 | 骆利民 | 13975575195 | | |
| 桂东县五峰茶叶专业合作社 | 2016-5-11 | 黄远雄 | 13574538181 | | |
| 桂东县青峰斗煨茶专业合作社 | 2016-5-31 | 郭小荣 | 15173535057 | | |

续表

| 合作社名称 | 工商登记年月 | 理事长 | 联系电话 | 省级示范社 | 市级示范社 |
|---|---|---|---|---|---|
| 桂东县绿然生态藤茶专业合作社 | 2016-7-18 | 郭晓英 | 13824598124 | | |
| 桂东县山子坑茶叶专业合作社 | 2016-9-14 | 温茂强 | 13549599199 | | |
| 桂东县春风农产品专业合作社 | 2016-12-14 | 邓益明 | 18152752838 | | |
| 桂东县红桥农产品专业合作社 | 2016-12-27 | 陈鑫平 | 13347257456 | | |
| 桂东县顺义农产品专业合作社 | 2016-12-29 | 张钦艳 | 13487850320 | | |
| 桂东县横店农产品专业合作社 | 2016-12-30 | 胡兴发 | 13873580629 | | |
| 桂东县甘坑农产品专业合作社 | 2016-12-30 | 黄信祥 | 13875520305 | | |
| 桂东县高峰仙茶叶专业合作社 | 2015-7-14 | 郭名田 | 18673587358 | | |
| 安仁县豪山茶叶生产专业合作社 | 2013-7-17 | 段盛花 | 13087258242 | ★ | |
| 安仁县豪山金紫仙茶业农民专业合作社 | 2014-5-26 | 阳德奇 | 13873570015 | | |
| 安仁县龙江茶业农民专业合作社 | 2015-10-30 | 何红华 | 18773555658 | | |
| 安仁县高源华盛茶叶合作社 | 2016-8 | 郭久华 | 18873530738 | | |
| 安仁县金紫仙茶业合作社 | 2014-5 | 阳德奇 | 13873570015 | | |

表3 郴州名优茶获奖名录

| 年度 | 茶名 | 企业名称 | 获奖名称 |
|---|---|---|---|
| 1980 | 五盖山米茶 | 郴县良田镇五盖山茶场 | 湖南省名茶（省农业厅） |
| | 桂东玲珑茶 | 桂东县大地乡铜锣村茶场 | 湖南省名茶（省农业厅） |
| 1981 | 桂东玲珑茶 | 桂东县大地乡铜锣村茶场 | 湖南省名茶（省商务厅） |
| 1982 | 五盖山米茶 | 郴县良田镇五盖山茶场 | 湖南省优质名茶（省农业厅）郴州地区名茶（地区农业局） |
| | 郴州碧云 | 郴县良田镇五盖山茶场 | 湖南省优质名茶（省农业厅）郴州地区名茶（地区农业局） |
| | 桂东玲珑茶 | 桂东县大地乡铜锣村茶场 | 湖南省优质名茶（省农业厅）郴州地区名茶（地区农业局） |
| | 永兴黄竹白毫 | 永兴县城关镇茶场 | 湖南省优质名茶（省农业厅）郴州地区名茶（地区农业局） |
| | 临武东山云雾 | 临武县东山林场黄沙坪茶叶队 | 湖南省优质名茶（省农业厅）郴州地区名茶（地区农业局） |
| | 骑田银毫 | 宜章县新华乡江厚村西岭茶场 | 郴州地区名茶（地区农业局） |
| | 汝城白毛茶 | 汝城县东岭乡兰洞村 | 郴州地区名茶（地区农业局） |

续表

| 年度 | 茶名 | 企业名称 | 获奖名称 |
|---|---|---|---|
| 1991 | 桂东玲珑茶 | 桂东县玲珑茶开发公司 | 湖南省"名茶杯"评比"金奖" |
| 1993 | 郴州碧云 | 郴县良田镇五盖山茶场 | 湖南省名茶（省农业厅） |
| | 南岭岚峰 | 郴县茶树良种繁殖示范场 | 湖南省名茶（省农业厅） |
| | 汝白银针 | 汝城县东岭乡白毛茶示范场 | 湖南省名茶（省农业厅） |
| | 汝白银毫 | 汝城县东岭乡白毛茶示范场 | 湖南省名茶（省农业厅） |
| 1994 | 桂东玲珑茶 | 桂东县玲珑茶开发公司 | 第五届亚太国际贸易博览会"金奖" |
| | 安仁豪峰茶 | 安仁县豪山乡茶场 | 湖南省首届"湘茶杯"名优茶评比获得金奖 |
| | 莽山银翠 | 宜章县莽山乡钟家村茶场 | 湖南省首届"湘茶杯"名优茶评比获得金奖 |
| 1994 | 桂东玲珑茶 | 桂东县玲珑茶开发公司 | 湖南省首届"湘茶杯"名优茶评比获得金奖 |
| | 汝白银针 | 汝城县东岭乡白毛茶示范场 | 湖南省名茶奖 |
| | 汝白银毫 | 汝城县东岭乡白毛茶示范场 | 湖南省名茶奖 |
| | 汝白银毫 | 汝城县东岭乡白毛茶示范场 | 全国林业特优新产品博览会银奖 |
| 1995 | 狗脑贡茶 | 资兴市汤市乡茶场 | 湖南省第二届"湘茶杯"名优茶评比金奖 |
| | 安仁豪峰 | 安仁县豪山乡茶场 | 湖南省第二届"湘茶杯"名优茶评比金奖 |
| | 天星毛尖 | 宜章县天塘乡茶场 | 湖南省第二届"湘茶杯"名优茶评比金奖 |
| | 东山云雾 | 临武县东山林场黄沙坪茶叶队 | 湖南省第二届"湘茶杯"名优茶评比金奖 |
| | 东江银毫 | 资兴市滁口乡 | 湖南省第二届"湘茶杯"名优茶评比金奖 |
| | 汝白银毫 | 汝城县东岭乡白毛茶示范场 | 湖南省第二届"湘茶杯"名优茶评比金奖 |
| | 汝白金毫 | 汝城县东岭乡白毛茶示范场 | 湖南省第二届"湘茶杯"名优茶评比金奖 |
| | 豪峰花茶 | 安仁县豪山乡茶场 | 湖南省第二届"湘茶杯"名优茶评比金奖 |
| | 汝城硒山茶 | 汝城县旱塘村茶场 | 湖南省第二届"湘茶杯"名优茶评比金奖 |
| | 安仁豪峰 | 安仁县豪山乡茶场 | 中国国际新产品新技术博览会金奖 |

续表

| 年度 | 茶名 | 企业名称 | 获奖名称 |
|---|---|---|---|
| | 安仁豪峰 | 安仁县豪山乡茶场 | 全国新产品技术交流会金奖 |
| | 安仁豪峰 | 安仁县豪山乡茶场 | 中国农业博览会金奖 |
| | 楚云仙茶 | 资兴市东江库区果树研究所 | 首届"郴茶杯"名茶金奖 |
| | 安仁豪峰 | 安仁县豪峰茶场 | 首届"郴茶杯"名茶金奖 |
| 1995 | 南岭岚峰 | 郴州茶树良种繁殖示范场 | 首届"郴茶杯"名茶金奖 |
| | 汝城龙溪茶 | 汝城县田庄乡茶场 | 首届"郴茶杯"名茶金奖 |
| | 桂东玲珑茶 | 桂东县玲珑茶开发公司 | 首届"郴茶杯"名茶金奖 |
| | 郴州碧云 | 郴县良田镇五盖山茶场 | 首届"郴茶杯"名茶金奖 |
| | 天星绿茶 | 宜章县天塘乡茶场 | 首届"郴茶杯"优质绿茶金奖 |
| 1996 | 龙华春毫 | 永兴县龙华茶场 | 第二届"郴茶杯"名茶金奖 |
| | 楚云仙茶 | 资兴市东江库区果树研究所 | 第二届"郴茶杯"名茶金奖 |
| | 莽山银翠 | 宜章县莽山乡钟家村茶场 | 第二届"郴茶杯"名茶金奖 |
| | 南岭岚峰 | 郴州茶树良种繁殖示范场 | 第二届"郴茶杯"名茶金奖 |
| | 天星毛尖 | 宜章县天塘乡茶场 | 第二届"郴茶杯"名茶金奖 |
| | 莽山翠峰 | 宜章县莽山凤形村茶场 | 第二届"郴茶杯"名茶金奖 |
| | 莽山银翠 | 宜章县莽山乡钟家村茶场 | 第二届"郴茶杯"名茶金奖 |
| | 狗脑贡茶 | 资兴市汤市乡茶场 | 第二届"郴茶杯"名茶金奖 |
| | 安仁豪峰 | 安仁县豪峰茶场 | 第二届"郴茶杯"名茶金奖 |
| | 桂东玲珑茶 | 桂东县玲珑茶开发公司 | 第二届"郴茶杯"名茶金奖 |
| | 龙华春毫 | 永兴县龙华茶场 | 第二届"郴茶杯"名茶金奖 |
| | 汝白银针 | 汝城县东岭乡白毛茶示范场 | 第二届"郴茶杯"名茶金奖 |
| | 汝白银毫 | 汝城县东岭乡白毛茶示范场 | 第二届"郴茶杯"名茶金奖 |
| 1996 | 桂东玲珑茶 | 桂东县玲珑茶开发公司 | 湖南省第三届"湘茶杯"名优茶评比"金奖" |
| 1997 | 桂东玲珑茶 | 桂东县玲珑茶开发公司 | 湖南省第四届"湘茶杯"名优茶评比"金奖" |
| | 汝白银针 | 汝城县东岭乡白毛茶示范场 | 法国巴黎国际名优新产品（技术）博览会上荣获最高金奖 |
| 1998 | 狗脑贡茶 | 资兴市汤市乡茶场 | 湖南省名优茶"金牌杯"评比会金奖 |
| | 龙华春毫 | 永兴县龙华茶场 | 湖南省名优茶"金牌杯"评比会金奖 |

续表

| 年度 | 茶名 | 企业名称 | 获奖名称 |
|---|---|---|---|
|  | 安仁豪峰 | 安仁县豪峰茶场 | 湖南省名优茶"金牌杯"评比会金奖 |
|  | 安仁豪峰 | 安仁县豪峰茶场 | 湖南省农产品博览会金奖 |
|  | 桂东玲珑茶 | 桂东县玲珑茶开发公司 | 湖南首届名优特新农副产品博览会金奖 |
| 1999 | 安仁豪峰 | 安仁县豪峰茶场 | 湖南省农产品博览会金奖 |
|  | 桂东玲珑茶 | 桂东县玲珑茶开发公司 | 湖南省第二届名优特新品博览会金奖 |
| 2000 | 狗脑贡茶 | 资兴市汤市狗脑贡茶厂 | （日本）第三届国际名茶评比会金奖 |
| 2001 | 狗脑贡茶 | 资兴市汤市狗脑贡茶厂 | 上海国际茶文化节中国新品名茶金奖 |
| 2004 | 桂东玲珑茶 | 桂东县玲珑茶开发公司 | 第十二届上海国际茶文化节中国名茶评比金奖 |
| 2005 | 狗脑贡茶 | 湖南资兴东江狗脑贡茶业有限公司 | 湖南省茶叶学会"湖南名茶"特等奖 |
|  | 狗脑贡茶 | 湖南资兴东江狗脑贡茶业有限公司 | 第13届上海国际茶文化节"中国名茶"金奖 |
| 2006 | 桂东玲珑茶 | 桂东县玲珑茶开发公司 | 中国（长沙）国际食品博览会金奖 |
| 2008 | 桂东玲珑茶 | 桂东县玲珑王茶叶开发有限公司 | 第九届湘茶杯名优茶评比金奖 |
| 2009 | 瑶益春茶 | 湖南莽山瑶益春茶业有限公司 | 第九届"中茶杯"全国名优茶评比中荣获特等奖 |
| 2011 | 瑶益春茶 | 湖南莽山瑶益春茶业有限公司 | 第十二届中国国际中部（湖南）农博会获金奖 |
|  | 瑶山红 | 宜章莽山木森森茶业有限公司 | "中茶杯"全国名优茶评比一等奖 |
|  | 瑶益春茶 | 湖南莽山瑶益春茶业有限公司 | 第二届"国饮杯"全国名优茶评比一等奖 |
| 2012 | 过山瑶 | 宜章莽山木森森茶业有限公司 | "国饮杯"全国名优茶评比特等奖 |
|  | 过山瑶 | 宜章莽山木森森茶业有限公司 | 中国中部（湖南）国际农博会金奖 |
|  | 瑶益春茶 | 湖南莽山瑶益春茶业有限公司 | 第十届"中茶杯"全国名优茶评比中一等奖 |
| 2013 | 瑶山红 | 宜章莽山木森森茶业有限公司 | "中茶杯"全国名优茶评比一等奖 |

续表

| 年度 | 茶名 | 企业名称 | 获奖名称 |
|---|---|---|---|
| 2014 | 高山云雾茶 | 湖南莽山天波茶业有限公司 | 中国中部（湖南）农业博览会金奖 |
| | 汝白金 | 汝城县鼎湘茶业有限公司 | 郴州市第一届茶王赛"红茶王" |
| | 红茶、绿茶、白茶 | 汝城县鼎湘茶业有限公司 | 均获得湖南省茶叶博览会金奖 |
| | 桂东玲珑茶 | 桂东县玲珑王茶叶开发有限公司 | 郴州市第一届茶王赛"绿茶王" |
| | 军规红 | 桂东县玲珑王茶叶开发有限公司 | 郴州市首届茶王赛红茶获金奖 |
| | 瑶岭金芽 | 资兴市瑶岭茶厂 | 郴州市首届茶王赛银奖 |
| | 瑶益春红茶 | 湖南莽山瑶益春茶业有限公司 | 郴州市首届茶王赛红茶获金奖 |
| | 瑶益春茶 | 湖南莽山瑶益春茶业有限公司 | 第十届世界茶联合会（捷克）国际名茶金奖 |
| | 瑶益春绿茶 | 湖南莽山瑶益春茶业有限公司 | 郴州市首届茶王赛绿茶获金奖 |
| | 南岭贡青 | 汝城县鼎湘茶业有限公司 | 郴州市首届茶王赛绿茶获金奖 |
| | 钟形山贡尖 | 资兴市汤市钟形山茶厂 | 郴州市首届茶王赛绿茶获金奖 |
| 2014 | 瑶山红 | 宜章莽山木森森茶业有限公司 | 郴州市首届茶王赛红茶获金奖 |
| | 光明云雾茶 | 桂阳瑶王贡生态茶业有限公司 | 郴州市首届茶王赛绿茶获金奖 |
| | 桂东玲珑茶 | 桂东县玲珑王茶叶开发有限公司 | 香港国际茶展包揽冠、亚、季军奖和最佳滋味奖 |
| 2015 | 瑶益春茶 | 湖南莽山瑶益春茶业有限公司 | 第七届湖南茶博会"茶祖神农杯"名优茶金奖 |
| | 古岩香红茶 | 郴州市古岩香茶业有限公司 | 湖南省（郴州）第一届特色农产品博览会金奖 |
| | 东江红 | 资兴市东江名寨茶叶专业合作 | 中国中部（湖南）农业博览会金奖 |
| | 光明云雾茶 | 桂阳瑶王贡生态茶业有限公司 | 湖南农博会（郴州）金奖 |
| | 高山云雾 | 湖南莽山天波茶业有限公司 | 第七届湖南茶博会"茶祖神农杯"名优茶金奖 |
| | 高山红茶 | 湖南莽山天波茶业有限公司 | 第七届湖南茶博会"茶祖神农杯"名优茶金奖 |
| | 桂东玲珑茶 | 桂东县玲珑王茶叶开发有限公司 | 第八届中国茶文化节2016中绿杯名优茶金奖 |
| 2016 | 红茶、绿茶、白茶 | 汝城县鼎湘茶业有限公司 | 湖南省茶叶博览会金奖 |
| | 古岩香红茶 | 郴州市古岩香茶业有限公司 | 湖南省（郴州）第二届特色农产品博览会金奖 |

续表

| 年度 | 茶名 | 企业名称 | 获奖名称 |
|---|---|---|---|
| | 五盖山米红 | 郴州瑶山农业开发有限责任公司 | 湖南省"潇湘杯"名优茶评比一等奖 |
| | 红茶、白茶 | 湖南省郴州市汝城县九龙白毛茶农业发展有限公司 | "潇湘杯"湖南省名优茶评比金奖 |
| | 王居仙红茶 | 汝城县金润茶业有限责任公司 | 湖南省首届"潇湘杯"名优茶评比金奖 |
| | 王居仙白毫银针 | 汝城县金润茶业有限责任公司 | 湖南省首届"潇湘杯"名优茶评比金奖 |
| | 王居仙乌龙茶 | 汝城县金润茶业有限责任公司 | 湖南省首届"潇湘杯"名优茶评比金奖 |
| | 王居仙绿茶 | 汝城县金润茶业有限责任公司 | 湖南省首届"潇湘杯"名优茶评比一等奖 |
| 2016 | 南岭赤霞红茶 | 郴州木草人茶业有限责任公司 | 湖南省首届"潇湘杯"名优茶评比一等奖 |
| | 古岩香红茶 | 郴州市古岩香茶业有限公司 | 湖南省首届"潇湘杯"名优茶评比一等奖 |
| | 古岩香乌龙茶 | 郴州市古岩香茶业有限公司 | 湖南省首届"潇湘杯"名优茶评比一等奖 |
| | 瑶岭红 | 资兴市瑶岭茶厂 | 郴州第二届茶王赛红茶茶王 |
| | 金井翠绿 | 资兴市七里金茶专业合作社 | 郴州第二届茶王赛绿茶茶王 |
| | 古岩香乌龙茶 | 郴州市古岩香茶业有限公司 | 郴州第二届茶王赛青茶茶王 |
| | 白毫银针茶 | 汝城县鼎湘茶业有限公司 | 郴州第二届茶王赛白茶茶王 |
| | 郴红一号 | 郴州市古岩香茶业有限公司 | 郴州第二届茶王赛红茶金奖 |
| | 东江红 | 资兴市东江名寨茶叶专业合作 | 郴州第二届茶王赛红茶金奖 |
| | 南岭赤霞 | 郴州木草人茶业有限责任公司 | 郴州第二届茶王赛红茶金奖 |
| | 瑶王贡红茶 | 桂阳瑶王贡生态茶业有限公司 | 郴州第二届茶王赛红茶金奖 |
| | 王居仙红茶 | 汝城县金润茶业有限责任公司 | 郴州第二届茶王赛红茶金奖 |
| | 极品军规红 | 桂东县玲珑王茶叶开发有限公司 | 郴州第二届茶王赛红茶金奖 |
| | 五盖山米红 | 郴州瑶山农业开发有限责任公司 | 郴州第二届茶王赛红茶金奖 |
| | 黄金芽 | 汝城县鼎湘茶业有限公司 | 郴州第二届茶王赛绿茶金奖 |
| | 回龙秀峰 | 资兴市瑶岭茶厂 | 郴州第二届茶王赛绿茶金奖 |
| | 五盖山米绿 | 郴州瑶山农业开发有限责任公司 | 郴州第二届茶王赛绿茶金奖 |
| | 剑青 | 汝城县鼎湘茶业有限公司 | 郴州第二届茶王赛绿茶金奖 |
| 2016 | 仙坳高山云雾茶 | 资兴市仙坳专业合作社 | 郴州第二届茶王赛绿茶金奖 |

续表

| 年度 | 茶名 | 企业名称 | 获奖名称 |
|---|---|---|---|
| | 青尧绿茶 | 资兴市牛山宿雁茶业开发公司 | 郴州第二届茶王赛绿茶金奖 |
| | 王居仙乌龙茶 | 汝城县金润茶业有限责任公司 | 郴州第二届茶王赛乌龙茶金奖 |
| | 回龙仙乌龙茶 | 资兴市瑶岭茶厂 | 郴州第二届茶王赛乌龙茶金奖 |
| | 金井乌龙茶 | 资兴市七里金茶专业合作社 | 郴州第二届茶王赛乌龙茶金奖 |
| | 王居仙白茶 | 汝城县金润茶业有限责任公司 | 郴州第二届茶王赛白茶金奖 |
| | 白毫银针茶 | 郴州木草人茶业有限责任公司 | 郴州第二届茶王赛白茶金奖 |
| | 赛白金白茶 | 湖南省郴州市汝城县九龙白毛茶农业发展有限公司 | 郴州第二届茶王赛白茶金奖 |
| | 桂东玲珑茶 | 桂东县玲珑王茶叶开发有限公司 | 第十一届中国国际有机食品博览会金奖 |
| 2017 | 桂东玲珑茶 | 桂东县玲珑王茶叶开发有限公司 | 中国中部（湖南）农博会袁隆平农博会金奖 |
| | 瑶益春茶 | 湖南莽山瑶益春茶业有限公司 | 中国中部（湖南）农业博览会金奖 |
| | 古岩香乌龙茶 | 郴州市古岩香茶业有限公司 | 湖南省（郴州）第二届特色农产品博览会金奖 |
| | 瑶岭红 | 资兴市瑶岭茶厂 | 第九届茶业博览会"茶祖神农杯"名优茶金奖 |
| | 东江红 | 资兴市东江名寨茶叶专业合作 | 第九届茶业博览会"茶祖神农杯"名优茶金奖 |
| | 莽仙沁红茶 | 宜章莽山仙峰有机茶业有限公司 | 第十二届"中茶杯"全国名优茶评比一等奖 |
| | 白毫银针 | 郴州木草人茶业有限责任公司 | 第十二届"中茶杯"全国名优茶评比一等奖 |
| | 南岭赤霞 | 郴州木草人茶业有限责任公司 | 第十二届"中茶杯"全国名优茶评比一等奖 |
| | 南岭赤霞 | 郴州木草人茶业有限责任公司 | 第二届"潇湘杯"湖南省名优茶金奖 |
| 2017 | 瑶岭红 | 资兴市瑶岭茶厂 | 第十届茶业博览会"茶祖神农杯"名优茶金奖 |
| 2018 | 高山红茶 | 湖南莽山天波茶业有限公司 | 第三届"潇湘杯"湖南名优茶评比获得"金奖" |
| | 高山云雾 | 湖南莽山天波茶业有限公司 | 第三届"潇湘杯"湖南名优茶获绿茶第一名 |
| | 南岭赤霞 | 郴州木草人茶业有限责任公司 | 郴州市第三届（玲珑王杯）茶王赛红茶王 |
| | 莽仙沁绿茶 | 宜章莽山仙峰有机茶业有限公司 | 郴州市第三届（玲珑王杯）茶王赛绿茶王 |

续表

| 年度 | 茶名 | 企业名称 | 获奖名称 |
|---|---|---|---|
| | 七里青茶 | 资兴市七里金茶专业合作社 | 郴州市第三届（玲珑王杯）茶王赛青茶王 |
| | 汝城白茶 | 郴州木草人茶业有限责任公司 | 郴州市第三届（玲珑王杯）茶王赛白茶王 |
| | 东江红 | 资兴市东江名寨茶叶专业合作 | 郴州市第三届（玲珑王杯）茶王赛红茶金奖 |
| | 莽仙沁红茶 | 宜章莽山仙峰有机茶业有限公司 | 郴州市第三届（玲珑王杯）茶王赛红茶金奖 |
| | 古树野生小叶红茶 | 郴州福茶茶产业开发有限公司 | 郴州市第三届（玲珑王杯）茶王赛红茶金奖 |
| | 玲珑王红茶 | 桂东县玲珑王茶叶开发有限公司 | 郴州市第三届（玲珑王杯）茶王赛红茶金奖 |
| | 招瑶山红茶 | 桂阳瑶王贡生态茶业有限公司 | 郴州市第三届（玲珑王杯）茶王赛红茶金奖 |
| | 古岩香红茶 | 郴州市古岩香茶业有限公司 | 郴州市第三届（玲珑王杯）茶王赛红茶金奖 |
| | 金毛毫红茶 | 湖南老一队茶业有限公司 | 郴州市第三届（玲珑王杯）茶王赛红茶金奖 |
| | 玲珑王绿茶 | 桂东县玲珑王茶叶开发有限公司 | 郴州市第三届（玲珑王杯）茶王赛绿茶金奖 |
| | 回龙秀峰 | 资兴市瑶岭茶厂 | 郴州市第三届（玲珑王杯）茶王赛绿茶金奖 |
| | 东江翠绿 | 资兴市彭市茶叶合作社 | 郴州市第三届（玲珑王杯）茶王赛绿茶金奖 |
| | 瑶王贡·扶苍山 | 桂阳瑶王贡生态茶业有限公司 | 郴州市第三届（玲珑王杯）茶王赛绿茶金奖 |
| 2018 | 汝黄金 | 汝城县鼎湘茶业有限公司 | 郴州市第三届（玲珑王杯）茶王赛绿茶金奖 |
| | 一叶神 | 桂东县云里香茶叶专业合作社 | 郴州市第三届（玲珑王杯）茶王赛绿茶金奖 |
| | 王居仙绿茶 | 汝城县金润茶业有限责任公司 | 郴州市第三届（玲珑王杯）茶王赛绿茶金奖 |
| | 古岩香乌龙茶 | 郴州市古岩香茶业有限公司 | 郴州市第三届（玲珑王杯）茶王赛青茶金奖 |
| | 金井青茶 | 资兴市七里金茶专业合作社 | 郴州市第三届（玲珑王杯）茶王赛青茶金奖 |
| | 赛白金白茶 | 湖南省郴州市汝城县九龙白毛茶农业发展有限公司 | 郴州市第三届（玲珑王杯）茶王赛白茶金奖 |
| | 蓝老爹白茶 | 桂东蓝老爹茶业开发有限公司 | 郴州市第三届（玲珑王杯）茶王赛白茶金奖 |

续表

| 年度 | 茶名 | 企业名称 | 获奖名称 |
| --- | --- | --- | --- |
|  | 王居仙白茶 | 汝城县金润茶业有限责任公司 | 郴州市第三届（玲珑王杯）茶王赛白茶金奖 |
|  | 岩里白茶 | 湖南临武舜源野生茶业有限公司 | 郴州市第三届（玲珑王杯）茶王赛白茶金奖 |
| 2019 | 玲珑王牌绿茶 | 桂东县玲珑王茶叶开发有限公司 | 2019年湖南省茶祖神农杯金奖 |
|  | 汤溪红牌银毫 | 资兴市汤市茶叶专业合作社 | 2019年湖南省茶祖神农杯金奖 |
|  | 莽仙沁牌绿茶 | 宜章莽山仙峰有机茶业有限公司 | 2019年湖南省茶祖神农杯金奖 |
|  | 回龙秀峰绿茶 | 资兴市瑶岭茶厂 | 2019年湖南省茶祖神农杯金奖 |
|  | 东江春牌绿茶 | 资兴市毛冲头茶叶专业合作社 | 2019年湖南省茶祖神农杯金奖 |
|  | 仙坳牌毛尖 | 资兴市仙坳生态种植专业合作社 | 2019年湖南省茶祖神农杯金奖 |
|  | 木草人牌南岭赤霞 | 郴州木草人茶业有限公司 | 2019年湖南省茶祖神农杯金奖 |
|  | 玲珑王牌红茶 | 桂东县玲珑王茶叶开发有限公司 | 2019年湖南省茶祖神农杯金奖 |
|  | 莽山红牌红茶 | 湖南老一队茶业有限公司 | 2019年湖南省茶祖神农杯金奖 |
|  | 汤溪红牌红茶 | 资兴市汤市茶叶专业合作社 | 2019年湖南省茶祖神农杯金奖 |
|  | 莽仙沁牌红茶 | 宜章莽山仙峰有机茶业有限公司 | 2019年湖南省茶祖神农杯金奖 |
|  | 龙鹰岩牌白牡丹 | 汝城县九龙白毛茶农业发展有限公司 | 2019年湖南省茶祖神农杯金奖 |
|  | 莽山红牌白茶 | 湖南老一队茶业有限公司 | 2019年湖南省茶祖神农杯金奖 |
|  | 龙鹰岩牌白毫银针 | 汝城县九龙白毛茶农业发展有限公司 | 2019年湖南省茶祖神农杯金奖 |
| 2020 | 回龙秀峰 | 资兴市瑶岭茶厂 | 郴州市第四届茶王赛绿茶王 |
| 2020 | 莽山红茶 | 湖南老一队茶业有限公司 | 郴州市第四届茶王赛红茶王 |
| 2020 | 白毫银针 | 汝城县九龙白毛茶农业发展有限公司 | 郴州市第四届茶王赛白茶王 |
| 2020 | 北湖乌龙 | 郴州古岩香茶业有限公司 | 郴州市第四届茶王赛青茶王 |
| 2020 | 东山云雾野生绿茶 | 湖南东山云雾茶业有限公司 | 2020年湖南省茶祖神农杯金奖 |
| 2020 | 金豪红茶 | 桂阳金仙生态农业开发有限公司 | 2020年湖南省茶祖神农杯金奖 |
| 2020 | 金仙天尊红茶 | 桂阳金仙生态农业开发有限公司 | 2020年湖南省茶祖神农杯金奖 |
| 2020 | 天一波牌红茶 | 宜章莽山天一波茶业有限公司 | 2020年湖南省茶祖神农杯金奖 |
| 2020 | 绿茶一谷雨醇 | 桂阳县辉山雾茶业有限公司 | 2020中国（广州）国际茶业博览会全国名优茶推选活动特等金奖 |

# 编辑说明

本卷史料文献提供单位及个人有国家图书馆、湖南图书馆、郴州市图书馆、湘南学院图书馆、湘南起义纪念馆、郴州市政协文教卫体和文史委员会、郴州市义文化研究会、桂阳历史文化研究中心、郴州市县两级地方志办公室、郴州瀚天云静文化公司，张式成、刘贵芳、廖海瀛、张子葳等。

组织协调单位有郴州市农业农村局、县（市区）农业农村局，资料整理单位有郴州市茶叶协会、县（市区）茶叶协会和县（市区）农业农村局。

文字编撰部分，第一章第一、二、三节由张式成撰，第四节由刘贵芳撰，第五节由张式成、刘贵芳编；第二章由李建湘编；第三章由刘贵芳编；第四章第一、二节由肖雪峰撰，第三、四节由肖雪峰编；第五章由张式成编撰、刘贵芳协编；第六章由张式成、刘贵芳、肖雪峰整理（罗克、夏丹初稿）；第七章第一、二、三、四、五、六节由张式成编撰，第七节由刘贵芳编；第八章由张式成、王明喜、刘贵芳编撰；第九章第一、二、三节由张式成编，第四节由夏丹、肖雪峰、刘贵芳编；第十章第一、二节由张式成编注，第二节（三）由刘贵芳、罗亚非编，第二节（四）由张式成、王明喜编，第三节由张式成、刘贵芳编，第四节由肖雪峰、刘贵芳编；第十一章由张式成编撰，刘贵芳协助（唐豪象初稿）；第十二章由刘贵芳、罗亚非编；附录一郴茶大事记由刘贵芳、谭济才、罗亚非编；附录二由郴州市茶叶协会编。

图片部分，扉页彩图"天下第十八福地""福地福茶"图由邓南国摄制；第一章的史料、照片、图表由张式成搜集，市博物馆、刘贵芳、徐大卫等提供；第二章的照片由张式成搜集，陈新癸、莽山茶王谷生态农业公司提供；第三章的照片由刘贵芳搜集，各企业提供、肖雪峰拍摄；第四章的照片由肖雪峰、罗克、邓南国以及舜峰野生茶业等入编各企业提供；第五章的照片、史料图由张式成搜集，陈健等提供；第六章的照片由市艺术收藏家协会、市博物馆，以及池福民、肖雪峰、蒋振林、陈有光、欧胜先、范全才、江四清等提供；第七章的塑像、画像、照片由张式成搜集，黄诚、徐大卫、朱珉辉提供；第八章的照片由张式成搜集；第九章的史料、照片由张式成、刘贵芳、池福民、肖雪峰搜集；第十章的史料、文物、照片、歌单、塑像、书法绘画图片等由张式成、刘贵芳、肖雪峰、池福民搜集，池福民、罗克提供；第十一章的照片由张式成、刘贵芳搜集，邓南国、邓宁辉等提供；第十二章的照片由邓景骞提供；照片修理为雷光祥。

# 后 记

《中国茶全书》是国家出版基金重点支持、中国林业出版社组织出版的首个茶系列丛书。中共郴州市委、郴州市人民政府高度重视，组建高规格的编纂委员会，安排专项经费，支持开展《中国茶全书·湖南郴州卷》的编纂工作。郴州市农业委员会（2019年机构改革更名为郴州市农业农村局）、郴州市茶叶协会积极筹划，严密组织，各县市区农业农村局积极参与，部分茶叶企业踊跃参加，精心编纂《中国茶全书·湖南郴州卷》，历时四年，顺利付梓出版。

郴州是中华民族农耕文明的发祥地之一，是炎帝神农氏尝百草、发现茶叶、肇始茶饮、发现"嘉禾"、创作耒耜、教民耕种，开创中国原始农耕文明的传奇之地；是义帝的魂魄归属之地；是中医学界誉为中医源头的"橘井泉香"故事发源之地。郴州有文化之先，有地利之优，茶应该成为，也必须成为郴州的精彩篇章。在编纂的过程中，我们有了一些深刻感受。"郴"字的内涵是极其丰富的，自然资源的丰富，人文历史的丰厚，环境气候的优越，无不蕴涵在其中。同时又被现实所困惑。一个发现茶叶、肇始茶饮的地方，之前没有专门的茶著系统记录，现代茶叶企业带动力不强，茶叶品牌影响力不大，茶叶创收不多，这些问题值得我们深思。

按照郴州市委、市政府打造百亿"郴州福茶"的战略定位，再现郴州茶叶辉煌历史，为推动郴州茶产业的发展做一些有益的探索和基础铺垫。从编纂开始，我们就秉着"尊重历史、挖掘历史、找准位置、启发后人"的原则，极力地在浩瀚的历史资料中"淘宝"，在茶界找寻每一个闪光点。目的就是要挖掘到郴州茶文化的精髓，梳理郴州茶产业发展的真实历史印记，展示出郴州茶历史和中华茶文化的无穷魅力。郴州是全国茶产业优势区之一，又有着厚重的茶历史和茶文化，茶产业在助推脱贫攻坚中发挥了重要作用。在新的历史时期，按照《郴州市茶产业发展规划（2020—2025年）》，我们要坚持"标准化生产，品牌化营销，专业化分工，现代化管理"，提升传统茶类的生产加工水平，拓展茶产业多种功能，提高茶产业质量效益、竞争力和可持续发展能力。充分发挥郴州市农业科学研究所茶叶研究室和郴州市茶叶协会的作用，加强同茶企的合作，在茶科技和精深加工两个方面重点发力，开发抹茶、茶菜肴、新式茶饮、含茶食品、茶调味品、茶保健品、茶化妆品等精深加工产品。同时推动茶文旅融合，建设精品茶园，办好"郴州福茶"博览会。促进茶产业在乡村振兴中发挥更加突出的作用，将"郴州福茶"区域公共品牌打造成为全国乃至全球著名品牌，彰显郴州茶产业的独特优势。

很有幸，我们在一个伟大的时代，编纂出版了《中国茶全书·湖南郴州卷》。刘仲华院士为此书作序，对郴州茶产业的发展给予了精心指导。王德安总主编和朱旗、朱海燕教授多次来郴州指导本书的编纂工作。在此对他们表示衷心的感谢，同时感谢支持此书编纂工作的社会各界人士。

郴州茶产业、茶历史、茶文化需要整理和挖掘的资料汗牛充栋，本书所展示的内容是有限的，如果能够为政府的决策和为爱好茶叶的领导、学者以及茶人提供一些有价值的文献依据和研究素材，我们就感到莫大的欣慰。由于编纂时间和编者水平的局限，或遗漏或欠妥都在所难免，竭诚欢迎广大读者提出宝贵意见。

本书编纂委员会

2022年深秋